JN098881

2級電気工事施工管理技術検定試験過去問題集

－ 2024 年版 －

オフィスボルト 大嶋 輝夫 著

電気書院

ま え が き

　電気工事施工管理技術検定試験は，昭和 63 年からスタートした比較的新しい試験ですが，建設機械・土木・管工事・造園・建築などの施工管理検定は古くから制度化されていて「施工管理技士」の資格は社会的に高い評価を受けています．

　昭和 63 年に改正された建設業法により，企業の技術力を適正に評価するためこの資格が重要視されるようになり，この傾向は今後ますます強くなることが予想されます．

　試験は，1 級と 2 級に分かれ，それぞれ一次試験と二次試験が行われます．

　一次試験は「電気工学等」「施工管理法」「法規」の 3 科目について，択一式の出題です．二次試験は「施工管理法」の科目から記述式で出題されます．

　一次試験は，1 級が 92 題中 60 題，2 級が 64 題中 40 題について解答する形式であり，幅広い課目から数多く出題されることが特徴ですが，複雑な計算問題はまず出題されません．したがって，出題の傾向を調べて得意な分野から効率的に選択し解答できるよう学習することが必要と言えます．

　二次試験は，受験者の工事経験を問う内容が中心となっています．実際にどの程度の経験があり，施工管理についての知識を持っているかが問われます．受験する前に，過去の工事経験を整理し，ポイントをまとめられるよう準備しておく必要があります．

　本書は，2 級の電気工事施工管理技術検定試験について，2018 年度（平成 30 年度）から 2023 年度（令和 5 年度）まで 6 年間の学科試験および実地試験の問題と解答・その解説を掲載しています．これから「電気工事施工管理技士」をめざして学習される方々の参考となれば幸いです．

2024 年 1 月

著者しるす

※ JIS は 2019 年の法改正により「日本産業規格」と名称が変わっておりますが，正解の根拠には直接関わりがないため，出題当時のままの表記としております．

2024年版

2級電気工事施工管理技術検定試験**過去問題集**

目次

問題

解答・解説

2 級電気工事施工管理技術検定試験
受験案内

電気工事施工管理技術検定試験は，一般財団法人建設業振興基金が実施しています．下記に，2024年度の受験案内を掲載します．願書の購入方法，詳しい受検資格など詳細については，建設業振興基金ホームページなどでご確認ください．

(1) 試験日

 <前期> 2024年6月9日㈰（一次のみ）

 <後期> 2024年11月24日㈰（一次・二次／一次のみ／二次のみ）

(2) 受験資格

 ① 一次・二次検定（下表のイ，ロ，ハ，ニのいずれかに該当する者）

区分	学歴又は資格	実務経験年数（試験日の前日まで）	
		指定学科	指定学科以外
イ	大学，専門学校の「高度専門士」	卒業後1年以上	卒業後1年6ヶ月以上
	短期大学，5年制高等専門学校，専門学校の「専門士」	卒業後2年以上	卒業後3年以上
	高等学校，専門学校の専門課程	卒業後3年以上	卒業後4年6ヶ月以上
	その他（最終学歴を問わず）	8年以上	
ロ	電気事業法による第一種，第二種または第三種電気主任技術者免状の交付を受けた者	1年以上（交付後ではなく，通算の実務経験年数です.）	
ハ	電気工事士法による第一種電気工事士免状の交付を受けた者	実務経験年数は問いません.	
ニ	電気工事士法による第二種電気工事士免状の交付を受けた者（旧電気工事士も含む.）	1年以上（交付後ではなく，通算の実務経験年数です.）	

 ② 一次検定のみ，二次検定のみ受験の場合の資格については，建設業振興基金のホームページを参照してください.

(3) 受験料　一次・二次検定　13,200 円
　　（一次検定のみの場合は 6,600 円，二次検定のみの場合は 6,600 円）

(4) 申込受付期間
　　＜前期＞2024 年 2 月 9 日㊎〜3 月 8 日㊎（一次のみ受験者）
　　＜後期＞2024 年 6 月 26 日㊎〜7 月 24 日㊎（一次・二次／一次のみ・二次のみ）

(5) 合格発表
　　＜前期＞2024 年 7 月 10 日㊌（一次のみ）
　　＜後期＞2025 年 1 月 10 日㊎（一次のみ）
　　　　　　2025 年 1 月 10 日㊎（一次）
　　　　　　2025 年 2 月 7 日㊎（二次）

(6) 受験に関する問い合わせ先
　　一般財団法人　建設業振興基金　試験研修本部
　　〒105-0001　東京都港区虎ノ門 4 丁目 2 番 12 号
　　　　　　　　　虎ノ門 4 丁目 MT ビル 2 号館 6 階
　　電話　03-5473-1581㈹
　　　　URL　http://www.fcip-shiken.jp/

2級電気工事施工管理技術検定
出題傾向と受験対策

　電気工事施工管理技術検定試験は1級と2級とに分かれており，電気に関連する国家試験の中では，出題範囲の幅が一番広いものとなっています．反面，各分野における選択問題も多くあることから，勉強に当たってはまず自分の専門（仕事としている分野）を中心に学習し，確実に点を取れるように心がけ，また，日頃，仕事を行いながら（朝のTBMから始まる），仕事の中で疑問を持ったものは，すぐに調べて自分のものにしておくことが合格への近道です．

　区分別に学習のポイントをまとめると次のようになります．

　1.「電気工学等」は，本試験の中心をなしますが，一次検定では従来どおり選択科目も多くあると予想されます．目標の科目を選んでその科目を重点的に学習し，確実に点を取れるように心がけることが大切です．

　2.「施工管理法」は，従来の方式では必須科目で，問題の選択が許されませんでした．本書で過去の問題の傾向をよくつかむことと後述する重要事項を学習することが大切です．

　3.「法規」は，一次検定では選択科目になると予想されますが，選択の余地はほとんどないと思います．本書で重要と思われる項目をしっかりと見定めるとともに，後述する重要事項を確認してから学習すると効率がよいでしょう．

　4.二次検定の「施工体験記述」では，あなた自身が体験した電気工事の中で印象に残っている工事を2，3件思い出して問題に当てはめてまず記述し，何回も記述練習しながら，自分で模範となる解答を作成することが大切です．本書では，模範となる標準的な解答を示してありますので，それらを参考に自分の体験した工事と照らし合わせて，具体的な解答を作成することです．2級受験者はポイントを絞った記述が臨まれます．また，ネットワーク工程表や筆記試験の重要語句などは確実に学習しておくことが大切です．

　次に，過去の出題を分析したものから，特に重要と思われる事項についての学習ポイントを掲げておきます．

なお，2021年より，従来の学科，実地は一次，二次と変更され，一部出題内容も変更されています．が，従来通り内容をしっかりと学習しておくことが合格への大前提となるでしょう．

〔1〕 一次検定

1. 電気工学等

（1）電気理論

① 平行平板電極間の静電容量の求め方

② 静電気，電磁気に関するクーロンの法則

③ フレミングの左手の法則，右手の法則

④ アンペアの右ねじの法則

⑤ 絶縁体・金属導体の電気抵抗値

⑥ 交流回路の実効値，平均値，波形率，波高率など

⑦ 導体のジュール熱とその計算

⑧ コンデンサ，コイルに蓄えられるエネルギーとその計算

⑨ キルヒホッフの法則の基本，ブリッジ回路の計算

⑩ 単相・三相交流回路の相電圧，線間電圧と線電流の基本計算

⑪ 指示計器の動作原理と記号など

⑫ 各種の電気効果（ゼーベック，ホール効果など）

（2）電気機器

① 同期発電機の並列運転の条件，自己励磁現象

② 同期発電機の極数と同期速度の式

③ 変圧器の結線方式（Y-△，V-V結線他）の特徴など

④ 変圧器のインピーダンスとインピーダンスワット（銅損），鉄損，効率

⑤ 変圧器のV結線時の定格容量

⑥ 各種遮断器の遮断原理とその特徴

⑦ 直列リアクトル，進相コンデンサの特徴など

（3）電力系統

① 水力発電所の種類，理論出力式

② 電力系統における無効電力の制御と各調相設備の特徴

③ 地中送電線路の送電容量の増大方法

④ 架空送電線路の多導体方式の特徴

⑤ 架空送電線路の静電誘導・電磁誘導対策，コロナ対策

⑥ 直流送電の特徴

⑦ 配電線の各種方式（単二，単三,三相3線など）の損失・電線量の比

（4）電気応用

① 照明に関する用語と各種光源の比較（効率など）

② 床面の水平面照度の計算式と光束法による照度計算式（道路照明など）

③ 各種電動機の特徴とその始動方法，制御方法

④ 電気加熱の各種加熱方式の原理とその特徴

⑤ 二次電池（鉛蓄電池，ニカド電池など）の原理とその特徴

2. 電気設備

（1）発電設備

① 火力発電所の熱サイクルの種類と熱効率向上対策

② ガスタービン発電の特徴やコージェネの方式，特徴など

③ 火力発電プラントの各機器とその役割，制御方式など

④ 水力発電の水車の種類とダムの構造，サージタンクの役割

⑤ 水力発電所の出力計算式と揚水発電用電動機の所要動力計算式

⑥ 燃料電池の特徴

（2）変電設備

① 変圧器・断路器の役割，避雷器の形式と機能

② 変圧器の振動の原因と騒音対策

③ 変圧器の静電移行電圧と電磁移行電圧，雷サージ対策

④ ガス絶縁開閉装置（GIS）の特徴とGIS変電所の絶縁協調

⑤ 変圧器，送電線路の保護継電方式

⑥ 屋外式変電設備の塩害対策

（3）送配電設備

① 架空送電線路のたるみを表す式

② 送電系統の各種中性点接地方式の特徴とその比較

③ 架空送電線路に使用される機器の名称と使用目的（アークホーン，ジャ

ンパー，がいしなど）

④ 送電系統のフェランチ現象，ねん架の目的

⑤ 送配電設備の絶縁協調，コロナ損

⑥ 送電線の微風振動，サブスパン振動，ギャロッピング，スリートジャンプと対策

⑦ 高圧地中 CVT ケーブルの許容曲げ半径

⑧ 地中電線路の事故点検出法（マーレーループ法，パルス法）と絶縁劣化測定法

⑨ OF ケーブル，CV ケーブルの特徴比較

⑩ 単相 3 線式と単相 2 線式配電線路の得失

⑪ スポットネットワーク，レギュラネットワーク方式の概要と特徴

⑫ 高圧配電系統のフリッカ，高調波対策

(4) 構内電気設備

① 配光による照明方式，各種照明の選定

② 水平面照度，平均照度を求める式

③ 電気設備技術基準及びその解釈と内線規定

・低圧電動機の幹線の許容電流

・低圧屋内幹線，分岐線の許容電流

・漏電遮断器，ヒューズの設置規定

・低圧屋内配線工事の各種工事方法

・6.6kV-CVT 管路式地中電線路の施工

④ キュービクル受電設備（受入検査，施工後の試験など）

⑤ 自家用受変電設備の需要率，負荷率，不等率の式

⑥ 高圧ケーブルのシールド接地の良否

⑦ 蓄電池の各種充電方式の特徴

⑧ 建築物の避雷設備の JIS 規定（避雷導線の設置規定など）

⑨ 建築基準法上の非常照明設備，非常電源用蓄電池設備の設置基準

⑩ 防災設備の耐熱電線

⑪ 排煙設備の操作用配線の規定，排煙口の開放方式について

⑫ 消防法上の自動火災報知設備の設置規定と各種受信機

⑬　各種防災設備の電源容量と消防法上 30 分間の容量が必要な防災設備

⑭　消防法上の誘導灯の種類とその設置規定

⑮　消防法上の各種感知器の設置規定

(5)　電車線

①　パンタグラフの離線防止

②　交流き電回路の電圧降下とその軽減対策，インピーダンスボンド

③　直流電気鉄道の電食に関する一般事項

④　鉄道トロリ線の摩耗対策と偏位の値

⑤　電車線の架線方式

⑥　軌道回路の電源種別による分類

⑦　鉄道信号用図記号と現示区分

⑧　自動列車停止装置，列車集中制御方式等の概要

(6)　その他の設備

①　道路照明に用いる各種光源の特徴（低圧ナトリウムランプなど）

②　道路トンネル出入り口照明の基本施設

③　道路交通信号制御の各種方式と各種オフセット方式

3. 関連分野

(1)　電気通信関係

①　電話用室内端子盤の設置

②　構内交換設備のサービス機能とその用語

③　電気時計の種類とその特徴

④　各種マイクロホンの形式・性能，増幅器他

⑤　拡声設備の各種スピーカの特徴

⑥　テレビ共同受信の分配損失と結合損失，アンテナ・幹線ケーブル他

⑦　テレビ電波障害の種類とその対策

(2)　機械設備関係

①　空気調和方式に関する各種ダクト方式の特徴と換気方式の種別

②　飲料水の給水設備の各種方式（高置タンク方式など）と設置基準

③　排水設備の排水トラップの封水，間接排水管

(3) 土木関係

① コンクリートの試験と養生方法

② 水準測量，三角測量等各種測量の概要，使用機器，特徴

③ 建設機械とその適合する作業

④ 軟弱地盤，砂質地盤の掘削時の各種現象の概要と特徴

⑤ 鉄道線路の施工基面の幅，軌間の標準値，軌道狂いの定義など

⑥ 鉄道における建築限界と車両限界

(4) 建築関係

① 鉄筋コンクリート，鉄骨構造の構成各部名称と特徴

② 鉄筋コンクリート造の鉄筋のかぶり厚さ

(5) 設計・契約関係

① 公共工事標準請負契約約款（設計図書，現場代理人，主任技術者ほか）

② 電気用図記号（JIS 記号）と名称の組み合わせ

③ 制御器具番号と器具名称の組み合わせ

4. 施工管理法

(1) 工事施工

① 変電設備の塩害対策

② 低圧引込み線の高さ・金属ダクト工事等の電技規定

③ 水力発電所の建設工事作業

④ 高圧受電設備規定と工事の施工方法

⑤ 掘削工事の土留め作業，建設工事の墨出しなど

⑥ 電気鉄道のき電線工事・パンタグラフの離線対策など

(2) 施工計画

① 各種施工計画書，施工要領書の作成目的

② 施工速度と工事原価の関係グラフ

③ 電気工事現場の仮設に関する規定（安全衛生法, 電気設備技術基準など）

④ 各種申請届出書類と提出先の組み合わせ

(3) 工程管理

① 工程管理の施工速度

② 工程計画作成時の検討事項（進度管理, 資材計画, 配員計画など）

③ 施工管理における作業改善の手順

④ ネットワーク工程表の日数，フリーフロート，最早開始日・最遅完了日など

⑤ 各種工程表の長所，短所

(4) 品質管理

① 品質管理のデミングサイクル，QC7つ道具

② 品質管理の全数検査，抜取検査の意義とその内容

③ 各種試験の方法（接地抵抗試験，絶縁抵抗試験，絶縁耐力試験）

(5) 安全管理

① 安衛法上の漏電遮断器の適用除外

② 安衛法上の作業床の幅・高さ，架設通路，足場，移動はしごの規定

③ 安衛法上の特別の教育を必要としない業務

④ 移動式クレーン運転者と玉掛け作業者の資格

⑤ 絶縁用防具・保護具の自主検査規定

⑥ 労働災害における度数率等を表す式

5. 法 規

(1) 建設業法

① 一般建設業，特定建設業の許可（条件など）

② 建設業の技術者の設置（主任技術者，監理技術者，現場代理人）

(2) 電気事業法

① 電気事業法上の電気工作物の事故報告

② 電気事業法の目的，工事計画の事前届出

③ 一般用電気工作物の定義（小出力発電設備）およびその調査

(3) 電気関連法規

① 電気工事士法上の第一種，第二種電気工事士の従事できる作業

② 電気工事業の業務の適正化に関する法律（登録電気工事業者）

(4) 建築基準法

① 用語の説明

② 建築士法上の消防用設備の種類

(5) 消防法

　① 消防の用に供する設備，誘導灯，非常警報設備，警戒区域など

(6) 労働安全衛生法

　① 事業者が行う労働者の安全衛生教育

　② 特定元方事業者と統括安全衛生責任者，元方安全衛生管理者

　③ ゴンドラ作業等の安全基準

(7) 労働基準法

　① 未成年者の労働契約・就業制限

(8) 関連法規

　① 道路法上の道路の占用許可申請事項，道路使用許可申請の違い

　② 廃棄物の定義と産業廃棄物の処理

　③ 大気汚染防止法の目的と定義

〔2〕 二次検定

　2級の二次検定は一次検定と同日に行われるため，二次検定に出題される施工管理法，法規（建設業法のみ）に関しては学科の学習のみでもある程度解答を記述することができます．

　施工体験記述では，その記述から実際の施工に関する体験が成されているかどうかがうかがえる内容となっていれば，1級のような詳細な記述は必要ありません．箇条書きで要領よく簡潔に記述できるかがポイントとなるでしょう．

　二次検定は，工事における実務経験の有無と簡潔に施工体験を記述させる問題が出題されていますから，現場において施工管理を実際に経験している（経験した）者にとっては，当然のごとく記述可能であり，点を取りやすいところでもあります．ただし，何の準備もせず試験場で一発勝負的な記述は避けるべきで，本書の標準的な解答を参考にして，自分の経験した工事に置き換えて自分なりに記述練習をしておくことが大切です．

　なお，施工体験記述だけではなく，施工管理法（ネットワーク工程表など）と法規も十分学習しておかなければ合格が難しくなっていますので，このあたりも十分に学習しておくことがポイントとなります．

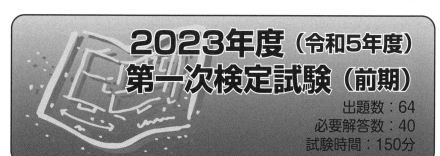

2023年度（令和5年度）
第一次検定試験（前期）
出題数：64
必要解答数：40
試験時間：150分

● 電気工学等 ●

※問題番号【No.1】から【No.12】までは，12問題のうちから8問題を選択し，解答してください．

No.1 図に示す，金属導体 B の抵抗値は，金属導体 A の抵抗値の**何倍**になるか．ただし，金属導体の材質及び温度条件は同一とする．

1. 1倍
2. 2倍
3. 4倍
4. 8倍

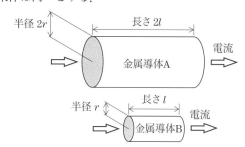

半径 $2r$　　長さ $2l$　　電流

金属導体A

半径 r　　長さ l　　電流

金属導体B

No.2 無限に長い直線状導体に図に示す方向に電流 I〔A〕が流れているとき，点 P における磁界の向きと磁界の大きさ〔A/m〕の組合せとして，**適当なもの**はどれか．

ただし，直線状導体の中心から点 P までの距離は r〔m〕とする．

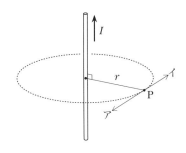

	磁界の向き	磁界の大きさ
1.	ア	$\dfrac{I}{2\pi r}$
2.	ア	$\dfrac{I}{2\pi r^2}$
3.	イ	$\dfrac{I}{2\pi r}$
4.	イ	$\dfrac{I}{2\pi r^2}$

No.3 図に示す回路において，A-B 間の電位差 V_{AB} の値〔V〕として，**正しいもの**はどれか．

1. 12 V
2. 25 V
3. 28 V
4. 50 V

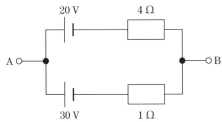

No.4 動作原理により分類した指示電気計器の記号と名称の組合せとして，**不適当なもの**はどれか．

	記　号	名　称
1.		電流力計形計器
2.		可動鉄片形計器
3.		整流形計器
4.		誘導形計器

No.5 図に示す発電機の原理図において，磁界中でコイルを一定の速度で回転させたとき，抵抗 R に流れる電流 i の波形として，**適当なもの**はどれか．

ただし，S_1 と S_2 は整流子，B_1 と B_2 はブラシを示し，これらにより整流をするものである．

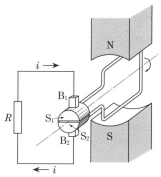

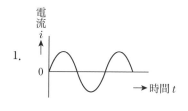

1.

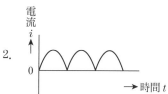

2.

3.

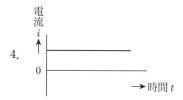

4.

No.6 図に示す，巻数比 a が 20 の理想変圧器の一次側に，交流電圧 V = 2 000 V を加えたとき，一次電流 I_1 の値〔A〕として，**正しいもの**はどれか．

ただし，R = 5 Ω とする．

1. 1 A
2. 3 A
3. 5 A
4. 10 A

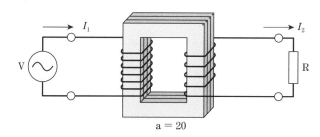

a = 20

No.7 直列リアクトルと組み合わせて用いる三相高圧進相コンデンサの定格電圧〔V〕として，「日本産業規格（JIS)」上，**定められているもの**はどれか．

ただし，回路電圧は 6 600 V，直列リアクトルの容量はコンデンサ容量の 6 ％とする．

1. 6 600 V
2. 7 020 V
3. 7 200 V
4. 7 590 V

No.8 水力発電所の発電機出力 P〔kW〕を求める式として，**正しいもの**はどれか．

ただし，各記号は次のとおりとする．

Q：水車に流入する水量〔m³/s〕　　H：有効落差〔m〕

η_g：発電機の効率　　　　　　　　η_g：水車の効率

1. $P = 9.8QH\,\eta_g\,\eta_t$〔kW〕

2. $P = 9.8Q^2H\eta_g\,\eta_t$〔kW〕

3. $P = \dfrac{9.8QH}{\eta_g\eta_t}$〔kW〕

4. $P = \dfrac{9.8Q^2H}{\eta_g\eta_t}$〔kW〕

No.9 電力系統における変電所の役割に関する記述として，**最も不適当なもの**はどれか．

1. 送配電電圧に昇圧又は降圧を行う．
2. 電力を有効に利用できるよう電力の流れを調整する．
3. 事故点を検出し，系統から切り離して事故の波及を防ぐ．
4. 需要変動に応じ，系統周波数を一定に保つため，出力調整を行う．

No.10 配電系統の需要諸係数に関する用語として，次の計算式により**求められるもの**はどれか．

$$\frac{\text{各需要家の最大需要電力の総和〔kW〕}}{\text{その系統の合成最大需要電力〔kW〕}}$$

1. 需要率
2. 不等率
3. 負荷率
4. 利用率

No.11 照明に関する用語と単位の組合せとして，**不適当なもの**はどれか．

    用語   単位

1. 光度　　　　　cd
2. 輝度　　　　　cd/m^2
3. 光束発散度　　lm/W
4. 色温度　　　　K

No.12 三相誘導電動機の特性に関する記述として，**最も不適当なもの**はどれか．

1. 負荷が増加すると，回転速度は遅くなる．
2. 滑りが減少すると，回転速度は速くなる．
3. 極数を少なくすると，回転速度は速くなる．
4. 電源周波数を低くすると，回転速度は速くなる．

※問題番号【No.13】から【No.31】までは，19 問題のうちから 10 問題を選択し，解答してください．

No.13 火力発電所の燃焼ガスによる大気汚染を軽減するために用いられる装置として，**最も不適当なもの**はどれか．

1. 脱硫装置
2. 脱硝装置
3. 電気集じん器
4. 微粉炭器

No.14 変電所に設置される機器に関する記述として，**最も不適当なもの**はどれか．

1. 断路器は，送配電線や変圧器などの機器が短絡・地絡など故障した際に，回路を遮断するために用いられる．
2. 計器用変圧器には，巻線型とコンデンサ形が用いられる．
3. 分路リアクトルは，系統の電圧・無効電力を制御するために用いられる．
4. 避雷器は，非直線抵抗特性に優れた酸化亜鉛形のものが多く使用されている．

No.15 変電所に用いられる高圧計器用変成器の取扱いに関する記述として，**最も不適当なもの**はどれか．

1. 計器用変圧器（VT）は二次側の 1 線を接地する．
2. 計器用変流器（CT）は二次側を開放する．
3. 零相変流器（ZCT）は，三相分の電線を一括して変流器に貫通させる．
4. 計器用変流器（CT）の二次端子の接続を誤ると，発生する異常電流により保護継電器の誤作動に至る場合がある．

No.16 架空送電線路に取り付けるダンパの目的として，**適当なもの**はどれか．

1. 電線を支持点付近で補強する．
2. 電線相互の接近・接触を防止する．
3. 電線の振動を防止する．
4. 電線の風による騒音を軽減する．

No.17 架空送配電線路に使用されるがいしに関する記述として，**不適当なもの**はどれか．

1. 懸垂がいしは，使用電圧に応じ必要な個数を連結して使用する．
2. 長幹がいしは，塩害に弱い．
3. 耐霧がいしは，汚損に強い．
4. ラインポストがいしは，鉄構などに直立固定させて使用する．

No.18 架空送電線路におけるコロナ放電の抑制対策として，**最も不適当なもの**はどれか．

1. 電線のねん架を行う．
2. 架線時に電線を傷つけないようにする．
3. がいし装置に遮へい環（シールドリング）を設ける．
4. がいし装置の金具はできるだけ突起物をなくし，丸みをもたせる．

No.19 高圧配電系統の機器等に関する記述として，**最も不適当なもの**はどれか．

1. 高圧配電線路の短絡保護のため，変電所に過電圧継電器を施設した．
2. 高圧配電線路の地絡保護のため，変電所に地絡方向継電器を施設した．
3. 高圧配電線路の電圧調整のため，負荷時タップ切換変圧器を施設した．
4. 高圧配電線路の事故区間の切り離しのため，区分開閉器を施設した．

No.20 一般送配電事業者が供給する電気の電圧に関する次の記述のうち、□□□に当てはまる数値の組合せとして、「電気事業法」上、**正しいもの**はどれか。

「標準電圧 100 V の電気を供給する場所において、供給する電気の電圧の値は、 ア V の上下 イ V を超えない値に維持するように努めなければならない。」

	ア	イ
1.	103	3
2.	103	6
3.	101	3
4.	101	6

No.21 全般照明において、室の平均照度 E〔lx〕を得るのに必要な照明器具台数 N〔台〕を、光束法により求める式として、**適当なもの**はどれか。

ただし、各記号は次のとおりとする。

F：照明器具 1 台当たりの光束〔lm〕　　A：室の面積〔m²〕
U：照明率　　M：保守率

1. $N = \dfrac{FUM}{EA}$ 〔台〕

2. $N = \dfrac{EA}{FUM}$ 〔台〕

3. $N = \dfrac{EUM}{FA}$ 〔台〕

4. $N = \dfrac{FA}{EUM}$ 〔台〕

No.22 低圧三相誘導電動機の保護に用いられる 2E リレーの保護目的の組合せとして、**適当なもの**はどれか。

1. 過負荷保護，欠相保護
2. 過負荷保護，短絡保護
3. 欠相保護，反相保護
4. 短絡保護，反相保護

No.23 電気事業者から低圧で電気の供給を受けている場合（電器使用場所内の変圧器より供給されていない場合）の幹線の電圧降下として，「内線規程」上，**定められているもの**はどれか．

ただし，引込線取付点から最遠端の負荷に至る間の電線のこう長は 60 m 以下とする．

1. 2 ％以下
2. 3 ％以下
3. 4 ％以下
4. 5 ％以下

No.24 高圧受電設備に用いられる高圧限流ヒューズの種類として，「日本産業規格（JIS）」上，**誤っているもの**はどれか．

1. T（変圧器用）
2. G（電動機用）
3. C（リアクトルなしコンデンサ用）
4. LC（リアクトル付きコンデンサ用）

No.25 D 種接地工事を施す箇所として，「電気設備の技術基準とその解釈」上，**不適当なもの**はどれか．

1. 高圧キュービクル内にある高圧計器用変成器の二次側電路
2. 屋内の金属ダクト工事において，使用電圧 200 V の金属ダクト
3. 屋内の金属管工事において，使用電圧 100 V の長さ 10 m の金属管
4. 高圧電路と低圧電路とを結合する変圧器の低圧側の中性点

No.26 図に示す回路において，電気機器に完全地絡が生じたとき，その金属製外箱に生じる対地電圧〔V〕として，**適当なもの**はどれか．

1. 25 V
2. 50 V
3. 75 V
4. 100 V

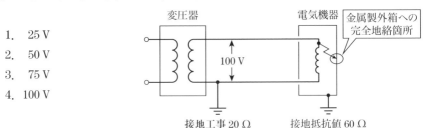

No.27 常時開放式防火戸（竪穴区画用）へ連動させる感知器として，**適当なもの**はどれか．

1. 差動式スポット型感知器
2. 定温式スポット型感知器
3. 光電式スポット型感知器
4. 補償式スポット型感知器

No.28 自動火災報知設備の非常電源（蓄電池設備）の容量に関する次の記述のうち ▢ に当てはまる数値として，「消防法」上，**定められているもの**はどれか．
　　「自動火災報知設備を有効に ▢ 分間作動することができる容量以上であること．」

1. 10
2. 20
3. 30
4. 60

No.29 インターホンに関する記述として「日本産業規格（JIS）」上，**不適当なもの**はどれか．

1. 同時通話式とは，通話者間で同時に通話ができるものをいう
2. 相互式とは，親機と子機の間に通話網が構成されているものをいう
3. 選局数とは，個々の親機，子機の呼出しが選択できる相手数をいう．
4. 通話路数とは，同一の通話網で同時に別々の通話ができる数をいう．

No.30 電車線路のトロリ線に要求される性能に関する記述として，**不適当なもの**はどれか．

1. 引張り強度が高い．
2. 耐摩耗性が優れている．
3. 電気抵抗が大きい．
4. 耐食性が優れている．

No.31 道路トンネル照明に関する記述として，**最も不適当なもの**はどれか．

1. カウンタービーム照明方式は，非対称照明方式の 1 つである．
2. カウンタービーム照明方式は，灯具からの光を交通方向と対向（車両の進行方向と逆方向）に照射する方式である．
3. カウンタービーム照明方式は，トンネル内の路上の障害物と路面との間に輝度の差がでにくいため，路上の障害物が認識しにくい．
4. カウンタービーム照明方式は，トンネルの入口部照明に採用される．

※問題番号【No.32】から【No.37】までは，6 問題のうちから 3 問題を選択し，解答してください．

No.32 換気設備に関する対象室と換気方式の組合せとして，**最も不適当なもの**はどれか．

換気対象室	換気方式
1. 便所	第 3 種換気方式
2. 厨房	第 2 種換気方式
3. 電気室	第 1 種換気方式
4. ボイラ室	第 1 種換気方式

No.33 切梁式土留め工法に使用する部材に関する記述として，**最も不適当なもの**はどれか．

1. 中間杭は，腹起しを支えるため，垂直に設ける．
2. 切梁は，腹起しを支えるため，水平に設ける．
3. 腹起しは，山留め壁を支持するため，水平に設ける．
4. 親杭は，横矢板に作用する土圧を直接支持するため，垂直に設ける．

No.34 建設作業とその作業に使用する建設機械の組合せとして，**最も不適当なもの**はどれか．

建設作業	建設機械
1. 掘削	バックホウ
2. 運搬	ブルドーザ
3. 削岩	ブレーカ
4. 締固め	モータグレータ

No.35 図に示す送電用鉄塔基礎のうち，逆 T 字型基礎として，**適当なもの**はどれか．

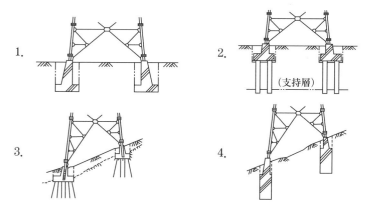

1.

2.

（支持層）

3.

4.

No.36 鉄道線路のカントに関する記述として，**不適当なもの**はどれか．

1. カントは，左右レールの高低差で表される．
2. 曲線半径が同じであれば，運行速度が速いほどカントは大きい．
3. 運行速度が同じであれば，曲線半径が大きいほどカントは大きい．
4. カントは,曲線を通過する車両の外方向への転倒(転覆)を防止するものである．

No.37 コンクリートに関する記述として，**最も不適当なもの**はどれか．

1. 生コンクリートのスランプが小さいほど，流動性が大きい．
2. コンクリートは，セメントと水の化学反応により凝結・硬化する．
3. コンクリートは，腐食しないので，土や水に接する場所に使用できる．
4. 空気中の二酸化炭素により，コンクリートのアルカリ性は表面から失われて中性化していく．

※問題番号【No.38】から【No.42】までの 5 問題は，全問解答してください．

No.38 抜け止め形のコンセントを表す図記号として，「日本産業規格（JIS）」上，正しいものはどれか．

1. ⊕LK　　2. ⊕T

3. ⊕ET　　4. ⊕EL

● 施工管理法 ●

No.39 建設工事における施工要領書に関する記述として，**最も不適当なもの**はどれか．

1. 図面には，寸法，材料名称などを記載する．
2. 原則として，工事の種別ごとに作成する．
3. 施工品質の均一化及び向上を図ることができる．
4. 施工図を補完する資料なので，設計者，工事監督員の承諾を省略できる．
5. 一工程の施工の着手前に，総合施工計画書に基づいて作成する．

No.40 建設工事のネットワーク工程表において，クリティカルパスの日数（所要工期）を短縮する場合の記述として，**最も不適当なもの**はどれか．

1. 各作業時間（日数）の見積りが適切であるか確認した．
2. 各作業の順序の入れ替えによる効果について確認した．
3. 人員，機械などの投入資源の増加限度を検討した．
4. 並列になっている作業を直列作業に変更することを検討した．
5. 品質，安全性が低下しないように短縮を検討した．

No.41 図に示すネットワーク工程表において，クリティカルパスの日数（所要工期）として，**正しいもの**はどれか．

ただし，○内の数字はイベント番号，アルファベットは作業名，日数は所要日数を示す．

1. 25 日
2. 27 日
3. 29 日
4. 31 日
5. 33 日

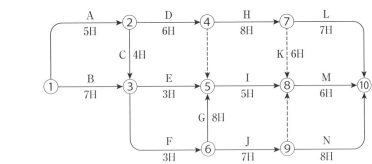

No.42 図に示す電気工事におけるパレート図において，品質管理に関する記述として，最も不適当なものはどれか．

1. 不良件数の多さの順位が分かりやすい．
2. 工事全体の不良件数は，約100件である．
3. 配管等支持不良の件数が，工事全体の不良件数の約半数を占めている．
4. 工事全体の不良件数を効果的に低減するためには，配管等支持不良の項目を改善すれば良い．
5. 接地不良と結線不良の項目を改善すると，工事全体の約20％の不良件数が改善できる．

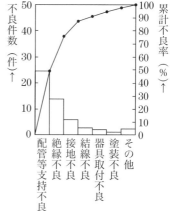

※問題番号【No.43】から【No.52】までは，10問題のうちから6問題を選択し，解答してください．

No.43 新築工事の着手に先立ち作成する，総合施工計画書に記載するものとして，最も関係のないものはどれか．

1. 機器承諾図
2. 総合仮設計画
3. 現場施工体制表
4. 使用資材メーカー一覧表

No.44 新築事務所ビルの電気工事における総合工程表の作成に関する記述として，最も不適当なものはどれか．

1. 諸官庁への提出書類の作成を計画的に進めるため，提出予定時期を記入する．
2. 仕上げ工事など各種の工事が集中する時期は，各作業を詳細に記入する．
3. 建築工事だけでなく，他の工事の工程とも調整して計画する．
4. 受電日は，空調・衛生その他の試運転調整期間を考慮して作成する．

No.45 高圧引込ケーブルの絶縁性能の試験（絶縁耐力試験）における交流の試験電圧として，「電気設備の技術基準とその解釈」上，**適当なもの**はどれか．

1. 公称電圧の 1.5 倍
2. 公称電圧の 2 倍
3. 最大使用電圧の 1.5 倍
4. 最大使用電圧の 2 倍

No.46 停電作業を行う場合の措置に関する記述として，「労働安全衛生法」上，**誤っているもの**はどれか．

1. 開路に用いた開閉器は，施錠し，その開閉機に通電禁止に関する表示を行ったので，監視人の配置を省略した．
2. 開路した高圧電路の停電を確認したので，短絡接地器具を用いて短絡接地した．
3. 開路した電路に電力コンデンサが接続されていたので，残留電荷を放電した．
4. 開路した高圧電路に再度通電する際に，感電の危険が生ずる恐れがないことを確認したので，短絡接地器具の取外しの確認を省略した．

No.47 高所から物体を投下するときに投下設備を設ける等，労働者の危険を防止するための措置を講じなければならない高さとして，「労働安全衛生法」上，**定められているもの**はどれか．

1. 1.5 m以上
2. 2 m以上
3. 2.5 m以上
4. 3 m以上

No.48 屋外変電所の施工に関する記述として，**最も不適当なもの**はどれか．

1. 架空電線の引込口及び引出口に近接する箇所に，避雷器を取り付けた．
2. 遮断器の電源側及び負荷側の電路に，点検作業用の接地開閉機を取り付けた．
3. 変電機器の据付けは，架線工事などの上部作業の終了前に行った．
4. 大型機器を基礎に固定する際に，箱抜きアンカより強度が大きい埋込アンカを使用した．

No.49 市街地に施設する，高圧架空配電線路の柱上変圧器の施工に関する記述として，「電気設備の技術基準とその解釈」上，**誤っているもの**はどれか．

1. 柱上変圧器を，地表上 5 m の位置に取り付けた．
2. 変圧器外箱の A 種接地工事の接地抵抗値は，10 Ω とした．
3. 接地極は，地下 75 cm の深さに埋設した．
4. 接地線は，地面から地上 1.8 m までの部分のみを，合成樹脂管で保護した．

No.50 低圧屋内配線に関する記述として，「内線規程」上，**不適当なもの**はどれか．

1. 金属管配線を，点検できない水気のある場所に施設した．
2. 金属ダクト配線に，絶縁電線（IV）を使用した．
3. ライティングダクト配線を，屋内の乾燥した点検できる隠ぺい場所に施設した．
4. 合成樹脂管配線において，合成樹脂製可とう管（PF 管）相互を直接接続した．

No.51 電車線において，図に示す点線で囲われた架線金具の名称として，**適当なもの**はどれか．

1. ハンガ
2. ドロッパ
3. ダブルイヤー
4. 張力調整装置

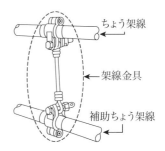

ちょう架線

架線金具

補助ちょう架線

No.52 事務所ビルの全館放送に用いる拡声設備に関する記述として，**最も不適当なもの**はどれか．

1. 増幅器は，電力伝送損失が少ない定電圧方式とした．
2. 一斉放送を行うため，音量調整器には 3 線式で配線した．
3. スピーカは，ローインピーダンス方式のものを使用した．
4. 非常警報設備に用いるスピーカへの配線は，耐熱配線とした．

● 法　規 ●

※問題番号【No.53】から【No.64】までは，12 問題のうちから 8 問題を選択し，解答してください．

No.53 「建設業法」上，指定建設業として定められていないものはどれか．
1. 管工事業
2. 鋼構造物工事業
3. 造園工事業
4. 消防施設工事業

No.54 建設工事の請負契約書に記載しなければならない事項として，「建設業法」上，定められていないものはどれか．
1. 施工体制
2. 工事内容
3. 契約に関する紛争の解決方法
4. 請負代金の額

No.55 事業用電気工作物を設置する者が保安規程に定める事項として，「電気事業法」上，定められていないものはどれか．
1. 工事，維持又は運用に関する業務を管理する者の職務及び組織に関すること．
2. 災害その他非常の場合に採るべき措置に関すること．
3. 工事，維持又は運用に関する電気エネルギーの使用の合理化に関すること．
4. 工事，維持又は運用に従事する者に対する保安教育に関すること．

No.56　電気工事に使用する機材のうち，電気用品に該当するものとして「電気用品安全法」上，**定められていないもの**はどれか.

　　ただし，防爆型のものを除く.

1. 600 V 架橋ポリエチレン絶縁耐燃性ポリエチレンシースケーブル
 （EM-CE 38 mm^2-3 C）
2. 内径 16 mm の合成樹脂製可とう電線管（CD16）
3. 幅 300 mm　高さ 200 mm の金属ダクト
4. 幅 40 mm　高さ 30 mm の二種金属製線ぴ

No.57　一般用電気工作物において，電気工事士でなければ従事してはならない作業又は工事として，「電気工事士法」上，**正しいもの**はどれか.

1. 露出型コンセントを取り換える作業
2. 接地極を地面に埋設する作業
3. 地中電線用の管を接地する工事
4. 電力量計を取り付ける工事

No.58　電気工事業者が，一般用電気工事のみの業務を行う営業所に備えなければならない器具として，「電気工事の業務の適正化に関する法律」上，**定められているもの**はどれか.

1. 絶縁抵抗計
2. 低圧検電器
3. 継電器試験装置
4. 絶縁耐力試験装置

No.59　建築物に設ける建築設備として，「建築基準法」上，**定められていないもの**はどれか.

1. 避雷針
2. 防火戸
3. 排煙設備
4. 汚物処理の設備

No.60 消防用設備等の設置に関わる工事において，甲種消防設備士でなければ行ってはならない工事として，「消防法」上，**定められていないもの**はどれか.

ただし，電源，水源及び配管の部分を除くものとする.

1. 非常用の照明装置の設置に係る工事
2. 不活性ガス消火設備の設置に係る工事
3. 屋外消火栓設備の設置に係る工事
4. 緩降機の設置に係る工事

No.61 事業者が，事故報告書を所轄労働基準監督署長に，遅滞なく提出しなければならない場合として，「労働安全衛生法」上，**定められていないもの**はどれか.

1. 事業場で火災又は爆発の事故が発生したとき.
2. ゴンドラのアームの折損事故が発生したとき.
3. つり上げ荷重が 0.5 t の移動式クレーンのジブの折損事故が発生したとき.
4. 積載荷重が 0.2 t の建設用リフトのワイヤロープの切断事故が発生したとき.

No.62 漏電による感電の防止に関する次の記述のうち，　　　に当てはまる語句の組合せとして，「労働安全衛生法」上，**正しいもの**はどれか.

「　ア　が　イ　をこえる可搬式の電動機械器具が接続される電路には，当該電路の定格に適合し，感度が良好であり，かつ，確実に作動する感電防止用漏電しゃ断装置を接続しなければならない.」

	ア	イ
1.	線間電圧	150 V
2.	線間電圧	300 V
3.	対地電圧	150 V
4.	対地電圧	300 V

No.63 使用者が労働者名簿に記入しなければならない事項として，「労働基準法」上，**定められていないもの**はどれか.

なお，事業場は，常時 30 人異常の労働者を使用する事業場とする.

1. 労働者の履歴
2. 基本給，手当の額
3. 退職の事由
4. 従事する業務の種類

No.64　騒音の規制基準に関する次の記述のうち，□□□に当てはまる指定地域内の騒音の大きさとして，「騒音規制法」上，**定められているもの**はどれか．

　　　「特定建設作業の騒音が，特定建設作業の場所の敷地の境界線において，

　　　□□□デシベルを超える大きさのものでないこと．」

1．60

2．70

3．85

4．95

2023年度（令和5年度）第一次検定試験（一次後期）

出題数：64
必要解答数：40
試験時間：150分

● 電気工学等 ●

※問題番号【No.1】から【No.12】までは，12問題のうちから8問題を選択し，解答してください．

No.1 ある金属体の温度が20℃のとき，その抵抗値が10Ωである．この金属体の温度が45℃のときの抵抗値〔Ω〕として，正しいものはどれか．

ただし，抵抗温度係数は0.004℃$^{-1}$で一定とし，外部の影響は受けないものとする．

1. 9Ω
2. 11Ω
3. 12Ω
4. 13Ω

No.2 図に示すように，真空中に＋Q_1〔C〕，－Q_2〔C〕の二つの点電荷をr〔m〕隔てて置いたとき，これらの電荷の間に働く静電力F〔N〕の大きさを表す式として，正しいものはどれか．

ただし，真空中の誘電率はε_0〔F/m〕とする．

1. $F = \dfrac{2\pi\varepsilon_0 Q_1 Q_2}{r}$〔N〕

2. $F = \dfrac{4\pi\varepsilon_0 Q_1 Q_2}{r^2}$〔N〕

3. $F = \dfrac{Q_1 Q_2}{2\pi\varepsilon_0 r}$〔N〕

4. $F = \dfrac{Q_1 Q_2}{4\pi\varepsilon_0 r^2}$〔N〕

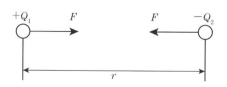

No.3 図に示す回路において，A-B 間の合成抵抗がスイッチ S を開閉しても変わらないとき，抵抗 R の値〔Ω〕として，正しいものはどれか.

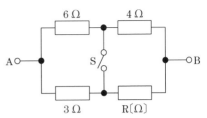

1. 2 Ω
2. 5 Ω
3. 7 Ω
4. 12 Ω

No.4 内部抵抗 0.04 Ω，定格電流 10 A の電流計を 50 A まで測定範囲を拡大するときの回路として，正しいものはどれか.

1. 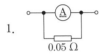 0.05 Ω

2. 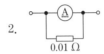 0.01 Ω

3.  0.05 Ω

4. 0.01 Ω

No.5 同期発電機に関する記述として，最も不適当なものはどれか.
1. 同期インピーダンスが大きくなれば，短絡比も大きくなる.
2. 定格速度，無負荷で運転している場合において，界磁電流を大きくすれば，端子電圧は上昇し，やがて飽和する.
3. 界磁電流には，直流が用いられる.
4. 同期速度は，周波数と極数の関係により定まる.

No.6 変圧器の損失に関する記述として，最も不適当なものはどれか.
ただし，電圧及び周波数は一定とする.
1. 鉄損は，負荷電流に比例する.
2. 鉄損は，ヒステリシス損が含まれる.
3. 銅損は，負荷電流の 2 乗に比例する.
4. 銅損は，負荷損に分類される.

No.7 空気遮断器と比較した，ガス遮断器に関する記述として，**最も不適当なも**のはどれか.

1. 耐震性に優れている.
2. 消弧能力が優れている.
3. 遮断時の騒音が大きい.
4. 小電流遮断時の異常電圧が小さい.

No.8 汽力発電所の熱効率の向上対策として，**最も不適当なものは**どれか.

1. 復水器の真空度を高くする.
2. 抽気した蒸気で給水を加熱する.
3. タービン入口の蒸気の圧力を低くする.
4. タービン途中の蒸気をボイラで再熱する.

No.9 変電所に用いる分路リアクトルに関する次の記述のうち，[ ]に当てはまる語句の組合せとして，**適当なものは**どれか.

「分路リアクトルは，深夜などの軽負荷時に[ア]の負荷が少なくなったとき，長距離送電線やケーブル系統などの[イ]電流による，受電端の電圧上昇を抑制するために用いる.」

	ア	イ
1.	誘導性	進相
2.	誘導性	遅相
3.	容量性	進相
4.	容量性	遅相

No.10 配電系統に生じる電力損失の軽減対策として，**最も不適当なものは**どれか.

1. 放電クランプを設置する.
2. 太い電線に張り換える.
3. 負荷の不平衡を是正する.
4. 負荷の力率を改善する.

No.11 LED 照明に関する記述として，**最も不適当なもの**はどれか．

1. LED は，pn 接合した半導体の順方向に電圧をかけると発光する現象を利用した光源である．
2. LED ランプの光束は，蛍光ランプと比べて周囲温度による影響を受けやすい．
3. 白色 LED 照明には，青色に発光する LED とその光が当たると発光する蛍光体で構成されたものがある．
4. LED モジュールの寿命は，点灯しなくなるまでの総点灯時間，又は全光束が所定の値以下になるまでの総点灯時間のいずれか短い時間である．

No.12 電気加熱の方式に関する記述として，**最も不適当なもの**はどれか．

1. 誘電加熱は，誘電体損による発熱を利用する．
2. アーク加熱は，電極間に生ずる放電を利用する．
3. 赤外線加熱は，マイクロ波による分子振動を利用する．
4. 誘導加熱は，渦電流で生じるジュール熱を利用する．

※問題番号【No.13】から【No.31】までは，19 問題のうちから 10 問題を選択し，解答してください．

No.13 水力発電所に用いられる水車発電機に関する記述として，**最も不適当なもの**はどれか．

ただし，発電機は同期発電機とする．

1. 回転速度は，タービン発電機より遅い．
2. 短絡比は，タービン発電機より大きい．
3. 立軸形は，軸方向の荷重を支えるスラスト軸受を有する．
4. 回転子は，軸方向に長い円筒形が多く使用される．

No.14 変電所に設置する油入変圧器の内部異常を検出するための継電器として，**最も不適当なもの**はどれか．

1. 比率差動継電器
2. 過電圧継電器
3. 衝撃圧力継電器
4. 過電流継電器

No.15 電力系統における保護継電システムの構成に必要な機器として，**最も不適当なもの**はどれか．

1. 断路器
2. 計器用変成器
3. 保護継電器
4. 遮断機

No.16 架空電線路の架空地線に関する記述として，**最も不適当なもの**はどれか．

1. 電線への直撃雷を防止する効果がある．
2. 鉄塔の塔脚接地抵抗を小さくする効果がある．
3. 誘導雷により電線に発生する異常電圧を低減する効果がある．
4. 送電線の地絡故障による通信線への電磁誘導障害を軽減する効果がある．

No.17 架空送電線路のねん架の目的として，**適当なもの**はどれか．

1. 電線の着雪を防止する．
2. 電線に加わる風圧荷重を低減させる．
3. 電線のインダクタンスを減少させ，静電容量を増加させる．
4. 各相の作用インダクタンス，作用静電容量を平衡させる．

No.18 架空送電線路で生じる電力損失として，**最も不適当なもの**はどれか．

1. コロナ損
2. 抵抗損
3. 誘電損
4. がいし漏れ損

No.19 地中電線路における電力ケーブルの絶縁劣化の状態を測定する方法として，**最も不適当なもの**はどれか．

1. 部分放電測定
2. 誘電正接測定
3. 接地抵抗測定
4. 直流漏れ電流測定

No.20 高圧配電線路で一般的に採用されている中性点接地方式として，**適当なもの**はどれか．

1. 抵抗接地方式
2. 補償リアクトル接地方式
3. 直接接地方式
4. 非接地方式

No.21 図において，P 点の水平面照度 E〔lx〕の値として，**正しいもの**はどれか．

ただし，光源は P 点の直上にある点光源とし，P 方向の光度 I は 200 cd とする．

1. 25 lx
2. 50 lx
3. 75 lx
4. 100 lx

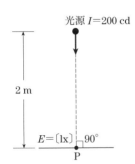

No.22 低圧動力設備に関する記述として，「内線規定」上，**不適当なもの**はどれか．

ただし，低圧進相用コンデンサは個々の負荷の回路ごとに取り付けるものとする．

1. 低圧進相用コンデンサを，手元開閉器よりも電源側に接続した．
2. 電動機回路の低圧進相用コンデンサは，放電抵抗器付のものを使用した．
3. 単相の電動機を 15 A 分岐回路に接続したので，過負荷保護装置を省略した．
4. 三相誘導電動機の定格出力が 3.7 kW であったので，始動電流を抑制するための始動装置を省略した．

No.23 屋内配線の電気方式として用いられる中性点を接地した単相 3 線式 100/200 V に関する記述として，**不適当なもの**はどれか．

1. 使用電圧が 200 V であっても，対地電圧は 100 V である．
2. 単相 100 V と単相 200 V の 2 種類の電圧が取り出せる．
3. 同一容量の負荷に供給する場合，単相 2 線式 100 V に比べて電圧降下が小さくなるが，電力損失は大きくなる．
4. 3 極が同時に遮断される場合を除き，中性線には過電流遮断器を設けない．

No.24 高圧受電設備の用語の定義として，「高圧受電設備規程」上，**不適当なも**のはどれか．

1. 区分開閉器とは，保守点検の際に電路を区分するための開閉装置をいう．
2. CB形とは，主遮断装置として，高圧交流負荷開閉機(LBS)を用いる形式をいう．
3. 短絡電流とは，電路の線間がインピーダンスの少ない状態で接触を生じたことにより，その部分を通じて流れる電流をいう．
4. 地絡電流とは，地絡によって電路の外部に流出し，電路，機器の損傷などの事故を引き起こすおそれのある電流をいう．

No.25 据置鉛蓄電池に関する記述として，**不適当なもの**はどれか．

1. 電解液には，希硫酸を用いる．
2. 放電により，水素ガスが発生する．
3. 回復充電とは，停電により放電した非常用蓄電池の容量回復のために行う充電のことをいう．
4. 制御弁式鉛蓄電池は，電解液を補水する必要がない．

No.26 地中電線路と比較した架空電線路に関する記述として，**最も不適当なもの**はどれか．

1. 建設費が安い．
2. 雷，風雨，氷雪など自然現象の影響を受けやすい．
3. 都市の景観との調和が困難である．
4. 事故・故障時の復旧に時間がかかる．

No.27 自動火災報知設備に関する次の記述に該当する感知器として，「消防法」上，**適当なもの**はどれか．

　「一局所の周囲の温度が一定の温度以上になったときに火災信号を発信するもので，外観が電線状以外のもの」

1. 赤外線式スポット型感知器
2. 光電式スポット型感知器
3. 差動式スポット型感知器
4. 定温式スポット型感知器

No.28 誘導灯に関する記述として，「消防法」上，**誤っているもの**はどれか．

1. 非常電源を附置すること．
2. 通路誘導灯には音声誘導機能を設けることができる．
3. 電源の開閉機には，誘導灯用のものである旨を表示すること．
4. 通路誘導灯は，床面に設けることができる．

No.29 次の記述に該当するテレビ共同受信設備を構成する機器の名称として，**適当なもの**はどれか．

　　「幹線から信号を分けるとともに，入出力間通過損失を小さく保つ機器．」

1. 分配器
2. 混合器
3. 分岐器
4. 分波器

No.30 電車線の架設方式のうち，架空単線式に該当する方式として，**不適当なもの**はどれか．

1. カテナリちょう架式
2. 直接ちょう架式
3. 剛体ちょう架式
4. サードレール式

No.31 道路交通信号の信号制御の3要素として用いられるパラメータとして，**最も不適当なもの**はどれか．

1. サイクル長
2. オフセット
3. スプリット
4. クリアランス時間

※問題番号【No.32】から【No.37】までは，6問題のうちから3問題を選択し，解答してください．

No.32 排水・通気設備に関する記述として，**最も不適当なもの**はどれか．
 1. 屋内の排水方式は，合流式と分流式がある．
 2. 排水管は，電気室の天井部を通さない．
 3. 排水管の通気管は，管内の圧力変動を緩和させるために設ける．
 4. 通気管は，雨水排水管の立て管と兼用して設ける．

No.33 山留め（土留め）壁工事において，遮水性が求められる壁体の種類として，**最も不適当なもの**はどれか．
 1. 鋼矢板（シートパイル）
 2. 親杭横矢板
 3. 鋼管矢板
 4. ソイルセメント

No.34 水準測量の誤差を減少させる方法として，**最も不適当なもの**はどれか．
 1. 往復の測定を行い，その往復差が許容範囲を超えた場合は再度測定する．
 2. 標尺は水準器を用いて鉛直に立てる．
 3. 前視より後視の視準距離を長くする．
 4. 器械は直射日光を避けて設置する．

No.35 地中送電線路における管路の埋設方法として，**最も不適当なもの**はどれか．
 1. 開削工法
 2. 小口径推進法
 3. セミシールド工法
 4. ディープウェル工法

No.36 鉄道線路の軌道における速度向上策に関する記述として，**不適当なもの**はどれか．
 1. レールの単位重量を軽くする．
 2. まくらぎの間隔を小さくする．
 3. 曲線部では，曲線半径を大きくする．
 4. 道床（バラスト）を厚くする．

No.37 鉄筋コンクリート造の柱の配筋において，図に示すアとイの名称の組合せとして，**適当なもの**はどれか.

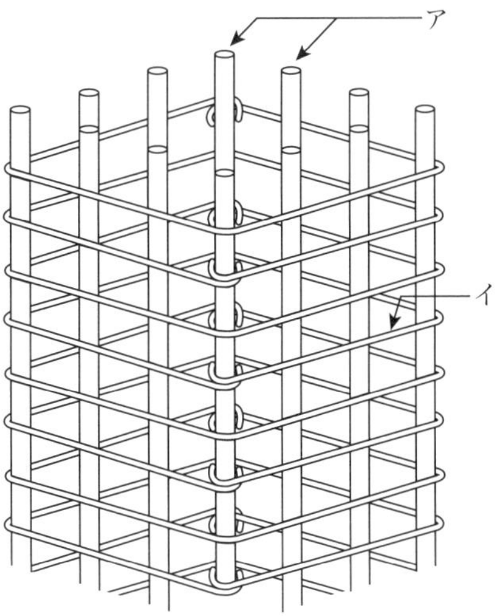

	ア	イ
1.	主筋	あばら筋
2.	主筋	帯筋
3.	腹筋	あばら筋
4.	腹筋	帯筋

※問題番号【**No.38**】から【**No.42**】までの **5** 問題は，全問解答してください.
（問題 **No.39** ～ **42** の問題は，施工管理法の応用能力問題）

No.38 構内電気設備の配線用図記号において，発電機を表す図記号として，「日本産業規格（JIS）」上，**正しいもの**はどれか.

1. 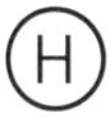

2. 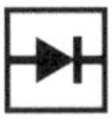

3. 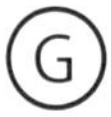

4. 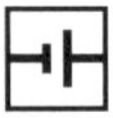

● 施工管理法 ●

No.39 建設工事における施工計画に関する記述として，**最も不適当なもの**はどれか．

1. 労務工程表は，必要な労務量を予測し工事を円滑に進めるために作成した．
2. 安全衛生管理体制表は，災害防止活動を展開していくために作成した．
3. 総合施工計画書は，現場担当者だけで検討することなく，会社内の組織を活用して作成した．
4. 搬入計画書は，関連業者と打合わせを行い，工期に支障のないように作成した．
5. 総合工程表は，週間工程表を基に施工すべき作業内容を具体的に示して作成した．

No.40 建設工事の工程管理に用いる工程表に関する記述として，**最も不適当なもの**はどれか．

1. 作業間の手順が把握しやすいので，バーチャート工程表を用いた．
2. 各作業の余裕時間が把握しやすいので，バーチャート工程表を用いた．
3. 複雑な工事であり，他工種との関連性が把握しにくいので，バーチャート工程表は用いなかった．
4. 各作業の所要日数や日程が把握しやすいので，バーチャート工程表を用いた．
5. 工事全体のクリティカルパスが把握しにくいので，バーチャート工程表は用いなかった．

No.41 図に示すネットワーク工程表において，D の作業日数が 6 日から 10 日に変更になった場合の，クリティカルパスの日数（所要工期）の変化として，**正しいもの**はどれか．

ただし，○内の数字はイベント番号，アルファベットは作業名，日数は所要日数を示す．

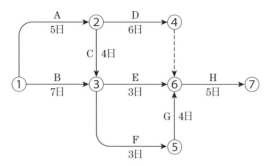

1. 所要工期は 1 日増える．
2. 所要工期は 2 日増える．
3. 所要工期は 3 日増える．
4. 所要工期は 4 日増える．
5. 所要工期は変化しない．

No.42 品質管理に用いる特性要因図に関する記述として，**最も不適当なもの**はどれか．

1. 図の形から魚の骨と言われることがある．
2. 問題の大きさの順位が容易にわかるので採用した．
3. 重要な要因には印をつけたところ，異常原因の追及に有効であった．
4. 特性要因図の作成をブレーン・ストーミングにより進めたところ有効であった．
5. 問題としている特性と，それに影響を与える要因との関係を，体系的に整理した図である．

※問題番号【No.43】から【No.52】までは，**10問題のうちから6問題を選択し**，解答してください．

No.43 建設工事における施工計画を立案する順序として，**最も適当なもの**はどれか．

ただし，ア～エは作業内容を示す．

　　ア　施工方法の基本方針を決める．
　　イ　工程計画を立て，総合工程表を作成する．
　　ウ　仮設計画及び材料などの調達計画をたてる．
　　エ　発注者との契約条件を把握し，現地調査を行う．

1. ア → エ → イ → ウ．
2. ア → ウ → エ → イ
3. エ → ア → イ → ウ
4. エ → ウ → ア → イ

No.44 建設工事における工程管理に関する記述として，**最も不適当なもの**はどれか．

1. 施工速度を上げるほど，一般に品質は低下しやすい．
2. 施工完了予定日から所要期間を逆算して，各工事の開始日を設定する．
3. 進捗度曲線（Sチャート）は，工期と累計人工の関係を示したものである．
4. 主要機器の搬入工程表は，製作図作成，承認から現場搬入時に受入検査までの工程を書き表したものである．

No.45 絶縁抵抗測定に関する記述として，**最も不適当なもの**はどれか．

1. 高圧ケーブルの各心線と大地間を，500Vの絶縁抵抗計で測定した．
2. 測定回路に漏電遮断機が設置されていたので，線間は測定しなかった．
3. 高圧設備の測定時には，初めに充電電流が流れるので，十分に時間をかけて指針が安定してから読んだ．
4. 測定前に絶縁抵抗計の接地端子（E）と線路端子（L）を短絡し，スイッチを入れて指針がゼロ（0）を示すことを確認した．

No.46 墜落，飛来崩壊等による危険を防止するための防網（安全ネット）に関する記述として，「労働安全衛生法」上，**誤っているもの**はどれか．

1. 防網には，網目の辺の長さが 20 cm のものを使用した．
2. 防網の見やすい箇所に，製造者名，製造年月などの表示がされていることを確認した．
3. 高さ 2 m の作業場所で，作業床を設けることが困難な箇所に防網を設けた．
4. 上下作業がある場所で，物体が落下するおそれがあったので，防網を設けた．

No.47 高さが 5 m 以上の移動式足場（ローリングタワー）の設置及び使用に関する記述として，**最も不適当なもの**はどれか．

1. 組み立て作業は，作業指揮者を選任して行った．
2. 作業床上に作業員が乗っている場合は，移動式足場の移動を禁止した．
3. 作業床の周囲に設ける手すりの高さを 90 cm とし，中さんを設けた．
4. 作業床の床材に足場板を使用し，すき間が 3 cm 以下となるよう敷き並べて固定した．

No.48 太陽光発電システムの施工に関する記述として，**最も不適当なもの**はどれか．

1. ストリングごとに開放電圧を測定して，電圧にばらつきがないことを確認した．
2. 積雪地域であるため，陸屋根に設置した太陽電池アレイの傾斜角を大きくした．
3. 太陽電池モジュールの温度上昇を抑えるため，勾配屋根と太陽電池アレイの間に通気層を設けた．
4. スレート屋根の上に太陽電池アレイを設置する場合，支持金具はたる木などの構造材に荷重がかからないよう屋根材に固定した．

No.49 高圧ケーブルによる架空引込線の施工に関する記述として，**最も不適当なもの**はどれか．

1. ケーブルを径間途中で接続した．
2. ケーブルのちょう架用線に使用する金属体に D 種接地工事を施した．
3. ケーブルを屈曲させるので 3 心ケーブルの曲げ半径を外径の 8 倍とした．
4. ケーブルをちょう架用線にハンガーを使用してちょう架し，ハンガーの間隔を 50 cm として施設した．

No.50 高圧受電設備の受電室に関する記述として，「高圧受電設備規定」上，**最も不適当なもの**はどれか．

1. 窓及び出入口には，防火戸を設置した．
2. 電気主任技術者の更衣室として使用した．
3. 取扱者が操作する受電室専用の分電盤を設置した．
4. 工具，器具及び材料を，受電設備の監視，保守，点検に支障がない箇所に保管した．

No.51 交流電化区間における電車線路の標準構造において，図に示す部材アとイの名称の組合せとして，**適当なもの**はどれか．

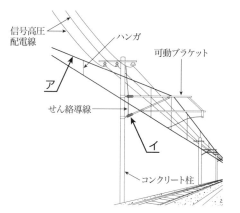

	ア	イ
1.	負き電線	懸垂がいし
2.	負き電線	長幹がいし
3.	ちょう架線	長幹がいし
4.	ちょう架線	懸垂がいし

No.52 建築物等に設ける防犯設備に関する記述として，**最も不適当なもの**はどれか．

1. ドアスイッチは，扉の開閉を検知するため，リードスイッチ部を建具枠に，マグネット部を扉にそれぞれ取り付けた．
2. 赤外線遮断検知器は，侵入者を検知するため，窓際に取り付けた．
3. パッシブセンサは，熱線を放出して侵入者を検知するため，外壁に取り付けた．
4. センサライトは，ライトを点灯して侵入者を威嚇するため，外壁に取り付けた．

● 法　　規 ●

※問題番号【No.53】から【No.64】までは，12 問題のうちから 8 問題を選択し，解答してください．

No.53　建設業の許可に関する記述として，「建設業法」上，**誤っているもの**はどれか．

1. 国又は地方公共団体が発注者である建設工事を請け負う者は，特定建設業の許可を受けていなければならない．
2. 一の建設業者は，建築工事業と電気工事業の両方の許可を受けることができる．
3. 特定建設業の建築工事業のみの許可を受けた者は，請け負った建築一式工事に附帯する電気工事業に係る建設工事を請け負うことができる．
4. 一般建設業の電気工事業のみの許可を受けた者は，請け負った電気工事に付帯する建築工事業に係る建設工事を請け負うことができる．

No.54　建設工事の請負契約書に記載しなければならない事項として，「建設業法」上，**定められていないもの**はどれか．

1. 工事着手の時期
2. 工事完成の時期
3. 下請負人の選定の時期
4. 請負代金の支払の時期

No.55　電気工作物に関する記述として，「電気事業法」上，**誤っているもの**はどれか．
ただし，火薬類取締法及び鉱山保安法が適用されるものを除く．

1. 一般電気工作物の所有者は，当該電気工作物が技術基準に適合しているか調査しなければならない．
2. 自家用電気工作物とは，事業の用に供する電気工作物及び一般用電気工作物以外の電気工作物をいう．
3. 経済産業大臣は，一般用電気工作物が技術基準に適合していないときは，その所有者に対し，修理を命ずることができる．
4. 事業用電気工作物を設置する者は，主務省令で定めるところにより，保安規定を定め，使用の開始前に主務大臣に届け出なければならない．

No.56　電気用品の定義に関する次の記述の □□□□ に当てはまる語句の組合せとして，「電気用品安全法」上，**定められているもの**はどれか.

　　　この法律において「電気用品」とは，次に掲げる物をいう.

　　　　一　□ ア □ の部分となり，又はこれに接続して用いられる機械，器具又は材料であって，政令で定めるもの.

　　　　二　携帯発電機であって，政令で定めるもの.

　　　　三　□ イ □ であって，政令で定めるもの.

	ア	イ
1.	自家用電気工作物	蓄電池
2.	自家用電気工作物	太陽光発電装置
3.	一般用電気工作物	蓄電池
4.	一般用電気工作物	太陽光発電装置

No.57　電気工事士等に関する記述として，「電気工事士法」上，**誤っているもの**はどれか.

　ただし，電気工作物は最大電力 500 kW 未満の需要設備とする.

　1. 電気工事士免状は，都道府県知事が交付する.

　2. 認定電気工事従事者認定証は，経済産業大臣が交付する.

　3. 第一種電気工事士は，自家用電気工作物に係る電気工事のうち特殊電気工事を除く作業に従事できる.

　4. 第二種電気工事士は，自家用電気工作物に係る電気工事のうち簡易電気工事の作業に従事できる.

No.58　電気工事業者が営業所ごとに備える帳簿において，電気工事ごとに記載しなければならない事項として，「電気工事業の業務の適正化に関する法律」上，**定められていないもの**はどれか.

　1. 営業所の名称および所在の場所

　2. 注文者の氏名または名称および住所

　3. 電気工事の種類および施工場所

　4. 主任電気工事士等および作業者の氏名

2023 一次問題後

No.59 建築物に設ける建築設備として，「建築基準法」上，**定められていないも**のはどれか．

1. 煙突
2. 誘導標識
3. 避雷針
4. エスカレーター

No.60 消防の用に供する設備として，「消防法」上，**定められていないもの**はどれか．

1. 消火設備
2. 警報設備
3. 避難はしご
4. 防火水槽

No.61 事業者が労働者に安全衛生教育を行わなければならない場合として，「労働安全衛生法」上，**定められていないもの**はどれか．

1. 労働者の作業内容を変更したとき．
2. 建設業の事業場で，施工体制台帳を作成したとき．
3. 労働者を高圧の充電電路の点検の業務につかせるとき．
4. 建設業の事業場で，職長が新たに職務につくことになったとき．

No.62 労働者の健康管理等に関する記述として，「労働安全衛生法」上，**誤って**いるものはどれか．

1. 事業者は，中高年齢者については，心身の条件に応じて適正な配置を行うように努めなければならない．
2. 事業者は，常時 50 人以上の労働者を使用する事業場には，産業医を選任し，その者に労働者の健康管理等を行わせなければならない．
3. 事業者は，常時使用する労働者に対し，医師による定期健康診断を行う場合は，既往歴及び業務歴の調査を行わなければならない．
4. 事業者は，健康診断の結果に基づき，健康診断個人票を作成して，これを 3 年間保存しなければならない．

No.63　労働契約及び災害補償に関する記述として,「労働基準法」上, **誤っている**ものはどれか.

1. 労働契約で明示された労働条件が事実と相違する場合において, 労働者は, 即時に労働契約を解除することができない.
2. 使用者は, 労働契約の不履行について損害賠償額を予定する契約をしてはならない.
3. 労働者が業務上負傷した場合において, 使用者は, 必要な療養の費用を負担しなければならない.
4. 親権者又は後見人は, 未成年者に代わって労働契約を締結することはできない.

No.64　特定エネルギー消費機器(トップランナー制度の対象品目)として,「エネルギーの使用の合理化及び非化石エネルギーへの転換等に関する法律(省エネ法)」上, **定められていないもの**はどれか.

ただし, 政令, 省令により適用を除外された機器を除くものとする.

1. 変圧器
2. 交流電動機
3. 電気温水機器
4. 高圧進相コンデンサ

2023年度（令和5年度）第二次検定試験

出題数：5
必要解答数：5
試験時間：120分

問題1 あなたが**経験した電気工事**について，次の問に答えなさい．

1-1 経験した電気工事について，次の事項を記述しなさい．

(1) 工 事 名

(2) 工事場所

(3) 電気工事の概要

(4) 工 期

(5) この電気工事でのあなたの立場

(6) あなたが担当した業務の内容

1-2 上記の電気工事の現場において，**安全管理上**，あなたが**留意した事項**と**その理由**を**2つ**あげ，あなたがとった**対策又は処置**を留意した事項ごとに具体的に記述しなさい．

ただし，対策又は処置の内容は重複しないこと．

なお，次のいずれか又は両方の記述については配点しない．

・保護帽の単なる着用のみの記述

・要求性能墜落制止用器具の単なる着用のみの記述

問題2 次の問に答えなさい

2－1　電気工事に関する次の語句の中から**2つ選び**，番号と語句を記入のうえ，**施工管理上留意すべき内容を**，それぞれについて**2つ具体的に記述**しなさい．

> 1. 工具の取扱い
> 2. 機器の搬入
> 3. 分電盤の取付け
> 4. ケーブルラックの施工
> 5. 電動機への配管配線
> 6. 引込口の防水処理

2－2　一般送配電事業者から供給を受ける，図に示す高圧受電設備の単線結線図について，次の問に答えなさい．

(1)　**ア**に示す機器の**名称又は略称**を記入しなさい．

(2)　**ア**に示す機器の**機能**を記述しなさい．

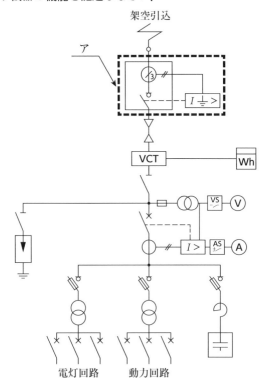

問題3 電気工事に関する次の用語の中から **3 つ**選び，番号と用語を記入のうえ，**技術的な内容**を，それぞれについて **2 つ**具体的に記述しなさい．

ただし，**技術的な内容**とは，施工上の留意点，選定上の留意点，動作原理，発生原理，定義，目的，用途，方式，方法，特徴，対策などをいう．

> 1. 風力発電
> 2. 架空送配電線路の耐塩対策
> 3. 三相誘導電動機の始動方式
> 4. 屋内配線よう差込形電線コネクタ
> 5. 光ファイバーケーブル
> 6. 自動列車制御装置（ATC）
> 7. 道路の照明方式(トンネル照明を除く)
> 8. 接地抵抗試験
> 9. 電線の許容電流

問題4 次の問に答えなさい．

4−1 図に示す RLC 直列回路に交流電圧を加えたとき，X_L の両端の電圧 V_L〔V〕として，**最も適当なもの**はどれか．

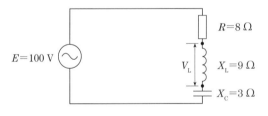

① 30 V ② 45 V ③ 60 V ④ 90 V

4−2 図に示す配電線路において，C 点の線間電圧〔V〕として，**最も適当なもの**はどれか．

ただし，電線 1 線あたりの抵抗は，A-B 間で 0.2 Ω，B-C 間で 0.1 Ω負荷は抵抗負荷とし，線路リアクタンスは無視する．

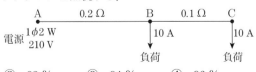

① 90 % ② 93 % ③ 94 % ④ 96 %

問題5 「建設業法」,「労働安全衛生法」又は「電気工事士法」に関する次の問に答えなさい.

5−1 建設工事の請負契約に関する次の記述の_____に当てはまる語句として,「建設業法」上, **定められているもの**はそれぞれどれか.

　　「建設業者は, 建設工事の ア から請求があったときは, 請負契約が成立するまでの間に, 建設工事の イ を交付しなければならない.」

ア　① 下請負人　　② 設計者　　③ 注文者　　④ 発注者

イ　① 見積書　　② 注文書　　③ 契約書　　④ 請求書

5−2 労働者の危険等を防止するため, 事業者等の講ずべき措置等に関する次の記述の_____に当てはまる語句として,「労働安全衛生法」上, **定められているもの**はそれぞれどれか.

　　「事業者は, ア 発生の急迫した危険があるときは, 直ちに作業を中止し, 労働者を イ から退避させる等必要な措置を講じなければならない.」

ア　① 酸素欠乏　　② 火災　　　③ 労働災害　　④ 感電

イ　① 事業場　　② 電気工作物　③ 現地　　　　④ 作業場

5−3 電気工事士免状に関する次の記述の_____に当てはまる語句として,「電気工事士法」上, **定められているもの**はそれぞれどれか.

　　「第一種電気工事士免状は, 次の各号の一に該当する者でなければ, その交付を受けることができない.

　　　一　第一種電気工事士試験に合格し, かつ, 経済産業省で定める電気に関する ア に関し経済産業省令で定める イ の経験を有する者

　　　二　（省略）

ア　① 作業　　② 工事　　③ 技術　　④ 知識

イ　① 実務　　② 施工　　③ 管理　　④ 保安

2022年度（令和4年度）第一次検定試験（前期）

出題数：64
必要解答数：40
試験時間：150分

● 電気工学等 ●

※問題番号【No.1】から【No.12】までは，**12**問題のうちから**8**問題を選択し，解答してください．

No.1 図Aの合成静電容量をC_A〔F〕，図Bの合成静電容量をC_B〔F〕とするとき，$\dfrac{C_A}{C_B}$の値として，正しいものはどれか．

1. $\dfrac{3}{16}$

2. $\dfrac{1}{4}$

3. 4

4. $\dfrac{16}{3}$

$3C$〔F〕

C〔F〕

図A

$3C$〔F〕　　C〔F〕

図B

No.2 図に示す磁極間に置いた導体に電流を流したとき，導体に働く力の方向として，正しいものはどれか．

ただし，電流は紙面の裏から表へと向かう方向に流れるものとする．

1. a

2. b

3. c

4. d

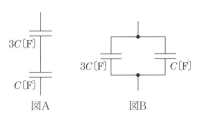

N　d ← ⊙ → b　S

a（上）
c（下）

No.3 図に示す回路において，A-B 間の合成抵抗値が 100 Ω であるとき，抵抗 R の値として正しいものはどれか．

1. 150 Ω
2. 200 Ω
3. 300 Ω
4. 450 Ω

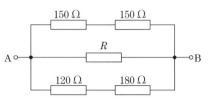

No.4 内部抵抗 10 kΩ，最大目盛 30 V の永久磁石可動コイル形電圧計を使用し，最大電圧 300 V まで測定するための倍率器の抵抗値として，正しいものはどれか．

1. 10 kΩ
2. 90 kΩ
3. 100 kΩ
4. 900 kΩ

No.5 図に示す直流発電機の界磁巻線の接続方法のうち，直巻発電機の接続図として，適当なものはどれか．

ただし，各記号は次のとおりとする．

A：電機子　　　F：界磁巻線　　　I：負荷電流

I_a：電機子電流　I_f：界磁電流

1.
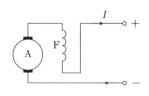

2.
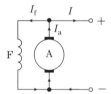

3.
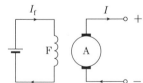

4.

No.6 変圧器油に要求される特性として，**不適当なもの**はどれか．

1. 絶縁耐力が大きいこと．
2. 冷却作用が大きいこと．
3. 凝固点が低いこと．
4. 引火点が低いこと．

No.7 進相コンデンサと接続して使用する直列リアクトルに関する記述として，**不適当なもの**はどれか．

1. 高調波電流による障害を防止する．
2. コンデンサ開放時の残留電荷を放電する．
3. 電圧波形のひずみを軽減する．
4. コンデンサ回路投入時の突入電流を抑制する．

No.8 図に示す汽力発電の強制循環ボイラにおいて，アとイの名称の組合せとして，**適当なもの**はどれか．

	ア	イ
1.	給水ポンプ	再熱器
2.	給水ポンプ	節炭器
3.	循環ポンプ	再熱器
4.	循環ポンプ	節炭器

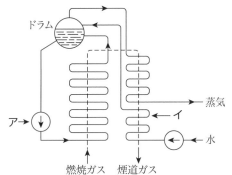

No.9 変電所において，電力用コンデンサを系統に並列に接続する目的として，**不適当なもの**はどれか．

1. 電圧変動の軽減
2. 送電容量の増加
3. 送電損失の軽減
4. 短絡容量の軽減

No.10 低圧配電系統における電気方式において，単相 2 線式と比較した三相 3 線式の特徴として，**最も不適当なもの**はどれか．

ただし，線間電圧，力率及び送電距離は同一とし，材質と太さが同じ電線を用いるものとする．

1. 電線 1 線あたりの送電電力は大きくなる．
2. 送電電力が等しい場合には，送電損失が大きくなる．
3. 回転磁界が容易に得られ，電動機の使用に適している．
4. 三相分を合計した送電電力の瞬時値が一定で脈動しない．

No.11 照明に関する記述として，**不適当なもの**はどれか．

1. 輝度は，ある波長の放射エネルギーが，人の目に光としてどれだけ感じられるかを表すものである．
2. 照度は，受光面の単位面積当たりに入射する光束の大きさで表される．
3. 色温度は，光源と色度が等しい放射を発する黒体の温度を表したものである．
4. LED の発光は，エレクトロルミネセンスを利用している．

No.12 電気加熱方式に関する次の記述に該当する用語として，**適当なもの**はどれか．

「平行平板電極間に被加熱物を置いて，この電極間に作られる高周波電界によって加熱する方式」

1. 誘電加熱
2. 誘導加熱
3. プラズマ加熱
4. アーク加熱

※問題番号【No.13】から【No.31】までは，19 問題のうちから 10 問題を選択し，解答してください．

No.13 水力発電に用いられる水車において，水車形式と動作原理による分類の組合せとして，**不適当なもの**はどれか．

	水車形式	動作原理による分類
1.	ペルトン水車	衝動水車
2.	カプラン水車	衝動水車
3.	プロペラ水車	反動水車
4.	フランシス水車	反動水車

No.14 屋外変電所の雷害対策に関する記述として，**最も不適当なもの**はどれか．
1. 過電圧継電器を設置する．
2. 屋外鉄構の上部に，架空地線を設ける．
3. 避雷器の接地は，A 種接地工事とする．
4. 避雷器を架空電線の電路の引込口及び引出口に設ける．

No.15 変電設備において，無効電力の調整を行うための機器として，**最も不適当なもの**はどれか．
1. 分路リアクトル
2. 電力用コンデンサ
3. 同期調相機
4. 中性点接地装置

No.16 架空送電線における支持点間の電線のたるみの近似値 D〔m〕を求める式として，**正しいもの**はどれか．

ただし，各記号は次のとおりとし，電線支持点の高低差はないものとする．

S：径間〔m〕

T：最低点の電線の水平張力〔N〕

W：電線の単位長さ当たりの重量〔N/m〕

1. $D = \dfrac{WS^2}{3T}$〔m〕

2. $D = \dfrac{WS}{3T^2}$〔m〕

3. $D = \dfrac{WS^2}{8T}$〔m〕

4. $D = \dfrac{WS}{8T^2}$〔m〕

No.17 図に示すがいしの名称として，**適当なもの**はどれか．

1. 懸垂がいし
2. 長幹がいし
3. 高圧ピンがいし
4. 耐霧がいし

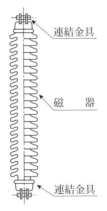

連結金具

磁　　器

連結金具

No.18 送電線路の線路定数に関する次の記述において，[　　　]に当てはまる語句として，**適当なもの**はどれか．

「送電線路は，抵抗，インダクタンス，[　　　]，漏れコンダクタンスの 4 つの定数をもつ連続した電気回路とみなすことができる．」

1. アドミタンス
2. サセプタンス
3. 静電容量
4. 零相電流

No.19 次の機器のうち，一般に配電線に電圧フリッカを発生させる機器として，**不適当なもの**はどれか．
1. 蛍光灯
2. 溶接機
3. アーク炉
4. 圧延機

No.20 配電系統の電圧調整に関する記述として，**最も不適当なもの**はどれか．
1. ステップ式自動電圧調整器による線路電圧の調整
2. 負荷時タップ切換変圧器による変電所の送り出し電圧の調整
3. 直列抵抗器を用いた電流の調整による電圧の調整
4. 静止形無効電力補償装置を用いることによる電圧の調整

No.21 事務所の室等のうち，「日本産業規格（JIS）」の照明設計基準上，基準面における維持照度の推奨値が**最も高いもの**はどれか．
1. 食堂
2. 事務室
3. 集中監視室
4. 電子計算機室

No.22 三相200 Vの電動機の電路に施設する手元開閉器に関する記述として，「内線規程」上，**不適当なもの**はどれか．
ただし，電路の対地電圧は，200 Vとする．
1. 専用の分岐回路から供給され，フロートスイッチにより自動的に操作される場合は，手元開閉器を省略できる．
2. 手元開閉器は，充電部を露出せず，ハンドルなどにより外部から操作できる構造であること．
3. 配線用遮断器は，手元開閉器として使用することができる．
4. カバー付きナイフスイッチは，手元開閉器として使用することができる．

No.23 図に示す定格電流 100 A の過電流遮断器で保護された低圧屋内幹線との分岐点から，分岐幹線の長さが 8 m の箇所に過電流遮断器を設ける場合，分岐幹線の許容電流の最小値として，「電気設備の技術基準とその解釈」上，**正しいもの**はどれか．

1. 35 A
2. 45 A
3. 55 A
4. 65 A

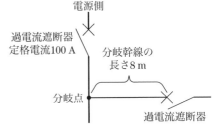

No.24 高圧受電設備に使用する断路器に関する記述として，「高圧受電設備規程」上，**最も不適当なもの**はどれか．

ただし，切替断路器を除くものとする．

1. 断路器は，負荷電流が通じているときは開路できないようにする．
2. ブレード（断路刃）は，開路した場合に電源側になるように施設する．
3. 開路状態において自然に閉路するおそれがないように施設する．
4. 縦に取り付ける場合は，接触子（刃受）を上部側とする．

No.25 据置鉛蓄電池に関する記述として，**不適当なもの**はどれか．

1. 極板の種類により，クラッド式とペースト式に分類される．
2. 単電池の公称電圧は，2 V である．
3. 放電すると，電解液の比重は上がる．
4. 触媒栓は，充電時に発生するガスを水に戻す機能がある．

No.26 構内電線路に関する記述として，「電気設備の技術基準とその解釈」上，**不適当なもの**はどれか．

1. 地中電線路を管路式で施設する場合，電線に CV ケーブルを使用した．
2. 暗きょ式で施設した地中電線に耐燃措置を施した．
3. 架空電線路において低圧ケーブルを使用する場合は，そのケーブルをハンガーによりちょう架用線に支持した．
4. 低圧架空電線と高圧架空電線を同一支持物に施設する場合，高圧架空電線を低圧架空電線の下に施設した．

No.27 自動火災報知設備において，地区音響装置の設置に関する記述として，「消防法」上，**誤っているもの**はどれか．

1. 地区音響装置は，一の防火対象物に2以上の受信機が設けられているときは，いずれの受信機からも鳴動させること．
2. 地区音響装置の主要部の外箱の材料は，不燃性又は難燃性のものとすること．
3. 音響により警報を発する地区音響装置の公称音圧は，90 dB以上とすること．
4. 受信機と地区音響装置間の配線は，警報用ポリエチレン絶縁ケーブル（AE）とすること．

No.28 防火対象物に設置する非常ベルに関する記述として，「消防法」上，**誤っているもの**はどれか．

ただし，防火対象物には自動火災報知設備が設置されていないものとする．

1. 非常ベルは，避難設備である．
2. 非常ベルの設置は，防火対象物の区分と収容人員により決められる．
3. 非常ベルには，非常電源を附置しなければならない．
4. 非常ベルの起動装置の直近の箇所に，赤色の表示灯を設けなければならない．

No.29 光ファイバ通信の特徴に関する記述として，**最も不適当なもの**はどれか．

1. メタルケーブルに比べ伝送損失が少ない．
2. メタルケーブルに比べ伝送帯域が広い．
3. 光ファイバは電磁誘導の影響を受けやすい．
4. 光ファイバは細く軽量である．

No.30 国内における電車線の標準電圧として，**不適当なもの**はどれか．

1. 直流　1 000 V
2. 直流　1 500 V
3. 交流　20 000 V
4. 交流　25 000 V

No.31 道路照明における連続照明の設計要件に関する記述として，**最も不適当な**ものはどれか．

1. 道路条件に応じ十分な路面輝度にすること．
2. 路面の輝度分布をできるだけ均一とすること．
3. 照明からのグレアが十分抑制されていること．
4. 曲線部では誘導効果を確保するため千鳥配列とすること．

※問題番号【No.32】から【No.37】までは，**6 問題のうちから 3 問題を選択し，**解答してください．

No.32 図に示す建物の空調で使用するヒートポンプの原理図において，ア及びイの名称の組合せとして，**適当なもの**はどれか．

	ア	イ
1.	送風機	凝縮器
2.	送風機	蒸発器
3.	圧縮機	凝縮器
4.	圧縮機	蒸発器

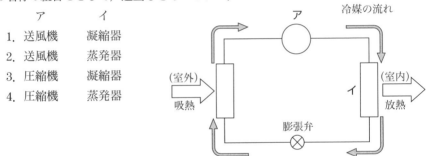

No.33 盛土工事における土の締固めに関する記述として，**不適当なもの**はどれか．

1. 透水性を増加させる．
2. せん断強度を大きくする．
3. 荷重に対する土の支持力を増加させる．
4. 水の浸入による軟化・膨張を防止する．

No.34 土木作業において，締固め作業で使用する建設機械として，**最も不適当な**ものはどれか．

1. ロードローラ
2. スクレーパ
3. ランマ
4. 振動コンパクタ

No.35 架空送電線の鉄塔の組立工法として，**不適当なもの**はどれか．

1. 台棒工法
2. 相取り工法
3. 移動式クレーン工法
4. クライミングクレーン工法

No.36 図は鉄道の曲線区間における軌道構造の断面を示したものである．道床厚を示すものとして，**適当なもの**はどれか．

1. a
2. b
3. c
4. d

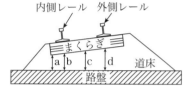

No.37 コンクリート工事における施工の不具合として，**関係のないもの**はどれか．

1. 豆板（ジャンカ）
2. 空洞
3. オーバーラップ
4. コールドジョイント

※問題番号【No.38】から【No.42】までの **5** 問題は，全問解答してください．

No.38 配電盤・制御盤・制御機器の文字記号「ELCB」を示す制御機器の用語として，「日本電機工業会規格（JEM）」上，**正しいもの**はどれか．

1. 配線用遮断器
2. 磁気遮断器
3. 漏電遮断器
4. 電磁接触器

施工管理法

No.39 大型機器の屋上への搬入計画を立案する場合の確認事項として，**最も関係のないもの**はどれか．

1. 搬入順序
2. 搬入経路
3. 搬入揚重機の作業に必要な資格
4. 搬入機器の試験成績書
5. 搬入揚重機の選定

No.40 建設工事において工程管理を行う場合，ネットワーク工程表と比較したタクト工程表の特徴に基づく工程表の選定に関する記述として，**最も不適当なもの**はどれか．

1. 工程表の作成及び管理が容易なタクト工程表を採用した．
2. 工事工程の遅れなどによる変化への対応が容易なタクト工程表を採用した．
3. 工事全体の稼働人員を把握する場合は，タクト工程表は採用しにくい．
4. 階層別に現状の作業工程を把握しやすくするため，タクト工程表を採用した．
5. 全工程のクリティカルパスを把握する場合は，タクト工程表は採用しにくい．

No.41 図に示すネットワーク工程表において，イベント⑨の再早開始時刻として，正しいものはどれか．

ただし，○内の数字はイベント番号，アルファベットは作業名，日数は所要日数を示す．

1. 15 日
2. 18 日
3. 20 日
4. 26 日
5. 37 日

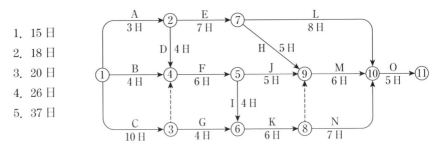

No.42 品質管理活動における次の(ア)～(エ)の作業内容について，品質管理の PDCA (Plan, Do, Check, Action) の手順として，**適当なもの**はどれか．

 (ア)　不具合がでたら，原因を調べて処理する．

 (イ)　標準どおりに作業を実施する．

 (ウ)　品質を測定・試験し，結果を基準と比較し，確認する．

 (エ)　品質の会社方針を決め，品質の仕様を決定する．

1. (イ)→(ウ)→(ア)→(エ)
2. (エ)→(ア)→(イ)→(ウ)
3. (イ)→(エ)→(ア)→(ウ)
4. (エ)→(イ)→(ウ)→(ア)
5. (イ)→(ア)→(ウ)→(エ)

 ※問題番号【**No.43**】から【**No.52**】までは，**10** 問題のうちから **6** 問題を選択し，解答してください．

No.43 施工計画の策定にあたり，契約内容を確認するために必要な事項として，**最も関係のないもの**はどれか．

1. 工事請負契約書の確認
2. 下請負人の経営内容の確認
3. 現場説明書の確認
4. 設計図の検討

No.44 工程管理に関する記述として，**最も不適当なもの**はどれか

1. 作業の所要日数は，全工事量を 1 日当たりの平均施工量で割ったものである．
2. 作業可能日数は，実際に作業が可能な日数のことで，天候などの自然条件，正月・盆などの社会的な条件を考慮して定める．
3. 進捗度曲線を用いて，施工速度と工事原価の関係を管理する．
4. クリティカルパス上の作業は，重点管理する必要がある．

No.45 電気工事の試験や測定に使用する機器とその使用目的の組合せとして，**最も不適当なもの**はどれか．

機器	使用目的
1. 回路計（テスタ）	低圧回路の電圧値の測定
2. 検電器	高圧回路の電圧値の測定
3. 検相器	三相動力回路の相順の確認
4. 絶縁抵抗計	回路の絶縁状態の確認

No.46 要求性能墜落制止用器具等の取付設備等に関する次の記述において，□□□に当てはまる語句として，「労働安全衛生法」上，**正しいもの**はどれか．

「事業者は，高さが□□□以上の箇所で作業を行う場合において，労働者に要求性能墜落制止用器具等を使用させるときは，要求性能墜落制止用器具等を安全に取り付けるための設備等を設けなければならない．」

1. 1.5 m
2. 1.8 m
3. 2.0 m
4. 2.5 m

No.47 作業主任者を選任すべき作業として「労働安全衛生法」上，**定められていないもの**はどれか．

1. 土止め支保工の切りばりの取付け作業
2. アセチレン溶接装置を用いて行う金属の溶接作業
3. 酸素欠乏危険場所における作業
4. 高圧活線近接作業

No.48 変電所の施工に関する記述として，**最も不適当なもの**はどれか．

1. 大型機器を基礎に固定する際に，埋込アンカより強度が大きい箱抜きアンカを使用した．
2. 遮断器の据付作業は，架線工事などの上部作業の終了後に行った．
3. 大きいサイズの電線端子を圧縮するので，コンパウンドを充てんした．
4. 機器を据え付けたのち，制御用ケーブルなどの接続工事を実施した．

No.49 架空送電線路の延線工事の工法として，**不適当なもの**はどれか．

1. 推進工法
2. 引抜工法
3. 吊金工法
4. 搬送工法

No.50 金属管配線に関する記述として，「内線規程」上，**不適当なもの**はどれか．

1. アウトレットボックス間の金属管に，直角の屈曲を 4 箇所設けた．
2. 水気のある場所に施設する金属管配線に，絶縁電線を使用した．
3. 金属管の太さが 31 mm の管の内側の曲げ半径を，管内径の 6 倍とした．
4. 強電流回路の電線と弱電流回路の電線を同一ボックスに収めるので，金属製の隔壁を施設し，その隔壁に C 種接地工事を施した．

No.51 電気鉄道におけるパンタグラフの離線防止対策に関する記述として，**不適当なもの**はどれか．

1. トロリ線の張力を下げる．
2. トロリ線の硬点を少なくする．
3. トロリ線の勾配変化を少なくする．
4. トロリ線の架線金具を軽くする．

No.52 有線電気通信設備の線路に関する記述として，「有線電気通信法」上，**誤っているもの**はどれか．

ただし，光ファイバは除くものとする．

1. 通信回線の線路の電圧を 100 V 以下とした．
2. 架空電線と他人の建造物との離隔距離を 40 cm とした．
3. 電柱の昇降に使用するねじ込み式の足場金具を，地表上 1.8 m 以上の高さとした．
4. 屋内電線と大地間の絶縁抵抗を直流 100 V の電圧で測定した結果，0.4 MΩ であったので良好とした．

● 法　　規 ●

※問題番号【No.53】から【No.64】までは，12 問題のうちから 8 問題を選択し，解答してください．

No.53　建設業の許可を受けた建設業者が，現場に置く主任技術者等に関する記述として，「建設業法」上，**誤っているもの**はどれか．

1. 2 級電気工事施工管理技士の資格を有する者は，電気工事の主任技術者になることができる．
2. 共同住宅の電気工事を，発注者から直接 3 500 万円で請け負った場合に置く主任技術者は，工事現場ごとに，専任の者でなければならない．
3. 発注者から直接請け負った電気工事を施工する場合，他の建設業者と下請け契約を締結し，その下請代金の額の総額が 4 000 万円のときに置く技術者は，主任技術者でなければならない．
4. 主任技術者は，当該建設工事の施工計画の作成，工程管理，品質その他技術上の管理及び当該建設工事の施工に従事する者の技術上の指導監督の職務を誠実に行わなければならない．

No.54　建設業の用語に関する記述として，「建設業法」上，**誤っているもの**はどれか．

1. 建設業者とは，建設業の許可を受けて建設業を営む者をいう．
2. 下請契約とは，建設工事を他の者から請け負った建設業を営む者と他の建設業を営む者との間で当該建設工事について締結される請負契約をいう．
3. 発注者とは，下請契約における注文者で，建設業者である者をいう，
4. 建設業とは，元請，下請その他いかなる名義をもってするかを問わず，建設工事の完成を請け負う営業をいう．

No.55　電気工作物に関する記述として，「電気事業法」上，**誤っているもの**はどれか.

1. 電気工作物は，一般用電気工作物と事業用電気工作物に分けられる.
2. 高圧で受電する需要設備は，一般用電気工作物である.
3. 火力発電のために設置する蒸気タービンは，電気工作物である.
4. 水力発電のために設置するダムは，電気工作物である.

No.56　電気工事に使用する機材のうち，電気用品に該当するものとして，「電気用品安全法」上，**定められていないもの**はどれか.

ただし，機材は，防爆型のもの及び油入型のものを除く.

1. 600 V 架橋ポリエチレン絶縁ビニルシースケーブル（CVT100 mm^2）
2. 幅 400 mm のケーブルラック
3. 定格 AC300 V 15 A のタンブラースイッチ
4. 定格 AC125 V 15 A のライティングダクト

No.57　一般用電気工作物において，電気工事士でなくても従事できる作業又は工事として，「電気工事士法」上，**正しいもの**はどれか.

1. 電線管を曲げる作業
2. 電線を金属ダクトに収める作業
3. 地中電線用の管を設置する作業
4. 埋込型コンセントに電線をねじ止めする工事

No.58　登録電気工事業者が掲げなければならない標識に記載すべき事項として，「電気工事業の業務の適正化に関する法律」上，**誤っているもの**はどれか.

1. 登録の年月日及び登録番号
2. 氏名又は名称及び法人にあっては，その代表者の氏名
3. 営業所の業務に係る電気工事の種類
4. 営業所の所在地

No.59 建築物に設ける建築設備として，「建築基準法」上，定められていないものはどれか．

1. 電気設備
2. ガス設備
3. 避難はしご
4. 避雷針

No.60 消防の用に供する設備のうち，消火設備として，「消防法」上，定められていないものはどれか．

1. 消火器
2. 消防用水
3. 屋内消火栓設備
4. 不活性ガス消火設備

No.61 建設業における安全衛生推進者に関する記述として，「労働安全衛生法」上，誤っているものはどれか．

1. 事業者は，常時 10 人以上 50 人未満の労働者を使用する事業場において，安全衛生推進者を選任しなければならない．
2. 事業者は，選任すべき事由が発生した日から 14 日以内に，安全衛生推進者を選任しなければならない．
3. 安全衛生推進者は，選任された事業場において，労働者の危険，健康障害を防止するための措置に関することの業務を担当する．
4. 安全衛生推進者は，選任された事業場において，医学に関する専門的知識を必要とする者で，労働者の健康教育，健康相談，健康の保持増進を図るための措置に関することの業務を担当する．

No.62 移動式クレーンの運転業務に関する次の記述において, ▢ に当てはまる語句の組合せとして,「労働安全衛生法」上, **正しいもの**はどれか.

「事業者は, つり上げ荷重が1 t以上の移動式クレーンの運転の業務（道路上を走行させる運転を除く.）については, 移動式クレーン ▢ ア ▢ を受けた者でなければ, 当該業務に就かせてはならない. ただし, つり上げ荷重が1 t以上5 t未満の移動式クレーンの運転業務については, 小型移動式クレーン運転 ▢ イ ▢ を修了した者を当該業務に就かせることができる.」

	ア	イ
1.	施工技術検定	特別教育
2.	施工技術検定	技能講習
3.	運転士免許	特別教育
4.	運転士免許	技能講習

No.63 労働時間, 休憩時間に関する次の記述において, ▢ に当てはまる語句の組合せとして,「労働基準法」上, **正しいもの**はどれか.

「使用者は, 労働時間が ▢ ア ▢ を超える場合においては少なくとも ▢ イ ▢ の休憩時間を労働時間の途中に与えなければならない.」

	ア	イ
1.	6時間	30分
2.	6時間	45分
3.	8時間	30分
4.	8時間	45分

No.64 次の設備のうち, 消費されるエネルギー量を評価される建築設備として,「建築物のエネルギー消費性能の向上に関する法律」上, **定められていないもの**はどれか.

1. 空気調和設備
2. 照明設備
3. 給湯設備
4. 非常用自家発電設備

2022年度（令和4年度）第一次検定試験（一次後期）

出題数：64
必要解答数：40
試験時間：150分

電気工学等

※問題番号【No.1】から【No.12】までは，12問題のうちから8問題を選択し，解答してください．

No.1 熱電効果に関する次の記述に該当する用語として，**適当なもの**はどれか．
「異なる2種類の金属導体を接続して閉回路を作り電流を流すと，一方の接合点では発熱し，他方の接合点では吸熱する現象」
1. ホール効果
2. ペルチェ効果
3. フェランチ効果
4. ピエゾ効果

No.2 図のア，イは材料の異なる磁性体のヒステリシス曲線を示したものである．両者を比較した記述として**不適当なもの**はどれか．
ただし，磁性体の形状及び体積並びに交番磁界の周波数は同じとし，

B：磁束密度〔T〕

H：磁界の強さ〔A/m〕とする．
1. アのほうが，最大磁束密度は大きい．
2. アのほうが，保磁力は小さい．
3. イのほうが，残留磁気は小さい．
4. イのほうが，ヒステリシス損は小さい．

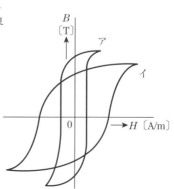

No.3 図に示す三相負荷に三相交流電源を接続したときに流れる電流 I〔A〕の値として，**正しいもの**はどれか．

1. $\dfrac{10}{\sqrt{3}}$ A

2. $\dfrac{20}{\sqrt{3}}$ A

3. $10\sqrt{3}$ A

4. $20\sqrt{3}$ A

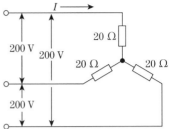

No.4 図に示すホイートストンブリッジ回路において，可変抵抗 R_1 を 12.0 Ω にしたとき，検流計に電流が流れなくなった．このときの抵抗 R_x〔Ω〕の値として**正しいもの**はどれか．

1. 0.1 Ω
2. 6.4 Ω
3. 10.0 Ω
4. 22.5 Ω

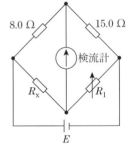

No.5 極数 P の三相同期発電機が 1 分間に n 回転しているとき，起電力の周波数 f〔Hz〕を表す式として，**正しいもの**はどれか．

1. $f = \dfrac{Pn}{30}$ Hz

2. $f = \dfrac{Pn}{60}$ Hz

3. $f = \dfrac{Pn}{120}$ Hz

4. $f = \dfrac{Pn}{240}$ Hz

No.6 同一定格の単相変圧器3台を△-△結線し，三相変圧器として用いる場合の記述として，**最も不適当なもの**はどれか．

1. 線間電圧と変圧器の巻線電圧が等しくなる．
2. 単相変圧器1台が故障したときは，変圧器2台をV-V結線することにより運転できる．
3. 第3調波電流が外部に出るので，近くの通信線に障害を与える．
4. 一次側線間電圧と二次側線間電圧は同相となる．

No.7 高圧真空遮断器に関する記述として，**最も不適当なもの**はどれか．
1. 負荷電流の開閉を行うことができる．
2. 遮断時に，圧縮空気をアークに吹き付けて消弧する．
3. 小型軽量で，保守が容易である．
4. アークによる火災のおそれがない．

No.8 発電用に用いられる次の記述に該当するダムの名称として，**適当なもの**はどれか．

　「コンクリートで築造され，水圧などの外力を主に両岸の岩盤で支える構造で，両岸の幅が狭く岩盤が強固な場所に造られる．」
1. アーチダム
2. アースダム
3. バットレスダム
4. ロックフィルダム

No.9 変電所における次の記述に該当する中性点接地方式の種類として，**適当なもの**はどれか．

　「1線地絡時の健全相の電圧上昇が最も小さい接地方式」
1. 非接地方式
2. 直接接地方式
3. 抵抗接地方式
4. 消弧リアクトル接地方式

No.10　架空送電線に発生するコロナ放電に関する記述として，**不適当なもの**はどれか．

 1.　送電効率が低下する．

 2.　ラジオ受信障害が発生する．

 3.　単導体より多導体の方が発生しやすい．

 4.　晴天時より雨天時の方が発生しやすい．

No.11　照明器具の配光に関する次の記述に該当する照明方式として，**最も適当な**ものはどれか．

 「光源が上方（天井）への光束が多く室内全体が一様な明るさとなり，やわらかな雰囲気を与えるが，照明率が劣る」

 1.　直接照明

 2.　間接照明

 3.　半直接照明

 4.　全般拡散照明

No.12　単相誘導電動機の始動法として，**不適当なもの**はどれか．

 1.　スターデルタ（Y-△）始動形

 2.　コンデンサ始動形

 3.　くま取りコイル形

 4.　分相始動形

※問題番号【No.13】から【No.31】までは，19 問題のうちから 10 問題を選択し，解答してください．

No.13 図に示す再生サイクルのシステム構成において，アとイの名称の組合せとして，**適当なもの**はどれか．

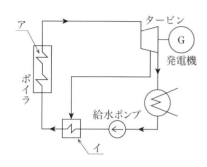

	ア	イ
1.	再熱器	給水加熱器
2.	再熱器	復水器
3.	過熱器	給水加熱器
4.	過熱器	復水器

No.14 変電所の母線結線方式に関する記述として，**最も不適当なもの**はどれか．
1. 単母線方式は，母線事故時に全停電となる．
2. 単母線方式は，二重母線に比べ所要機器が多い．
3. 二重母線方式は，機器の点検，系統運用が容易である．
4. 二重母線方式は，上位系統の変電所に一般的に採用される．

No.15 送電線の過電流継電器（OCR）に関する記述として，**最も不適当なもの**はどれか．
1. 入力電流が整定値以上になると動作する．
2. 系統が複雑になると時限整定が困難になる．
3. 短絡保護や過負荷保護などに用いられる．
4. 過電流の方向を判別することができる．

No.16 配電線路に用いられる電線の種類と主な用途の組合せとして，**不適当なもの**はどれか．

	電線の種類	主な用途
1.	接地用ビニル電線（GV）	架空電線の接地用
2.	屋外用ビニル絶縁電線（OW）	低圧架空配電用
3.	引込用ビニル絶縁電線（DV）	高圧架空引込用
4.	屋外用架橋ポリエチレン絶縁電線（OC）	高圧架空配電用

No.17 架空送電線路に関する次の記述に該当する機材として，**適当なもの**はどれか．

「多導体では，短絡電流による電磁吸引力や強風により電線相互が接近や接触することを防止するため，電線相互の間隔を保持する目的で取り付ける.」

1. スペーサ
2. ダンパ
3. クランプ
4. カウンターウエイト

No.18 図に示す単相 2 線式配電線路において，送電端電圧 V_s〔V〕と受電端電圧 V_r〔V〕の間の電圧降下 v〔V〕を表す簡略式として，**適当なもの**はどれか．

ただし，各記号は，次のとおりとする．

I：線電流〔A〕

R：1 線当たりの抵抗〔Ω〕

X：1 線当たりのリアクタンス〔Ω〕

$\cos \theta$：負荷の力率

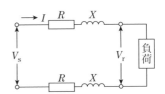

1. $v = 2I(R\sin\theta + X\cos\theta)$〔V〕
2. $v = 2I(R\cos\theta + X\sin\theta)$〔V〕
3. $v = \sqrt{3}I(R\sin\theta + X\cos\theta)$〔V〕
4. $v = \sqrt{3}I(R\cos\theta + X\sin\theta)$〔V〕

No.19 架空配電線路の保護に用いられる機器または装置として，**不適当なもの**はどれか．

1. 避雷器
2. 放電クランプ
3. 高圧真空遮断器
4. 静止形無効電力補償装置

No.20 次の電気機器のうち，一般に高調波が**発生しないもの**はどれか．

1. アーク炉
2. 整流器
3. サイクロコンバータ
4. 電力用コンデンサ

No.21 照明用語に関する記述として，「日本産業規格（JIS）」上，**不適当なもの**はどれか．

1. 室指数とは，作業面と照明器具との間の室部分の形状を表す数値で，照明率を計算するために用いるものである．
2. 保守率とは，照明施設をある一定の期間使用した後の作業面上の平均照度の，その施設の新設時に同じ条件で測定した平均照度に対する比である．
3. 光束法とは，光源又は照明器具の配光測定データを使用して，対象となる作業面内の各位置における直接照度を予測する計算法法である．
4. 配光曲線とは，光源の光度の値を空間内の方向の関数として表した曲線である．

No.22 次の負荷を接続する分岐回路に漏電遮断器を使用することが，**最も不適当なもの**はどれか．

1. 浄化槽
2. 冷却塔ファン
3. 消火栓ポンプ
4. 揚水ポンプ

No.23 屋内の低圧配線方法と造営材に水平に取り付ける場合の支持点間の距離の組合せとして，「内線規程」上，**最も不適当なもの**はどれか．

配線方法	距離
1. 合成樹脂製可とう管	1 m 以下
2. 金属管	2 m 以下
3. 金属線ぴ	3 m 以下
4. 金属ダクト	3 m 以下

No.24 高圧受電設備の変圧器の過負荷保護に関する記述として，**不適当なもの**はどれか．

1. 変圧器の一次側に変流器を設け，過電流継電器を取り付ける．
2. 変圧器の一次側にリアクトルを取り付ける．
3. 変圧器の二次側に変流器を設け，サーマルリレーを取り付ける．
4. 変圧器に警報接点付ダイヤル温度計を取り付ける．

No.25 建築物等の雷保護システムに関する用語として,「日本産業規格（JIS）」上, 関係のないものはどれか.

1. アークホーン
2. 水平導体
3. 保護レベル
4. 回転球体法

No.26 低圧屋側電線路の工事として,「電気設備の技術基準とその解釈」上, 不適当なものはどれか.

ただし, 木造以外の造営物に施設し, かつ, その電線路は展開した場所に施設するものとする.

1. 金属管工事
2. バスダクト工事
3. 金属ダクト工事
4. ケーブル工事

No.27 自動火災報知設備の P 型 1 級発信機に関する記述として,「消防法」上, 不適当なものはどれか.

1. 各階ごとに, その階の各部分から一の発信機までの歩行距離が 50 m 以下となるように設けること.
2. 床面からの高さが 0.8 m 以上 1.5 m 以下の箇所に設けること.
3. 火災信号の伝達に支障なく, 受信機との間で相互に電話連絡をすることができること.
4. 火災信号を受け, 受信機に自動的に発信することができること.

No.28 非常用の照明装置に関する記述として,「建築基準法」上, **誤っているも**のはどれか.

ただし,地下街の各構えの接する地下道に設けるものを除く.

1. 常用の電源及び予備電源の開閉器には,非常用の照明装置用である旨を表示をしなければならない. ただし,照明器具内に予備電源を有する場合はこの限りではない.
2. 予備電源は,充電を行うことなく10分間継続して点灯させることができるものとする.
3. 照明器具内に予備電源を有する場合は,電気配線の途中にスイッチを設けてはならない.
4. LEDランプを用いる場合は,常温下で床面において水平面照度2 lx以上を確保することができるものとする.

No.29 構内情報通信網(LAN)に関する次の記述に該当する機器として, **最も適当なもの**はどれか.

「ネットワーク上を流れるデータを,IPアドレスによって他のネットワークに中継する装置」

1. ルータ
2. モデム
3. リピータハブ
4. メディアコンバータ

No.30 架空式の電車線路に関する記述として, **最も不適当なもの**はどれか.

1. トロリ線には,円形溝付の断面形状のものが広く用いられている.
2. ハンガは,トロリ線とちょう架線を電気的に接続するために用いる金具である.
3. 交流き電区間においては,トロリ線の電流が小さいため,温度上昇はほとんどない.
4. トロリ線の機械的摩耗は,パンタグラフの押し上げ圧力が大きく,すり板が硬いものほど大きくなる.

No.31 道路照明に関する記述として，**最も不適当なもの**はどれか．

1. トンネル照明において，基本照明の平均路面輝度は，設計速度が速いほど高くする．
2. 連続照明とは，原則として一定の間隔で灯具を配置して連続的に照明することをいう．
3. 局部照明とは，交差点やインターチェンジなど必要な箇所を局部的に照明することをいう．
4. トンネル照明において，交通量の少ない夜間の基本照明は，平均路面輝度を昼間より高くする．

※問題番号【No.32】から【No.37】までは，6 問題のうちから 3 問題を選択し，解答してください．

No.32 建物内の給水設備における水道直結増圧方式に関する記述として，**最も不適当なもの**はどれか．

1. 給水本管の水圧変動に応じて給水圧力が変化する．
2. 給水本管の断水時には給水が不可能である．
3. 増圧ポンプ，逆流防止機器等からなる増圧給水設備が必要である．
4. 高置水槽方式と比較して水質汚染の可能性が低くなる．

No.33 水準測量に関する用語及び機械・器具として，**関係のないもの**はどれか．

1. 標尺
2. 水準点
3. レベル
4. アリダード

No.34 建設作業に使用する移動式クレーンの安全装置として，**関係のないもの**はどれか．

1. 巻過警報装置
2. 過負荷防止装置
3. 揚貨装置
4. 外れ止め装置

No.35 土留め壁に用いる鋼矢板工法において，鋼矢板の施工方法として，関係のないものはどれか．

1. ウェルポイント工法
2. プレボーリング工法
3. 振動工法
4. 圧入工法

No.36 鉄道線路及び軌道構造に関する記述として，「日本産業規格（JIS）」上，不適当なものはどれか．

1. 道床とは，レール又はまくらぎを支持し，荷重を路盤に分布する軌道の部分のことをいう．
2. 建築限界とは，建造物の構築を制限した軌道上の限界のことをいう．
3. 軌道中心間隔とは，並行して敷設された2軌道の中心線間の距離のことをいう．
4. スラブ軌道とは，道床バラストを用いた軌道のことをいう．

No.37 鉄筋コンクリート構造におけるコンクリートの特徴に関する記述として，最も不適当なものはどれか．

1. 生コンクリートの軟らかさを表すスランプは，その数値が大きいほど柔らかい．
2. コンクリートの圧縮強度と引張強度は，ほぼ等しい．
3. コンクリートのアルカリ性により，鉄筋のさびを防止する．
4. 鉄筋のかぶり厚さは，耐久性及び耐火性に大きく影響する．

※問題番号【No.38】から【No.42】までの 5 問題は，全問解答してください.
（問題 No.39 ～ 42 の問題は，施工管理法の応用能力問題）

No.38 通信・情報設備の配線用図記号と名称の組合せとして，「日本産業規格（JIS）」上，誤っているものはどれか.

	配線用図記号	名　称
1.	(T)	内線電話機
2.	(d)	ドアホン
3.	(t)	電話機形インターホン子機
4.	(C)	チャイム

● 施工管理法 ●

No.39 仮設計画に関する記述として，最も不適当なものはどれか.
1. 仮設計画では，あらかじめ近隣の道路，周辺交通状況及び隣地の状況を調査する.
2. 仮設計画の良否は，工程やその他の計画に影響を及ぼし，工事の品質に影響を与える.
3. 仮設計画は，契約書及び設計図書に特別の定めがある場合を除き，発注者がその責任において定める.
4. 仮設建物は，工事の進捗に伴う移動の多い場所に配置しない.
5. 仮設計画は，安全の基本となるもので，関係法令を遵守して立案しなければならない.

No.40 図に示す，工事現場における工事費と施工期間の関係を表すグラフに関する記述として，**最も不適当なもの**はどれか．

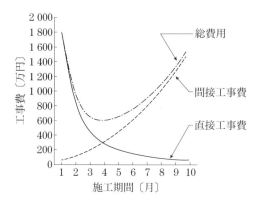

1. 直接工事費は，材料費や労務費のことであり，施工期間を短くすると増加する．
2. 間接工事費は，一般管理費や借地代等のことであり，施工期間を短くすると減少する．
3. 施工期間3か月のときの総費用は，約300万円である．
4. 施工期間4か月のときの総費用は，最小となる．
5. 施工期間5か月のときの直接工事費は，約200万円である．

No.41 図に示すネットワーク工程表のクリティカルパスとして，**正しいもの**はどれか．

ただし，○内の数字はイベント番号，アルファベットは作業名，日数は所要日数を示す．

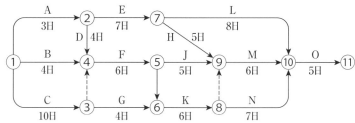

1. ①→②→⑦→⑩→⑪
2. ①→②→④→⑤→⑨→⑩→⑪
3. ①→③→⑥→⑧→⑩→⑪
4. ①→③→④→⑤→⑥→⑧→⑩→⑪
5. ①→③→④→⑤→⑥→⑧→⑨→⑩→⑪

No.42 図に示す品質管理に関するヒストグラムから読み取れる記述として，**最も不適当なもの**はどれか．

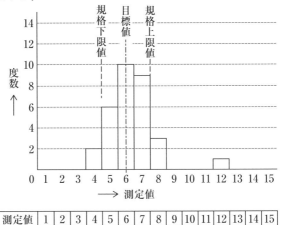

測定値	1	2	3	4	5	6	7	8	9	10	11	12	13	14	15
度数	0	0	0	2	6	10	9	3	0	0	0	1	0	0	0

1. 図のヒストグラムの形は，離れ小島型である．
2. 測定値の平均は 8.0 である．
3. 測定値の総度数は 31 である．
4. 測定値の 12 は，測定に誤りがないかなどを調べる必要がある．
5. 規格値を外れている測定値がある．

※問題番号【No.43】から【No.52】までは，**10 問題のうちから 6 問題を選択し**，解答してください．

No.43 施工計画書の作成の目的として，**最も関係のないもの**はどれか．

1. 環境管理を行うため
2. 施工の基準を作るため
3. 施工技術を習得するため
4. 安全衛生管理を行うため

No.44 工程管理に関する記述として，**最も不適当なもの**はどれか．
 1. 月間工程の管理は，毎週の工事進捗度を把握して行う．
 2. 総合工程表は，仮設工事を除く工事全体を大局的に把握するために作成する．
 3. 主要機器の手配は，承諾期間，制作期間，総合工程を考慮して行う．
 4. 施工完了予定日から所要時間を逆算して，各工事の開始日を設定する．

No.45 接地抵抗計による接地抵抗測定試験に関する記述として，**最も不適当なもの**はどれか．
 1. 測定前に，地電圧が小さいことを確認した．
 2. 測定前に，接地端子箱内で機器側と接地極側の端子を切り離した．
 3. 測定用補助接地棒（P，C）は，被測定接地極（E）から直線状にP，Cの順に配置した．
 4. 地表面がアスファルトであったので，接地網を地面に敷き，水をかけて補助極とした．

No.46 労働者の感電の危険を防止するための措置に関する記述として，「労働安全衛生法」上，**不適当なもの**はどれか．
 1. 低圧の充電電路に接触し感電するおそれがあるため，感電注意の表示をしたので，絶縁用保護具の着用及び防具の装着を省略した．
 2. 移動電線に接続する手持型の電灯は，感電の危険を防止するためガード付きとした．
 3. 充電された架空電線に近接して，移動式クレーンを使用する作業があったので，当該架空電線を移設した．
 4. 区画された電気室において，電気取扱者以外の者の立入りを禁止したので，電気機械器具の充電部分の絶縁覆いを省略した．

No.47 高さ2m以上の足場の作業床に関する記述として，「労働安全衛生法」上，**不適当なもの**はどれか．
 ただし，一側足場及びつり足場を除くものとする．
 1. 作業床の幅は40cmとした．
 2. 作業床から物体が落下する危険があったので，メッシュシートを設けた．
 3. 作業床材間の隙間を4cmとした．
 4. 床材と建地の隙間に紡網を設けた．

No.48 太陽光発電システムの施工に関する記述として，**最も不適当なもの**はどれか．

1. ストリングへの逆電流の流入を防止するため，接続箱にバイパスダイオードを設けた．
2. 雷害等から保護するため，接続箱にサージ防護デバイス（SPD）を設けた．
3. 感電を防止するため，配線作業の前に太陽電池モジュールの表面を遮光シートで覆った．
4. 雷が多く発生する地域であるため，耐雷トランスをパワーコンディショナの交流電源側に設置した．

No.49 高圧架空配電線路の施工に関する記述として，**最も不適当なもの**はどれか．

1. 絶縁電線は，圧縮スリーブを使用して接続した．
2. 電線接続部には，絶縁電線と同等以上の絶縁効果を有するカバーを使用した．
3. 張力が加わる絶縁電線の分岐は，電線の支持点間で行った．
4. 絶縁電線の引留支持には，高圧耐張がいしを使用した．

No.50 屋内に施設する金属線ぴ配線に関する記述として，「内線規程」上，**不適当なもの**はどれか．

ただし，使用電圧は 100 V とし，線ぴは一種金属製線ぴとする．

1. 金属線ぴ配線には，絶縁電線を使用した．
2. 金属線ぴ内では，電線に接続点を設けずに施設した．
3. 金属線ぴ配線は，乾燥した点検できる隠ぺい場所に施設した．
4. 金属線ぴ終端部は，開放して施設した．

No.51 電車線に関する次の記述に該当する区分装置（セクション）として，**適当なもの**はどれか．

「直流，交流区間ともに広く採用され，パンタグラフ通過中に電流が中断せず，また高速運転に適するので，主に駅間に設けられる」

1. エアセクション
2. BT セクション
3. FRP セクション
4. デッドセクション

No.52 図に示す墨出しにおいて，アとイの名称の組合せとして，**適当なもの**はどれか.

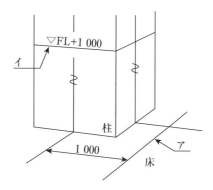

	ア	イ
1.	返り墨（逃げ墨）	陸墨
2.	返り墨（逃げ墨）	地墨
3.	心墨	陸墨
4.	心墨	地墨

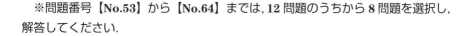

◖ 法　　規 ◗

※問題番号【No.53】から【No.64】までは，12問題のうちから8問題を選択し，解答してください.

No.53 建設業の許可に関する記述として「建設業法」上，**誤っているもの**はどれか. ただし，軽微な建設工事のみを請け負うことを営業とするものを除く.

1. 「国土交通大臣の許可」と「都道府県知事の許可」では，受注可能な請負金額による差はない.
2. 二以上の都道府県の区域内に営業所を設ける場合は，「国土交通大臣の許可」が必要である.
3. 「国土交通大臣の許可」と「都道府県知事の許可」では，施工にあたって下請契約を締結できる代金の額に差はない.
4. 「都道府県知事の許可」では，建設工事を施工し得る区域に制限がある.

No.54 建設業の許可を受けた建設業者が，工事現場に掲げる標識の記載事項として，「建設業法」上，**定められていないもの**はどれか.

1. 許可年月日，許可番号及び許可を受けた建設業
2. 現場代理人の氏名
3. 主任技術者又は監理技術者の氏名
4. 一般建設業又は特定建設業の別

No.55 保安規程に関する記述として，「電気事業法」上，**定められていないもの**はどれか．

1. 保安規程は，事業用電気工作物の保安を監督する主任技術者が定める．
2. 保安規程には，事業用電気工作物の運転又は操作に関することを定める．
3. 保安規程は，保安を一体的に確保することが必要な事業用電気工作物の組織ごとに定める．
4. 事業用電気工作物を設置する者及びその従業者は，保安規程を守らなければならない．

No.56 特定電気用品に表示する記号として，「電気用品安全法」上，**正しいもの**はどれか．

1. 　　2. 　　3.（PSC 菱形）　　4.（PSC 円形）

No.57 電気工事士等に関する記述として，「電気工事士法」上，**誤っているもの**はどれか．

1. 第一種電気工事士は，事業用電気工作物に係るすべての電気工事の作業に従事することができる．
2. 第一種電気工事士又は第二種電気工事士でなければ，一般用電気工作物に係る電気工事の作業に従事してはならない．
3. 認定電気工事従事者は，自家用電気工作物に係る工事のうち省令で定める簡易電気工事の作業に従事することができる．
4. 特種電気工事資格者でなければ，自家用電気工作物に係る工事のうち省令で定める特殊電気工事の作業に従事してはならない．

No.58 登録電気工事業者が，一般用電気工事の業務を行う営業所ごとに置く主任電気工事士になることができる者として，「電気工事業の業務の適正化に関する法律」上，**定められているもの**はどれか．

1. 第一種電気工事士
2. 認定電気工事従事者
3. 第三種電気主任技術者
4. 一級電気工事施工管理技士

No.59　建築物の主要構造部として「建築基準法」上，定められていないものはどれか．

1. 床
2. 柱
3. はり
4. 基礎ぐい

No.60　消防用設備等として，「消防法」上，定められていないものはどれか．

1. スプリンクラー設備
2. 消化器
3. 誘導灯
4. 非常用の昇降機

No.61　建設業の事業者が選任する安全管理者に関する記述として，「労働安全衛生法」上，誤っているものはどれか．

1. 事業者は，安全管理者を選任すべき事由が発生した日から 14 日以内に選任しなければならない．
2. 事業者は，安全管理者を選任したときは，都道府県知事に報告書を提出しなければならない．
3. 事業者は，労働災害の原因の調査及び再発防止対策のうち安全に係る技術的事項を，安全管理者に管理させなければならない．
4. 事業者は，常時使用する労働者が 50 人以上となる事業場には，安全管理者を選任しなければならない．

No.62 建設業の事業者が，労働者を雇い入れたときの措置に関する次の記述として，□□□に当てはまる語句の組合せとして，「労働安全衛生法」上，**正しいもの**はどれか．

　　「事業者は，労働者を雇い入れたときは，当該労働者に対し，その従事する業務に関する ア ための イ を行わなければならない．」

	ア	イ
1.	健康障害を防止する	管理
2.	健康障害を防止する	教育
3.	安全又は衛生の	管理
4.	安全又は衛生の	教育

No.63 満 18 歳に満たない者を就かせてはならない業務として，「労働基準法」上，**定められていないもの**はどれか．

1. デリックの運転の業務
2. 交流 200 V の充電電路の点検の業務
3. 地上，床上の補助作業を除く，足場の解体の業務
4. 深さが 5 m 以上の地穴における業務

No.64 建設工事において，工作物の除去に伴って生じる廃棄物の種類に関する記述として，「廃棄物の処理及び清掃に関する法律」上，**誤っているもの**はどれか．

1. 灯油類の廃油は，特別管理産業廃棄物である．
2. 金属くずは，産業廃棄物である．
3. 紙くずは，一般廃棄物である．
4. 木くずは，産業廃棄物である．

問題1 あなたが経験した**電気工事**について，次の問に答えなさい．

1-1 経験した電気工事について，次の事項を記述しなさい．

(1) 工 事 名

(2) 工事場所

(3) 電気工事の概要

(4) 工 期

(5) この電気工事でのあなたの立場

(6) あなたが担当した業務の内容

1-2 上記の電気工事の現場において，工程管理上，あなたが留意した事項とその理由を**2つ**あげ，あなたがとった**対策又は処置**を留意した事項ごとに具体的に記述しなさい．

ただし，対策又は処置の内容は重複しないこと．

問題2 次の問に答えなさい

2-1 **安全管理**に関する次の語句の中から**2つ**選び，番号と語句を記入のうえ，それぞれの内容について**2つ**具体的に記述しなさい．

> 1. 安全パトロール
> 2. ツールボックスミーティング（TBM）
> 3. 飛来落下災害の防止対策
> 4. 墜落災害の防止対策
> 5. 感電災害の防止対策
> 6. 新規入場者教育

2022 Ⅰ次問題

2−2　一般送配電事業者から供給を受ける，図に示す高圧受電設備の単線結線図について，次の問に答えなさい.

(1)　**ア**に示す機器の**名称**又は**略称**を記入しなさい.

(2)　**ア**に示す機器の**機能**を記述しなさい.

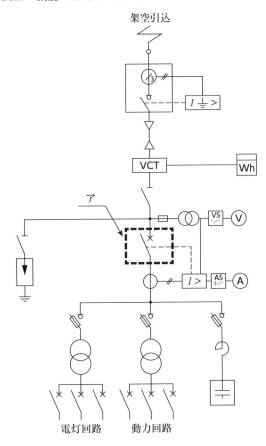

問題3 電気工事に関する次の用語の中から **3 つ**選び，番号と用語を記入のうえ，**技術的な内容**を，それぞれについて **2 つ**具体的に記述しなさい．

ただし，**技術的な内容**とは，施工上の留意点，選定上の留意点，動作原理，発生原理，定義，目的，用途，方式，方法，特徴，対策などをいう．

> 1. 揚水式発電
> 2. 架空地線
> 3. 力率改善
> 4. 漏電遮断器
> 5. UTP ケーブル
> 6. 電車線路の帰線
> 7. ループコイル式車両感知器
> 8. 波付硬質合成樹脂管（FEP）
> 9. 絶縁抵抗試験

問題4 次の計算問題を答えなさい．

4-1 図に示す直流回路網における起電力 E 〔V〕の値として，**正しいもの**はどれか．

$E=100$ V

$R=4\ \Omega$

$X_\mathrm{L}=4\ \Omega$

$X_\mathrm{C}=1\ \Omega$

① 1 111 W
② 1 200 W
③ 1 600 W
④ 2 000 W

4-2 出力 450 kW で運転している変圧器がある．そのときの無負荷損は 20 kW，負荷損は 30 kW であった．このときの変圧器の効率〔%〕として，**正しいもの**はどれか．
ただし，無負荷損，負荷損以外の損失はないものとし，小数第一位を四捨五入する．

① 90 %

② 93 %

③ 94 %

④ 96 %

問題5 「建設業法」，「労働安全衛生法」又は「電気工事士法」に関する次の問に答えなさい．

5-1 建設工事に従事する者に関する次の記述の □□□ に当てはまる語句として，「建設業法」上，**定められているもの**はそれぞれどれか．

「建設工事に従事する者は，建設工事を適正に実施するために必要な ア 又は技能の イ に努めなければならない．」

ア ① 知識及び経験 ② 知識及び技術

③ 技術及び経験 ④ 技術及び実績

イ ① 習得 ② 進歩 ③ 向上 ④ 継承

5-2 事業者等の責務に関する次の記述の □□□ に当てはまる語句として，「労働安全衛生法」上，**定められているもの**はそれぞれどれか．

「事業者は，単にこの法律で定める労働災害の防止のための ア を守るだけでなく，快適な職場環境の実現と労働条件の改善を通じて職場における労働者の イ を確保するようにしなければならない．」

ア ① 作業環境 ② 技術的事項 ③ 最低基準 ④ 勧告及び規則

イ ① 安全と健康 ② 健康の保持

③ 労働災害の防止 ④ 安全又は衛生

5-3 電気工事士に関する次の記述の □□□ に当てはまる語句として，「電気工事士法」上，**定められているもの**はそれぞれどれか．

「この法律は，電気工事の ア の資格及び義務を定め，もつて電気工事の欠陥による イ の防止に寄与することを目的とする．」

ア ① 作業に従事する者 ② 作業の管理をする者

③ 現場に従事する者 ④ 現場の管理をする者

イ ① 施工不良 ②災害の発生 ③ 感電事故 ④ 安全性の低下

電気工学等

※問題番号【No.1】から【No.12】までは，12問題のうちから8問題を選択し，解答してください.

No.1 図に示す面積 S〔m²〕の金属板2枚を平行に向かい合わせたコンデンサにおいて，金属板間の距離が d〔m〕のときの静電容量が C_1〔F〕であった．その金属板間の距離を $\frac{1}{2} d$〔m〕にしたときの静電容量 C_2〔F〕として，正しいものはどれか.

ただし，金属板間にある誘電体の誘電率 ε〔F/m〕は一定とし，コンデンサの端効果は，無視するものとする.

  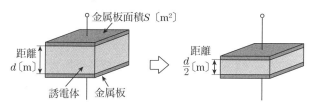

金属板面積 S〔m²〕

距離 d〔m〕

誘電体　金属板

距離 $\frac{d}{2}$〔m〕

1. $C_2 = \dfrac{1}{4} C_1$〔F〕

2. $C_2 = \dfrac{1}{2} C_1$〔F〕

3. $C_2 = 2C_1$〔F〕

4. $C_2 = 4C_1$〔F〕

No.2 図に示す平行導体ア，イに電流を流したとき，導体アに働く力の方向として，**正しいもの**はどれか．

ただし，導体アおよびイには紙面の表から裏に向かう方向に電流が流れるものとする．

1. a
2. b
3. c
4. d

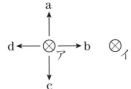

No.3 図に示す回路において，回路全体の合成抵抗と電流 I_2 の値の組合せとして，**正しいもの**はどれか．

ただし，電池の内部抵抗は無視するものとする．

	合成抵抗	電流 I_2
1.	10 Ω	4 A
2.	10 Ω	6 A
3.	29 Ω	4 A
4.	29 Ω	6 A

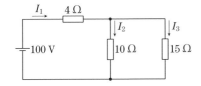

No.4 直流専用の指示電気計器として，**適当なもの**はどれか．

1. 永久磁石可動コイル形計器
2. 可動鉄片形計器
3. 整流形計器
4. 電流力計形計器

No.5 図に示す直流発電機の原理図において，発生する誘導起電力に関する記述として，**不適当なもの**はどれか．

ただし，S_1 と S_2 は整流子，B_1 と B_2 はブラシを示し，これらにより整流をするものである．

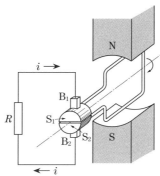

1. 電機子コイルに発生する起電力は，フレミングの右手の法則によって定まる向きに発生する．
2. 電機子コイルの回転方向を反転させても出力電圧の向きは変わらない．
3. 回転速度が上がると，出力電圧も上がる．
4. 出力電圧は，回転数が一定のとき磁束の大きさに比例する．

No.6 変圧器の損失に関する記述として，**最も不適当なもの**はどれか．

ただし，電圧及び周波数は一定とする．
1. 鉄損は，負荷電流に関係なく一定である．
2. 鉄損は，渦電流損が含まれる．
3. 銅損は，負荷電流に正比例する．
4. 銅損は，負荷損に分類される．

No.7 進相コンデンサを誘導性負荷と並列に接続して力率を改善した場合，電源側に生じる効果として，**不適当なもの**はどれか．
1. 電力損失の低減
2. 電圧降下の軽減
3. 無効電流の減少
4. 電圧波形のひずみの改善

No.8 汽力発電所の熱効率向上対策として，**不適当なもの**はどれか．

1. 高圧タービン出口の蒸気を加熱して低圧タービンで使用する．
2. 復水器の圧力を高くする．
3. タービン入口の蒸気を高温・高圧とする．
4. 節炭器を設置し，排ガスの熱量を回収する．

No.9 高圧電路に使用する機器に関する記述として，**最も不適当なもの**はどれか．

1. 柱上に用いる高圧気中負荷開閉器（PAS）は，短絡電流を遮断できる．
2. 高圧交流真空遮断器（VCB）は，負荷電流を開閉できる．
3. 高圧真空電磁接触器（VMC）は，コンデンサの開閉に用いられる．
4. 高圧限流ヒューズ（PF）は，短絡電流の遮断に用いられる．

No.10 配電系統に関する用語として，次の計算式により**求められるもの**はどれか．

$$\frac{最大需要電力 〔kW〕}{設備容量 〔kW〕} \times 100 〔\%〕$$

1. 需要率
2. 不等率
3. 負荷率
4. 利用率

No.11 事務所の会議室の基準面における維持照度の推奨値として，「日本産業規格（JIS）」の照明設計基準上，**適当なもの**はどれか．

1. 200 lx
2. 300 lx
3. 500 lx
4. 750 lx

No.12 三相誘導電動機の始動法として，**不適当なもの**はどれか．

1. Y - △始動法
2. 全電圧始動法
3. コンデンサ始動法
4. 始動補償器法

※問題番号【No.13】から【No.31】までは，19問題のうちから10問題を選択し，解答してください．

No.13 火力発電所の燃焼ガスによる大気汚染を軽減するために用いられる装置として，**最も不適当なもの**はどれか．
1. 脱硫装置
2. 脱硝装置
3. 電気集じん器
4. 空気予熱器

No.14 変電所に設置される機器に関する記述として，**最も不適当なもの**はどれか．
1. 計器用変圧器は，高電圧回路から計器等に必要な電圧を取り出すために用いられる．
2. 負荷時タップ切換装置は，電力系統の電圧調整をするために用いられる．
3. 電力用コンデンサは，系統の有効電力を調整するために用いられる．
4. 避雷器は，非直線抵抗特性に優れた酸化亜鉛形のものが多く使用されている．

No.15 電力系統の保護対策における保護リレーシステムの目的として，**最も不適当なもの**はどれか．
1. 過電流から機器を保護する．
2. 送配電線路の事故拡大を防ぐ．
3. 直撃雷から機器を保護する．
4. 電力系統の事故区間を切り離し安定性を維持する．

No.16 架空送電線路に関する次の記述に該当する機材の名称として，**適当なもの**はどれか．
「電線の振動による素線切れや事故電流による溶断を防止するため，懸垂クランプ付近の電線に巻き付けて補強する．」
1. ダンパ
2. スペーサ
3. アーマロッド
4. スパイラルロッド

No.17 図のような構造で，鉄構などに直立固定させ，電線を磁器体頭部に固定して使用するがいしの名称として，**適当なもの**はどれか.

1. 懸垂がいし
2. 長幹がいし
3. ラインポストがいし
4. 耐霧がいし

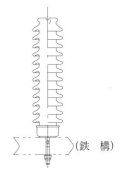
（鉄　構）

No.18 図に示す三相 3 線式配電線路の送電端電圧 V_s〔V〕と受電端電圧 V_r〔V〕の間の電圧降下 v〔V〕を表す簡略式として，**正しいもの**はどれか.

ただし，各記号は，次のとおりとする.

　R：1 線当たりの抵抗〔Ω〕

　X：1 線当たりのリアクタンス〔Ω〕

　$\cos\theta$：負荷の力率

　I：線電流〔A〕

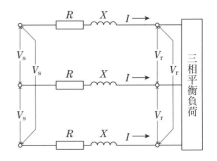

1. $v = \sqrt{3}I\left(R\cos\theta + X\sin\theta\right)$〔V〕

2. $v = \sqrt{3}I\left(R\sin\theta + X\cos\theta\right)$〔V〕

3. $v = 3I\left(R\cos\theta + X\sin\theta\right)$〔V〕

4. $v = 3I\left(R\sin\theta + X\cos\theta\right)$〔V〕

No.19 架空配電線路の雷害対策として，**最も不適当なもの**はどれか.

1. 高圧線路に沿って，架空地線を施設する.
2. 高圧電線の支持に，深溝型のがいしを用いる.
3. 配電用機器の近傍に，避雷器を設置する.
4. 高圧がいしの頭部に，放電クランプを取り付ける.

No.20 高圧配電線路に用いられる地絡方向継電器において，地絡電流の方向を判定する要素として，**適当なもの**はどれか．

 1. 線間電圧と負荷電流の位相差
 2. 線間電圧と負荷電流の大きさ
 3. 零相電圧と零相電流の位相差
 4. 零相電圧と零相電流の大きさ

No.21 光源色の種類について，相関色温度（K）が高い順に並べたものとして，「日本産業規格（JIS）」上，**正しいもの**はどれか．

 1. 昼白色，白色，温白色
 2. 温白色，白色，昼白色
 3. 白色，昼白色，温白色
 4. 温白色，昼白色，白色

No.22 かご形誘導電動機にインバータ制御を用いた場合の特徴として，**最も不適当なもの**はどれか．

 1. 始動電流が大きくなる．
 2. 低速でトルクが出にくい．
 3. 速度を連続して制御できる．
 4. 速度が商用電源の周波数に左右されない．

No.23 金属線ぴ工事による低圧屋内配線において，「電気設備の技術基準とその解釈」上，**誤っているもの**はどれか．

 ただし，使用電圧は 300 V 以下とし，事務所ビルに施設するものとする．

 1. 金属線ぴの長さが 10 m のものには，D 種接地工事を施すこと．
 2. 金属線ぴ及びボックスその他の附属品は，電気用品安全法の適用を受けたものとすること．
 3. 金属線ぴ相互及び線ぴとボックスその他の附属品とは，堅ろうに，かつ，電気的に完全に接続すること．
 4. 金属線ぴは，湿気の多い展開した場所に施設すること．

No.24 高圧の電路に使用する高圧ケーブルの太さを選定する際の検討項目として，**最も関係のないもの**はどれか．
 1. 負荷容量
 2. 短絡電流
 3. 地絡電流
 4. 主遮断装置の種類

No.25 建築物等の雷保護システムに関する用語として，「日本産業規格（JIS）」上，**最も関係のないもの**はどれか．
 1. 開閉サージ
 2. 等電位ボンディング
 3. 水平導体
 4. 保護レベル

No.26 地中電線路における電力ケーブルの敷設方式に関する記述として，**最も不適当なもの**はどれか．
 ただし，埋設深さ 1.2 m，ケーブルサイズなどは同一条件とする．
 1. 直接埋設式は，管路式に比べて許容電流が小さい．
 2. 管路式は，直接埋設式に比べてケーブルに外傷を受けにくい．
 3. 管路式は，直接埋設式に比べて保守点検が容易である．
 4. 暗きょ式は，多条数敷設に適している．

No.27 自動火災報知設備を設置する事務所ビルの廊下及び通路に設ける感知器として，「消防法」上，**正しいもの**はどれか．
 ただし，取付け面の高さは 4 m 未満とする．
 1. 差動式スポット型感知器
 2. 定温式スポット型感知器
 3. 光電式スポット型感知器
 4. 補償式スポット型感知器

No.28 通路誘導灯に関する記述として，「消防法」上，**誤っているもの**はどれか．

1. 点滅機能を設けることができる．
2. 床面に設けることができる．
3. 廊下の曲り角に設けること．
4. 非常電源を附置すること．

No.29 次の記述に該当するテレビ共同受信設備を構成する機器の名称として，**適当なもの**はどれか．

　　「各出力端子に信号を均等に分けるとともに，インピーダンスの整合も行う機器」

1. 分配器
2. 分岐器
3. 混合器
4. 分波器

No.30 電気鉄道におけるシンプルカテナリ式電車線に使用される金具として，**不適当なもの**はどれか．

1. ハンガ
2. ドロッパ
3. コネクタ
4. 曲線引金具

No.31 横断歩道の照明に関する記述として，**不適当なもの**はどれか．

1. 横断歩道の存在を示し，横断中および横断しようとする歩行者等の状況がわかるよう設置する．
2. 歩行者の背景を照明する方式を原則とするが，条件によっては歩行者自身を照明する方式を採用することができる．
3. 歩行者の背景を照明する方式では，連続照明がない場合，横断歩道の後方に灯具を配置するのが効果的である．
4. 歩行者自身を照明する方式は，背景の明るさが確保され，シルエット効果が得られる場合に適している．

※問題番号【No.32】から【No.37】までの **6 問題**は，**3 問題を選択し**，解答してください．

No.32 換気設備に関する記述として，**最も不適当なもの**はどれか．
1. 無窓の居室は，第 1 種換気とする．
2. 電気室の換気量は，機器の放熱量と許容温度により算定する．
3. 厨房は，燃焼空気を確保するために正圧を保つ．
4. トイレは，第 3 種換気とする．

No.33 山留め（土留め）壁工事において，遮水性が求められる壁体の種類として，**最も不適当なもの**はどれか．
1. 鋼矢板
2. 親杭横矢板
3. 柱列杭
4. 連続地中壁

No.34 建設作業に使用する移動式クレーンの転倒事故を防止するための装置として，**最も適当なもの**はどれか．
1. バケット
2. 逸走防止装置
3. アウトリガー
4. ブーム

No.35 送電用鉄塔の既製ぐい工法として，**適当なもの**はどれか．
1. セミシールド工法
2. アースドリル工法
3. 刃口推進工法
4. 打ち込み工法

No.36 鉄道線路の軌道に関する記述として，**最も不適当なもの**はどれか．
1. ガードレールは，脱線事故の防止に用いられる．
2. トングレールは，分岐器のポイント部に用いられる．
3. サードレールは，車両からの帰線に用いられる．
4. ロングレールは，特に高速列車の運転区間に用いられる．

No.37 コンクリートに関する記述として，**不適当なもの**はどれか．

1. コンクリートは，セメントと水の化学反応により凝結・硬化する．
2. コンクリートは，圧縮強度が引張強度に比べて大きい．
3. コンクリートは，不燃材料であり耐久性がある．
4. コンクリートは，含水量によって普通コンクリートと軽量コンクリートに分類される．

※問題番号【No.38】から【No.42】までの**5**問題は全問解答してください．
（問題 **No.39 〜 42** の問題は，施工管理法の応用能力問題）

No.38 電話・情報設備の配線用図記号と名称の組合せとして，「日本産業規格（JIS）」上，**誤っているもの**はどれか．

	図記号	名 称
1.	Ⓣ	内線電話機
2.	(■)	情報用アウトレット
3.	RT	ルータ
4.	TA	端子盤

● 施工管理法 ●

No.39 施工要領書に関する記述として，**最も不適当なもの**はどれか．．

1. 施工図を補完する資料として活用できる．
2. 原則として，工事の種別ごとに作成する．
3. 施工品質の均一化及び向上を図ることができる．
4. 他の現場においても共通に利用できるよう作成する．
5. 図面には，寸法，材料名称などを記載する．

No.40 建設工事の工程管理で採用する工程表に関する記述として，**最も不適当な**ものはどれか．

1. ある時点における各作業ごとの進行状況が把握しやすい，ガントチャート工程表を採用した．

2. 各作業の完了時点を横軸で 100 % としている，ガントチャート工程表を採用した．

3. 各作業の手順が把握しやすい，バーチャート工程表を採用した．

4. 各作業の所要日数や日程が把握しやすい，バーチャート工程表を採用した．

5. 工事全体のクリティカルパスが把握しやすい，バーチャート工程表を採用した．

No.41 図に示すネットワーク工程の所要工期（クリティカルパス）として，**正しい**ものはどれか．

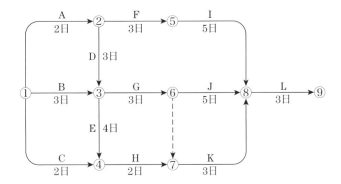

1. 10 日
2. 12 日
3. 14 日
4. 17 日
5. 19 日

No.42 図に示す電気工事におけるパレート図において，品質管理に関する記述として，**最も不適当なもの**はどれか．

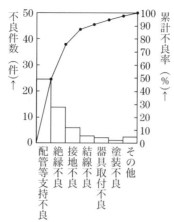

1. 不良件数の多さの順位が分かりやすい．
2. 工事全体の不良件数は，約50件である．
3. 配管等支持不良の件数が，工事全体の不良件数の約半数を占めている．
4. 工事全体の損失金額を効果的に低減するためには，配管等支持不良の項目を改善すれば良い．
5. 配管等支持不良，絶縁不良，接地不良及び結線不良の各項目を改善すると，工事全体の約90％の不良件数が改善できる．

※問題番号【No.43】から【No.52】までは，10問題のうちから6問題を選択し，解答してください．

No.43 新築工事の着手に先立ち，工事の総合的な計画をまとめた施工計画書に記載するものとして，**最も関係のないもの**はどれか．
1. 機器承諾図
2. 総合仮設計画
3. 官公庁届出書類の一覧表
4. 使用資材メーカーの一覧表

No.44 工程管理に関する記述として，**最も不適当なもの**はどれか

1. 労務工程表で作業種別ごとに稼動人員を積み上げてピークを把握し，稼動人員を平準化させ無理・無駄のない計画をする．

2. 総合工程表により，作業種別ごとの作業間の工程調整や詳細な進捗管理をする．

3. 主要機器の搬入工程表は，製作図作成，承認から現場搬入時の受入検査までの工程を書き表したものである．

4. 進度曲線（曲線式工程表）は，工期と出来高の関係を示したものである．

No.45 絶縁抵抗測定に関する記述として，**最も不適当なもの**はどれか．

1. ケーブルの測定時には，長さに関係なく測定開始直後の指示値を測定値とした．

2. 高圧ケーブルの各心線と大地間を，1 000 V の絶縁抵抗計で測定した．

3. 200 V 電動機用の電路と大地間を，500 V の絶縁抵抗計で測定した．

4. 測定前に絶縁抵抗計の接地端子（E）と線路端子（L）を短絡し，スイッチを入れて指針が 0（ゼロ）であることを確認した．

No.46 墜落等による危険の防止に関する記述として，「労働安全衛生法上」，**誤っているもの**はどれか．

1. 作業床の高さが 1.8 m なので，床の端の手すりを省略した．

2. 屋根上での作業の踏み抜き防止のため，幅が 30 cm の歩み板を設けた．

3. 作業床の高さが 1.8 m なので，昇降設備を省略した．

4. 狭い場所なので，幅が 30 cm の移動はしごを設けた．

No.47 物体を投下するときに，投下設備を設け，監視人を置く等の措置を講じなければならない高さとして，「労働安全衛生法」上，**定められているもの**はどれか．

1. 2 m 以上

2. 3 m 以上

3. 4 m 以上

4. 5 m 以上

No.48 屋外変電所の施工に関する記述として，**最も不適当なもの**はどれか．

1. がいしは，手ふき清掃と絶縁抵抗試験により破損の有無の確認を行った．
2. 遮断器の電源側及び負荷側の電路に，点検作業用の接地開閉器を取り付けた．
3. 変電機器の据付けは，架線工事などの上部作業の終了前に行った．
4. GISの連結作業は，じんあいの侵入を防止するため，プレハブ式の防じん組立室を作って行った．

No.49 高圧架空引込線の施工について，**最も不適当なもの**はどれか．

1. ケーブルをちょう架用線にハンガーを使用してちょう架し，ハンガーの間隔を50 cm以下として施設した．
2. ケーブルを径間途中で接続した．
3. ケーブルを屈曲させるので単心ケーブルの曲げ半径を外径の10倍とした．
4. ちょう架用線の引留箇所で熱収縮と機械的振動ひずみに備えて，ケーブルにゆとりを設けた．

No.50 ライティングダクト配線の記述として，「内線規程」上，**不適当なもの**はどれか．

1. ライティングダクトの終端部は，エンドキャップを取り付けて閉そくした．
2. ライティングダクトを点検できる隠ぺい場所に取り付けた．
3. ライティングダクトは堅固に取り付け，その支持点間の距離を2 mとした．
4. ライティングダクトの開口部を上向きに取り付け，ほこりが入らないようにカバーを取り付けた．

No.51 直流電化区間のシンプルカテナリ式電車線路の構成において，図に示すア及びイに支持されている線の名称の組合せとして，**適当なもの**はどれか．

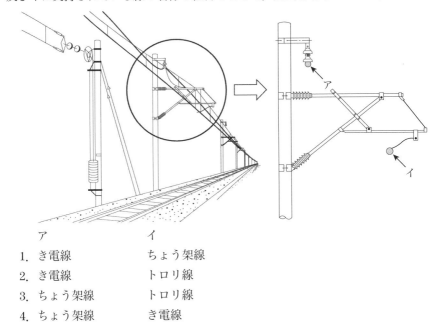

	ア	イ
1.	き電線	ちょう架線
2.	き電線	トロリ線
3.	ちょう架線	トロリ線
4.	ちょう架線	き電線

No.52 架空電線（通信線）の高さに関する記述として，「有線電気通信法」上，**誤っているもの**はどれか．

1. 鉄道を横断する架空電線は，軌条面から 6 m の高さとした．
2. 道路上に設置する架空電線は，横断歩道橋の上の部分を除き路面から 5 m の高さとした．
3. 河川を横断する架空電線は，舟行に支障を及ぼすおそれがない高さとした．
4. 横断歩道橋の上に設置する架空電線は，その路面から 2.5 m の高さとした．

● 法　規 ●

※問題番号【No.53】から【No.64】までは，12問題のうちから8問題を選択し，解答してください．

No.53　建設業の許可に関する記述として，「建設業法」上，**誤っているもの**はどれか．

1. 国又は地方公共団体が発注者である建設工事を請け負う者は，特定建設業の許可を受けていなければならない．

2. 建設業者は，許可を受けた建設業に係る建設工事を請け負う場合においては，当該建設工事に附帯する他の建設業に係る建設工事を請け負うことができる．

3. 都道府県知事の許可を受けた建設業者が当該都道府県の区域内における営業所を廃止して，他の一の都道府県の区域内に営業所を設置する場合は，従前の都道府県知事の許可は，その効力を失う．

4. 2級電気工事施工管理技士の資格を有する者が，電気工事に係る一般建設業の許可を受けた建設業者の営業所ごとに置く専任の技術者になることができる．

No.54　建設工事の請負契約書に記載しなければならない事項として，「建設業法」上，**定められていないもの**はどれか．

1. 工事着手の時期及び工事完成の時期

2. 契約に関する紛争の解決方法

3. 工事完成後における請負代金の支払の時期及び方法

4. 現場代理人の氏名及び経歴

No.55　事業用電気工作物について，第三種電気主任技術者免状の交付を受けている者が，保安の監督をすることができる電圧の範囲として，「電気事業法」上，定められているものはどれか．

ただし，出力5 000 kW以上の発電所は除くものとする．

1. 15 000 V 未満

2. 30 000 V 未満

3. 50 000 V 未満

4. 170 000 V 未満

No.56 電気用品の定義に関する次の記述の [＿＿＿] に当てはまる語句の組合せとして，「電気用品安全法」上，**定められているもの**はどれか．

　　この法律において「電気用品」とは，次に掲げる物をいう．

一　[ア] の部分となり，又はこれに接続して用いられる機械，器具又は材料であって，政令で定めるもの

二　[イ] であって，政令で定めるもの

三　蓄電池であって，政令で定めるもの

	ア	イ
1.	一般用電気工作物	携帯発電機
2.	一般用電気工作物	太陽光発電装置
3.	自家用電気工作物	携帯発電機
4.	自家用電気工作物	太陽光発電装置

No.57 電気工事士等に関する記述として，「電気工事士法」上，**誤っているもの**はどれか．

1. 第一種電気工事士は，一般用電気工作物に係る電気工事の作業に従事できる．
2. 第二種電気工事士は，簡易電気工事の作業に従事できる．
3. 電気工事士免状は，都道府県知事が交付する．
4. 認定電気工事従事者認定証は，経済産業大臣が交付する．

No.58 電気工事業者が営業所ごとに備える帳簿において，電気工事ごとに記載しなければならない事項として，「電気工事業の業務の適正化に関する法律」上，**定められていないもの**はどれか

1. 注文者の氏名または名称および住所
2. 電気工事士免状の種類および交付番号
3. 電気工事の種類および施工場所
4. 施工年月日

No.59 建築物に関する記述として，「建築基準法」上，**誤っているもの**はどれか．

1. 建築物に設ける避雷針は，建築設備である．
2. 鉄道のプラットホームの上家は，建築物である．
3. 共同住宅は，特殊建築物である．
4. 屋根は，主要構造部である．

No.60 消防用設備等のうち，消火活動上必要な施設として，「消防法」上，定められていないものはどれか.

1. 排煙設備
2. 連結散水設備
3. 非常コンセント設備
4. 非常警報設備

No.61 事業者が労働者に安全衛生教育を行わなければならない場合として，「労働安全衛生法」上，定められていないものはどれか.

1. 労働者を研削といしの取替えの業務につかせるとき
2. 労働災害が発生したとき
3. 労働者の作業内容を変更したとき
4. 労働者を高圧の充電電路の操作の業務につかせるとき

No.62 建設業における安全管理者に関する記述として，「労働安全衛生法」上，定められていないものはどれか.

1. 事業者は，安全管理者を選任すべき事由が発生した日から30日以内に選任しなければならない.
2. 事業者は，常時使用する労働者が50人以上となる事業場には，安全管理者を選任しなければならない.
3. 事業者は，安全管理者を選任したときは，当該事業場の所轄労働基準監督署長に報告書を提出しなければならない.
4. 事業者は，安全管理者に，労働者の危険を防止するための措置に関する技術的事項を管理させなければならない.

No.63 使用者が労働者名簿に記入しなければならない事項として，「労働基準法」上，定められていないものはどれか.

1. 労働者の履歴
2. 労働者の労働時間数
3. 退職の年月日及びその事由
4. 死亡の年月日及びその原因

No.64 廃棄物の処理に関する記述のうち，「廃棄物の処理及び清掃に関する法律」上，**誤っているもの**はどれか．

1. 産業廃棄物管理票（マニフェスト）は，産業廃棄物の種類ごとに交付しなければならない．
2. 事業活動に伴って生じた廃棄物は，事業者が自らの責任において処理しなければならない．
3. 事業活動に伴って生じた廃プラスチック類は，産業廃棄物である．
4. 工作物の除去に伴って生じたガラスくずは，一般廃棄物である．

※問題番号【No.1】から【No.12】までは，**12問題のうちから8問題を選択し，**解答してください．

No.1 図のように，点Aに＋Q〔C〕，点Bに－Q〔C〕の点電荷があるとき，点Rにおける電界の向きとして，**適当なもの**はどれか．

ただし，距離 OR ＝ OA ＝ OB とする．

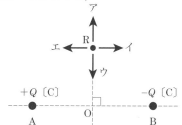

1. ア
2. イ
3. ウ
4. エ

No.2 磁石による磁力に関する記述として，**不適当なもの**はどれか．

1. 同種の磁極の間には，反発力が働く．
2. 任意の点における磁力線の密度は，その点の磁界の大きさを表す．
3. 磁力線は，途中で分岐したり，交わったりすることがある．
4. 磁界の向きは，その点の磁力線の接線方向と一致する．

No.3 図に示す三相負荷に平衡三相交流電源を接続したときに流れる電流 I〔A〕の値として，**適当なもの**はどれか.

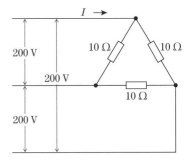

1. $\dfrac{20}{\sqrt{3}}$ A

2. 20 A

3. $20\sqrt{3}$ A

4. 60 A

No.4 アナログ計器と比較したデジタル計器の特徴に関する記述として，**最も不適当なもの**はどれか.

1. 電圧の測定では内部抵抗が低い.

2. 読み取りの個人差がない.

3. 計器の内部では A-D 変換が行われている.

4. コンピュータに接続してデータの処理ができる.

No.5 同期発電機の並行運転を行うための条件として，**必要のないもの**はどれか.

1. 定格容量が等しいこと.

2. 起電力の位相が一致していること.

3. 起電力の周波数が等しいこと.

4. 起電力の大きさが等しいこと.

No.6 定格容量が 100 kV・A と 300 kV・A の変圧器を並行運転し，240 kV・A の負荷に供給するとき，変圧器の負荷分担の組合せとして，**適当なもの**はどれか.

ただし，2 台の変圧器は並行運転の条件を満足しているものとする.

	100 kV・A 変圧器	300 kV・A 変圧器
1.	24 kV・A	216 kV・A
2.	30 kV・A	210 kV・A
3.	60 kV・A	180 kV・A
4.	100 kV・A	140 kV・A

No.7 空気遮断器と比較した，ガス遮断器に関する記述として，**最も不適当なもの**はどれか．

1. 消弧原理は，ほぼ同じである．
2. 遮断時の騒音が小さい．
3. 小電流遮断時の異常電圧が大きい．
4. 耐震性に優れている．

No.8 ダム水路式発電所の水圧管における水撃作用に関する記述として，**最も不適当なもの**はどれか．

1. 水圧管を破裂させることがある．
2. 水圧管の長さが長いほど大きくなる．
3. 水車入口弁の閉鎖に要する時間が長いほど大きくなる．
4. 水車の使用水量を急激に変化させた場合に発生する．

No.9 変電設備において，電圧もしくは無効電力の調整を行うための機器として，**最も不適当なもの**はどれか．

1. 負荷時タップ切換変圧器
2. 放電クランプ
3. 分路リアクトル
4. 同期調相機

No.10 配電系統に生じる電力損失の軽減対策として，**最も不適当なもの**はどれか．

1. 給電点をできるだけ負荷の中心に移す．
2. 電力用コンデンサを設置して力率を改善する．
3. 単相3線式の配電方式を採用する．
4. 柱上変圧器の低圧側の中性点を接地する．

No.11 照明に関する用語と単位の組合せとして，**不適当なもの**はどれか．

	用語	単位
1.	光束	lm
2.	光度	lm/m^2
3.	輝度	cd/m^2
4.	色温度	K

No.12 三相誘導電動機の特性に関する記述として，**最も不適当なもの**はどれか．

1. 回転速度は，同期速度より遅くなる．
2. 回転速度は，電源周波数が低くなるほど遅くなる．
3. 回転速度は，滑りが減少するほど速くなる．
4. 回転速度は，固定子巻線の極数が多くなるほど速くなる．

※問題番号〔**No.13**〕から〔**No.31**〕までは，**19 問題**のうちから **10 問題**を選択し，解答してください．

No.13 火力発電に用いられるタービン発電機に関する記述として，**最も不適当な**ものはどれか．

1. 水車発電機に比べて，回転速度が速い．
2. 大容量機では，水素冷却方式が採用される．
3. 回転子は，突極形が採用される．
4. 軸形式は，横軸形が採用される．

No.14 変電所の変圧器の騒音に関する記述として，**最も不適当なもの**はどれか．

1. 変圧器の騒音には，巻線間に働く電磁力で生じる振動による通電騒音がある．
2. 変圧器の騒音には，磁気ひずみなどで鉄心に生じる振動による励磁騒音がある．
3. 鉄心に高配向性けい素鋼板を使用することは，騒音対策に有効である．
4. 鉄心の磁束密度を高くすることは，騒音対策に有効である．

No.15 計器用変成器の取り扱いに関する次の記述のうち，□□□ に当てはまる語句の組合せとして，**適当なもの**はどれか．

「計器用変圧器は，一次側に電圧をかけた状態で二次側を ア してはならず，変流器は，一次側に電流が流れている状態で二次側を イ してはならない．」

	ア	イ
1.	開放	開放
2.	開放	短絡
3.	短絡	開放
4.	短絡	短絡

No.16 架空送電線路に関する次の記述に該当する機材の名称として，**適当なもの**はどれか．

「電線の周りに数本巻き付けて，電線が風の流れと定常的な共振状態になることを防止し，電線特有の風音の発生を抑制する.」

1. スパイラルロッド
2. アーマロッド
3. クランプ
4. ダンパ

No.17 図は3心電力ケーブルの無負荷時の充電電流を求める等価回路図である．充電電流 I_c〔A〕を求める式として，**適当なもの**はどれか．

ただし，各記号は次のとおりとする．

V：線間電圧〔V〕

C：ケーブルの1線当たりの静電容量〔F〕

f：周波数〔Hz〕

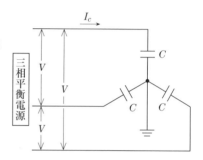

1. $I_c = 2\pi f C V$ 〔A〕

2. $I_c = 2\pi f C V^2$ 〔A〕

3. $I_c = \dfrac{2\pi f C V}{\sqrt{3}}$ 〔A〕

4. $I_c = \dfrac{2\pi f C V^2}{\sqrt{3}}$ 〔A〕

No.18 架空送電線により通信線に発生する電磁誘導障害の軽減対策として，**最も不適当なもの**はどれか．

1. 送電線と通信線の離隔距離を大きくする．
2. 通信線に遮へい層付ケーブルを使用する．
3. 架空地線に導電率のよい材料を使用する．
4. 長幹がいしやスモッグがいしを採用する．

No.19 架空送電線路の塩害対策に関する記述として，**最も不適当なもの**はどれか．

1. がいし連にアークホーンを取り付ける．
2. 懸垂がいしの連結個数を増加する．
3. がいしの表面にシリコンコンパウンドを塗布する．
4. 直接接地方式を採用する．

No.20 一般送配電事業者が供給する電気の電圧に関する次の記述のうち，□ に当てはまる数値として，「電気事業法」上，**適当なもの**はどれか．

「標準電圧 200 V の電気を供給する場所において，供給する電気の電圧の値は，202 V の上下 □ V を超えない値に維持するように努めなければならない．」

1. 6
2. 10
3. 12
4. 20

No.21 単相 200 V 回路に使用する定格電流 20 A の接地極付コンセントの極配置として，「日本産業規格（JIS）」上，**適当なもの**はどれか．

1.

2.

3.

4.

No.22 低圧三相誘導電動機の保護に用いられる 3E リレーの保護目的の組合せとして，**適当なもの**はどれか．

1. 短絡保護，欠相保護，過負荷保護
2. 反相保護，欠相保護，過負荷保護
3. 短絡保護，漏電保護，過負荷保護
4. 反相保護，漏電保護，過負荷保護

No.23 低圧屋内配線の施工場所と工事の種類の組合せとして，「電気設備の技術基準とその解釈」上，**不適当なもの**はどれか．

ただし，事務所ビルの乾燥した場所に施設するものとする．

施工場所	工事の種類
1. 点検できる隠ぺい場所	合成樹脂管工事
2. 点検できる隠ぺい場所	ケーブル工事
3. 点検できない隠ぺい場所	バスダクト工事
4. 点検できない隠ぺい場所	金属可とう電線管工事

No.24 次の図に示す高圧受電設備の受電設備容量として、「高圧受電設備規程」上、**適当な**ものはどれか.

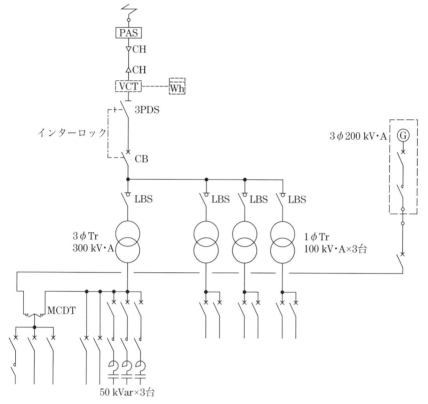

1. 450 kV・A
2. 600 kV・A
3. 800 kV・A
4. 950 kV・A

No.25 D種接地工事を施す箇所として、「電気設備の技術基準とその解釈」上、**不適当な**ものはどれか.

1. 高圧電路と低圧電路とを結合する変圧器の低圧側の中性点
2. 使用電圧が200 Vの電路に接続されている、人が触れるおそれがある場所に施設する電動機の金属製外箱
3. 高圧キュービクル内にある高圧計器用変成器の二次側電路
4. 屋内の金属管工事において、使用電圧100 Vの長さ10 mの金属管

No.26 需要場所に施設する地中電線路に関する記述として，「電気設備の技術基準とその解釈」上，**不適当なもの**はどれか．

ただし，地中電線路の長さは 15 m を超えるものとする．

1. 地中箱は，車両その他の重量物の圧力に耐える構造であること．
2. 高圧地中電線と地中弱電流電線との離隔距離は，30 cm 以上確保すること．
3. 暗きょ内のケーブルを支持する金物類には，D 種接地工事を省略できる．
4. 管路式で施設した高圧の地中電線路には，電圧の表示を省略できる．

No.27 自動火災報知設備の P 型 2 級受信機（複数回線）に関する記述として，「消防法」上，**不適当なもの**はどれか．

1. 導通試験装置による試験機能を有しなければならない．
2. 接続することができる回線の数は，5 以下であること．
3. 予備電源は，密閉型蓄電池であること．
4. 発信機との間で電話連絡ができる装置を設けないことができる．

No.28 非常用の照明装置に関する記述として，「建築基準法」上，**不適当なもの**はどれか．

ただし，地下街の各構えの接する地下道に設けるものを除く．

1. 照明器具（照明カバーその他照明器具に付属するものを含む．）のうち主要な部分は，難燃材料で造り，又は覆わなければならない．
2. LED ランプを用いる場合は，常温下で床面において水平面照度 1 lx を確保することができるものとする．
3. 予備電源は，充電を行うことなく 30 分間継続して点灯させることができるものとする．
4. 非常用の照明装置の電源は，常用の電源が断たれた場合に自動的に予備電源に切り替えられて接続され，かつ，常用の電源が復旧した場合に自動的に切り替えられて復帰するものとする．

No.29 構内情報通信網（LAN）に関する次の記述に該当する機器として，最も適当なものはどれか．

「UTP ケーブルと光ファイバケーブル間での信号の変換を主たる機能とする装置」

1. ルータ
2. リピータハブ
3. スイッチングハブ
4. メディアコンバータ

No.30 電車線路におけるトロリ線の偏いに関する記述として，**不適当なもの**はどれか．

1. 偏いとは，レール中心に対するトロリ線の左右の偏りのことをいう．
2. レールの曲線区間では，トロリ線には必然的に偏いが発生する．
3. レールの直線区間では，パンタグラフの摩耗を平均的にするため，トロリ線にはジグザグに偏いをつけている．
4. 風圧が一定の場合，トロリ線の張力を大きくすると，偏いは大きくなる．

No.31 トンネル内の照明方式のうち，プロビーム照明方式を示す図として，適当なものはどれか．

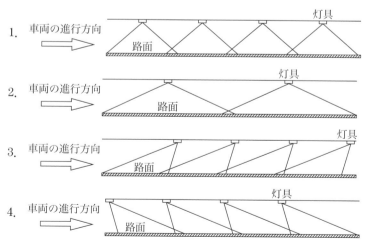

※問題番号〔No.32〕から〔No.37〕までは，**6 問題のうちから 3 問題を選択し**，
解答してください.

No.32 建物の給水設備における受水槽を設置したポンプ直送方式に関する記述と
して，**最も不適当なもの**はどれか.
1. 水道本管の圧力変化に応じて給水圧力が変化する.
2. 建物内の必要な箇所へ，給水ポンプで送る方式である.
3. 水道本管断水時は，受水槽貯水分のみ給水が可能である.
4. 停電により給水ポンプが停止すると，給水が不可能となる.

No.33 図に示す土留め工法のうち、アとイの名称の組合せとして，**適当なもの**は
どれか.

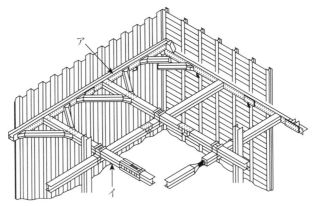

	ア	イ
1.	腹起し	火打ち梁
2.	腹起し	切梁
3.	中間杭	切梁
4.	中間杭	火打ち梁

No.34　建設作業とその作業に使用する建設機械の組合せとして，**不適当なもの**はどれか．

	建設作業	建設機械
1.	整地	ブルドーザ
2.	運搬	ベルトコンベヤ
3.	削岩	ブレーカ
4.	締固め	モータグレーダ

No.35　地中送電線路における管路の埋設工法として，**不適当なもの**はどれか．

1. 小口径推進工法
2. 刃口推進工法
3. アースドリル工法
4. セミシールド工法

No.36　国内の鉄道において，新幹線鉄道の軌間として，**適当なもの**はどれか．

1. 　762 mm
2. 1 067 mm
3. 1 372 mm
4. 1 435 mm

No.37　鉄筋コンクリート構造に関する記述として，**最も不適当なもの**はどれか．

1. 鉄筋に対するコンクリートのかぶり厚さとは，鉄筋表面からコンクリート表面までの最短距離をいう．
2. 鉄筋とコンクリートの付着強度は，丸鋼より異形鉄筋のほうが大きい．
3. コンクリートの中性化が鉄筋の位置まで達すると，鉄筋はさびやすくなる．
4. 圧縮力に強い鉄筋と引張力に強いコンクリートの特性を，組み合わせたものである．

● 施工管理法 ●

※問題番号〔**No.38**〕から〔**No.42**〕までの **5** 問題は，全問解答してください.

No.38 電灯設備の配線用図記号と名称の組合せとして，「日本産業規格（JIS）」上，不適当なものはどれか.

	図記号	名称
1.		誘導灯（蛍光灯形）
2.		二重床用コンセント
3.	●R	リモコンスイッチ
4.	Wh	電力量計

No.39 施工要領書に関する記述として，**最も不適当な**ものはどれか.
1. 内容を作業員に周知徹底しなければならない.
2. 部分詳細や図表などを用いて分かりやすいものとする.
3. 施工図を補完する資料なので，設計者，工事監督員の承諾を必要としない.
4. 一工程の施工の着手前に，総合施工計画書に基づいて作成する.
5. 初心者の技術・技能の習得に利用できる.

No.40 建設工事において工程管理を行う場合，バーチャート工程表と比較した，ネットワーク工程表の特徴に関する記述として，**最も不適当な**ものはどれか.
1. 各作業の関連性を明確にするため，ネットワーク工程表を用いた.
2. 計画出来高と実績出来高の比較を容易にするため，ネットワーク工程表を用いた.
3. 各作業の余裕日数が容易に分かる，ネットワーク工程表を用いた.
4. 重点的工程管理をすべき作業が容易に分かる，ネットワーク工程表を用いた.
5. どの時点からもその後の工程が計算しやすい，ネットワーク工程表を用いた.

No.41 図に示すネットワーク工程の各作業に関する記述として，**不適当なもの**はどれか．

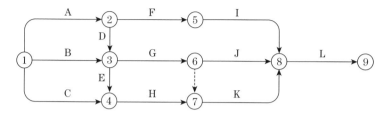

1. 作業Bが終了していなくても，作業Aが終了すると，作業Fが開始できる．
2. 作業Cと作業Eが終了すると，作業Hが開始できる．
3. 作業Gが終了すると，作業Jが開始できる．
4. 作業Gが終了していなくても，作業Hが終了すると，作業Kが開始できる．
5. 作業Iと作業Jと作業Kが終了すると，作業Lが開始できる．

No.42 図に示す電気工事の特性要因図において，ア，イ，ウに記載されるべき主な要因の組合せとして，**適当なもの**はどれか．

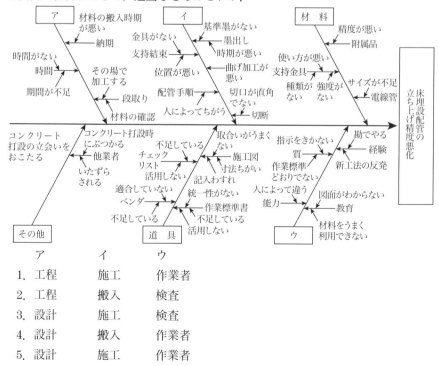

	ア	イ	ウ
1.	工程	施工	作業者
2.	工程	搬入	検査
3.	設計	施工	検査
4.	設計	搬入	作業者
5.	設計	施工	作業者

※問題番号〔**No.43**〕から〔**No.52**〕までは，**10** 問題のうちから **6** 問題を選択し
解答してください．

No.43 市街地における新築工事現場の仮設計画立案のための現地調査の確認事項
として，**最も重要度が低いもの**はどれか．
1. 近隣の道路と交通状況及び隣地の状況
2. 仮囲い，現場事務所，守衛所等の予定位置
3. 所轄の警察署，消防署及び労災指定病院の位置
4. 配電線，通信線，給排水管等の状況及び計画引込予定位置

No.44 新築事務所ビルの電気工事における総合工程表の作成に関する記述とし
て，**最も不適当なもの**はどれか．
1. 諸官庁への書類の作成を計画的に進めるため，提出予定時期を記入する．
2. 工程的に動かせない作業がある場合は，それを中心に他の作業との関連性を
   ふまえ計画する．
3. 関連する建築工程を記入して，電気工事との関連性がわかるようにする．
4. 仕上げ工事など各種の工事が集中する時期は，各作業を詳細に記入する．

No.45 高圧電路の絶縁性能の試験（絶縁耐力試験）に関する次の記述のうち，
☐に当てはまる語句として「電気設備の技術基準とその解釈」上，**適当なも
の**はどれか．
　　「最大使用電圧の☐の交流試験電圧を，電路と大地との間に連続して 10
　　分間加えたとき，これに耐える性能を有すること．」
1. 1.1 倍
2. 1.25 倍
3. 1.5 倍
4. 2.0 倍

No.46 明り掘削の作業における，労働者の危険を防止するための措置に関する記述として，「労働安全衛生法」上，**不適当なもの**はどれか．

1. 地中電線路を損壊するおそれがあったので，掘削機械を使用せず手掘りで掘削した．
2. 要求性能墜落制止用器具等及び保護帽の使用について，地山の掘削作業主任者が監視した．
3. 土止め支保工を設けたので，設置後 7 日ごとに点検した．
4. 掘削面の高さが 5 m 以上の砂からなる地山を手掘りで掘削するので，掘削面のこう配を 60 度とした．

No.47 ガス溶接等の業務に使用する溶解アセチレンの容器の取扱いに関する記述として，「労働安全衛生法」上，**不適当なもの**はどれか．

1. 気密性のある場所に貯蔵すること．
2. 使用前又は使用中の容器とこれら以外の容器との区別を明かにしておくこと．
3. 容器の温度を 40 ℃以下に保つこと．
4. 運搬するときは，キャップを施すこと．

No.48 ディーゼル発電設備の施工に関する記述として，**最も不適当なもの**はどれか．

1. 燃料小出槽の通気管の先端は，地上 4 m 以上の高さとし，窓の開口部から 1 m 以上離隔した．
2. 主燃料タンクが燃料小出槽より高い場所にあったので，燃料給油管の主燃料タンクの直近に緊急遮断弁を設けた．
3. 共通台板が振動するため，耐震ストッパを省略し，防振装置を用いて基礎に取り付けた．
4. 発電機と接続するケーブルには，十分に余長をもたせて，ケーブルに張力がかからないようにした．

No.49 架空配電線路の施工に関する記述として，**最も不適当なもの**はどれか．

1. 配電用避雷器を区分開閉器の近くに取り付けた．
2. 高圧配電線の短絡保護のため，過電圧継電器を施設した．
3. 高圧架空電線路の電線と支持物を絶縁するため，中実がいしを使用した．
4. 単相 3 線式の低圧配電線路の不平衡を防ぐため，線路の末端にバランサを取り付けた．

No.50 合成樹脂管配線（PF 管，CD 管）に関する記述として，「内線規程」上，最も**不適当なもの**はどれか．

1. 点検できない隠ぺい場所に，PF 管を使用した．
2. 建物の強度を減少させないように，コンクリート内の集中配管をさけた．
3. 乾燥した場所に，CD 管を露出配管した．
4. 管相互の接続は，カップリングを使用した．

No.51 次の図に示す，交流電化区間の電車線路標準構造において，部材アとイの名称の組合せとして，**適当なもの**はどれか．

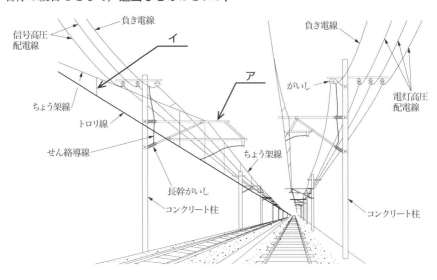

	ア	イ
1.	腕金	アームタイ
2.	腕金	ハンガ
3.	可動ブラケット	ハンガ
4.	可動ブラケット	アームタイ

No.52 情報通信設備の屋内配線に関する記述として，**最も不適当なもの**はどれか．

1. 構内情報通信網設備の配線に，耐燃性ポリオレフィンシース　カテゴリ6 UTP ケーブル（ECO-UTP-CAT 6 ／ F）を使用した．

2. 電話設備の幹線に，EM- 構内ケーブル（ECO-TKEE ／ F）を使用した．

3. 保守用インターホン設備の配線に，着色識別ポリエチレン絶縁ビニルシースケーブル（FCPEV）を使用した．

4. 非常放送設備のスピーカ配線に，警報用ポリエチレン絶縁ケーブル（AE）を使用した．

● 法　　規 ●

※問題番号〔No.53〕から〔No.64〕までは，**12 問題**のうちから **8 問題**を選択し，解答してください．

No.53 建設業の許可に関する記述として，「建設業法」上，**誤っているもの**はどれか．

1. 建設業の許可は，一般建設業と特定建設業の別に区分して与えられる．

2. 電気工事業と建築工事業の許可を受けた建設業者は，一の営業所において両方の営業を行うことができる．

3. 建設業を営もうとする者は，一の都道府県の区域内にのみ営業所を設けて営業をしようとする場合は，国土交通大臣の許可を受けなければならない．

4. 建設業を営もうとする者は，政令で定める軽微な建設工事のみを請け負う者を除き，建設業法に基づく許可を受けなければならない．

No.54 建設工事の請負契約に関する記述として，「建設業法」上，**誤っているもの**はどれか．

1. 建設業者は，下請負人の承諾を得た場合は，その請け負った建設工事を一括して下請負人に請け負わせることができる．

2. 建設工事の請負契約の当事者は，契約の締結に際して，工事内容等の事項を書面に記載し，相互に交付しなければならない．

3. 建設業者は，建設工事の注文者から請求があったときは，請負契約が成立するまでの間に，建設工事の見積書を交付しなければならない．

4. 建設工事の請負契約の当事者は，各々の対等な立場における合意に基づいて公正な契約を締結し，これを履行しなければならない．

No.55 一般用電気工作物に関する次の記述のうち，□ に当てはまる数値として，「電気事業法」上，**正しいもの**はどれか．

「小出力発電設備の電圧は，経済産業省令で定められており，□ V 以下である．」

1. 200
2. 300
3. 600
4. 750

No.56 電気工事に使用する機械，器具又は材料のうち，「電気用品安全法」上，**電気用品として定められていないもの**はどれか．

ただし，電気用品は防爆型のもの及び油入型のものを除くものとする．

1. 600 V ビニル絶縁電線（5.5 mm^2）
2. 300 mm × 300 mm × 200 mm の金属製プルボックス
3. ねじなし電線管（E31）
4. 定格電圧 AC125 V 15 A の配線器具

No.57 一般用電気工作物に係る作業のうち，「電気工事士法」上，**電気工事士でなくても従事できる作業**はどれか．

1. 電線管を曲げる作業
2. 埋込型コンセントを取り換える作業
3. 接地極を地面に埋設する作業
4. 電力量計を取り付ける作業

No.58 電気工事業者が，一般用電気工事のみの業務を行う営業所に備えなければならない器具として，「電気工事業の業務の適正化に関する法律」上，**定められていないもの**はどれか．

1. 低圧検電器
2. 絶縁抵抗計
3. 接地抵抗計
4. 抵抗及び交流電圧を測定することができる回路計

No.59 建築設備として,「建築基準法」上,**定められていないもの**はどれか.
ただし建築物に設けるものとする.

1. 排煙設備
2. 汚物処理の設備
3. 防火戸
4. 昇降機

No.60 消防用設備等として,「消防法」上,**定められていないもの**はどれか.

1. ガス漏れ火災警報設備
2. 非常用の照明装置
3. 避難はしご
4. 漏電火災警報器

No.61 事業者が,遅滞なく,報告書を所轄労働基準監督署長に提出しなければならない場合として,「労働安全衛生法」上,**定められていないもの**はどれか.

1. 事業場で火災又は爆発の事故が発生したとき
2. ゴンドラのワイヤロープの切断の事故が発生したとき
3. つり上げ荷重が5tの移動式クレーンの倒壊の事故が発生したとき
4. 休業の日数が4日に満たない労働災害が発生したとき

No.62 労働者の健康管理等に関する記述として,「労働安全衛生法」上,**定められていないもの**はどれか.

1. 事業者は,健康診断の結果に基づき,健康診断個人票を作成して,これを5年間保存しなければならない.
2. 事業者は,常時10人以上50人未満の労働者を使用する事業場には,産業医を選任し,その者に労働者の健康管理等を行わせなければならない.
3. 事業者は,常時使用する労働者に対し,医師による定期健康診断を行う場合は,既往歴及び業務歴の調査を行わなければならない.
4. 事業者は,中高年齢者については,心身の条件に応じて適正な配置を行なうように努めなければならない.

No.63 労働契約等に関する記述として，「労働基準法」上，**誤っているもの**はどれか．

1. 使用者は，労働契約の不履行について違約金を定めてはならない．
2. 労働者は，労働契約で明示された労働条件が事実と相違する場合においては，即時に労働契約を解除することができる．
3. 使用者は，満 18 才に満たない者を高さが 5 m 以上の場所で，墜落により危害を受けるおそれのあるところにおける業務に就かせてはならない．
4. 使用者は，労働者が業務上負傷し，療養のために休業する期間が 5 年を経過した場合は，無条件で解雇することができる

No.64 分別解体等及び再資源化等を促進するため，特定建設資材として，「建設工事に係る資材の再資源化等に関する法律」上，**定められていないもの**はどれか．

1. 電線
2. アスファルト・コンクリート
3. 木材
4. コンクリート

問題1 あなたが経験した**電気工事**について，次の問に答えなさい.

1-1 経験した電気工事について，次の事項を記述しなさい.

(1) 工 事 名

(2) 工事場所

(3) 電気工事の概要

(4) 工　　期

(5) この電気工事でのあなたの立場

(6) あなたが担当した業務の内容

1-2 上記の電気工事の現場において，**安全管理上**あなたが留意した事項とその理由を**2つ**あげ，あなたがとった**対策又は処置**を留意した事項ごとに具体的に記述しなさい.

ただし，対策の内容は重複しないこと.

なお，**保護帽の着用のみ**又は**安全帯**（要求性能墜落制止用器具）の着用のみの記述については配点しない.

問題2 次の問に答えなさい

2-1 電気工事に関する次の語句の中から**2つ**選び，番号と語句を記入のうえ，施工管理上留意すべき内容を，**2つ**具体的に記述しなさい.

> 1. 機器の搬入
> 2. 分電盤の取付け
> 3. 低圧ケーブルの敷設
> 4. 電動機への配管配線
> 5. 資材の受入検査
> 6. 低圧分岐回路の試験

2-2 一般送配電事業者から供給を受ける図に示す高圧受電設備の単線結線図について，次の問に答えなさい．

(1) **ア**に示す機器の**名称**又は**略称**を記入しなさい．

(2) **ア**に示す機器の**機能**を記述しなさい．

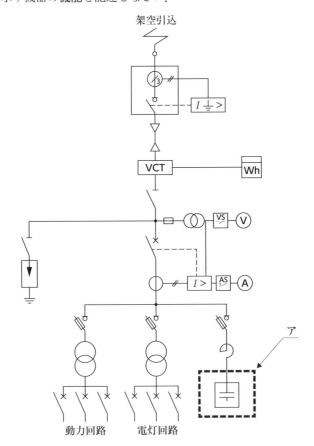

問題3 電気工事に関する次の用語の中から **3つ** 選び，番号と用語を記入のうえ，**技術的な内容**を，それぞれについて **2つ** 具体的に記述しなさい．

ただし，**技術的な内容**とは，施工上の留意点，選定上の留意点，動作原理，発生原理，定義，目的，用途，方式，方法，特徴，対策などをいう．

> 1. 風力発電
> 2. 架空送電線のたるみ
> 3. スターデルタ始動
> 4. VVF ケーブルの差込形のコネクタ
> 5. 定温式スポット型感知器
> 6. 電気鉄道のき電方式
> 7. 超音波式車両感知器
> 8. 電線の許容電流
> 9. A 種接地工事

問題4 次の計算問題を答えなさい．

4-1 図に示す直流回路網における起電力 E〔V〕の値として，**正しいもの**はどれか．

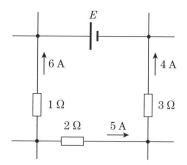

① 8 V
② 10 V
③ 16 V
④ 20 V

4-2 図に示す配電線路の変圧器の一次電流 I_1〔A〕の値として，**正しいもの**はどれか．

ただし，負荷はすべて抵抗負荷であり，変圧器と配電線路の損失及び変圧器の励磁電流は無視する．

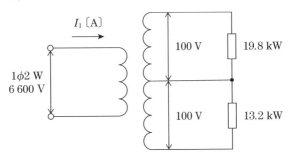

① 2.5 A
② 3.5 A
③ 5.0 A
④ 7.5 A

問題5 「建設業法」，「労働安全衛生法」又は「電気工事士法」に関する次の問に答えなさい．

5-1 建設業者等の責務に関する次の記述の □□□ に当てはまる語句として，「建設業法」上，**定められているもの**はそれぞれどれか．

「建設業者は，建設工事の担い手の ア 及び確保その他の イ 技術の確保に努めなければならない．」

ア ① 開拓 ② 発掘 ③ 採用 ④ 育成
イ ① 設計 ② 施工 ③ 新規 ④ 監理

5-2 労働災害の防止に関する次の記述の□□□に当てはまる語句として，「労働安全衛生法」上，**定められているもの**はそれぞれどれか．

　「事業者は，労働災害を防止するための管理を必要とする作業で，政令で定めるものについては，都道府県労働局長の免許を受けた者が行う ア のうちから，厚生労働省令で定めるところにより当該作業の区分に応じて イ を選任し，その者に当該作業に従事する労働者の指揮その他の厚生労働省令で定める事項を行わせなければならない．」

ア　① 特別教育を受講した者　　② 特別教育を終了した者
　　③ 技能講習を受講した者　　④ 技能講習を修了した者
イ　① 作業主任者　　② 安全管理者　　③衛生管理者　　④安全衛生推進者

5-3 電気工事士に関する次の記述の□□□に当てはまる語句として，「電気工事士法」上，**定められているもの**はそれぞれどれか．

　「第一種電気工事士は，経済産業省令で定めるやむを得ない事由がある場合を除き，第一種電気工事士免状の交付を受けたその日から ア に，経済産業省令で定めるところにより，経済産業大臣の指定する者が行う自家用電気工作物の保安に関する イ を受けなければならない．」

ア　① 2年以内　　② 3年以内　　③ 4年以内　　④ 5年以内
イ　① 講習　　②研修　　③ 登録　　④ 免許

※ **2020** 年度は，新型コロナ感染拡大のため，前期の学科試験は行われませんでした.

● 電気工学等 ●

※問題番号【No.1】〜【No.12】までの 12 問題のうちから，8 問題を選択し，解答してください.

No.1 図のような金属導体 B の抵抗値は，金属導体 A の抵抗値の何倍になるか.
ただし，金属導体の材質及び温度条件は同一とする.

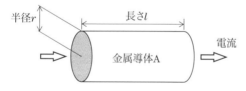

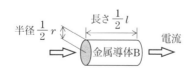

1. 1 倍
2. 2 倍
3. 4 倍
4. 8 倍

No.2 　無限に長い直線状導体に図に示す方向に電流 I 〔A〕が流れているとき，点 P における磁界の向きと磁界の大きさ〔A/m〕の組合せとして，**適当なもの**はどれか．

ただし，直線状導体の中心から点 P までの距離は r 〔m〕とする．

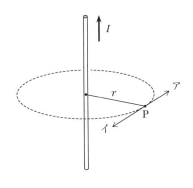

　　　　磁界の向き　　　磁界の大きさ

1. 　　ア　　　　　　$\dfrac{I}{2\pi r}$

2. 　　ア　　　　　　$\dfrac{I}{\pi r^2}$

3. 　　イ　　　　　　$\dfrac{I}{2\pi r}$

4. 　　イ　　　　　　$\dfrac{I}{\pi r^2}$

No.3 　図に示す回路において，2 Ω の抵抗に流れる電流 I 〔A〕の値として，**正しいもの**はどれか．

1. 0.5 A
2. 1 A
3. 2 A
4. 3 A

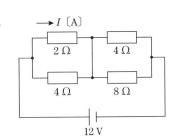

No.4 　図に示す，最大目盛 10 mA，内部抵抗 9 Ω の電流計を使用し，最大電流 0.1 A まで測定するための分流器 R_s の抵抗値〔Ω〕として，**正しいもの**はどれか．

1. 0.9 Ω
2. 1 Ω
3. 81 Ω
4. 90 Ω

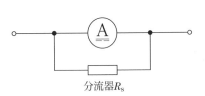

分流器 R_s

No.5 直流発電機に関する記述として，**不適当なもの**はどれか．

1. 直巻発電機は，自励発電機に分類される．
2. 分巻発電機は，他励発電機に分類される．
3. 直巻発電機の無負荷時の出力電圧は，残留電圧に等しい．
4. 分巻発電機の無負荷時の出力電圧は，誘導起電力に等しい．

No.6 変圧器油に要求される特性として，**不適当なもの**はどれか．

1. 絶縁耐力が大きいこと．
2. 冷却作用が大きいこと．
3. 粘度が高いこと．
4. 引火点が高いこと．

No.7 高圧真空遮断器に関する記述として，**不適当なもの**はどれか．

1. 負荷電流の開閉を行うことができる．
2. 故障時の電流を自ら検知して遮断することができる．
3. 定格遮断電流以下の短絡電流を遮断することができる．
4. 高真空状態のバルブの中で接点を開閉する．

No.8 汽力発電所のボイラ設備において，次のアからエに掲げる装置のうち，煙道ガスの熱を利用する装置の組合せとして，**適当なもの**はどれか．

ア．節炭器　　イ．蒸気ドラム　　ウ　空気予熱器　　エ．再熱器

1. アとウ
2. アとエ
3. イとウ
4. イとエ

No.9 変電所の機能に関する記述として，**不適当なもの**はどれか．

1. 送配電系統の電力潮流の調整を行う．
2. 送配電系統の無効電力の調整を行う．
3. 事故が発生した送配電線を電力系統から切り離す．
4. 送配電系統の周波数が一定になるように出力調整を行う．

No.10 高圧配電線路の電圧調整に関する記述として，**最も不適当なもの**はどれか．

1. 配電用変電所の負荷時電圧調整器による電圧の調整
2. 柱上変圧器の一次側タップ調整による電圧の調整
3. 配電線路の途中に三相昇圧器を設置することによる電圧の調整
4. 配電線路の途中に柱上開閉器を設置することによる電圧の調整

No.11 LED ランプに関する記述として，**不適当なもの**はどれか．

1. 発光は，エレクトロルミネセンスの原理を利用している．
2. 発光時に熱が発生するため，フィンを付けるなどの放熱対策が必要である．
3. LED 素子は，耐圧が低いため電圧の変化により破壊されやすい．
4. 蛍光ランプに比べて，周囲温度の変化による光束の低下が大きい．

No.12 電気加熱の方式に関する記述として，**最も不適当なもの**はどれか．

1. 抵抗加熱は，通電した際に発生するジュール熱を利用する．
2. 誘電加熱は，交番電界中において，絶縁性被熱物中の誘電体損による発熱を利用する．
3. アーク加熱は，電子ビーム照射による熱を利用する．
4. 赤外線加熱は，赤外線電球などの発熱体による放射熱を利用する．

※問題番号〔**No.13**〕～〔**No.32**〕までの **20** 問題のうちから，**11** 問題を選択し，解答してください．

No.13 水力発電所に用いられる水車発電機に関する記述として，**不適当なもの**はどれか．

ただし，発電機は同期発電機とする．

1. 立軸形は，横軸形に比べて大容量低速機に適している．
2. 短絡比は，蒸気タービン発電機より大きい．
3. 回転子は，軸方向に長い円筒形が多く使用される．
4. 立軸形は，軸方向の荷重を支えるスラスト軸受を有する．

No.14 変圧器の並行運転の条件として，**不適当なもの**はどれか．

1. 一次及び二次の極性が一致していること．
2. 一次及び二次の定格電圧が等しいこと．
3. 各変圧器のインピーダンスが変圧器の容量に比例していること．
4. 各変圧器の抵抗と漏れリアクタンスの比が等しいこと．

No.15 電力系統における保護継電システムの構成に必要な機器として，**不適当な**ものはどれか．

1. 計器用変成器
2. 保護継電器
3. 遮断器
4. 避雷器

No.16 配電線路に用いられる電線の種類と主な用途の組合せとして，**不適当なも**のはどれか．

電線の種類	主な用途
1. 引込用ポリエチレン絶縁電線（DE）	高圧架空引込用
2. 屋外用架橋ポリエチレン絶縁電線（OC）	高圧架空配電用
3. 引込用ビニル絶縁電線（DV）	低圧架空引込用
4. 屋外用ビニル絶縁電線（OW）	低圧架空配電用

No.17 図に示すがいしの名称として，**適当なもの**はどれか．

1. 耐霧がいし
2. 長幹がいし
3. 高圧ピンがいし
4. ラインポストがいし

No.18 送電線路の線路定数に関する次の記述のうち，□□□に当てはまる語句として，**適当なもの**はどれか．

「送電線路は，抵抗，インダクタンス，□□□，漏れコンダクタンスの 4 つの定数をもつ連続した電気回路とすることができる．」

1. アドミタンス
2. インピーダンス
3. 静電容量
4. 漏れ電流

No.19 高圧配電線路で最も多く採用されている中性点接地方式として，**適当なもの**はどれか．

1. 消弧リアクトル接地方式
2. 非接地方式
3. 高抵抗接地方式
4. 直接接地方式

No.20 一般送配電事業者が供給する電気の電圧に関する次の記述のうち，□□□に当てはまる数値として，「電気事業法」上，**定められているもの**はどれか．

「標準電圧 100 V の電気を供給する場所において，供給する電気の電圧の値は，101 V の上下□□□V を超えない値に維持するように努めなければならない．」

1. 3
2. 6
3. 10
4. 20

No.21 図において P 点の水平面照度 E〔lx〕の値として，**正しいもの**はどれか．

ただし，光源は P 点の直上にある点光源とし，P 方向の光度 I は 160 cd とする．

1. 5 lx
2. 10 lx
3. 20 lx
4. 40 lx

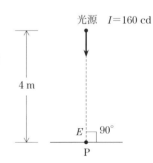

No.22 電動機分岐回路に設置する機器に関する記述として，**最も不適当なもの**はどれか．

1. 配線用遮断器は，短絡電流から回路の保護が可能である．
2. 2E リレーは，電動機の反相保護が可能である．
3. 電動機用配線用遮断器は，過負荷保護が可能である．
4. 低圧進相コンデンサは，無効電力を補償するものである．

No.23 図に示す定格電流 200 A の過電流遮断器で保護された低圧屋内幹線との分岐点から，分岐幹線の長さが 6 m の箇所に過電流遮断器を設ける場合，分岐幹線の許容電流の最小値として「電気設備の技術基準とその解釈」上，**正しいもの**はどれか．

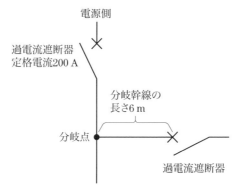

1. 70 A
2. 90 A
3. 110 A
4. 130 A

No.24 高圧受電設備に用いられる高圧限流ヒューズの種類として「日本産業規格（JIS）」上，**誤っているもの**はどれか．

1. C（リアクトル付きコンデンサ用）
2. G（一般用）
3. M（電動機用）
4. T（変圧器用）

No.25 高圧受電設備に使用する機器に関する記述として，**最も不適当なものは**どれか.

1. 限流ヒューズ付高圧交流負荷開閉器は，高圧限流ヒューズと組み合わせて，電路の短絡電流を遮断する機能を有する.
2. 断路器は，高圧遮断器の電源側に設置し，負荷電流が流れている電路を開閉する機能を有する.
3. 高圧交流電磁接触器は，負荷電流の多頻度の開閉をする機能を有する.
4. 避雷器は，雷および開閉サージによる異常電圧による電流を大地へ分流する機能を有する.

No.26 建築物等の雷保護システムに関する用語として，「日本産業規格（JIS）」上，**関係のないものは**どれか.

1. 水平導体
2. アーマロッド
3. 保護レベル
4. サージ保護装置

No.27 湿気の多い場所に低圧屋内配線を施設する工事として，「電気設備の技術基準とその解釈」上，**誤っているものは**どれか.

ただし，必要に応じて防湿装置を施すものとする.

1. 合成樹脂管工事
2. 金属管工事
3. 金属線ぴ工事
4. ケーブル工事

No.28 自動火災報知設備に関する次の記述に該当する感知器として，「消防法」上，**適当なものは**どれか.

「周囲の温度の上昇率が一定の率以上になったときに火災信号を発信するもの」

1. 定温式スポット型感知器
2. 光電式スポット型感知器
3. イオン化式スポット型感知器
4. 差動式スポット型感知器

No.29 建築物に設置される非常ベルに関する記述として,「消防法」上, **誤っているもの**はどれか.

1. 非常電源を附置する必要がある.
2. 起動装置は,手動操作により音響装置を鳴動させる装置である.
3. 赤色の表示灯は,音響装置の近傍に設ける必要がある.
4. 表示灯の材料は,不燃性又は難燃性である.

No.30 構内情報通信網(LAN)に関するイーサネットの規格において,伝送媒体に光ファイバケーブルを使用するものとして,**適当なもの**はどれか.

1. 10 BASE 5
2. 100 BASE-TX
3. 100 BASE-FX
4. 1000 BASE-T

No.31 電車線において,速度 100 km/h 以上の運転区間に用いられるちょう架方式として,**不適当なもの**はどれか.

1. ヘビーシンプルカテナリ式
2. コンパウンドカテナリ式
3. ツインシンプルカテナリ式
4. 直接ちょう架式

No.32 道路トンネル照明の照明方式に関する記述として,**最も不適当なもの**はどれか.

1. カウンタービーム照明方式は,対称照明方式である.
2. カウンタービーム照明方式は,入口照明に採用される.
3. プロビーム照明方式は,非対称照明方式である.
4. プロビーム照明方式は,主に入口・出口照明に採用される.

※問題番号〔**No.33**〕～〔**No.38**〕までの **6** 問題のうちから，**3** 問題を選択し，解答してください．

No.33 建物の空調で使用するヒートポンプの原理図において，アの名称として，適当なものはどれか．

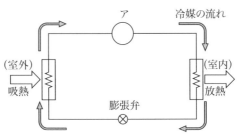

1. 圧縮機
2. 凝縮器
3. 蒸発器
4. 熱交換器

No.34 盛土工事における締固めの効果又は特性として，**不適当なもの**はどれか．

1. 透水性が低下する．
2. 土の支持力が増加する．
3. せん断強度が大きくなる．
4. 圧縮性が大きくなる．

No.35 水準測量に関する記述として，**誤っているもの**はどれか．

1. 水準原点とは，日本の陸地の高さの基準となる点である．
2. 基準面とは，ある点の高さを表す基準となる水準面である．
3. 前視とは，既知点に立てた標尺の読みである．
4. 中間点とは，必要な点の標高を求めるため，前視だけを読み取る点である．

No.36 図に示す送電用鉄塔の基礎の名称として，**適当なもの**はどれか．

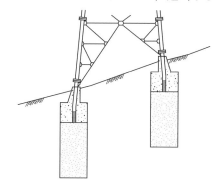

1. 深礎基礎
2. 逆 T 字型基礎
3. ロックアンカー基礎
4. 既製コンクリートぐい基礎

No.37 鉄道線路の軌道における速度向上策に関する記述として，**不適当なもの**はどれか．

1. バラスト道床の厚みを小さくする．
2. 曲線半径を大きくする．
3. まくらぎの間隔を小さくする．
4. レールの単位重量を大きくする．

No.38 次の用語のうち，鉄骨構造の溶接欠陥に，**関係のないもの**はどれか．

1. オーバーラップ
2. アンダーカット
3. ブローホール
4. コールドジョイント

※問題番号〔No.39〕の問題は，必ず解答してください．

No.39 自動火災報知設備の配線用図記号と名称の組合せとして，「日本産業規格（JIS）」上，**誤っている**ものはどれか．

	図記号	名　称
1.	⊖	差動式スポット型感知器
2.	S	定温式スポット型感知器
3.	Ⓟ	P 型発信機
4.	Ⓑ	警報ベル

● 施工管理法 ●

※問題番号〔No.40〕～〔No.52〕までの **13** 問題のうちから，**9** 問題を選択し，解答してください．

No.40 太陽光発電システムの施工に関する記述として，**最も不適当な**ものはどれか．

1. 積雪地域であるため，陸屋根に設置した太陽電池アレイの傾斜角を大きくした．
2. 感電を防止するため，配線作業の前に太陽電池モジュールの表面を遮光シートで覆った．
3. 太陽電池モジュールの温度上昇を抑えるため，勾配屋根と太陽電池アレイの間に通気層を設けた．
4. 雷が多く発生する地域であるため，耐雷トランスをパワーコンディショナの直流側に設置した．

No.41 高低圧架空配電線路の施工に関する記述として，**最も不適当な**ものはどれか．

1. 長さ 15 m の A 種鉄筋コンクリート柱は，根入れの深さを 2 m とした．
2. 支線の玉がいしは，支線が断線したときに地表上 2.5 m 以上となる位置に取り付けた．
3. 高圧架空電線の張力のかかる接続箇所には，圧縮スリーブを使用した．
4. 高圧架空電線の引留め箇所には，高圧耐張がいしを使用した．

No.42 高圧受電設備の受電室の施設に関する記述として，「高圧受電設備規程」上，**不適当なもの**はどれか.

1. 屋内キュービクルの点検を行う面の保有距離を 0.6 m とした.
2. ドレンパンを設けた給水管を通過させた.
3. 配電盤の計器面の照度は，300 lx とした.
4. 扉に施錠装置を施設し，「高圧危険」及び「関係者以外立入禁止」の表示をした.

No.43 電車線において，図に示す部材ア及びイの名称の組合せとして，**適当なもの**はどれか.

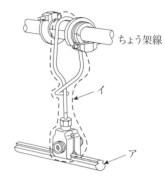

ちょう架線
イ
ア

	ア	イ
1.	き電線	ドロッパ
2.	き電線	ハンガイヤー
3.	トロリ線	ドロッパ
4.	トロリ線	ハンガイヤー

No.44 有線電気通信設備の線路に関する次の記述のうち，「有線電気通信法」上，□□□□ に当てはまる語句として，**正しいもの**はどれか.

ただし，地中強電流電線の設置者の承諾を得ていないものとする.

「地中電線（通信線）と 6.6 kV の地中強電流電線との離隔距離が □□□□ 以下となるので，その間に堅ろうかつ耐火性の隔壁を設けた.」

1. 30 cm
2. 40 cm
3. 50 cm
4. 60 cm

No.45 施工計画書の作成の目的として，**最も関係のないもの**はどれか.

1. 施工効率を高めるため
2. コスト目標を達成するため
3. 施工技術を習得するため
4. 工事を安全に行うため

No.46 消防用設備等の設置届に関する次の記述のうち， □□□ に当てはまる語句として，「消防法」上，**正しいもの**はどれか．

「延べ面積 300 m² 以上の飲食店に，誘導灯を設置したときは，工事が完了した日から □□□ 以内に，消防長又は消防署長に届け出なければならない．」

1. 4 日
2. 10 日
3. 14 日
4. 20 日

No.47 工程管理に関する記述として，**最も不適当なもの**はどれか．

1. 施工完了予定日から所要期間を逆算して，各工事の開始日を設定する．
2. 総合工程表は，検査を除く工事全体を大局的に把握するために作成する．
3. 人工山積表を用いた工程管理は，稼働人数を平準化して効率的な労務管理ができる．
4. 施工速度を上げるほど，一般に品質は低下しやすい．

No.48 図に示す工程管理に用いる図表の名称として，**適当なもの**はどれか．

作業内容 ＼ 月 日	4月			5月			6月			7月			8月			9月			備 考
	10	20	30	10	20	31	10	20	30	10	20	31	10	20	31	10	20	30	
準 備 作 業	○—○																		
配 管 工 事			○—○ ○—○		○—○	○—○	○—○												
配 線 工 事						○—————○													
機 器 据 付 工 事						○———○													
盤 類 取 付 工 事							○—○												
照明器具取付工事							○———○												
弱電機器取付工事							○———○												
受 電 設 備 工 事								○—○											
試 運 転・調 整									○—○										

1. バーチャート工程表
2. ガントチャート工程表
3. ネットワーク工程表
4. タクト工程表

No.49 図に示す品質管理に用いる図表の名称として, **適当なもの**はどれか.

1. ヒストグラム
2. パレート図
3. 管理図
4. 特性要因図

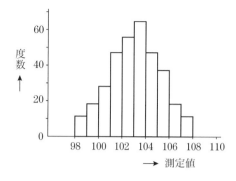

No.50 接地抵抗計による接地抵抗の測定に関する記述として, **最も不適当なもの**はどれか.

1. 測定用補助接地棒を打込む場所がなかったので, 補助接地網を使用して測定した.
2. 測定用補助接地棒 (P, C) は, 被測定接地極 (E) を中心として両側に配置した.
3. 測定前に, 接地端子箱内で機器側と接地極側の端子を切り離した.
4. 測定用補助接地棒を打込む場所がなかったので, 商用電源のアース側を利用した簡易測定 (2極法) にて測定した.

No.51 高さが2m以上の箇所で作業を行う場合の措置として, 「労働安全衛生法」上, **誤っているもの**はどれか.

1. 墜落防止のために, 作業床の開口部の周囲に囲いを設けた.
2. 大雨のため危険が予想されたので, 作業員に要求性能墜落制止用器具(安全帯)を着用させて作業に従事させた.
3. 作業を安全に行うために仮設照明を設け, 作業に必要な照度を確保した.
4. 作業員が安全に昇降するための設備を設けて作業に従事させた.

No.52 建設現場において, 安全のための特別教育を修了した者が就業できる業務として, 「労働安全衛生法」上, **誤っているもの**はどれか.

ただし, 道路上を走行する運転を除くものとする.

1. アーク溶接機を用いて行う金属の溶接
2. 研削といしの取替え又は取替え時の試運転
3. 作業床の高さが15mの高所作業車の運転
4. つり上げ荷重が0.5tの移動式クレーンの運転

● 法 規 ●

※問題番号〔No.53〕～〔No.64〕までの 12 問題のうちから，8 問題を選択し，解答してください．

No.53 建設業の許可に関する記述として，「建設業法」上，**誤っているもの**はどれか．

1. 建設業の許可を受けようとする者は，営業所ごとに所定の要件を満たした専任の技術者を置かなければならない．
2. 一般建設業の許可を受けた者が，下請負人として次の段階の下請負人と下請契約をする場合，金額の制限はない．
3. 建設業を営もうとする者は，政令で定める軽微な建設工事のみを請け負う者を除き，建設業法に基づく許可を受なければならない．
4. 国土交通大臣の許可を受た電気工事業者でなければ，国が発注する電気工事を請け負うことはできない．

No.54 建設業に関する用語の記述として，「建設業法」上，**誤っているもの**はどれか．

1. 発注者とは，建設工事（他の者から請け負ったものを除く．）の注文者をいう．
2. 建設業者とは，建設業の許可を受けて建設業を営む者をいう．
3. 元請負人とは，下請契約における注文者で建設業者であるものをいう．
4. 建設工事とは，解体工事を除く土木建築に関する工事で，建築一式工事，電気工事等をいう．

No.55 電気工作物として，「電気事業法」上，**定められていないもの**はどれか．

1. 建築物に設置する高圧受電設備
2. 火力発電のために設置するボイラ
3. 水力発電のための貯水池及び水路
4. 電気鉄道の車両に設置する電気設備

No.56　電気工事に使用する機材のうち,「電気用品安全法」上, 電気用品として定められていないものはどれか.

1. 600 V 架橋ポリエチレン絶縁ビニルシースケーブル（CVT 150 mm^2）
2. ねじなし電線管（E 75）
3. 幅 40 mm 高さ 30 mm の二種金属製線ぴ
4. 定格電圧 250 V 定格電流 5 A の筒形ヒューズ

No.57　一般用電気工作物において, 電気工事士でなければ従事してはならない作業又は工事として,「電気工事士法」上, 正しいものはどれか.

1. 埋込型点滅器を取り換える作業
2. 露出型コンセントを取り換える作業
3. 電力量計を取り付ける工事
4. 地中電線用の管を設置する工事

No.58　登録電気工事業者が掲げなければならない標識に記載する事項として,「電気工事業の業務の適正化に関する法律」上, 定められていないものはどれか.

1. 氏名又は名称及び法人にあっては, その代表者の氏名
2. 営業所の所在地
3. 営業所の業務に係る電気工事の種類
4. 登録の年月日及び登録番号

No.59　建築物に関する記述として,「建築基準法上」, 誤っているものはどれか.

1. 共同住宅は, 特殊建築物である.
2. 展示場は, 特殊建築物である.
3. 煙突は, 建築設備である.
4. 蓄光式の誘導標識は, 建築設備である.

No.60　消防の用に供する設備（消火設備, 警報設備及び避難設備）の種類として,「消防法」上, 定められていないものはどれか.

1. 不活性ガス消火設備
2. 自動火災報知設備
3. 漏電火災警報器
4. 防災無線システム

No.61 建設業における安全衛生推進者に関する記述として，「労働安全衛生法」上，誤っているものはどれか．

1. 事業者は，常時 10 人以上 50 人未満の労働者を使用する事業場において安全衛生推進者を選任しなければならない．
2. 事業者は，選任すべき事由が発生した日から 14 日以内に安全衛生推進者を選任しなければならない．
3. 事業者は，労働基準監督署長の登録を受けた者が行う講習を修了した者から安全衛生推進者を選任しなければならない．
4. 事業者は，選任した安全衛生推進者の氏名を作業場の見やすい箇所に掲示する等により，関係労働者に周知させなければならない．

No.62 漏電による感電の防止に関する次の記述のうち，　　　に当てはまる語句の組合せとして，「労働安全衛生法」上，正しいものはどれか．

「移動式又は可搬式の電動機械器具で ア が イ をこえるものが接続される電路には，当該電路の定格に適合し，感度が良好であり，かつ，確実に作動する感電防止用漏電しゃ断装置を接続しなければならない．」

	ア	イ
1.	使用電圧	100 V
2.	使用電圧	200 V
3.	対地電圧	150 V
4.	対地電圧	300 V

No.63 使用者が満 18 歳に満たない者に就かせてはならない業務として，「労働基準法」上，定められていないものはどれか．

1. デリック又は揚貨装置の運転の業務
2. 深さが 5 m 以上の地穴における業務
3. 動力により駆動される土木建築用機械の運転の業務
4. 交流電圧 200 V の充電電路の修理の業務

No.64 建設工事に伴って生じたもののうち，産業廃棄物として，「廃棄物の処理及び清掃に関する法律」上，定められていないものはどれか．

1. 廃プラスチック類　　　2. ガラスくず
3. 建設発生土　　　4. 金属くず

2020年度（令和2年度）実地試験

出題数：5
必要解答数：5
試験時間：120分

問題1 あなたが経験した**電気工事**について，次の問に答えなさい．

　1-1 経験した電気工事について，次の事項を記述しなさい．

　　⑴　工　事　名

　　⑵　工事場所

　　⑶　電気工事の概要

　　⑷　工　　　期

　　⑸　この電気工事でのあなたの立場

　　⑹　あなたが担当した業務の内容

　1-2　上記の電気工事の現場において，工程管理上あなたが留意した事項とその理由を**2つ**あげ，あなたがとった**対策**又は**処置**を留意した事項ごとに具体的に記述しなさい．

問題2　次の問に答えなさい

　2-1　**安全管理**に関する次の語句の中から**2つ**を選び，番号と語句を記入のうえ，それぞれの内容について**2つ**具体的に記述しなさい．

> 1. 危険予知活動（KYK）
> 2. 安全施工サイクル
> 3. 新規入場者教育
> 4. 酸素欠乏危険場所での危険防止対策
> 5. 高所作業車での危険防止対策
> 6. 感電災害の防止対策

2−2　一般送配電事業者から供給を受ける図に示す高圧受電設備の単線結線図について，次の問に答えなさい

　(1)　アに示す機器の**名称**又は**略称**を記入しなさい．

　(2)　アに示す機器の**機能**を記述しなさい．

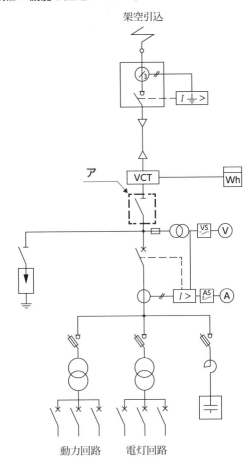

問題3 図に示すアロー形ネットワーク工程表について，次の問に答えなさい．

ただし，○内の数字はイベント番号，アルファベットは作業名，日数は所要日数を示す．

(1) **所要工期**は，何日か．

(2) E の作業が 7 日から 6 日に，K の作業が 6 日から 4 日になったとき，イベント⑨の**最早開始時刻**は，何日か．

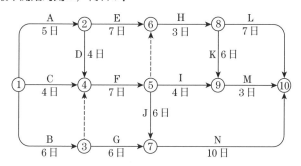

問題4 電気工事に関する次の用語の中から **3 つ**を選び，番号と用語を記入のうえ，**技術的な内容**を，それぞれについて **2 つ**具体的に記述しなさい．

ただし，**技術的な内容**とは，施工上の留意点，選定上の留意点，動作原理，発生原理，定義，目的，用途，方式，方法，特徴，対策などをいう．

> 1. 太陽光発電システム
> 2. 架空送配電線路の塩害対策
> 3. 三相誘導電動機の始動法
> 4. スコット結線変圧器
> 5. 光ファイバケーブル
> 6. 自動列車停止装置（ATS）
> 7. ループコイル式車両感知器
> 8. 絶縁抵抗試験
> 9. D 種接地工事

問題5 「建設業法」，「労働安全衛生法」又は「電気工事士法」に定められている法文において，下線部の語句のうち**誤っている語句の番号**をそれぞれ**1つ**あげ，それに対する**正しい語句**を答えなさい．

5−1 「建設業法」

元請負人（もとうけおいにん）は，その請け負った建設工事を施工するために必要な<u>工程</u>の細目（さいもく），<u>作業</u>
　　　　　　　　　　　　　　　　　　　　　　　　　　　　　　　①　　　　　　　　②

方法その他元請負人において定めるべき事項を定めようとするときは，あらかじめ，

<u>設計者</u>の意見をきかなければならない．
　③

5−2 「労働安全衛生法」

事業者は，単にこの法律で定める<u>公衆</u>災害の防止のための<u>最低基準</u>を守るだけで
　　　　　　　　　　　　　　　　　①　　　　　　　　　　　　②

なく，快適な職場環境の実現と労働条件の改善を通じて職場における労働者の安全

と<u>健康</u>を確保するようにしなければならない．また，事業者は，国が実施する<u>公衆</u>
　③　　　　　　　　　　　　　　　　　　　　　　　　　　　　　　　　　①

災害の防止に関する施策（しさく）に協力するようにしなければならない．

5−3 「電気工事士法」

この法律において「電気工事」とは，<u>一般用</u>電気工作物又は<u>事業用</u>電気工作物を
　　　　　　　　　　　　　　　　　①　　　　　　　　　②

設置し，又は変更する工事をいう．ただし，政令で定める<u>軽微</u>な工事を除く．
　　　　　　　　　　　　　　　　　　　　　　　　　　③

● 電気工学等 ◐

※問題番号【No.1】～【No.12】までの12問題のうちから，8問題を選択し，解答してください.

No.1 熱電効果に関する次の記述に該当する用語として，**適当なもの**はどれか.
「異なる2種類の金属導体を接続して閉回路を作り，2つの接合点に温度差を生じさせると閉回路に起電力が発生し電流が流れる現象」

1. ゼーベック効果
2. ペルチエ効果
3. トムソン効果
4. ピエゾ効果

No.2 図に示す2つの点電荷 $+Q_1$〔C〕，$+Q_2$〔C〕間に働く静電力 F〔N〕の大きさを表す式として，**正しいもの**はどれか.
ただし，電荷間の距離は r〔m〕，電荷のおかれた空間の誘電率は ε〔F/m〕とする.

1. $F = \dfrac{1}{4\pi\varepsilon} \times \dfrac{Q_1 Q_2}{r^2}$〔N〕

2. $F = \dfrac{1}{4\pi\varepsilon} \times \dfrac{Q_1 Q_2}{r}$〔N〕

3. $F = 4\pi\varepsilon \times \dfrac{Q_1 Q_2}{r^2}$〔N〕

4. $F = 4\pi\varepsilon \times \dfrac{Q_1 Q_2}{r}$〔N〕

No.3 図に示す単相交流回路の電流 I〔A〕の実効値として，**正しいもの**はどれか．ただし，電圧 E〔V〕の実効値は 200 V とし，抵抗 R は 4 Ω，誘導性リアクタンス X_L は 3 Ω とする．

1. 29 A
2. 40 A
3. 50 A
4. 67 A

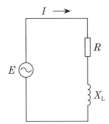

No.4 直流専用の指示電気計器として，**適当なもの**はどれか．

1. 永久磁石可動コイル形計器
2. 可動鉄片形計器
3. 熱電形計器
4. 電流力計形計器

No.5 図に示す発電機の原理図において，磁界中でコイルを一定の速度で回転させたとき，抵抗 R に流れる電流 i の波形として，**適当なもの**はどれか.

ただし，S_1 と S_2 は整流子，B_1 と B_2 はブラシを示し，これらにより整流をするものである.

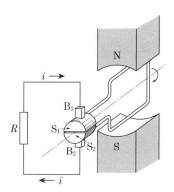

1.

2.

3.

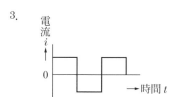

4.

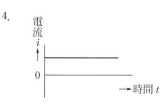

No.6 一次側に電圧 6 600 V を加えたとき，二次側の電圧が 110 V となる変圧器がある. この変圧器の二次側の電圧を 105 V にするための一次側の電圧〔V〕として，**正しいもの**はどれか.

ただし，変圧器の損失はないものとする.

1. 6 000 V
2. 6 150 V
3. 6 300 V
4. 6 450 V

No.7 進相コンデンサを誘導性負荷に並列に接続して力率を改善した場合，電源側回路に生じる効果として，**不適当なもの**はどれか．

1. 電力損失の軽減
2. 電圧降下の軽減
3. 遅れ電流の減少
4. 電圧波形のひずみの減少

No.8 汽力発電所の熱効率向上対策として，**不適当なもの**はどれか．

1. 節炭器を設置する．
2. 復水器内の圧力を高くする．
3. 抽気した蒸気で給水を加熱する．
4. 高温高圧の蒸気を採用する．

No.9 変電所における次の記述に該当する中性点接地方式として，**適当なもの**はどれか．

　　「電線路や変圧器の絶縁を軽減できるが，地絡電流が大きくなり，通信線への誘導障害が発生する欠点がある．」

1. 非接地方式
2. 直接接地方式
3. 高抵抗接地方式
4. 消弧リアクトル接地方式

No.10 架空送電線に発生するコロナに関する記述として，**不適当なもの**はどれか．

1. 送電効率が低下する．
2. ラジオ受信障害が発生する．
3. 晴天時より雨天時の方が発生しやすい．
4. 単導体より多導体の方が発生しやすい．

No.11 照明に関する用語と単位の組合せとして，**不適当なもの**はどれか．

	用語	単位
1.	光束	lm
2.	光度	cd
3.	輝度	lm/m^2
4.	色温度	K

No.12 単相誘導電動機の始動法として，**適当なもの**はどれか．

1. コンデンサ始動
2. コンドルファ始動
3. スターデルタ始動
4. リアクトル始動

※問題番号【No.13】～【No.32】までの 20 問題のうちから，11 問題を選択し，解答してください．

No.13 火力発電に用いられるタービン発電機に関する記述として，**最も不適当な**ものはどれか．

1. 水車発電機に比べて，回転速度が速い．
2. 大容量機では，水素冷却方式が採用される．
3. 単機容量が増せば，発電機の効率は良くなる．
4. 回転子は，突極形が採用される．

No.14 変電所の変圧器騒音の低減対策に関する記述として，**最も不適当なもの**はどれか．

1. 変圧器の鉄心の断面積を小さくして，磁束密度を大きくする．
2. 変圧器の鉄心材料に磁気ひずみの小さいけい素鋼板を採用する．
3. 変圧器を変電所敷地境界からできるだけ遠ざけた配置とする．
4. 変圧器に防音タンク構造を採用する．

No.15 過電流継電器（OCR）に関する記述として，**最も不適当なもの**はどれか．

1. 定限時特性や反限時特性がある．
2. 入力電流が整定値以上になると動作する．
3. 短絡保護，過負荷保護に用いられる．
4. 過電流の方向を判別することができる．

No.16 架空送電線路に関する次の記述に該当する機材の名称として，**適当なもの**はどれか．

　　「電線の振動による素線切れ及びフラッシオーバ時のアークスポットによる電線の溶断を防止するため，懸垂クランプ付近の電線に巻き付けて補強する.」

　1. ダンパ
　2. スペーサ
　3. アーマロッド
　4. スパイラルロッド

No.17 図のような構造で，鉄構などに直立固定させ，電線を磁器体頭部に固定して使用するがいしの名称として，**適当なもの**はどれか．

　1. 懸垂がいし
　2. 長幹がいし
　3. ラインポストがいし
　4. スモッグがいし

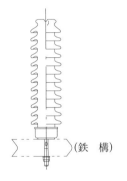

（鉄　構）

No.18 図に示す単相2線式配電線路において，送電端電圧 V_s〔V〕と受電端電圧 V_r〔V〕の間の電圧降下 v〔V〕を表す簡略式として，**正しいもの**はどれか．

　ただし，各記号は，次のとおりとする.

　　I：線電流〔A〕

　　R：1線当たりの抵抗〔Ω〕

　　X：1線当たりのリアクタンス〔Ω〕

　　$\cos\theta$：負荷の力率

　　$\sin\theta$：負荷の無効率

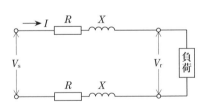

　1.　　$v = 2I(R\cos\theta + X\sin\theta)$〔V〕

　2.　　$v = 2I(R\sin\theta + X\cos\theta)$〔V〕

　3.　　$v = 2I(R\cos\theta - X\sin\theta)$〔V〕

　4.　　$v = 2I(R\sin\theta - X\cos\theta)$〔V〕

No.19 中性点非接地方式の高圧配電系統において，地絡事故から系統を保護するために使用する機器として，**不適当なもの**はどれか．

1．零相変流器
2．接地形計器用変圧器
3．避雷器
4．地絡方向継電器

No.20 配電系統の電圧調整に関する記述として，**最も不適当なもの**はどれか．

1．ステップ式自動電圧調整器による線路電圧の調整
2．負荷時タップ切換変圧器による変電所の送り出し電圧の調整
3．静止形無効電力補償装置を用いて無効電力を供給することによる電圧の調整
4．分路リアクトルを接続し，系統の遅れ力率を改善することによる電圧の調整

No.21 単相200 V回路に使用する定格電流15 Aの接地極付コンセントの極配置として，「日本工業規格（JIS）」上，**適当なもの**はどれか．

1.

2.

3.

4.

No.22 使用電圧200 Vの三相誘導電動機が接続されている電路と大地との間の絶縁抵抗値として，「電気設備の技術基準とその解釈」上，**定められているもの**はどれか．

ただし，対地電圧は，200 Vとする．

1．0.1 MΩ以上
2．0.2 MΩ以上
3．0.3 MΩ以上
4．0.4 MΩ以上

No.23 低圧屋内配線の施設場所と工事の種類の組合せとして，「電気設備の技術基準とその解釈」上，**不適当なもの**はどれか．

ただし，使用電圧は 300 V 以下とし，事務所ビルに施設するものとする．

施設場所	工事の種類
1. 乾燥した点検できない隠ぺい場所	ケーブル工事
2. 乾燥した点検できない隠ぺい場所	合成樹脂管工事
3. 湿気の多い場所又は水気のある場所	金属線ぴ工事
4. 湿気の多い場所又は水気のある場所	金属管工事

No.24 限流ヒューズ付高圧交流負荷開閉器に関する記述として，**最も不適当なもの**はどれか．

ただし，ストライカ引外し式とする．

1. 限流ヒューズは，各相のすべてに設けて用いる．
2. 限流ヒューズの溶断に伴い，内蔵バネによって表示棒を突出させ開路する．
3. ストライカ引外し式は，事故相のみを開路できるようにしたものである．
4. 絶縁バリアは，相間及び側面に設けるものである．

No.25 キュービクル式高圧受電設備に関する記述として，「日本工業規格（JIS）」上，**不適当なもの**はどれか．

1. 単相変圧器 1 台の容量は，500 kV·A 以下とする．
2. 三相変圧器 1 台の容量は，1 000 kV·A 以下とする．
3. CB 形の主遮断装置は，高圧交流遮断器と過電流継電器を組み合わせたものとする．
4. CB 形の高圧主回路の過電流は，変流器と過電流継電器を組み合せたもので検出する．

No.26 建築物の雷保護システムに関する用語として，「日本工業規格（JIS）」上，**関係のないもの**はどれか．

1. 放電クランプ
2. 等電位ボンディング
3. 回転球体法
4. メッシュ導体

No.27 需要場所に施設する地中電線路に関する記述として，「電気設備の技術基準とその解釈」上，誤っているものはどれか．

1. 管路式では，電線に絶縁電線（IV）を使用することができる．
2. 直接埋設式では，地中電線を衝撃から防護するための措置を施す．
3. 暗きょ式で施設する場合は，地中電線に耐燃措置を施す．
4. 暗きょ式で施設する暗きょは，車両その他の重量物の圧力に耐えるものとする．

No.28 自動火災報知設備に関する次の記述に該当する感知器として，「消防法」上，適当なものはどれか．

　　「一局所の周囲の温度が一定の温度以上になったときに火災信号を発信するもので，外観が電線状以外のもの」

1. 差動式スポット型感知器
2. 定温式スポット型感知器
3. 光電式スポット型感知器
4. 赤外線式スポット型感知器

No.29 非常用の照明装置に関する記述として，「建築基準法」上，誤っているものはどれか．

ただし，地下街の各構えの接する地下道に設けるものを除く．

1. LED ランプを用いる場合は，常温下で床面において水平面照度 2 lx 以上を確保することができるものとする．
2. 予備電源は，充電を行うことなく 10 分間継続して点灯させることができるものとする．
3. 照明器具内に予備電源を有する場合は，電気配線の途中にスイッチを設けてはならない．
4. 電線は，600 V 二種ビニル絶縁電線その他これと同等以上の耐熱性を有するものとしなければならない．

No.30 インターホンに関する記述として，「日本工業規格（JIS）」上，不適当なものはどれか．

1. 親子式とは，親機と子機の間に通話網が構成されているものをいう．
2. 相互式とは，親機と親機の間に通話網が構成されているものをいう．
3. 同時通話式とは，通話者間で同時に通話ができるものをいう．
4. 通話路数とは，個々の親機，子機の呼出しが選択できる相手数をいう．

No.31 電車線のちょう架方式のうち，大容量区間の本線に用いられるものとして，最も**不適当なもの**はどれか

1. き電ちょう架式
2. ツインシンプルカテナリ式
3. シンプルカテナリ式
4. コンパウンドカテナリ式

No.32 道路照明において，連続照明の設計要件に関する記述として，**最も不適当なもの**はどれか．

1. 道路条件に応じ十分な路面輝度を確保すること．
2. 路面輝度分布ができるだけ均一であること．
3. 照明からのグレアを大きくすること．
4. 道路線形の変化に対する誘導性を有すること．

※問題番号【No.33】〜【No.38】までの**6問題**のうちから，**3問題**を選択し，解答してください．

No.33 図に示す排水槽において，満水警報付液面制御を行う排水ポンプの始動用電極棒として，**適当なもの**はどれか．

1. E_1
2. E_2
3. E_3
4. E_4

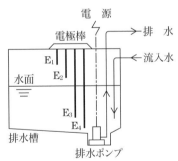

No.34 コンクリートの硬化初期における養生に関する記述として，**不適当なもの**はどれか．

1. 温度を $10 \sim 25{}^\circ$Cに保つ．
2. 表面を十分に乾燥した状態に保つ．
3. 振動及び荷重を加えないようにする．
4. 風から露出面を保護する．

No.35 水準測量に関する用語として，**関係のないもの**はどれか.

1. 標高
2. ベンチマーク
3. 基準面
4. トラバース点

No.36 図に示す送電用鉄塔基礎のうち，マット基礎として，**適当なもの**はどれか.

1.
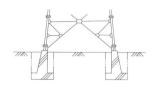

2.

3.

4.

No.37 図は鉄道軌道におけるレールの直線区間の断面を示したものである．軌間を示すものとして，**適当なもの**はどれか.

1. ア
2. イ
3. ウ
4. エ

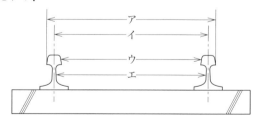

No.38 鉄筋コンクリート構造に関する記述として，**最も不適当なもの**はどれか．

1. 生コンクリートのスランプが小さいほど，粗骨材の分離やブリーディングが生じやすい．
2. 常温時における温度変化によるコンクリートと鉄筋の線膨張係数は，ほぼ等しい．
3. 空気中の二酸化炭素などにより，コンクリートのアルカリ性は表面から失われて，中性化していく．
4. 鉄筋のかぶり厚さは，耐久性及び耐火性に大きく影響する．

※問題番号【No.39】の問題は，必ず解答してください．

No.39 テレビ共同受信設備に用いる配線用図記号と名称の組合せとして，日本工業規格（JIS）上，**誤っているもの**はどれか．

	図記号	名　称
1.	▷	パラボラアンテナ
2.	▷	増幅器
3.	⊕	4 分配器
4.	⊚	直列ユニット（75 Ω）

● 施工管理法 ●

※問題番号【No.40】～【No.52】までの **13** 問題のうちから，**9** 問題を選択し，解答してください．

No.40 汽力発電所のボイラ設備に関する記述として，**不適当なもの**はどれか．

1. 自然循環ボイラは，蒸気ドラムが必要である．
2. 自然循環ボイラは，循環ポンプを必要としない．
3. 貫流ボイラは，蒸気ドラムを必要としない．
4. 貫流ボイラは，循環ポンプが必要である．

No.41 高圧架空配電線路の施工に関する記述として，**誤っているもの**はどれか．
 1. 柱上変圧器の過負荷保護のため，変圧器の一次側にケッチヒューズを取り付けた．
 2. 柱上変圧器の二次側に，B種接地工事を施した．
 3. 配電用避雷器は，柱上開閉器の近くに設けた．
 4. 高圧配電線路の事故区間の切り離しのため，柱上開閉器を設けた．

No.42 金属管配線に関する記述として，「内線規程」上，**不適当なもの**はどれか．
 1. 金属管配線には，絶縁電線（IV）を使用した．
 2. 金属管のこう長が，30 m を超えないように，途中にプルボックスを設置した．
 3. 金属管の太さが31 mm の管の内側の曲げ半径を，管内径の 6 倍以上とした．
 4. 強電流回路の電線と弱電流回路の電線を同一ボックスに収めるので，金属製の隔壁に D 種接地工事を施した．

No.43 電気鉄道における架空式の電車線路の施工に関する記述として，**不適当な**ものはどれか．
 1. ちょう架線のハンガ取付箇所には，アーク溶損を防止するために，保護カバーを取り付けた．
 2. 電車線を支持する可動ブラケットは，長幹がいしを用いて電柱に取り付けた．
 3. パンタグラフがしゅう動通過できるように，トロリ線相互の接続に圧縮接続管を使用した．
 4. パンタグラフの溝摩耗を防止するために，直線区間ではトロリ線にジグザグ偏位を設けた．

No.44 建築物等に設ける防犯設備に関する記述として，**最も不適当なもの**はどれか．
 1. ドアスイッチは，扉の開閉を検知するため，リードスイッチ部を建具枠に，マグネット部を扉にそれぞれ取り付けた．
 2. ガラス破壊センサは，はめころし窓のガラスの破壊及び切断を検知するため，ガラス面に取り付けた．
 3. 熱線式パッシブセンサは，熱線を放出して侵入者を検知するため，外壁に取り付けた．
 4. センサライトは，ライトを点灯して侵入者を威嚇するため，外壁に取り付けた．

No.45 新築工事の着手に先立ち作成する総合施工計画書に記載するものとして，最も関係のないものはどれか.

1. 現場施工体制表
2. 仮設計画
3. 施工要領書
4. 官公庁届出書類一覧表

No.46 法令に基づく申請書等と提出先等の組合せとして，誤っているものはどれか.

申請書等	提出先等
1. 建築基準法に基づく「確認申請書（建築物）」	建築主事又は指定確認査機関
2. 労働安全衛生法に基づく「労働者死傷病報告」	所轄労働基準監督署長
3. 電波法に基づく「高層建築物等予定工事届」	総務大臣
4. 道路法に基づく「道路占用許可申請書」	所轄警察署長

No.47 アロー形ネットワーク工程表に関する記述として，不適当なものはどれか.

1. アクティビティは，作業活動，材料入手など時間を必要とする諸活動を示す.
2. イベントに入ってくる先行作業がすべて完了していなくても，後続作業は開始できる.
3. アクティビティが最も早く開始できる時刻を，最早開始時刻という.
4. デュレイションは，作業や工事に要する時間のことであり矢線の下に書く.

No.48 図に示す工程管理に用いる図表の名称として，適当なものはどれか.

令和○○年○○月末現在

作業名＼達成度	10	20	30	40	50	60	70	80	90	100 %
準備作業										
配管工事										
接地工事										
入線工事										
中間接続工事										
端末処理結線										
塗装工事										
後片付け										

1. ガントチャート工程表
2. バーチャート工程表
3. QC 工程表
4. タクト工程表

No.49 品質管理に関する次の記述に該当する用語として，**適当なもの**はどれか．
　「2つの特性を横軸と縦軸にとり，測定値を打点して作る図で，相関の有無を知ることができる．」
1. 管理図
2. 散布図
3. パレート図
4. ヒストグラム

No.50 高圧引込みケーブルの絶縁性能の試験（絶縁耐力試験）における交流の試験電圧として，「電気設備の技術基準とその解釈」上，**適当なもの**はどれか．
1. 最大使用電圧の 1.5 倍
2. 最大使用電圧の 2 倍
3. 公称電圧の 1.5 倍
4. 公称電圧の 2 倍

No.51 クレーンを使用して機材を揚重する場合の玉掛け作業に関する記述として，「クレーン等安全規則」上，**不適当なもの**はどれか．
1. つり角度によりワイヤロープの安全荷重が変わるので，ワイヤロープのサイズを変更した．
2. 玉掛け用ワイヤロープは，異常の有無についての点検を前日に行ったものを使用した．
3. 玉掛け用ワイヤロープは，両端にアイを備えているものを使用した．
4. 玉掛け用ワイヤロープは，安全係数が 6 のものを使用した．

No.52 作業主任者を選任すべき作業として，「労働安全衛生法」上，**定められていないもの**はどれか．
1. 酸素欠乏危険場所における作業
2. 土止め支保工の切りばりの取付けの作業
3. 仮設電源の電線相互を接続する作業
4. 張出し足場の組立ての作業

● 法　　規 ●

※問題番号【No.53】～【No.64】までの 12 問題のうちから，8 問題を選択し，
解答してください．

No.53　建設業の許可に関する記述として，「建設業法」上，**誤っているもの**はど
れか．

1. 建設業を営もうとする者は，政令で定める軽微な建設工事のみを請け負う者
   を除き，定められた建設工事の種類ごとに建設業の許可を受けなければなら
   ない．
2. 建設業の許可は，発注者から直接請け負う一件の請負代金の額により，特定
   建設業と一般建設業に分けられる．
3. 営業所の所在地を管轄する都道府県知事の許可を受けた建設業者は，他の都
   道府県においても営業することができる．
4. 建設業の許可は，5 年ごとにその更新を受けなければ，その期間の経過によっ
   て，その効力を失う．

No.54　建設工事の現場に置く主任技術者又は監理技術者に関する記述として，「建
設業法」上，**誤っているもの**はどれか．

1. 発注者から直接電気工事を請け負った特定建設業者は，請け負った工事につ
   いて，下請契約を行わず自ら施工する場合においては，監理技術者を置かな
   ければならない．
2. 2 級電気工事施工管理技士の資格を有する者は，電気工事の主任技術者にな
   ることができる．
3. 公共性のある施設に関する重要な建設工事で政令で定めるものを請け負った
   場合，その現場に置く主任技術者は，専任の者でなければならない．
4. 主任技術者及び監理技術者は，当該建設工事の施工計画の作成，工程管理，
   品質管理その他の技術上の管理を行わなければならない．

No.55　電気工作物に関する記述として，「電気事業法」上，**誤っているもの**はどれか．

1. 事業用電気工作物とは，一般用電気工作物以外の電気工作物をいう．
2. 自家用電気工作物とは，電気事業の用に供する電気工作物及び一般用電気工作物以外の電気工作物をいう．
3. 事業用電気工作物を設置する者は，保安を一体的に確保することが必要な事業用電気工作物の組織ごとに保安規程を定めなければならない．
4. 一般用電気工作物を設置する者は，電気工作物の工事，維持及び運用に関する保安の監督をさせるため，主任技術者を選任しなければならない．

No.56　電気工事に使用する機材のうち，「電気用品安全法」上，電気用品として**定められていないもの**はどれか．

1. 5.5 mm^2 の 600 V ビニール絶縁電線
2. 定格電圧 125 V 3 A のヒューズ
3. 定格電圧 125 V 15 A の配線器具
4. 幅が 600 mm のケーブルラック

No.57　電気工事業者が，一般用電気工事のみの業務を行う営業所に備えなければならない器具として，「電気工事業の業務の適正化に関する法律」上，**定められているもの**はどれか．

1. 絶縁抵抗計
2. 低圧検電器
3. 継電器試験装置
4. 絶縁耐力試験装置

No.58　一般用電気工作物に係る作業のうち，「電気工事士法」上，電気工事士でなくても**従事できる作業**はどれか．

　ただし，電線は，電気さくの電線及びそれに接続する電線を除くものとする．

1. 電線管に電線を収める作業
2. 露出型コンセントを取り換える作業
3. 電線を直接造営材に取り付ける作業
4. 金属製のボックスを造営材に取付ける作業

No.59 特殊建築物として，「建築基準法」上，定められていないものはどれか．
1. 体育館
2. 旅館
3. 百貨店
4. 事務所

No.60 消防用設備等のうち，消火活動上必要な施設として，「消防法」上，定められていないものはどれか．
1. 排煙設備
2. 連結送水管
3. 非常コンセント設備
4. 非常警報設備

No.61 事業者が労働者に安全衛生教育を行わなければならない場合として，「労働安全衛生法」上，定められていないものはどれか．
1. 労働者を雇い入れたとき
2. 労働災害が発生したとき
3. 労働者の作業内容を変更したとき
4. 労働者を高圧充電電路の点検の業務につかせるとき

No.62 建設業における安全管理者に関する記述として，「労働安全衛生法」上，誤っているものはどれか．
1. 事業者は，安全管理者を選任すべき事由が発生した日から 14 日以内に選任しなければならない．
2. 事業者は，常時使用する労働者が 50 人以上となる事業場には，安全管理者を選任しなければならない．
3. 事業者は，安全管理者を選任したときは，当該事業場の所在地の都道府県知事に報告書を提出しなければならない．
4. 事業者は，安全管理者に，労働者の危険を防止するための措置に関する技術的事項を管理させなければならない．

No.63　使用者が労働者名簿に記入しなければならない事項として，「労働基準法」上，**定められていないもの**はどれか．

1. 労働者の労働日数
2. 従事する業務の種類
3. 退職の年月日及びその事由
4. 死亡の年月日及びその原因

No.64　騒音の規制基準に関する次の記述のうち，□□□に当てはまる指定区域内の騒音の大きさとして，「騒音規制法」上，**正しいもの**はどれか．

「特定建設作業の騒音が，特定建設作業の場所の敷地の境界線において，

□□□を超える大きさのものでないこと．」

1.　　65 dB
2.　　75 dB
3.　　85 dB
4.　　95 dB

2019 学科試験(後)

電気工学等

※問題番号【No.1】～【No.12】までの 12 問題のうちから，8 問題を選択し，解答してください．

No.1 図 A の合成静電容量を C_A [F]，図 B の合成静電容量を C_B [F] とするとき，$\dfrac{C_A}{C_B}$ の値として，正しいものはどれか．

1. $\dfrac{2}{9}$

2. $\dfrac{1}{3}$

3. $\dfrac{3}{2}$

4. 3

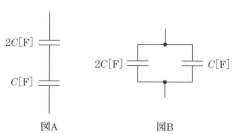

図A　　　図B

No.2 図に示す磁極間に置いた導体に電流を流したとき，導体に働く力の方向として，正しいものはどれか．

ただし，電流は紙面の表から裏へと向かう方向に流れるものとする

1. a
2. b
3. c
4. d

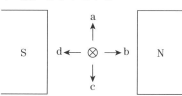

No.3 図に示す直流回路網における起電力 $E[\text{V}]$ の値として，**正しいもの**はどれか.

1. 4 V
2. 8 V
3. 12 V
4. 16 V

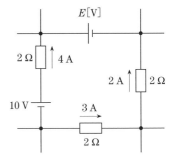

No.4 動作原理により分類した指示電気計器の記号と名称の組合せとして，**適当なもの**はどれか.

記号 　　　　名称

1. 可動鉄片形計器

2. 静電形計器

3. 永久磁石可動コイル形計器

4. 電流力計形計器

No.5 回転界磁形同期発電機に関する記述として，**不適当なもの**はどれか.

1. 同期速度は，周波数と極数により定まる.
2. 界磁電流には，交流が用いられる.
3. 電機子には，けい素鋼板を積み重ねた鉄心が用いられる.
4. 電機子巻線法の分布巻には，全節巻と短節巻がある.

No.6 同一定格の単相変圧器 3 台を △−△ 結線し，三相変圧器として用いる場合の記述として，**最も不適当なもの**はどれか.

1. 線間電圧と変圧器の相巻線の電圧が等しくなる.
2. 単相変圧器 1 台が故障したときは，V 結線で運転できる.
3. 第 3 調波電流が外部に出るため，近くの通信線に障害を与える.
4. 線電流は，単相変圧器の相電流の $\sqrt{3}$ 倍となる.

No.7 真空遮断器に関する記述として，**不適当なもの**はどれか．

1. アークによる電極の消耗が少なく，多頻度操作用に用いられる．

2. 真空バルブの保守が不要であるため，保守点検が容易である．

3. 遮断時に，圧縮空気をアークに吹き付けて消弧する．

4. アークによる火災のおそれがない．

No.8 水力発電所の発電機出力 P [kW] を求める式として，**正しいもの**はどれか．ただし，各記号は次のとおりとする．

Q：水車に流入する水量 [m³/s]　H：有効落差 [m]

η_g：発電機の効率　　　　　η_t：水車の効率

1. $P = 9.8QH^2\eta_g\eta_t$ [kW]

2. $P = 9.8QH\eta_g\eta_t$ [kW]

3. $P = \dfrac{9.8QH^2}{\eta_g\eta_t}$ [kW]

4. $P = \dfrac{9.8QH}{\eta_g\eta_t}$ [kW]

No.9 変電所に用いる分路リアクトルに関する次の記述のうち，□□□□に当てはまる語句の組合せとして，**適当なもの**はどれか．

　　「分路リアクトルは，深夜などの軽負荷時に誘導性の負荷が少なくなったとき，長距離送電線やケーブル系統などの □ ア □ 電流による，受電端の電圧 □ イ □ を抑制するために用いる．」

	ア	イ
1.	進相	上昇
2.	進相	低下
3.	遅相	上昇
4.	遅相	低下

No.10 配電系統に生じる電力損失の軽減対策として，**最も不適当なもの**はどれか．

1. 変圧器二次側の中性点を接地する．

2. 給電点を負荷の中心にする．

3. 負荷の不平衡を是正する．

4. 負荷の力率を改善する．

No.11 照明に関する記述として，**不適当なもの**はどれか．

1. 視感度は，ある波長の放射エネルギーが，人の目に光としてどれだけ感じられるかを表すものである．
2. 物質に入射する光束の反射率，透過率及び吸収率の総和は 1 となる．
3. ランプ効率は，ランプが発する全光束をそのランプの消費電力［W］で除した値で表される．
4. 光束発散度は，受光面の単位面積当たりに入射する光束で表される．

No.12 電気加熱の方式に関する次の記述のうち，[＿＿＿]に当てはまる用語の組合せとして，**適当なもの**はどれか．

「誘電加熱は，交番[＿ア＿]中に置かれた被加熱物中に生じる誘電損により加熱するものである．誘電加熱の一部であるマイクロ波加熱は，[＿イ＿]などに利用されている．」

	ア	イ
1.	磁界	電子レンジ
2.	磁界	IH 調理器
3.	電界	電子レンジ
4.	電界	IH 調理器

※問題番号【No.13】～【No.32】までの **20** 問題のうちから，**11** 問題を選択し，解答してください．

No.13 火力発電所の燃焼ガスによる大気汚染を軽減するために用いられる装置として，**最も不適当なもの**はどれか．

1. 脱硫装置
2. 脱硝装置
3. 節炭器
4. 電気集じん器

No.14 油入変圧器の内部異常を検出するための継電器として，**最も不適当なもの**はどれか．

1. 比率差動継電器
2. 不足電圧継電器
3. 衝撃圧力継電器
4. 過電流継電器

No.15 図に示す日負荷曲線の日負荷率又は需要率として，**正しいもの**はどれか．ただし，設備容量は 1200 kW とする．

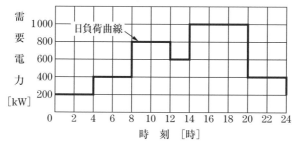

1. 日負荷率　　　50 %
2. 日負荷率　　　60 %
3. 需要率　　　　50 %
4. 需要率　　　　60%

No.16 架空送電線路に関する次の記述に該当する機材の名称として，**最も適当な**ものはどれか．

　　「電線の周りに数本巻き付けて，電線が風の流れと定常的な共振状態になることを防止し，電線特有の風音の発生を抑制する．」

1. スパイラルロッド
2. アーマロッド
3. スペーサ
4. ダンパ

No.17 図は３心電力ケーブルの無負荷時の充電電流を求める等価回路図である．充電電流 I_C ［A］を求める式として，**正しいもの**はどれか．

ただし，各記号は次のとおりとする．

　V：線間電圧［kV］

　C：ケーブルの１線あたりの静電容量［μF］

　ω：角周波数［rad/s］

1. $I_C = \dfrac{\omega CV}{3} \times 10^{-3}$ ［A］

2. $I_C = \dfrac{\omega CV^2}{3} \times 10^{-3}$ ［A］

3. $I_C = \dfrac{\omega CV}{\sqrt{3}} \times 10^{-3}$ ［A］

4. $I_C = \dfrac{\omega CV^2}{\sqrt{3}} \times 10^{-3}$ ［A］

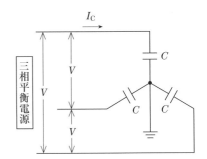

No.18 地中送電線路における電力ケーブルの電力損失として，**最も不適当なもの**はどれか．

1. 抵抗損
2. 誘電損
3. シース損
4. 漏れ損

No.19 次の機器のうち，一般に配電線に電圧フリッカを**発生させないもの**はどれか．

1. 蛍光灯
2. アーク炉
3. スポット溶接機
4. プレス機

No.20 架空配電線路の保護に用いられる機器または装置として，**不適当なもの**はどれか．

1. 放電クランプ
2. 遮断器
3. 高圧カットアウト
4. 自動電圧調整器

No.21 照明用語に関する記述として,「日本産業規格（JIS）」上,**不適当なもの**はどれか.

1. 配光曲線とは,光源の光度の値を空間内の方向の関数として表した曲線である.
2. 照明率とは,照明施設の基準面に入射する光束の,その施設に取り付けられた個々のランプの全光束の総和に対する比である.
3. 室指数とは,作業面と照明器具との間の室部分の形状を表す数値で,保守率を計算するために用いるものである.
4. 光束法とは,ランプ又は照明器具の数量と形式,部屋の特性,作業面の平均照度の関係を予測する計算方法である.

No.22 電動機のみを接続する低圧電路の保護に関する記述として,「電気設備の技術基準とその解釈」上,**不適当なもの**はどれか.

1. 過負荷保護装置は,電動機が焼損するおそれがある過電流を生じた場合に,自動的にこれを遮断するものとする.
2. 短絡保護専用遮断器は,過負荷保護装置が短絡電流によって焼損する前に,当該短絡電流を遮断する能力を有するものとする.
3. 短絡保護専用遮断器は,当該遮断器の定格電流で自動的に遮断するものとする.
4. 短絡保護専用ヒューズは,過負荷保護装置が短絡電流によって焼損する前に,当該短絡電流を遮断する能力を有するものとする.

No.23 金属線ぴ配線に関する記述として,「内線規程」上,**不適当なもの**はどれか.

1. 金属線ぴ配線の使用電圧は,300 V 以下であること.
2. 金属線ぴとボックスその他の附属品とは,堅ろうに,かつ,電気的に完全に接続すること.
3. 金属線ぴ配線は,屋内の外傷を受けるおそれのない乾燥した点検できる隠ぺい場所に施設することができる.
4. 同一線ぴ内に収める場合の電線本数は,2 種金属製線ぴの場合,電線の被覆絶縁物を含む断面積の総和が当該線ぴの内断面積の 32 ％以下とすること.

No.24 高圧受電設備に関する記述として,**不適当なもの**はどれか.

1. ストレスコーンは,高圧ケーブル端末部の電界の集中緩和のために用いられる.
2. 変圧器のブッシングは,振動伝達を抑えるために用いられる.
3. 変流器は,計器や保護継電器を動作させるために用いられる.
4. 一般送配電事業者が設置する電力量計は,電力需給用計器用変成器に接続して用いられる.

No.25 キュービクル式高圧受電設備に関する記述として，「日本産業規格（JIS）」上，**不適当なもの**はどれか．

1. 高圧進相コンデンサには，限流ヒューズなどの保護装置を取り付ける．
2. 300 V を超える低圧の引出し回路には，地絡遮断装置を設ける．ただし，防災用，保安用電源などは，警報装置に代えることができる．
3. PF・S 形の主遮断装置の電源側は，短絡接地器具などで容易，かつ，確実に接地できるものとする．
4. CB 形においては，保守点検時の安全を確保するため，主遮断装置の負荷側に断路器を設ける．

No.26 鉛蓄電池に関する記述として，**不適当なもの**はどれか．

1. 放電により，水素ガスが発生する．
2. 電解液には，希硫酸を用いる．
3. 単電池の公称電圧は，2 V である．
4. 蓄電池の容量の単位は，A・h である．

No.27 図に示す回路において，電気機器に完全地絡が生じたとき，その金属製外箱に生じる対地電圧［V］として，**適当なもの**はどれか．
ただし，電線の抵抗など，表示なき抵抗は無視するものとする．

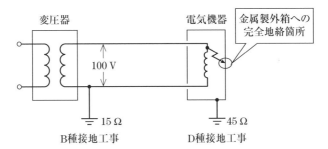

1. 25 V
2. 50 V
3. 75 V
4. 100 V

No.28 自動火災報知設備の P 型 2 級受信機に関する記述として,「消防法」上,誤っているものはどれか.

1. 火災灯を省略することができる.
2. 発信機との間で電話連絡をすることができる装置を有しなければならない.
3. 接続することができる回線の数は 5 以下である.
4. 火災表示試験装置による試験機能を有しなければならない.

No.29 通路誘導灯に関する記述として,「消防法」上, 不適当なものはどれか.

1. 点滅機能を設けることができない.
2. 床面には設けることができない.
3. 廊下に設ける通路誘導灯には, 避難の方向を示すシンボルが必要である.
4. 当該誘導灯までの歩行距離が, 所定の距離以下となるように設ける.

No.30 構内情報通信網 (LAN) に関する記述として, 不適当なものはどれか.

1. 1000 BASE-T の伝送媒体は, ツイストペアケーブルである.
2. 1000 BASE-T には, RJ-45 コネクタが用いられる.
3. 1000 BASE-SX の伝送媒体は, 光ファイバケーブルである.
4. 1000 BASE-SX には, BNC コネクタが用いられる.

No.31 架空式電車線の区分装置に関する記述として, 不適当なものはどれか.

1. 区分装置は, 変電所又はき電区分所付近, 駅の上下線のわたりなどに設けられる.
2. FRP セクションは, 駅中間など高速走行区間用に用いられる.
3. エアセクションは, 電車線相互の離隔空間を絶縁に用いるものである.
4. がいし形セクションは, 懸垂がいしを絶縁材としたものである.

No.32 道路トンネル照明に関する記述として, 最も不適当なものはどれか.

1. 入口部照明の区間の長さは, 設計速度が速いほど短くする.
2. 入口部照明の路面輝度は, 野外輝度の変化に応じて調光することができる.
3. 基本照明の平均路面輝度は, 設計速度が速いほど高くする.
4. 交通量の少ない夜間の基本照明の平均路面輝度は, 昼間より低くすることができる.

※問題番号【No.33】～【No.38】までの 6 問題のうちから，3 問題を選択し，解答してください.

No.33 換気設備に関する記述のうち，**最も不適当なもの**はどれか.

1. 第 1 種機械換気方式は，ボイラ室など燃焼用空気及びエアバランスが必要な場所に用いられる.

2. 第 2 種機械換気方式は，便所など室内圧を負圧にするための換気方式である.

3. 第 3 種機械換気方式は，室内の汚れた空気や水蒸気などを他室に流出させたくない場所に用いられる.

4. 自然換気方式は，外部の風や温度差に基づく空気の密度差を利用した換気方式である.

No.34 図に示す山留め（土留め）支保工のうち，アとイの名称の組合せとして，適当なものはどれか.

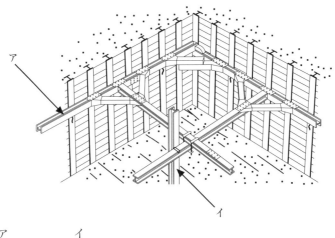

	ア	イ
1.	腹起し	中間杭
2.	腹起し	親杭
3.	切梁	親杭
4.	切梁	中間杭

No.35 測量における水平角と鉛直角を測定する測角器械として，**適当なもの**はどれか．

1. 標尺（スタッフ）
2. レベル
3. アリダード
4. セオドライト（トランシット）

No.36 図に示す送電用鉄塔基礎のうち逆Ｔ字型基礎として，**適当なもの**はどれか．

1.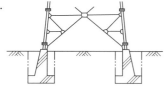

2.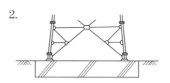

3.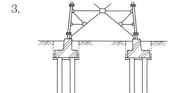

（支持層）

4.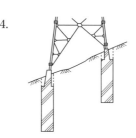

No.37 鉄道線路のカントに関する記述として，**不適当なもの**はどれか．

1. カントは，曲線を通過する車両の外方向への転倒を防止するものである．
2. 運行速度が同じであれば，曲線半径が小さいほどカントは大きい．
3. 曲線半径が同じであれば，運行速度が速いほどカントは大きい．
4. カントは，左右レールの水平軸に対する傾斜角で表される．

No.38 鉄筋コンクリート構造に関する記述として，**最も不適当なもの**はどれか．

1. 鉄筋の種類の記号は，丸鋼をSR，異形鉄筋をSDで示す．
2. 鉄筋端部にフックを設ける目的は，コンクリートとの付着強度を増加させるためである．
3. 水セメント比を小さくすると，コンクリートの圧縮強度は大きくなる．
4. コンクリート打設後の養生期間は，強度を増加させるため長いほうが良い．

※問題番号【No.39】の問題は，必ず解答してください．

No.39 構内電気設備の配線用図記号と名称の組合せとして，「日本産業規格（JIS）」上，**誤っているもの**はどれか．

	図記号	名　称
1.		分電盤
2.		制御盤
3.		OA 盤
4.		配電盤

● 施工管理法 ●

※問題番号【No.40】〜【No.52】までの **13** 問題のうちから，**9** 問題を選択し，解答してください．

No.40 屋外変電所の施工に関する記述として，**最も不適当なもの**はどれか．

1. 引込口及び引出口に近接する箇所に，避雷器を取り付けた．
2. 遮断器の電源側及び負荷側の電路に，点検作業用の接地開閉器を取り付けた．
3. 二次側電路の地絡保護のため，変電所の引込口に地絡遮断装置を取り付けた．
4. 各機器及び母線を直撃雷から保護するため，鉄構の頂部に架空地線を取り付けた．

No.41 高圧架空配電線路の柱上変圧器の施工に関する記述として，「電気設備の技術基準とその解釈」上，**誤っているもの**はどれか．

1. 柱上変圧器を，市街地で地表上 4.5 m 以上の位置に取り付けた．
2. 変圧器外箱の A 種接地工事の接地抵抗値は，10 Ω以下とした．
3. B 種接地工事の接地線は，直径 4 mm 以上の軟銅線を使用した．
4. 接地線は，地面から地上 1.8 m までの部分のみを，合成樹脂管で保護した．

No.42 低圧屋内配線に関する記述として,「内線規程」上, **不適当なもの**はどれか.

1. 金属管配線を, 点検できない水気のある場所に施設した.
2. ライティングダクトの金属製部分（導体を除く）に, D種接地工事を施した.
3. 金属ダクト配線に, 絶縁電線（IV）を使用した.
4. 合成樹脂管配線に CD 管のみを用いて, 二重天井内に施設した.

No.43 電気鉄道における架空き電線路の施工に関する記述として, **最も不適当な**ものはどれか.

1. 直流区間の塩害箇所に使用する懸垂がいしは, 耐電食用を採用した.
2. 普通鉄道のき電線相互の接続は, 耐久性が優れている圧着接続とした.
3. 新幹線鉄道のき電線の支持方法は, 垂ちょう方式と V 吊り方式を採用した.
4. き電分岐箇所は, M～T コネクタにより, ちょう架線とトロリ線とを接続した.

No.44 事務所ビルの全館放送に用いる拡声設備に関する記述として, **最も不適当な**ものはどれか.

1. 同一回線のスピーカは, 並列に接続した.
2. 一斉放送を行うため, 音量調整器には3線式で配線した.
3. スピーカは, ローインピーダンス方式のものを使用した.
4. 非常警報設備に用いるスピーカへの配線は, 耐熱電線（HP）とした.

No.45 施工計画書の作成に関する記述として, **最も不適当なもの**はどれか.

1. 施工要領書を作成し, それに基づき総合施工計画書を作成する.
2. 施工要領書は, 一工程の施工の確認手順及び施工の具体的な計画を含めて作成する.
3. 総合施工計画書は, 施工体制, 仮設計画及び安全衛生管理計画を含めて作成する.
4. 施工計画書は, 工期内で完了できる工法を検討して作成する.

No.46 大型機器の屋上への搬入計画を立案する場合の確認事項として, **最も関係のないもの**はどれか.

1. 搬入時期及び搬入順序
2. 搬入経路と作業区画場所
3. 揚重機の選定と作業に必要な資格
4. 搬入業者の作業員名簿

No.47 総合工程表の作成に関する記述として，**最も不適当なもの**はどれか．

1. 工程的に動かせない作業がある場合は，それを中心に他の作業との関連性を
   ふまえ計画する．
2. 受変電設備，幹線などの工事期間は，受電の自主検査日より逆算して計画する．
3. 受電日は，電気室の建築工事の仕上げ完了日をもとに計画する．
4. 主要機器の工事工程は，製作期間，現場搬入時期，据付調整期間などを考慮
   して計画する．

No.48 図に示すタクト工程表の特徴に関する記述として，**最も不適当なもの**はどれか．

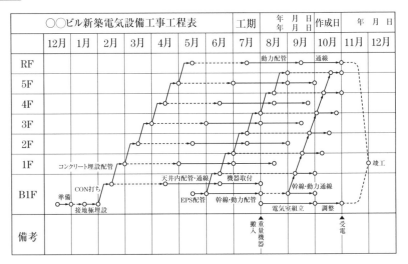

1. 全体工程表の作成に多く用いられている．
2. 出来高の管理が容易である．
3. 繰り返し工程の工程管理に適している．
4. 工期の遅れなど状況の把握が容易である．

No.49 図に示す品質管理に用いる図表の名称として，**適当なもの**はどれか．

1. ヒストグラム
2. ダイヤグラム
3. パレート図
4. 管理図

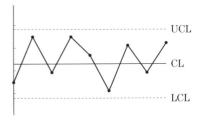

No.50　電気工事の試験や測定に使用する機器とその使用目的の組合せとして，**不適当なもの**はどれか．

機器	使用目的
1．検電器	充電の有無の確認
2．検相器	三相動力回路の相順の確認
3．接地抵抗計	回路の絶縁抵抗値の測定
4．回路計（テスタ）	低圧回路の電圧値の測定

No.51　停電作業を行う場合の措置に関する記述として，「労働安全衛生法」上，**誤っているもの**はどれか．

1. 高圧の電路が無負荷であることを確認したのち，当該電路の断路器を開路した．
2. 開路した電路に電力コンデンサが接続されていたので，残留電荷を放電した．
3. 開路した高圧電路の停電を確認したので，短絡接地器具を用いることを省略した．
4. 開路に用いた開閉器に通電禁止に関する所要事項を表示したので，監視人を置くことを省略した．

No.52　移動式足場に関する記述として，**不適当なもの**はどれか．

1. 作業床の高さが 1.5 m をこえたので，昇降するための設備を設けた．
2. 作業床の周囲には，床面より 80 cm の高さに手すりを設け，中さんと幅木を取り付けた．
3. 作業床の床材は，すき間が 3 cm 以下となるように敷き並べて固定した．
4. 作業員が足場から降りたことを確認して，足場を移動させた．

● 法　規 ●

※問題番号【No.53】〜【No.64】までの 12 問題のうちから，8 問題を選択し，解答してください.

No.53　一般建設業の許可を受けた電気工事業者に関する記述として，「建設業法」上，誤っているものはどれか.

1. 営業所の所在地を管轄する都道府県知事の許可を受けた電気工事業者は，他の都道府県において電気工事を施工することができない.
2. 発注者から直接請け負った電気工事を施工する場合は，総額が政令で定める金額以上の下請契約を締結することができない.
3. 2 級電気工事施工管理技士の資格を有する者は，営業所ごとに置く専任の技術者になることができる.
4. 営業所ごとに置く専任の技術者を変更した場合は，変更の届出を行わなければならない.

No.54　建設現場に置く技術者に関する記述として，「建設業法」上，誤っているものはどれか.

1. 主任技術者及び監理技術者は，当該建設工事の施工に従事する者の技術上の指導監督の職務を誠実に行わなければならない.
2. 監理技術者資格者証を必要とする工事の監理技術者は，発注者から請求があったときは，監理技術者資格者証を提示しなければならない.
3. 発注者から直接電気工事を請け負った一般建設業の許可を受けた電気工事業者は，当該工事現場に主任技術者を置かなければならない.
4. 下請負人として電気工事の一部を請け負った特定建設業の許可を受けた電気工事業者は，当該工事現場に監理技術者を置かなければならない.

No.55　事業用電気工作物の保安を確保するために，保安規程に必要な事項として，「電気事業法」上，定められていないものはどれか.

1. 工事，維持及び運用に関する保安についての記録に関すること.
2. 工事，維持及び運用に関するエネルギーの使用の削減に関すること.
3. 災害その他非常の場合に採るべき措置に関すること.
4. 工事，維持又は運用に関する業務を管理する者の職務及び組織に関すること.

No.56 特定電気用品以外の電気用品に表示する記号として，「電気用品安全法」上，正しいものはどれか．

1. ◇PSE
2. ○PSE
3. ◇PSC
4. ○PSC

No.57 登録電気工事業者が，一般用電気工作物に係る電気工事の業務を行う営業所ごとに置く，主任電気工事士になることができる者として，「電気工事業の業務の適正化に関する法律」上，定められているものはどれか．

1. 第一種電気工事士
2. 認定電気工事従事者
3. 第三種電気主任技術者
4. 監理技術者

No.58 電気工事士等に関する記述として，「電気工事士法」上，誤っているものはどれか．

1. 電気工事士免状の種類には，第一種電気工事士免状及び第二種電気工事士免状がある．
2. 電気工事士免状は，経済産業大臣が交付する．
3. 経済産業大臣は，認定電気工事従事者認定証の返納を命ずることができる．
4. 特種電気工事資格者認定証は，経済産業大臣が交付する．

No.59 次の記述のうち，「建築基準法」上，誤っているものはどれか．

1. 直接地上へ通じる出入口のある階を避難階とした．
2. 映画館の客席からの出口の戸を，内開きとしなかった．
3. 非常用エレベーターに，かご内と中央管理室とを連絡する電話装置を設けた．
4. 排煙設備の排煙口を自動開放装置付としたので，手動開放装置を設けなかった．

No.60 消防用設備等の設置に係る工事のうち，消防設備士でなければ行ってはならない工事として，「消防法」上，定められていないものはどれか．
ただし，電源，水源及び配管の部分を除くものとする．

1. 自動火災報知設備
2. スプリンクラー設備
3. 非常警報設備
4. ハロゲン化物消火設備

No.61 事業者が，遅滞なく，報告書を労働基準監督署長に提出しなければならない場合として，労働安全衛生法上，**定められていないもの**はどれか.

1. 事業場で火災又は爆発の事故が発生したとき
2. ゴンドラのワイヤロープの切断の事故が発生したとき
3. つり上げ荷重が1tの移動式クレーンの転倒の事故が発生したとき
4. 休業の日数が4日に満たない労働災害が発生したとき

No.62 労働者の健康管理等に関する記述として，「労働安全衛生法」上，**定められていないもの**はどれか.

1. 事業者は，健康診断の結果に基づき，健康診断個人票を作成して，これを5年間保存しなければならない.
2. 事業者は，労働者に対し，厚生労働省令で定めるところにより，医師による健康診断を行わなければならない.
3. 事業者は，常時10人以上50人未満の労働者を使用する事業場には，産業医を選任し，その者に労働者の健康管理等を行わせなければならない.
4. 事業者は，中高年齢者については，心身の条件に応じて適正な配置を行なうように努めなければならない.

No.63 建設業における年少者の就業制限に関する次の記述のうち， [＿＿＿＿] に当てはまる語句の組合せとして，「労働基準法」上，**定められているもの**はどれか.

「使用者は，児童が満15歳に達した日以後の最初の [ア] が終了するまで，これを使用してはならない. また，満 [イ] に満たない者に労働基準法に定める危険有害業務に就かせてはならない.」

	ア	イ
1.	3月31日	18歳
2.	3月31日	20歳
3.	12月31日	18歳
4.	12月31日	20歳

No.64 特定エネルギー消費機器（トップランナー制度の対象品目）として，「エネルギーの使用の合理化等に関する法律」上，**定められていないもの**はどれか.

1. 変圧器
2. エアコンディショナー
3. 三相誘導電動機
4. コンデンサ

2019年度（令和元年度）
実地試験
出題数：5
必要解答数：5
試験時間：120分

問題1 あなたが経験した**電気工事**について，次の問に答えなさい．

　1−1 経験した電気工事について，次の事項を記述しなさい．

　　(1)　工　事　名

　　(2)　工事場所

　　(3)　電気工事の概要

　　(4)　工　　期

　　(5)　この電気工事でのあなたの立場

　　(6)　あなたが担当した業務の内容

　1−2　上記の電気工事の現場において，**安全管理上**，あなたが留意した事項と**その理由**を**2つ**あげ，あなたがとった**対策**又は**処置**を留意した事項ごとに具体的に記述しなさい．

　　ただし，対策の内容は重複しないこと．また，**保護帽の着用及び安全帯**（要求性能墜落制止用器具）**の着用のみ**の記述については配点しない．

問題2 次の問に答えなさい．

　2−1　電気工事に関する次の作業の中から**2つ**を選び，番号と語句を記入のうえ，**施工管理上留意すべき内容**を，それぞれについて**2つ**具体的に記述しなさい．

> 1．機器の搬入
> 2．電線相互の接続
> 3．機器の取付け
> 4．波付硬質合成樹脂管（FEP）の地中埋設
> 5．電動機への配管配線
> 6．ケーブルラックの施工

2−2　一般送配電事業者から供給を受ける図に示す高圧受電設備の単線結線図
について，次の問に答えなさい．

(1)　**ア**に示す機器の**名称**又は**略称**を記入しなさい．

(2)　**ア**に示す機器の**機能**を記述しなさい．

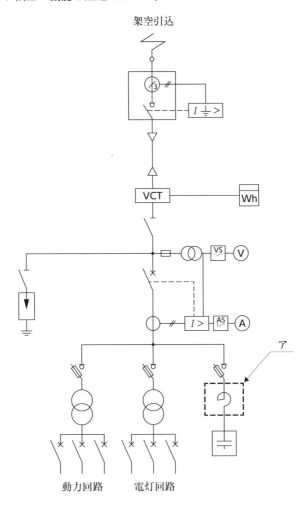

問題3 図に示すアロー形ネットワーク工程表について，次の問に答えなさい．

ただし，○内の数字はイベント番号，アルファベットは作業名，日数は所要日数を示す．

(1) **所要工期**は，何日か．

(2) Eの作業が**10日**から**7日**に，Hの作業が**5日**から**3日**になったとき，イベント⑦の**最早開始時刻**は，何日か．

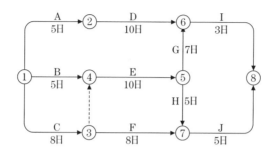

問題4 電気工事に関する次の用語の中から**3つ**を選び，番号と用語を記入のうえ，**技術的な内容**を，それぞれについて**2つ**具体的に記述しなさい．

ただし，**技術的な内容**とは，施工上の留意点，選定上の留意点，動作原理，発生原理，定義，目的，用途，方式，方法，特徴，対策などをいう．

> 1. 変流器（CT）
> 2. うず電流
> 3. 力率改善
> 4. 架空地線
> 5. 電車線路の帰線
> 6. 道路の照明方式（トンネル照明を除く）
> 7. 変圧器の並行運転
> 8. 電動機の過負荷保護
> 9. UTPケーブル

問題5 「建設業法」，「労働安全衛生法」又は「電気工事士法」に定められている法文において，下線部の語句のうち**誤っている語句の番号**をそれぞれ **1 つ**あげ，それに対する**正しい語句**を答えなさい．

5-1 「建設業法」

　元請負人は，下請負人からその請け負った建設工事が完成した旨の**通知**を受けた
①
ときは，当該**通知**を受けた日から **20 日**以内で，かつ，できる限り短い期間内に，
①　　　　　　　　　　　②
その完成を確認するための**試験**を完了しなければならない．
③

5-2 「労働安全衛生法」

　事業者は，労働者を雇い入れたときは，当該労働者に対し，厚生労働省令で定め
①
るところにより，その従事する業務に関する安全又は**衛生**のための**聴取**を行なわな
②　　　　　　③
ければならない．

5-3 「電気工事士法」

　第一種電気工事士は，経済産業省令で定めるやむを得ない事由がある場合を除き，
①
第一種電気工事士免状の交付を受けた日から **5 年**以内に，経済産業省令で定める
②
ところにより，経済産業大臣の指定する者が行う**一般用**電気工作物の保安に関する
③
講習を受けなければならない．

● 電気工学等 ●

※問題番号【No.1】～【No.12】までの 12 問題のうちから，8 問題を選択し，解答してください.

No.1 図のように，点 A 及び点 B にそれぞれ＋ Q 〔C〕の点電荷があるとき，点 R における電界の向きとして，**正しいもの**はどれか.

ただし，距離 OR ＝ OA ＝ OB とする.

1. ア
2. イ
3. ウ
4. エ

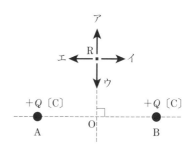

No.2 自己インダクタンスが 20 mH と 80m H の 2 つのコイルが巻かれた環状鉄心がある．このときの相互インダクタンスの値として，**正しいもの**はどれか.

ただし，漏れ磁束はないものとする.

1. 40 mH
2. 50 mH
3. 60 mH
4. 100 mH

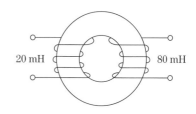

No.3 図に示す三相負荷に三相交流電源を接続したときの電流 I〔A〕の値として，正しいものはどれか.

1. $\dfrac{10}{\sqrt{3}}$ A

2. $\dfrac{20}{\sqrt{3}}$ A

3. $10\sqrt{3}$ A

4. $20\sqrt{3}$ A

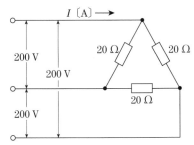

No.4 図に示すホイートストンブリッジ回路において，可変抵抗 R_1 を 8.0 Ω にしたとき，検流計に電流が流れなくなった．このときの抵抗 R_x の値として，正しいものはどれか.

ただし，$R_2 = 5.0$ Ω，$R_3 = 4.0$ Ω とする.

1. 0.1 Ω

2. 2.5 Ω

3. 6.4 Ω

4. 10.0 Ω

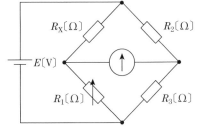

No.5 同期発電機の特性に関する記述として，**不適当なもの**はどれか.

1. 界磁電流を大きくすれば，出力電圧は上昇し，やがて飽和する.

2. 容量性負荷の場合，残留磁気があると無励磁でも出力電圧は上昇する.

3. 同期インピーダンスが小さければ，短絡比も小さくなる.

4. 出力端子を短絡したときの電機子電流は，界磁電流に正比例して大きくなる.

No.6 同容量の単相変圧器 2 台を V 結線により三相負荷に電力を供給するときの変圧器の利用率として，**正しいもの**はどれか.

1. $\dfrac{1}{2}$

2. $\dfrac{2}{\sqrt{3}}$

3. $\dfrac{2}{3}$

4. $\dfrac{\sqrt{3}}{2}$

No.7 ガス遮断器に関する記述として，**最も不適当なもの**はどれか．

1. 空気遮断器に比べて，開閉時の騒音が小さい．
2. 高電圧・大容量の遮断器として使用されている．
3. 空気遮断器に比べて，小電流遮断時の異常電圧が大きい．
4. 使用される SF_6 ガスは，空気に比べて絶縁耐力が大きい．

No.8 図に示す汽力発電の強制循環ボイラにおいて，アとイの名称の組合せとして，**適当なもの**はどれか．

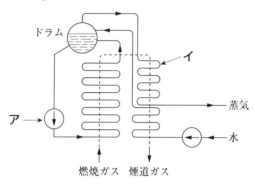

	ア	イ
1.	給水ポンプ	過熱器
2.	給水ポンプ	節炭器
3.	循環ポンプ	過熱器
4.	循環ポンプ	節炭器

No.9 高圧電路に使用する機器に関する記述として，**最も不適当なもの**はどれか．

1. 柱上に用いる気中負荷開閉器（PAS）は，短絡電流の遮断に用いられる．
2. 真空遮断器（VCB）は，負荷時の電路の開閉に用いられる．
3. 真空電磁接触器（VMC）は，負荷電流の多頻度開閉に用いられる．
4. 電力ヒューズ（PF）は，主に短絡電流の遮断に用いられる．

No.10 需要と負荷の関係を示す指標として，次の計算式により**求められるもの**はどれか．

$$\frac{\text{期間中の負荷の平均需要電力〔kW〕}}{\text{期間中の負荷の最大需要電力〔kW〕}} \times 100 \text{〔％〕}$$

1. 需要率
2. 不等率
3. 負荷率
4. 利用率

No.11 照明の光源に関する記述として，**最も不適当なもの**はどれか．

1. 高圧水銀ランプは，消灯直後の水銀蒸気圧が高いため，すぐには再始動できない．
2. ハロゲン電球は，メタルハライドランプに比べて定格寿命が短い．
3. メタルハライドランプは，高圧水銀ランプに比べて演色性が良い．
4. 蛍光ランプは，熱放射による発光を利用したものである．

No.12 電気加熱に関する次の記述に該当する方式として，**適当なもの**はどれか．
「交番磁界内において，導電性の物体中に生じるうず電流損や磁性材料に生じるヒステリシス損を利用して加熱する．」

1. 抵抗加熱
2. 誘導加熱
3. 誘電加熱
4. 赤外線加熱

※問題番号【No.13】〜【No.32】までの 20 問題のうちから，11 問題を選択し，解答してください．

No.13 水力発電所に用いられる水車発電機に関する記述として，**不適当なもの**はどれか．

1. 立軸形は，据付面積を小さくできる．
2. 回転子には，一般に突極形のものが使用されている．
3. 立軸形は，横軸形に比べて小容量高速機に適している．
4. スラスト軸受は，発電機の回転子および水車の重力を支える部分である．

No.14 変電所の母線結線方式に関する記述として，**最も不適当なもの**はどれか．

1. 単母線は，複母線に比べて所要機器が多い．
2. 単母線は，母線事故時に全停電となる．
3. 複母線は，大規模な変電所に採用される．
4. 複母線は，機器の点検，系統運用が容易である．

No.15 変電設備において，電圧もしくは無効電力の調整を行うための機器として，**不適当なもの**はどれか．

1. 電力用コンデンサ
2. 中性点接地抵抗器
3. 負荷時タップ切換変圧器
4. 分路リアクトル

No.16 配電線路に用いられる電線の記号と主な用途の組合せとして，**不適当なもの**はどれか．

	電線の記号	主な用途
1.	GV	架空電線路の接地用
2.	OW	低圧架空配電用
3.	OC	高圧架空配電用
4.	DV	高圧架空引込用

No.17 図に示すがいしの名称として，**適当なもの**はどれか．

1. 懸垂がいし
2. 長幹がいし
3. ピンがいし
4. ラインポストがいし

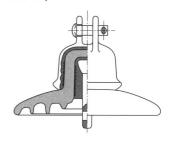

No.18 送電線路の線路定数に関する次の記述のうち， ☐ に当てはまる語句として，**適当なもの**はどれか．

「送電線路は，抵抗・☐・静電容量・漏れコンダクタンスの 4 つの定数をもつ電気回路とみなすことができる．」

1. インダクタンス
2. アドミタンス
3. リアクタンス
4. インピーダンス

No.19 一般送配電事業者が供給する電気の電圧に関する次の記述のうち，☐ に当てはまる数値として，「電気事業法」上，**定められているもの**はどれか．

「標準電圧 200 V の電気を供給する場所において，供給する電気の電圧の値は，202 V の上下 ☐ V を超えない値に維持するように努めなければならない．」

1. 6
2. 10
3. 12
4. 20

No.20 高圧配電線路で一般的に採用している接地方式として，**適当なもの**はどれか．

1. 非接地方式
2. 直接接地方式
3. 抵抗接地方式
4. 消弧リアクトル接地方式

No.21 図において P 点の水平面照度 E 〔lx〕の値として，**正しいもの**はどれか．
ただし，光源は P 点の直上にある点光源とし，P 方向の光度 I は 90 cd とする．

1. 3 lx
2. 10 lx
3. 15 lx
4. 30 lx

光源
I=90 cd

3 m

E

P

No.22 次の負荷を接続する分岐回路に漏電遮断器を使用することが，**最も不適当**なものはどれか．

1. 地下の機械室の床に設置する空調機
2. 冷却塔ファン
3. 消火栓ポンプ
4. 揚水ポンプ

No.23 図に示す定格電流 100 A の過電流遮断器で保護された低圧屋内幹線との分岐点から，電線の長さが 5 m の箇所に過電流遮断器を設ける場合，分岐幹線の許容電流の最小値として「電気設備の技術基準とその解釈」上，**正しいもの**はどれか．

1. 35 A
2. 55 A
3. 75 A
4. 100 A

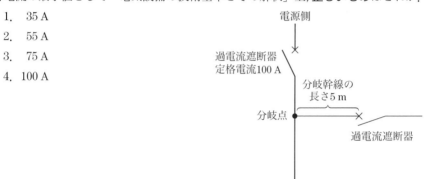

No.24 高圧受電設備に使用する断路器に関する記述として，**最も不適当なもの**はどれか．

1. 垂直面に取り付ける場合は，横向きに取り付けない．
2. 高圧進相コンデンサの開閉装置として使用する．
3. 受電用の断路器は，負荷電流が通じているときは開路できない．
4. 縦に取り付ける場合は，切替断路器を除き，接触子（刃受）を上部とする．

No.25 キュービクル式高圧受電設備の設置後，受電前に行う自主検査として，一般的に**行われないもの**はどれか．

1. 保護装置試験
2. 温度上昇試験
3. 絶縁耐力試験
4. 絶縁抵抗試験

No.26 据置鉛蓄電池に関する記述として，**不適当なもの**はどれか.

1. 放電すると，電解液の濃度（比重）が下がる.
2. 湿度が高いほど，自己放電は大きくなる.
3. 制御弁式鉛蓄電池は，通常，電解液を補液することが出来ない.
4. ベント形蓄電池は，使用中の補水が不要である.

No.27 低圧屋内配線の工事の種類のうち，「電気設備の技術基準とその解釈」上，点検できない隠ぺい場所に**施設できないもの**はどれか.

1. バスダクト工事
2. 合成樹脂管工事
3. 金属可とう電線管工事
4. ケーブル工事

No.28 自動火災報知設備に関する次の記述に該当する感知器として，「消防法」上，**適当なもの**はどれか.

　　「周囲の温度の上昇率が一定の率以上になったときに火災信号を発信するもの」

1. 定温式スポット型感知器
2. 差動式スポット型感知器
3. 赤外線式スポット型感知器
4. 光電式スポット型感知器

No.29 非常警報設備に関する次の記述のうち，　　　　に当てはまる語句として，「消防法」上，**定められているもの**はどれか.

　　「非常ベル又は自動式サイレンの音響装置は，各階ごとに，その階の各部分から一の音響装置までの水平距離が　　　　以下となるように設ける.」

1. 15 m
2. 25 m
3. 30 m
4. 50 m

No.30 構内情報通信網（LAN）に関する次の記述に該当する機器として，**最も適当なものはどれか**．

　　「ネットワーク上を流れるデータを，IP アドレスによって他のネットワークに中継する装置」

1. ルータ
2. リピータハブ
3. スイッチングハブ
4. メディアコンバータ

No.31 電車線路のトロリ線に要求される性能に関する記述として，**不適当なもの**はどれか．

1. 抵抗率が高い．
2. 耐熱性に優れている．
3. 耐摩耗性に優れている．
4. 引張り強度が大きい．

No.32 トンネル照明に関する記述として，**最も不適当なもの**はどれか．

1. トンネル照明方式は，対称照明方式と非対称照明方式に分類される．
2. 非対称照明方式は，カウンタービーム照明方式とプロビーム照明方式に分類される．
3. カウンタービーム照明方式は，車両の進行方向に対向した配光をもち，出口照明に採用される．
4. プロビーム照明方式は，車両の進行方向に配光をもち，入口・出口照明に採用される．

※問題番号【No.33】〜【No.38】までの 6 問題のうちから，**3 問題を選択し，解答してください**．

No.33 建物内の給水設備における水道直結直圧方式に関する記述として，**不適当なものはどれか**．

1. 受水槽が不要である．
2. 加圧給水ポンプが不要である．
3. 建物の停電時には給水が不可能である．
4. 水道本管の断水時には給水が不可能である．

No.34 コンクリート舗装をアスファルト舗装と比較した記述として，**最も不適当**なものはどれか．
1. 施工後の養生期間が長い．
2. 部分的な補修が困難である．
3. 荷重によるたわみが大きい．
4. 耐久性に富む．

No.35 建設作業とその作業に使用する建設機械の組合せとして，**不適当なもの**はどれか．

建設作業	建設機械
1. 整地	ブルドーザ
2. 掘削	バックホウ
3. 敷ならし	ロードローラ
4. 締固め	コンパクタ

No.36 架空送電線の鉄塔の組立工法として，**不適当なもの**はどれか．
1. 台棒工法
2. 搬送工法
3. 移動式クレーン工法
4. クライミングクレーン工法

No.37 電気鉄道におけるロングレールに関する記述として，**不適当なもの**はどれか．
1. ロングレールが温度変化によって伸縮する部分は，レール両端から一定の範囲に限られる．
2. ロングレールの施設にあたっては，PCまくらぎの使用が適している．
3. ロングレールの継目は，間げきを設け，継目板によって接続する．
4. ロングレールは，レール交換の作業性のため，その長さが制限される．

No.38 コンクリート工事における施工の不具合として，**関係ないもの**はどれか．
1. 豆板（ジャンカ）
2. ブローホール
3. 空洞
4. コールドジョイント

※問題番号【No.39】の問題は，必ず解答してください．

No.39 構内電気設備に用いる配線用図記号と名称の組合せとして，「日本工業規格（JIS）」上，**誤っているもの**はどれか．

図記号　　名　称

1. ⬤　通信用アウトレット（電話用アウトレット）

2. ⬛　情報用アウトレット

3. ⊖　コンセント

4. ⊗　非常用照明

◖ 施工管理法 ◗

※問題番号【No.40】〜【No.52】までの 13 問題のうちから，9 問題を選択し，解答してください．

No.40 太陽光発電システムの施工に関する記述として，**最も不適当なもの**はどれか．

1. 雷害等から保護するため，接続箱にサージ防護デバイス（SPD）を設けた．
2. ストリングごとに開放電圧を測定して，電圧にばらつきがないことを確認した．
3. ストリングへの逆電流の流入を防止するため，接続箱にバイパスダイオードを設けた．
4. 太陽電池アレイ用架台の構造は，固定荷重の他に，風圧，積雪，地震時の荷重に耐えるものとした．

No.41 高低圧架空配電線路の施工に関する記述として，**最も不適当なもの**はどれか．

1. 長さ 15 m の A 種コンクリート柱の根入れの深さを，2 m とした．
2. 支線が断線したとき地表上 2.5 m 以上となる位置に，玉がいしを取付けた．
3. 支線の埋設部分には，打込み式アンカを使用した．
4. 高圧架空電線の分岐接続には，圧縮型分岐スリーブを使用した．

No.42 金属線ぴ工事による低圧屋内配線に関する記述として，「電気設備の技術基準とその解釈」上，**誤っているもの**はどれか．

ただし，使用電圧は 100 V とし，線ぴは一種金属製線ぴとする．

1. 電線を線ぴ内で接続して分岐した．
2. 電線にビニル電線（IV）を使用した．
3. 乾燥した点検できる隠ぺい場所に施設した．
4. 線ぴの長さが 4 m 以下なので，D 種接地工事を省略した．

No.43 電車線に関する次の記述に該当する区分装置（セクション）として，**適当なもの**はどれか．

「直流，交流区間ともに広く採用され，パンタグラフ通過中に電流が中断せず，高速運転に適するので主に駅間に設けられる．」

1. エアセクション
2. BT セクション
3. FRP セクション
4. がいし形セクション

No.44 構内交換設備の施工に関する記述として，**最も不適当なもの**はどれか．

1. IP 電話機の配線は，UTP ケーブルを使用した．
2. IP 電話機を，デジタル PBX 方式の交換機に接続した．
3. 事業用電気通信設備との接続は，分界点を定め容易に切り離せるようにした．
4. 電話配線及び電話機の設置後，電話機ごとにサービス機能の試験を行った．

No.45 施工要領書に関する記述として，**最も不適当なもの**はどれか．

1. 施工前に工事監理者に提出し確認を受ける．
2. 部分詳細や図表などを用いて分かりやすいものとする．
3. 製造者が作成した資料を含んだものであってはならない．
4. 原則として設計図書と相違があってはならない．

No.46 届出を必要とする消防用設備等の届出に関する次の記述のうち， [　　] に当てはまる日数として，「消防法」上，**正しいもの**はどれか．

　　「消防用設備等の設置に係る工事が完了した日から [　　] 以内に，消防長又は消防署長に届け出なければならない．」

1.　4日
2.　10日
3.　14日
4.　20日

No.47 工程管理に関する記述として，**最も不適当なもの**はどれか．

1. 進捗度曲線は，工期と出来高の関係を示したものである．
2. 総合工程表は，仮設工事を除く工事全体を大局的に把握するために作成する．
3. 施工完了予定日から所要期間を逆算して，各工事の開始日を設定する．
4. 関連業者との工程調整では，電気工事として必要な工程を的確に要求する．

No.48 図に示す工程表の名称として，**適当なもの**はどれか．

作業内容 ＼ 月日	4月			5月			6月			7月			8月			9月			備 考
	10	20	30	10	20	31	10	20	30	10	20	31	10	20	31	10	20	30	
準 備 作 業	○─○																		
配 管 工 事			○─○ ○─○	○─○	○─○ ○─○	○─○													
配 線 工 事						○──		──○											
機 器 据 付 工 事							○──		──○										
盤 類 取 付 工 事							○──	──○											
照明器具取付工事									○──		──○								
弱電機器取付工事									○──		──○								
受 電 設 備 工 事											○──	──○							
試 運 転・調 整												○──	──○						
検 査													○──	──○					

1. タクト工程表
2. バーチャート工程表
3. ガントチャート工程表
4. QC工程表

No.49 図に示す品質管理に用いる図表の名称として，**適当なもの**はどれか．

1. 管理図
2. 特性要因図
3. パレート図
4. ヒストグラム

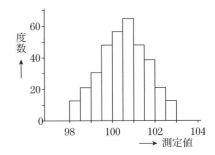

No.50 低圧の屋内配線工事における測定器の使用に関する記述として，**不適当な**ものはどれか．

1. 分電盤内の電路の充電状態を確認するため，低圧用検電器を使用した．
2. 三相動力回路の相順を確認するため，検相器を使用した．
3. 分電盤の分岐回路の絶縁を確認するため，接地抵抗計を使用した．
4. 配電盤からの幹線の電流を計測するため，クランプ式電流計を使用した．

No.51 労働者の感電の危険を防止するための措置に関する記述として，「労働安全衛生法」上，**誤っているもの**はどれか．

1. 架空電線に近接する場所でクレーンを使用する作業を行うので，架空電線に絶縁用防護具を装着した．
2. 区画された電気室において，電気取扱者以外の者の立入りを禁止したので，充電部分の感電を防止するための囲い及び絶縁覆いを省略した．
3. 仮設の配線を通路面で使用するので，配線の上を車両などが通過することによる絶縁被覆の損傷のおそれのないように防護した．
4. 低圧活線近接作業において，感電のおそれのある充電電路に感電注意の表示をしたので，絶縁用保護具の着用及び絶縁用防具の装着を省略した．

No.52 作業床に関する次の記述のうち，□□□に当てはまる語句の組合せとして，「労働安全衛生法」上，正しいものはどれか.

ただし，一側足場及びつり足場を除くものとする.

「高さ 2 m 以上の足場に使用する作業床の幅は ア 以上とし，床材間の隙間は イ 以下とする.」

	ア	イ
1.	30 cm	3 cm
2.	30 cm	5 cm
3.	40 cm	3 cm
4.	40 cm	5 cm

● 法　規 ●

※問題番号【No.53】〜【No.64】までの 12 問題のうちから，8 問題を選択し，解答してください.

No.53 営業所に置く主任技術者に関する次の記述のうち，□□□に当てはまる語句の組合せとして，「建設業法」上，正しいものはどれか.

「，電気工事に関し以上の実務経験を有する第三種電気主任技術者は，一般建設業を営む電気工事業の営業所に置く主任技術者になることができる.」

	ア	イ
1.	試験合格後	3 年
2.	試験合格後	5 年
3.	免状交付後	3 年
4.	免状交付後	5 年

No.54 建設工事の請負契約書に記載しなければならない事項として，「建設業法」上，定められていないものはどれか.

1. 各当事者の債務の不履行の場合における遅延利息，違約金その他の損害金
2. 契約に関する紛争の解決方法
3. 工事完成後における請負代金の支払の時期及び方法
4. 現場代理人の氏名及び経歴

No.55 電気工作物として，「電気事業法」上，**定められていないもの**はどれか．

1. 電気鉄道用の変電所
2. 火力発電のために設置するボイラ
3. 水力発電のための貯水池及び水路
4. 電気鉄道の車両に設置する電気設備

No.56 電気工事に使用する機材の種類のうち，「電気用品安全法」上，電気用品として**定められていないもの**はどれか．

1. 600 V 架橋ポリエチレン絶縁ビニルシースケーブル（CVT 22 mm^2）
2. 呼び方 E31 のねじなし電線管
3. 300 mm × 300 mm × 200 mm の金属製プルボックス
4. 幅 40 mm 高さ 30 mm の二種金属製線ぴ

No.57 有線電気通信設備に関する記述として，「有線電気通信法」上，**誤っている**ものはどれか．

ただし，交通に支障を及ぼすおそれが少ない場合で工事上やむを得ないとき，または車両の運行に支障を及ぼすおそれがない場合を除くものとする．

1. 架空電線（通信線）が横断歩道橋の上にあるときは，その路面から 3 m の高さとした．
2. 架空電線（通信線）が鉄道又は軌道を横断するときは，軌条面から 6 m の高さとした．
3. ケーブルを使用した地中電線（通信線）と高圧の地中強電流電線との離隔距離が 10 cm 未満となるので，その間に堅ろうかつ耐火性の隔壁を設けた．
4. 公道に施設した電柱の昇降に使用するねじ込み式の足場金具を，地表上 1.5 m の高さに取り付けた．

No.58 一般用電気工作物において，「電気工事士法」上，電気工事士でなければ従事してはならない作業から**除かれているもの**はどれか．

1. 電線管を曲げる作業
2. ダクトに電線を収める作業
3. 接地極を地面に埋設する作業
4. 電力量計を取り付ける作業

No.59　建築設備として,「建築基準法」上, **定められていないもの**はどれか.
ただし, 建築物に設けるものとする.

1. 排煙設備
2. 汚物処理の設備
3. 避難はしご
4. 避雷針

No.60　消防用設備等として,「消防法」上, **定められていないもの**はどれか.

1. 消火器
2. 不活性ガス消火設備
3. 誘導標識
4. 非常用の照明装置

No.61　建設業における安全衛生推進者に関する記述として,「労働安全衛生法」上, **誤っているもの**はどれか.

1. 事業者は, 常時 10 人以上 50 人未満の労働者を使用する事業場において安全衛生推進者を選任しなければならない.
2. 事業者は, 選任すべき事由が発生した日から 20 日以内に安全衛生推進者を選任しなければならない.
3. 事業者は, 都道府県労働局長の登録を受けた者が行う講習を修了した者から安全衛生推進者を選任することができる.
4. 事業者は, 選任した安全衛生推進者の氏名を作業場の見やすい箇所に掲示する等により, 関係労働者に周知させなければならない.

No.62　漏電による感電の防止に関する次の記述のうち, □□□ に当てはまる語句の組合せとして,「労働安全衛生法」上, **正しいもの**はどれか.

　　「電動機械器具で ア が イ をこえる移動式のものが接続される電路には, 確実に作動する感電防止用漏電しゃ断装置を接続しなければならない.」

	ア	イ
1.	使用電圧	100 V
2.	使用電圧	200 V
3.	対地電圧	150 V
4.	対地電圧	300 V

No.63 使用者が満 18 歳に満たない者に就かせてはならない業務として，「労働基準法」上，**定められていないもの**はどれか．

1. 深さが 5 m 以上の地穴における業務
2. 動力により駆動される土木建築用機械の運転の業務
3. 地上又は床上における足場の組立又は解体の補助作業の業務
4. 電圧が 300 V を超える交流の充電電路の点検，修理又は操作の業務

No.64 道路の占用許可申請書に記載する事項として，「道路法」上，**定められていないもの**はどれか．

1. 工事の時期
2. 道路の復旧方法
3. 工作物，物件又は施設の構造
4. 工作物，物件又は施設の維持管理方法

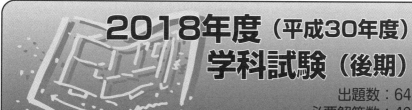

電気工学等

※問題番号【No.1】〜【No.12】までの 12 問題のうちから，8 問題を選択し，解答してください．

 ある金属体の温度が 20 ℃のとき，その抵抗値が 10 Ωである．この抵抗値が 11 Ωとなるときの温度として，**適当なもの**はどれか．

ただし，抵抗温度係数は 0.004 ℃$^{-1}$ で一定とし，外部の影響は受けないものとする．

1. 40.0 ℃
2. 42.5 ℃
3. 45.0 ℃
4. 47.5 ℃

 図のア，イは材質の異なる磁性体のヒステリシス曲線を示したものである．両者を比較した記述として，**不適当なもの**はどれか．

ただし，磁性体の形状及び体積並びに交番磁界の周波数は同じとする．

1. アのほうが，保磁力は大きい．
2. イのほうが，最大磁束密度は小さい．
3. アのほうが，残留磁気は大きい．
4. イのほうが，ヒステリシス損は大きい．

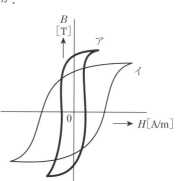

No.3 図に示す回路における，A－B 間の合成抵抗値として，**正しいもの**はどれか．

1. $\dfrac{109}{18}\ \Omega$

2. $8\ \Omega$

3. $\dfrac{109}{6}\ \Omega$

4. $24\ \Omega$

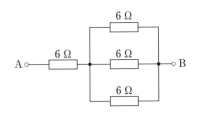

No.4 内部抵抗 20 k Ω，最大目盛 20 V の永久磁石可動コイル形電圧計を使用し，最大電圧 200 V まで測定するための倍率器の抵抗値として，**正しいもの**はどれか．

1. $160\ \text{k}\Omega$　　　　2. $180\ \text{k}\Omega$

3. $200\ \text{k}\Omega$　　　　4. $220\ \text{k}\Omega$

No.5 直流発電機に関する記述として，**不適当なもの**はどれか．

1. 他励発電機の負荷時の出力電圧は，誘導起電力より小さい．

2. 分巻発電機の界磁回路に加わる電圧は，出力電圧に等しい．

3. 直巻発電機の界磁電流は，電機子電流より小さい．

4. 直巻発電機の誘導起電力は，磁束の大きさと回転速度の積に比例する．

No.6 定格容量が 100 MV・A と 300 MV・A の変圧器を並行運転し，200 MV・A の負荷に供給するとき，変圧器の負荷分担の組合せとして，**適当なもの**はどれか．

ただし，2 台の変圧器は並行運転の条件を満足しているものとする．

	100 MV・A 変圧器	300 MV・A 変圧器
1.	25 MV・A	175 MV・A
2.	50 MV・A	150 MV・A
3.	75 MV・A	125 MV・A
4.	100 MV・A	100 MV・A

No.7 高圧真空遮断器に関する記述として，**最も不適当なもの**はどれか．

1. 負荷電流の開閉を行うことができる．

2. 一般に外部信号を受けて遮断する．

3. 短絡電流を遮断した後は再使用できない．

4. 真空状態のバルブの中で接点を開閉する．

No.8 水力発電に用いられる次の記述に該当するダムの方式として，**適当なもの**はどれか．

「水圧の外力を主に両岸の岩盤で支える構造で，川幅が狭く両岸が高く，かつ両岸，底面ともに堅固な場所に造られる．」

1. 重力ダム
2. アーチダム
3. アースダム
4. ロックフィルダム

No.9 送配電設備における力率改善の効果に関する記述として，**不適当なもの**はどれか．

1. 配電容量に余裕ができる．
2. 系統の電圧変動を抑制できる．
3. 短絡電流を軽減できる．
4. 送電損失を軽減できる．

No.10 配電系統におけるループ方式に関する記述として，**最も不適当なもの**はどれか．

1. 幹線を環状にし，電力を2方向より供給する方式である．
2. 需要密度の低い地域に適している．
3. 常時開路方式と常時閉路方式がある．
4. 事故時にその区間を切り離すことにより，他の健全区間に供給できる．

No.11 全般照明において，部屋の平均照度 $E〔\mathrm{lx}〕$ を光束法により求める式として，**正しいもの**はどれか．

ただし，各記号は次のとおりとする．

F：ランプ1本当たりの光束〔lm〕　　N：ランプの本数〔本〕

U：照明率　　M：保守率　　A：部屋の面積〔m^2〕

1. $E = \dfrac{F \cdot N \cdot U \cdot M}{A}$〔lx〕　　　　2. $E = \dfrac{F \cdot N \cdot M}{A \cdot U}$〔lx〕

3. $E = \dfrac{F \cdot N \cdot U}{A \cdot M}$〔lx〕　　　　4. $E = \dfrac{F \cdot N}{A \cdot U \cdot M}$〔lx〕

No.12　三相誘導電動機の特性に関する記述として，**最も不適当なもの**はどれか.

1. 負荷が減少するほど，回転速度は速くなる.

2. 滑りが増加するほど，回転速度は速くなる.

3. 極数を少なくするほど，回転速度は速くなる.

4. 周波数を高くするほど，回転速度は速くなる.

※問題番号【No.13】〜【No.32】までの **20** 問題のうちから，**11** 問題を選択し，解答してください.

No.13　水力発電に用いられる水車に関する次の記述のうち，☐ に当てはまる語句の組合せとして，**適当なもの**はどれか.

　　　「圧力水頭を速度水頭に変えた流水をランナに作用させる構造の水車を ☐ ア ☐ と呼び，ノズルから流出するジェットをランナのバケットに作用させる ☐ イ ☐ が代表的である.」

	ア	イ
1.	衝動水車	フランシス水車
2.	衝動水車	ペルトン水車
3.	反動水車	フランシス水車
4.	反動水車	ペルトン水車

No.14　変電所に設置される機器に関する記述として，**最も不適当なもの**はどれか.

1. 電力用コンデンサは，系統の有効電力を調整するために用いられる.

2. 計器用変圧器は，高電圧を低電圧に変換するために用いられる.

3. 変圧器のコンサベータは，絶縁油の劣化防止のために用いられる.

4. 避雷器は，非直線抵抗特性に優れた酸化亜鉛形のものが多く使用されている.

No.15　高圧の受変電設備における機器の施設又は取扱いに関する記述として，**不適当なもの**はどれか.

1. 計器用変圧器の一次側に高圧限流ヒューズを取り付ける.

2. 変圧器の金属製外箱に接地工事を施す.

3. 変流器の二次側を開放する.

4. 断路器にインターロックを施す.

No.16 架空送電線の電線のたるみの近似値 D〔m〕を求める式として，**正しいも**のはどれか．

　ただし，各記号は次のとおりとし，電線支持点の高低差はないものとする．

　　S：径間〔m〕

　　T：最低点の電線の水平張力〔N〕

　　W：電線の単位長さ当たりの重量〔N/m〕

1. $D = \dfrac{WS^2}{3T}$〔m〕

2. $D = \dfrac{SW^2}{3T}$〔m〕

3. $D = \dfrac{WS^2}{8T}$〔m〕

4. $D = \dfrac{SW^2}{8T}$〔m〕

No.17 架空送電線路のねん架の目的として，**適当なもの**はどれか．
1. 電線の振動エネルギーを吸収する．
2. 雷の異常電圧から電線を保護する．
3. 電線のインダクタンスを減少させ静電容量を増加させる．
4. 各相の作用インダクタンス，作用静電容量を平衡させる．

No.18 図に示す三相3線式配電線路の送電端電圧 V_s〔V〕と受電端電圧 V_r〔V〕の間の電圧降下 v〔V〕を表す簡略式として，**正しいもの**はどれか．

　ただし，各記号は，次のとおりとする．

　　R：1線当たりの抵抗〔Ω〕　　　X：1線当たりのリアクタンス〔Ω〕

　　$\cos\theta$：負荷の力率　　　　　$\sin\theta$：負荷の無効率

　　I：線電流〔A〕

1. $v = \sqrt{3}\,I(R\cos\theta + X\sin\theta)$〔V〕
2. $v = \sqrt{3}\,I(R\sin\theta + X\cos\theta)$〔V〕
3. $v = 3I(R\cos\theta + X\sin\theta)$〔V〕
4. $v = 3I(R\sin\theta + X\cos\theta)$〔V〕

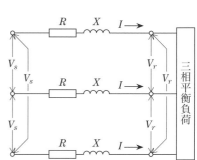

No.19　地中電線路における電力ケーブルの絶縁劣化の状態を測定する方法として，**不適当なもの**はどれか．

1. 誘電正接測定
2. 接地抵抗測定
3. 絶縁抵抗測定
4. 部分放電測定

No.20　電気機器のうち，一般に高調波が**発生しないもの**はどれか．

1. アーク炉
2. 電力用コンデンサ
3. サイクロコンバータ
4. 整流器

No.21　事務所の室等のうち，「日本工業規格（JIS）」の照明設計基準上，推奨照度が**最も高いもの**はどれか．

1. 電気室
2. 事務室
3. 集中監視室
4. 電子計算機室

No.22　三相 200 V 1.5 kW の電動機の電路に施設する手元開閉器として，「内線規程」上，使用することが**不適当なもの**はどれか．

ただし，対地電圧は，200 V とする．

1. 箱開閉器
2. 電磁開閉器
3. 配線用遮断器
4. カバー付ナイフスイッチ

No.23　屋内の低圧配線方法と造営材に取り付ける場合の支持点間の距離の組合せとして，「内線規程」上，**最も不適当なもの**はどれか．

	配線方法	距離
1.	合成樹脂管（PF 管）	1 m 以下
2.	金属管	2 m 以下
3.	金属ダクト	3 m 以下
4.	ライティングダクト	3 m 以下

No.24 継電器と組み合わせた高圧交流遮断器と比較した高圧限流ヒューズの特徴に関する記述として，**不適当なもの**はどれか．

1. 保守が簡単である．
2. 短絡電流を高速度遮断できる．
3. 動作特性を自由に調整できる．
4. 小形軽量で設置が容易である．

2018 学科試験後

No.25 キュービクル式高圧受電設備に使用される高圧進相コンデンサ及び直列リアクトルに関する記述として，**最も不適当なもの**はどれか．

1. 高圧進相コンデンサには，限流ヒューズなどの保護装置を取り付ける．
2. 高圧進相コンデンサの残留電荷を放電するため，直列リアクトルを取り付ける．
3. 直列リアクトルは，過熱時に警報を発することができるよう，警報接点付とする．
4. 低圧進相コンデンサを設ける場合は，高圧進相コンデンサを省略することができる．

No.26 建築物等の外部雷保護システムに関する用語として，「日本工業規格 (JIS)」上，**関係のないもの**はどれか．

1. 水平導体
2. 保護角法
3. 保護レベル
4. 開閉サージ

No.27 地中電線路に関する記述として，「電気設備の技術基準とその解釈」上，**不適当なもの**はどれか．

1. 直接埋設式により，車両その他の重量物の圧力を受けるおそれがある場所に施設するので，地中電線の埋設深さを 1.2 m 以上とした．
2. 高圧地中電線と地中弱電流電線との離隔距離は，30 cm 以上確保した．
3. ハンドホール内のケーブルを支持する金物類の D 種接地工事を省略した．
4. 管路式で施設する場合，電線に耐熱ビニル電線（HIV）を使用した．

No.28 自動火災報知設備のP型1級発信機に関する記述として，「消防法」上，定められていないものはどれか．

1. 床面からの高さが0.8m以上1.5m以下の箇所に設けること．
2. 各階ごとに，その階の各部分から一の発信機までの歩行距離が25m以下となるように設けること．
3. 発信機の直近の箇所に赤色の表示灯を設けること．
4. 火災信号の伝達に支障なく受信機との間で相互に電話連絡をすることができること．

No.29 誘導灯に関する記述として，「消防法」上，誤っているものはどれか．

1. 誘導灯には，非常電源を附置すること．
2. 電源の開閉器には，誘導灯用のものである旨を表示すること．
3. 屋内の直通階段の踊場に設けるものは，避難口誘導灯とすること．
4. 避難口誘導灯は，表示面の縦寸法及び表示面の明るさでA級，B級，C級に区分されている．

No.30 次の記述に該当するテレビ共同受信設備を構成する機器の名称として，適当なものはどれか．

「混合された異なる周波数帯域の信号を選別して取り出すための機器」

1. 分配器
2. 分岐器
3. 混合器
4. 分波器

No.31 架空単線式の電車線の偏い（へんい）に関する記述として，不適当なものはどれか．

1. 偏いとは，レール中心に対する電車線の左右への偏りのことをいう．
2. 新幹線鉄道の最大偏い量は，普通鉄道よりも小さくする．
3. レールの曲線区間では，電車線には必然的に偏いが発生する．
4. 偏い量は，風による振れや走行状態での車両の動揺などを考慮して規定している．

No.32 道路照明に関する記述として，**最も不適当なもの**はどれか．

1. 灯具の千鳥配列は，道路の曲線部における適切な誘導効果を確保するのに適している．

2. 連続照明とは，原則として一定の間隔で灯具を配置して連続的に照明することをいう．

3. 局部照明とは，交差点やインターチェンジなど必要な箇所を局部的に照明することをいう．

4. 連続照明のない横断歩道部では，背景の路面を明るくして歩行者をシルエットとして視認する方式がある．

※問題番号【No.33】～【No.38】までの 6 問題のうちから，3 問題を選択し，解答してください．

No.33 建物の給水設備における受水槽を設置したポンプ直送方式に関する記述として，**不適当なもの**はどれか．

1. 水道本管の圧力変化に応じて給水圧力が変化する．

2. 建物内の必要な箇所へ，給水ポンプで送る方式である．

3. 水道本管断水時は，受水槽貯水分のみ給水が可能である．

4. 給水圧力を確保するための高置水槽が不要である．

No.34 盛土工事における締固めの目的に関する記述として，**不適当なもの**はどれか．

1. 透水性を高くする．

2. 締固め度を大きくする．

3. せん断強度を大きくする．

4. 圧縮性を小さくする．

No.35 水準測量の誤差に関する記述として，**不適当なもの**はどれか．

1. 往復の測定を行い，その往復差が許容範囲を超えた場合は再度測定する．

2. 標尺が鉛直に立てられない場合は，標尺の読みは正しい値より小さくなる．

3. レベルの視準線誤差は，後視と前視の視準距離を等しくすれば小さくなる．

4. 標尺の零点目盛誤差は，レベルの据付け回数を偶数回にすれば小さくなる．

No.36 地中送電線路における管路の埋設工法として，**不適当なもの**はどれか．

1. 小口径推進工法
2. 刃口推進工法
3. アースドリル工法
4. セミシールド工法

No.37 鉄道線路のレール摩耗に関する記述として，**最も不適当なもの**はどれか．

1. レール摩耗は，通過トン数，列車速度など運行条件に大きく影響を受ける．
2. 曲線では，外側レールの頭部側面の摩耗が内側レールよりすすむ．
3. レール摩耗低減には，焼入れレールの使用が効果的である．
4. 一般に平たん区間のレール摩耗は，勾配区間よりすすむ．

No.38 コンクリートに関する記述として，**最も不適当なもの**はどれか．

1. 生コンクリートのスランプは，その数値が大きいほど流動性は大きい．
2. コンクリートの強度は，圧縮強度を基準として表す．
3. コンクリートのアルカリ性により，鉄筋の錆を防止する．
4. コンクリートの耐久性は，水セメント比が大きいほど向上する．

※問題番号【**No.39**】の問題は，必ず解答してください．

No.39 配電盤・制御盤・制御装置の文字記号と用語の組合せとして，「日本電機工業会規格（JEM）」上，**誤っているもの**はどれか．

	文字記号	用語
1.	MS	電磁開閉器
2.	PGS	柱上真空開閉器
3.	MCCB	配線用遮断器
4.	ELCB	漏電遮断器

● 施工管理法 ●

※問題番号【No.40】〜【No.52】までの13問題のうちから，9問題を選択し，解答してください．

No.40 屋外変電所の施工に関する記述として，**最も不適当なもの**はどれか．
1. 電線は，端子挿入寸法や端子圧縮時の伸び寸法を考慮して切断を行った．
2. がいしは，手ふき清掃と絶縁抵抗試験により破損の有無の確認を行った．
3. 変電機器の据付けは，架線工事などの上部作業の開始前に行った．
4. GISの連結作業は，じんあいの侵入を防止するため，プレハブ式の防じん組立室を作って行った．

No.41 高圧架空配電線の施工に関する記述として，**最も不適当なもの**はどれか．
1. 電線接続部には，絶縁電線と同等以上の絶縁効果を有するカバーを使用した．
2. 高圧電線は，圧縮スリーブを使用して接続した．
3. 延線した高圧電線は，張線器で引張り，たるみを調整した．
4. 高圧電線の引留支持用には，玉がいしを使用した．

No.42 ライティングダクト工事による低圧屋内配線に関する記述として，「電気設備の技術基準とその解釈」上，**誤っているもの**はどれか．
1. ライティングダクトの終端部は，閉そくした．
2. ライティングダクトを壁などの造営材を貫通して設置した．
3. ライティングダクトに，D種接地工事を施した．
4. ライティングダクトの開口部は，下に向けて施設した．

No.43 電気鉄道におけるパンタグラフの離線防止対策に関する記述として，**不適当なもの**はどれか．
1. トロリ線の硬点を多くする．
2. トロリ線の接続箇所を少なくする．
3. トロリ線の勾配変化を少なくする．
4. トロリ線の架線張力を適正に保持する．

No.44 有線電気通信設備の線路に関する記述として，「有線電気通信法」上，誤っているものはどれか．

ただし，光ファイバは除くものとする．

1. 通信回線の線路の電圧を 100 V 以下とした．
2. 架空電線と他人の建造物との離隔距離を 40 cm とした．
3. 道路上に設置する架空電線は，横断歩道橋の上の部分を除き，路面から 5 m の高さとした．
4. 屋内電線と大地間の絶縁抵抗を直流 100 V の電圧で測定した結果，0.4 MΩ であったので良好とした．

No.45 「公共工事標準請負契約約款」上，設計図書に含まれないものはどれか．

1. 図面
2. 仕様書
3. 現場説明書
4. 請負代金内訳書

No.46 施工計画に関する記述として，最も不適当なものはどれか．

1. 労務工程表は，必要な労務量を予測し工事を円滑に進めるために作成する．
2. 安全衛生管理体制表は，安全及び施工の管理体制の確立のために作成する．
3. 総合工程表は，週間工程表を基に施工すべき作業内容を具体的に示して作成する．
4. 搬入計画書は，建築業者や関連業者と打合せを行い，工期に支障のないように作成する．

No.47 工程管理に関する記述として，最も不適当なものはどれか．

1. 常にクリティカルな工程を把握し，重点的に管理する．
2. 屋外工事の工程は，天候不順などを考慮して余裕をもたせる．
3. 工程が変更になった場合には，速やかに作業員や関係者に周知徹底を行う．
4. 作業改善による工期短縮の効果を予測するには，ツールボックスミーティングが有効である．

No.48 図に示す工程表の名称として，**適当なもの**はどれか.

| ○○ビル新築電気設備工事工程表 | 工 期 | 平成　年　月　日 | 作成日 | 平成　年　月　日 |
| | | 平成　年　月　日 | | |

	12月	1月	2月	3月	4月	5月	6月	7月	8月	9月	10月	11月	12月
R F								動力配管		通線			
5 F													
4 F													
3 F													
2 F													
1 F	コンクリート埋設配管											竣工	
B1F		CON打ち	天井内配管・通線		機器取付			幹線・動力通線					
	準備	接地極埋設	EPS配管	幹線・動力配管			電気室組立	調整					
備 考								搬入重量機器			受電		

1. タクト工程表
2. バーチャート工程表
3. QC工程表
4. ネットワーク工程表

No.49 図に示す品質管理に用いる図表の名称として，**適当なもの**はどれか.

1. パレート図
2. 特性要因図
3. 管理図
4. ヒストグラム

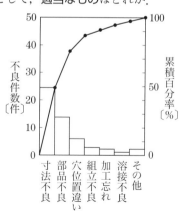

No.50 電圧降下式の接地抵抗計による接地抵抗の測定に関する記述として，**最も不適当なもの**はどれか．

1. 測定用補助接地棒 (P, C) は，被測定接地極 (E) を中心として両側に配置した．
2. 測定前に，接地端子箱内で機器側と接地極側の端子を切り離した．
3. 測定前に，接地抵抗計の電池の電圧を確認した．
4. 測定前に，地電圧が小さいことを確認した．

No.51 安全帯等の取付設備等に関する次の記述のうち，⬚ に当てはまる語句として，「労働安全衛生法」上，**定められているもの**はどれか．

　　「事業者は，高さが ⬚ の箇所で作業を行う場合において，労働者に要求性能墜落制止用器具等を使用させるときは，要求性能墜落制止用器具等を安全に取り付けるための設備等を設けなければならない．」

1. 1.5 m 以上
2. 1.8 m 以上
3. 2.0 m 以上
4. 3.0 m 以上

（本問は，法改正に伴い改題しています）

No.52 建設現場において，特別教育を修了した者が就業できる業務として，「労働安全衛生法」上，**誤っているもの**はどれか．

　ただし，道路上を走行する運転を除くものとする．

1. 建設用リフトの運転
2. アーク溶接機を用いて行う金属の溶接
3. 最大荷重 0.5 t のフォークリフトの運転
4. つり上げ荷重 1 t の移動式クレーンの運転

● 法　　規 ●

※問題番号【No.53】〜【No.64】までの 12 問題のうちから，8 問題を選択し，解答してください．

No.53　建設業の許可に関する記述として，「建設業法」上，**誤っているもの**はどれか．

1. 一般建設業の許可を受けた電気工事業者は，発注者から直接請け負った 1 件の電気工事の下請代金の総額が 4000 万円以上となる工事を施工することができる．

2. 工事 1 件の請負代金の額が 500 万円に満たない電気工事のみを請け負うことを営業とする者は，建設業の許可を必要としない．

3. 一般建設業の許可を受けた電気工事業者は，当該電気工事に附帯する他の建設業に係る建設工事を請け負うことができる．

4. 一般建設業の許可を受けた電気工事業者は，電気工事業に係る特定建設業の許可を受けたときは，その一般建設業の許可は効力を失う．

No.54　主任技術者及び監理技術者に関する次の記述のうち，□□□ に当てはまる金額の組合せとして，「建設業法」上，**正しいもの**はどれか．

　　「公共性のある施設若しくは工作物又は多数の者が利用する施設若しくは工作物に関する重要な建設工事で，工事 1 件の請負代金の額が ア （当該建設工事が建築一式工事である場合にあっては， イ ）以上のものに置かなければならない主任技術者又は監理技術者は，工事現場ごとに専任の者でなければならない．」

	ア	イ
1.	3000 万円	5000 万円
2.	3000 万円	7000 万円
3.	3500 万円	5000 万円
4.	3500 万円	7000 万円

No.55 事業用電気工作物について，第三種電気主任技術者免状の交付を受けている者が，保安の監督をすることができる電圧の範囲として，「電気事業法」上，定められているものはどれか．

ただし，出力 5000 kW 以上の発電所は除くものとする．

1. 7000 V 未満
2. 25000 V 未満
3. 50000 V 未満
4. 170000 V 未満

No.56 電気用品の定義に関する次の記述のうち，□□□に当てはまる語句の組合せとして，「電気用品安全法」上，定められているものはどれか．

この法律において「電気用品」とは，次に掲げる物をいう．

一 ア の部分となり，又はこれに接続して用いられる機械，器具又は材料であって，政令で定めるもの

二 携帯発電機であって，政令で定めるもの

三 イ であって，政令で定めるもの

	ア	イ
1.	自家用電気工作物	太陽光発電装置
2.	自家用電気工作物	蓄電池
3.	一般用電気工作物	太陽光発電装置
4.	一般用電気工作物	蓄電池

No.57 電気工事業者が営業所ごとに備える帳簿において，電気工事ごとに記載しなければならない事項として，「電気工事業の業務の適正化に関する法律」上，定められていないものはどれか．

1. 営業所の名称および所在の場所
2. 電気工事の種類および施工場所
3. 注文者の氏名または名称および住所
4. 主任電気工事士等および作業者の氏名

No.58　電気工事士等に関する記述として，「電気工事士法」上，**誤っているもの**はどれか．

1. 特種電気工事資格者認定証は，都道府県知事が交付する．
2. 特種電気工事資格者は，認定証の交付を受けた特殊電気工事の作業に従事することができる．
3. 認定電気工事従事者認定証は，経済産業大臣が返納を命ずることができる．
4. 認定電気工事従事者は，自家用電気工作物に係る簡易電気工事の作業に従事することができる．

No.59　次の用途に供する建築物のうち特殊建築物として，「建築基準法」上，**定められていないもの**はどれか．

1. 学校
2. 寄宿舎
3. 事務所
4. 工場

No.60　消防用設備等の設置に係る工事のうち，消防設備士でなければ行ってはならない工事として，「消防法」上，**定められていないもの**はどれか．
ただし，電源，水源及び配管の部分を除くものとする．

1. 非常警報設備
2. 自動火災報知設備
3. 屋外消火栓設備
4. 粉末消火設備

No.61　特定元方事業者が選任した統括安全衛生責任者が統括管理すべき事項のうち，技術的事項を管理させる者として，「労働安全衛生法」上，**定められているもの**はどれか．

1. 安全管理者
2. 店社安全衛生管理者
3. 総括安全衛生管理者
4. 元方安全衛生管理者

No.62 事故報告に関する次の記述のうち，□□□に当てはまる語句の組合せとして，「労働安全衛生法」上，**正しいもの**はどれか．

「事業者は，事業場で研削といしの破裂の事故が発生したときは，□ ア □，報告書を□ イ □に提出しなければならない．」

	ア	イ
1.	遅滞なく	都道府県知事
2.	遅滞なく	所轄労働基準監督署長
3.	24 時間以内に	都道府県知事
4.	24 時間以内に	所轄労働基準監督署長

No.63 労働契約等に関する記述として，「労働基準法」上，**誤っているもの**はどれか．

1. 使用者は，満 18 才に満たない者を坑内で労働させてはならない．
2. 使用者は，労働契約の不履行について違約金を定め，又は損害賠償額を予定する契約をしてはならない．
3. 使用者は，労働者名簿，賃金台帳及び雇入，解雇その他労働関係に関する重要な書類を 1 年間保存しなければならない．
4. 労働契約で明示された労働条件が事実と相違する場合においては，労働者は，即時に労働契約を解除することができる．

No.64 建設工事に伴って生じたもののうち産業廃棄物として，「廃棄物の処理及び清掃に関する法律」上，**定められていないもの**はどれか．

1. 汚泥
2. 木くず
3. 陶磁器くず
4. 建設発生土

2018年度（平成30年度）実地試験

出題数：5
必要解答数：5
試験時間：120分

問題1 あなたが経験した**電気工事**について，次の問に答えなさい．

1-1 経験した電気工事について，次の事項を記述しなさい．

(1) 工 事 名

(2) 工事場所

(3) 電気工事の概要

(4) 工　　期

(5) この電気工事でのあなたの立場

(6) あなたが担当した業務の内容

1-2 上記の電気工事の現場において，**工程管理上**あなたが留意した事項とその理由を **2** つあげ，あなたがとった**対策**又は**処置**を留意した事項ごとに具体的に記述しなさい．

問題2 次の問に答えなさい．

2-1 **安全管理**に関する次の語句の中から **2** つを選び，番号と語句を記入のうえ，それぞれの**内容**について **2** つ具体的に記述しなさい．

```
1. 安全施工サイクル
2. ツールボックスミーティング（TBM）
3. 安全パトロール
4. 墜落災害の防止対策
5. 飛来落下災害の防止対策
6. 感電災害の防止対策
```

2−2　一般送配電事業者から供給を受ける図に示す高圧受電設備の単線結線図について，次の問に答えなさい．

(1)　**ア**に示す機器の**名称**又は**略称**を記入しなさい．

(2)　**ア**に示す機器の**機能**を記述しなさい．

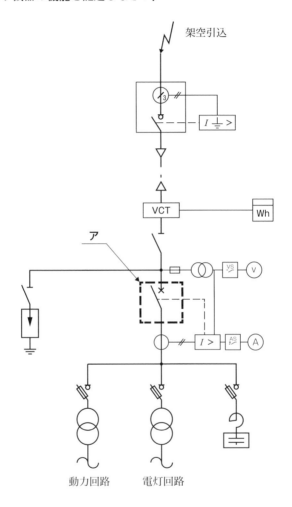

問題3 図に示すアロー形ネットワーク工程表について，次の問に答えなさい．

ただし，○内の数字はイベント番号，アルファベットは作業名，日数は所要日数を示す．

(1) **所要工期**は，何日か．

(2) J の作業が **5 日**から **10 日**に，K の作業が **6 日**から **4 日**になったとき，イベント⑨の**最早開始時刻**は，何日か．

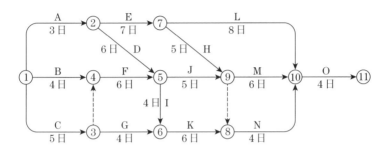

問題4 電気工事に関する次の用語の中から **3 つ**を選び，番号と用語を記入のうえ，**技術的な内容**を，それぞれについて **2 つ**具体的に記述しなさい．

ただし，**技術的な内容**とは，施工上の留意点，選定上の留意点，定義，動作原理，発生原理，目的，用途，方式，方法，特徴，対策などをいう．

> 1. 風力発電
> 2. 単相変圧器の V 結線
> 3. VVF ケーブルの差込型コネクタ
> 4. 三相誘導電動機の始動方式
> 5. 差動式スポット型感知器
> 6. 自動列車制御装置（ATC）
> 7. 超音波式車両感知器
> 8. 絶縁抵抗試験
> 9. 波付硬質合成樹脂管（FEP 管）

問題 5 「建設業法」，「労働安全衛生法」又は「電気工事士法」に定められている法文において，下線部の語句のうち**誤っている語句**の番号をそれぞれ **1 つ**あげ，それに対する**正しい語句**を答えなさい．

5−1 「建設業法」

建設業者は，建設工事の<u>設計者</u>から請求があったときは，<u>請負契約</u>が成立するま
　　　　　　　　　　　　①　　　　　　　　　　　　　　　　②
での間に，建設工事の<u>見積書</u>を提示しなければならない．
　　　　　　　　　　③

5−2 「労働安全衛生法」

事業者は，高さが<u>3m</u> 以上の高所から物体を投下するときは，適当な<u>昇降</u>設備を
　　　　　　　①　　　　　　　　　　　　　　　　　　　　　　　　②
設け，<u>監視人</u>を置く等労働者の危険を防止するための措置を講じなければならない．
　　　③

5−3 「電気工事士法」

この法律は，電気工事の<u>現場</u>に従事する者の資格及び<u>義務</u>を定め，もって電気工
　　　　　　　　　　　①　　　　　　　　　　　　②
事の欠陥による<u>災害</u>の発生の防止に寄与することを目的とする．
　　　　　　　③

2023年度（令和5年度）
第一次検定試験（前期）・解答

出題数：64　必要解答数：40

No.1　導体の抵抗値 R〔Ω〕は，断面積を S〔m²〕，導体長を l〔m〕，導体の抵抗率を ρ〔Ω·m〕とすると，次式で表される．

$$R = \rho \frac{l}{S} \ \text{〔Ω〕}$$

上式より，金属導体 A の抵抗値 R_A〔Ω〕は，

$$R_A = \rho \frac{l}{S_A} = \frac{\rho 2l}{\pi (2r)^2} = \frac{\rho l}{2\pi r^2} \ \text{〔Ω〕}$$

次に，金属導体 B の抵抗値 R_B〔Ω〕は，

$$R_B = \rho \frac{l}{S_B} = \frac{\rho l}{\pi r^2} \ \text{〔Ω〕}$$

したがって，金属導体 B の抵抗値 R_B〔Ω〕は，金属導体 A の抵抗値 R_A〔Ω〕の2倍となる．

したがって，答は2となる．　　　　　　　　　　　　　　　　　**答　2**

No.2　アンペア周回積分の法則により，無限に長い直線導体に電流 I〔A〕が流れているとき，導体より r〔m〕離れた点 P の磁界は同法則から円周に沿って生じ，その大きさは次式で表される．

$$H = \frac{I}{2\pi r} \ \text{〔A/m〕}$$

また，図2-1のように，電流の方向を右ねじの進む方向に合わせると，その電流によって生じる磁界の方向は，右ねじの回転方向と一致し，同心円形となる．これをアンペア右ねじの法則という．

図 2-1

したがって，3が適当なものである．　　　　　　　　　　　　　　**答　3**

No.3　設問の電気回路において，時計回りで閉回路電流 I〔A〕を計算すると，

$$I = \frac{30 - 20}{4 + 1} = 2 \ \text{Ω}$$

よって，A-B 間の電位差は，電流が時計回りに流れるので，

（20 V 側）　$V_{AB} = 20 + (4 \times 2) = 28$ V

（30 V 側）　$V_{AB} = 30 - (1 \times 2) = 28\,V$

となる．

　したがって，3が正しいものである．　　　　　　　　　　　　　　答　**3**

No.4　選択肢3に示された記号は静電形計器である．整流形計器は，▸|の記号である．

　したがって，3が不適当なものである．　　　　　　　　　　　　　答　**3**

No.5　問題に示された図は，直流発電機の原理を示した図である．直流発電機から出力される電流波形は，ブラシと整流器がなければ，選択肢1に示される交流波形である．

　直流発電機はブラシと整流器によって，交流波形のマイナス側の波形をプラス側に変換することから，出力波形は選択肢2に示されるような波形となる．

　したがって，2が適当なものである．　　　　　　　　　　　　　　答　**2**

No.6　一次側の電圧を V_1〔V〕，変圧比（巻数比）を a とすると，二次側の電圧 V_2〔V〕は，

$$V_2 = \frac{V_1}{a} = \frac{2\,000}{20} = 100\ \text{V}$$

よって，変圧器の二次側の電流 I_2〔A〕は，

$$I_2 = \frac{V_2}{R} = \frac{100}{5} = 20\ \text{A}$$

　設問より理想変圧器とあるので，変圧器の一次側と二次側には次のような関係が成立する．

$$V_1 \times I_1 = V_2 \times I_2$$

ゆえに電流 I_1〔A〕は，

$$I_1 = \frac{V_2}{V_1} \times I_2 = \frac{100}{2\,000} \times 20 = 1$$

　したがって，1が正しいものである．　　　　　　　　　　　　　　答　**1**

No.7　JIS C 4902-1（高圧及び特別高圧進相コンデンサ並びに附属機器 - 第 1 部：コンデンサ）7.1「定格電圧」では，直列リアクトルと組み合わせて用いる三相高圧進相コンデンサの定格電圧の値について，次のように規定している．

7.1　定格電圧

　定格電圧は，リアクタンス6％の直列リアクトルによる電圧上昇を考慮して，次のとおりとする．

　a)　三相コンデンサの定格電圧は，次の式によって算出し，表4による．

$$U_{\mathrm{N}} = \frac{U}{1 - L/100}$$

ここに，U_{N}：定格電圧〔V〕，U：回路電圧〔Vs〕，L：組み合わせて使用する直列リアクトルの%リアクタンス．$L = 6$とする．

表4-1　三相コンデンサの定格電圧　単位：V

回路電圧	3 300	6 600
定格電圧	3 510	7 020

したがって，2が定められているものである．　　　　　　　　　　**答　2**

No.8　水力発電は，水のエネルギーを原動力とするもので，流量が1秒間にQ〔m³〕あり，落差がH〔m〕であれば，理論的には次式で表される電力が得られることとなり，これを理論出力という．

$$P = 9.8QH \ 〔\mathrm{kW}〕$$

ただし，実際には水車および発電機の効率（η_{t}，η_{g}）を合わせた総合効率ηがあるので，実際の発電機出力は次式となる．

$$P = 9.8QH\eta_{\mathrm{g}}\eta_{\mathrm{t}} \ 〔\mathrm{kW}〕$$

したがって，1が正しいものである．　　　　　　　　　　　　　**答　1**

No.9　変電所の役割は，送配電電圧の昇圧または降圧を行う，送配電系統の切換えを行い電力の流れを調整する，事故が発生した送配電線を電力系統から切り離すなどがある．

送配電系統の周波数が一定になるように制御する役割を担う施設は，水力・火力発電所である．

したがって，4が最も不適当なものである．　　　　　　　　　　**答　4**

No.10　一般に需要家の最大需要電力は，各負荷ごとに推定された設備容量に需要率，不等率，負荷率などを考慮して算出する．

$$需要率 = \frac{最大需要電力〔\mathrm{kW}〕}{負荷設備容量〔\mathrm{kW}〕} \times 100\%$$

$$不等率 = \frac{各需要家の最大需要電力の総計〔\mathrm{kW}〕}{系統負荷を統合したときの最大需要電力〔\mathrm{kW}〕} \times 100\%$$

$$負荷率 = \frac{ある期間中の負荷の平均電力〔\mathrm{kW}〕}{同じ期間中の負荷の最大電力〔\mathrm{kW}〕} \times 100\%$$

$$利用率 = \frac{実際の発電電力量〔\mathrm{kW \cdot h}〕}{発電施設の定格出力〔\mathrm{kW}〕 \times 歴時間〔\mathrm{h}〕} \times 100\%$$

したがって，2が求められるものである．　　　　　　　　　　　**答　2**

No.11　光束発散度の単位は〔lm/m²〕で表される．これは，ある面の単位面積1

m^2 から発散する光束〔lm〕を表すものである．単位〔lm/W〕は，ランプ効率を表す単位である．

したがって，3 が不適当なものである． **答 3**

No.12 三相誘導電動機の回転速度 N〔$\min^{-1}$〕は，次式で表される．

$$N = \frac{120f}{p}(1-s) \ 〔\text{min}^{-1}〕$$

ただし，f：電源周波数〔Hz〕，p：極数，s：滑り

上式より，電源周波数 f を低くすると，回転速度は遅くなる．

したがって，4 が最も不適当なものである． **答 4**

No.13 火力発電所では，環境に配慮して各種の対策を施してあるが，中でも，硫黄酸化物（SO_X）対策，窒素酸化物（NO_X）対策，ばいじん対策は大切なものであり，それぞれ，排煙脱硫装置，排煙脱硝装置，電気集じん器を用いて大気汚染抑制対策をしている．

微粉炭機は，燃料となる石炭を細かく砕く機械である．物質はその塊を砕けば砕いただけ表面積が大きくなる．つまり，燃料となる石炭を砕いた場合，それだけ着火面積が大きくなるので，細かく砕けば砕くほど着火が容易になり燃えやすくなるので，この理由から火力発電所では微粉炭が燃料として採用される．

したがって，4 が最も不適当なものである． **答 4**

No.14 断路器は，高圧の電路や機器の点検・修理などを行うときに，遮断器で電路を遮断した，無負荷・無電圧の状態で高圧電路の開閉に用いる機器である．負荷電流の開閉はできない．

送配電線や変圧器などの機器が短絡・地絡故障した際に，回路を遮断するために用いられる機器は，遮断器である．

したがって，1 が最も不適当なものである． **答 1**

No.15 計器用変流器（CT）は，一次側に電流が流れている状態で二次側を開放してはならない．これは，二次側開放で一次電流を流すと，二次側に高電圧を発生し，絶縁破壊・焼損事故を起こすからである．

なお，計器用変圧器（VT）は，二次側を短絡すると過大な電流が流れ，巻線が焼損する危険があるので，短絡してはならない．

したがって，2 が最も不適当なものである． **答 2**

No.16 ダンパは，電線の振動を防止するために送電線に取り付ける重りである．電線を支持点付近で同じ材質の電線で補強するのはアーマロッド，電線相互の接近・接触を防止するのはスペーサ，電線の風による騒音を軽減するのはスパイラルロッドである．

したがって，3が適当なものである. **答 3**

No.17 長幹がいしは，塩害地域の発変電所母線引止用や66 kV〜154 kV送電線路用に用いられており，経年劣化が少なく，表面漏れ距離が長く，塩じん害によるがいし汚損も少なく，雨洗効果が大きいので耐霧性に優れているが，機械的強度が弱い.

したがって，2が不適当なものである. **答 2**

No.18 電線の表面から外に向かっての電位の傾きは，電線の表面において最大となり，表面から離れるに従って減少していく. その値がある電圧（コロナ臨界電圧）以上になると，周囲の空気相の絶縁が失われてイオン化し，低い音や，薄白い光を発生する. この現象をコロナ放電という.

コロナ発生防止対策には，電線の太さを太くする，複導体，多導体の採用，がいしへのシールドリングの取付，電線に傷を付けない，金具の突起をなくす，共同受信方式の採用などがある.

ねん架は，架空送電線路の三相3線式の線間および大地との距離が等しく配置されていないことから，各線のインダクタンス，静電容量が不平衡になり，このため，受電端電圧が不平衡になったり，通信線への誘導障害を与えたりするので，これを平衡するために行うものである.

したがって，1が最も不適当なものである. **答 1**

No.19 高圧配電線路の短絡保護のため，変電所には各配電線路ごとに過電流継電器（OCR）が施設される.

高圧配電線路に施設する過電圧継電器（OVR）は，近年，太陽光発電所の施設により高圧配電線路に連系される太陽光発電所が単独運転とならないように施設するよう規定され施設される.

単独運転防止のため，OVR，UVR，OFR，UFRの4要素を安全装置として使用するが，太陽光発電設備の場合，パワーコンディショナに内蔵されている場合が多い.

したがって，1が最も不適当なものである. **答 1**

No.20 電気事業法施行規則第38条（電圧及び周波数の値）では，次のように規定している.

第38条 法第26条第1項の経済産業省令で定める電圧の値は，その電気を供給する場所において次の表の左欄に掲げる標準電圧に応じて，それぞれ同表の右欄に掲げるとおりとする.

標準電圧	維持すべき値
100 V	101 Vの上下6 Vを超えない値
200 V	202 Vの上下20 Vを超えない値

したがって，4が正しいものである． **答　4**

No.21 平均照度は，図21-1において，作業面に入射する光束を面積Aで除して求める．

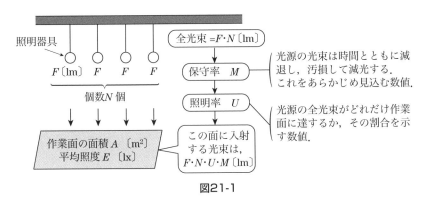

図21-1

室の平均照度 E〔lx〕＝

$$\frac{照明器具台数(N) \times 照明器具1台当たりの光束(F) \times 照明率(U) \times 保守率(M)}{室の面積(A)}$$

上式より，

$$N = \frac{EA}{FUM} \, 〔台〕$$

したがって，2が適当なものである． **答　2**

No.22 電動機の回路に使用されるリレーは，モーターリレー（静止形継電器）といわれ，一般に，1E，2E，3E が使用される．

E は要素（ELEMENT）のことで，以下の要素となる．

　1E：過負荷

　2E：過負荷，欠相

　3E：過負荷，欠相，逆相（反相）

一般的に使われるのは2E リレーで，過負荷，欠相保護となり，逆相（反相）保護を可能とするためには，3E リレーを使用する必要がある．

したがって，1が適当なものである． **答　1**

No.23 内線規程1310-1「電圧降下」（対応省令：第4条）では，次のように規定している．

1．低圧配線中の電圧降下は，幹線及び分岐回路において，それぞれ標準電圧の2％以下とすること．ただし，電気使用場所内の変圧器により供給される場合の幹

線の電圧降下は，3％以下とすることができる．（勧告）

　したがって，1が定められているものである． 答 **1**

　なお，2項では，供給変圧器の二次側端子（一般送配電事業者から低圧で電気の供給を受けている場合は，引込線取付点）から最遠端の負荷に至る電線のこう長が60 mを超える場合の電圧降下は，別に規定している．

No.24　高圧限流ヒューズは，主として高圧回路および高圧機器の短絡保護用に使用され，その種類は，溶断時間 - 電流特性 - 繰返し過電流特性から，JIS C 4604では次の4種類を規定している．

　G：一般用　T：変圧器用　M：電動機用　C：リアクトルなしコンデンサ用

　LC：リアクトル付きコンデンサ用

　したがって，2が誤っているものである． 答 **2**

No.25　電気設備技術基準の解釈第24条では，高圧電路と低圧電路とを結合する変圧器の低圧側の中性点には，B種接地工事を施すことと規定している．

　したがって，4が不適当なものである． 答 **4**

No.26　26-1図のように漏電電流 I_g 〔A〕，金属製外箱に生じる対地電圧 V_D 〔V〕とすると，次のように計算される．

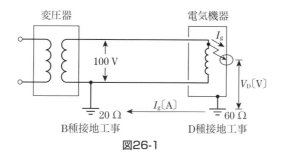

図26-1

$$I_g = \frac{100\,\text{V}}{(20+60)\Omega} = \frac{100}{80}\ \text{A}$$

よって，

$$V_D = I_g \times R_D = \frac{100}{80} \times 60 = 75\ \text{V}$$

　したがって，3が適当なものである． 答 **3**

No.27　光電式スポット型感知器は，周囲の空気が一定の濃度以上の煙を含むに至ったときに火災信号を発信するもので，一局所の煙による光電素子の受光量の変化により作動するものである．

　よって，常時開放式防火戸（竪穴区画用）へ連動させる感知器には，光電式スポッ

ト型感知器が適切である．さらに，自動火災報知設備を設置する事務所ビルの廊下や通路に設ける感知器も光電式スポット型感知器が適切である．

したがって，3が適当なものである． **答　3**

消防法施行規則第23条（自動火災報知設備の感知器等）第4項第三号では，差動式スポット型，定温式スポット型または補償式スポット型感知器について，詳細を規定しており，また，同規則別表第一の二の三からも感知器の設置場所の区分が決められており，常時開放式防火戸（竪穴区画用）へ連動させる感知器としてはこれらの感知器は不適切である．

No.28 消防法施行規則第24条（自動火災報知設備に関する基準の細目）第1項第四号では次のように規定している．

四　非常電源は，次に定めるところにより設けること．

イ　延べ面積が1 000 m²以上の特定防火対象物に設ける自動火災報知設備の非常電源にあっては蓄電池設備（直交変換装置を有する蓄電池設備を除く．この号において同じ．），その他の防火対象物に設ける自動火災報知設備の非常電源にあっては非常電源専用受電設備又は蓄電池設備によること．

ロ　蓄電池設備は，第12条第1項第四号イ(イ)から(ニ)まで及び(ヘ)，ハ(イ)から(ニ)まで並びにホの規定の例によることとし，その容量は，自動火災報知設備を有効に10分間作動することができる容量以上であること．

したがって，1が定められているものである． **答　1**

No.29 JIS C 6020（インターホン通則）では，次のように規定している．

同時通話式とは，通話者間で同時に通話ができるものをいう．

相互式とは，親機と親機の間に通話網が構成されているものをいう．

選局数とは，個々の親機，子機の呼出しが選択できる相手数．

通話路数とは，同一の通話網で同時に別々の通話ができる数をいう．

親機と子機の間に通話網が構成されているものは，親子式である．

したがって，2が不適当なものである． **答　2**

No.30 電車線路のトロリ線に要求される性能には，通電特性（抵抗率が低く大電流を流せて電圧降下が小さいこと）が良いこと，機械的強度特性（引張強度が大きくたるみが小さいこと）が良いこと，耐熱特性が良いこと，摩耗特性が良いこと，耐食性に優れていることなどの条件が要求される．

したがって，3が不適当なものである． **答　3**

No.31 カウンタービーム照明方式は，非対称照明方式であり，トンネルの天井部または隅角部に照明器具を取り付け，走行する車両の進行方向と逆方向に照明する（車両の進入方向に対向する配光をもつ）照明方式である．

この方式は，交通量の少ないトンネルの入口照明に適しており，運転者側へ高い路面輝度が得られることと障害物正面が暗くなることから，路上の障害物が認識しやすくなるなど，路面と障害物に高い輝度対比を得やすい特長があり，入口照明に用いられる．

したがって，3が最も不適当なものである．　　　　　　　　　　　　**答　3**

No.32　機械換気の方式には，第1種機械換気，第2種機械換気，第3種機械換気があり，厨房は第3種機械換気が適する．

したがって，2が最も不適当なものである．　　　　　　　　　　　　**答　2**

トイレや厨房のように，室内で発生した臭気や有毒ガスを他室に流出させたり室内に拡散させたりしてはいけない室の換気には，室内の空気を排気送風機によって排出し，外気は給気口より自然に流入させ，室内が負圧になるように換気する第3種機械換気が適している．

No.33　33-1図に示すように，中間杭は，切ばりの座屈防止として，垂直に設けるものである．

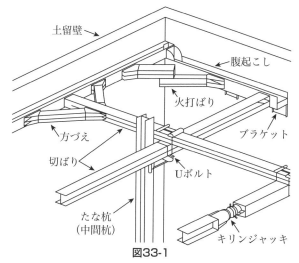

土留壁
腹起こし
火打ばり
方づえ
ブラケット
切ばり
Uボルト
たな杭
（中間杭）
キリンジャッキ

図33-1

したがって，1が最も不適当なものである．　　　　　　　　　　　　**答　1**

切ばり式土留め工法は，従来からもっともよく用いられる工法で，図に示すように構築の外周に矢板・地下連続壁などの土留め壁を設けて，内部の掘削とともに切ばりおよび腹起こしを仮設して，周囲から作用する土圧・水圧を支持する．

No.34　モータグレーダは，整地作業などにブルドーザなどとともに使用される建設機械であり，締固め作業には用いられない．

したがって，4が最も不適当なものである．　　　　　　　　　　　　**答　4**

締固め作業に使用される建設機械には，広い施工場所ではロードローラやタイヤローラなどが用いられ，狭い施工場所ではランマ，振動コンパクタ，ソイルコンパクタなどが用いられる．

No.35 図1は，逆T字型基礎といい，支持層が浅く良質で不同沈下の発生のリスクが小さい場所で適用される．

図2は，杭基礎といい，地盤が軟弱な場所で適用される．

図3は，ロックアンカー基礎といい，床板部の底面に十分な圧縮耐力を持つ岩盤などが存在する場合に適用される．

図4は，深礎基礎といい，山岳地や比較的良質な地盤の場合に適用される．

したがって，1が適当なものである． **答 1**

No.36 カントとは，36-1図に示すように，曲線においては，遠心力が作用することから内側と外側レールに働く圧力が不均衡となることを防止するため，内側レールより外側レールを高くする（左右レールの高低差）ことをいう．これをカントを付けるといい，その量をカント量という．

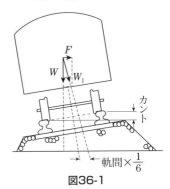

図36-1

走行速度が同じであれば，曲線半径が大きいほどカントは小さくてよい．

したがって，3が不適当なものである． **答 3**

No.37 生コンクリートのスランプが小さいほどコンクリート中の水分量は少ないことから，流動性は小さい．また，スランプの小さいほど粗骨材の分離やブリーディングは生じにくくなる．一般に，コンクリートは材料分離を生じない範囲でワーカビリティー（コンクリートの打ち込み等の作業性）を確保したうえで，水分量を少なくすることが強度確保面において望ましい．

したがって，1が最も不適切なものである． **答 1**

No.38 抜け止め形のコンセントを表す図記号は，1の図記号である．

したがって，1が正しいものである． **答 1**

2は引掛け形コンセント，3は接地端子付きコンセント，4は漏電遮断器付きコンセントの図記号である．

No.39 施工要領書（工種別施工計画書ともいう）は，設計図書に基づいて作成され，工事施工上の特記事項，配線，機器等の据付工事，接地，耐震措置，試験等の詳細な方法が記載される．

また，作業のフロー，管理項目，管理水準，管理方法，監理者・管理者の確認，管理資料・記録等を記載した品質管理表が使用されている．施工要領書は施工内容が具体的になったときには，その都度作成し，発注者（監督員や設計者）の承認を得る場合が多い．

したがって，4が最も不適当なものである． **答 4**

No.40 ネットワーク工程表は，40-1図に示すように作業の相互関係を丸印と矢線によって網目の図形で表示して，作業の内容，手順および日程を図解的ならびに数量的に表現した方法である．

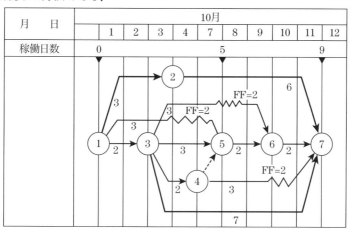

図40-1　ネットワーク工程表

工程の順序関係をある程度の精度で表現でき，各作業に対する先行作業・並行作業および後続作業の相互関係がわかりやすく，余裕の有無，遅れ等日数計算が容易であり，変更などにも対処しやすい

特に，クリティカルパスの日数（所要工期）を短縮する場合，図に示す直列となっている作業を並列作業とできないか検討して短縮を図る．

したがって，4が最も不適当なものである． **答 4**

No.41 図に示されたネットワーク工程表のクリティカルパスの日数（所要工期）を求める．

①→②→④→⑦→⑩　　　　　　　26日

2023 一次解答前

①→②→④→⑦→⑧→⑩　　　<u>31日</u>

①→②→④→⑤→⑧→⑩　　　22日

①→②→③→⑤→⑧→⑩　　　23日

①→②→③→⑥→⑨→⑩　　　27日

①→②→③→⑥→⑨→⑧→⑩　　25日

①→②→③→⑥→⑤→⑧→⑩　　<u>31日</u>

①→③→⑤→⑧→⑩　　　　　21日

①→③→⑥→⑨→⑩　　　　　25日

①→③→⑥→⑨→⑧→⑩　　　23日

①→③→⑥→⑤→⑧→⑩　　　29日

したがって，4が正しいものである．　　　　　　　　　　**答　4**

No.42　設問に示された図は，不良件数・累計不良率が示されており，工事全体の不良件数は，配管等支持不良が約25件，絶縁不良が10件，接地不良が約7件，結線不良が約3件，器具取付不良が約2件，塗装不良が約1件，その他が約2件であり，合計約50件であることが分かる．

　したがって，2が最も不適当なものである．　　　　　　　　**答　2**

パレート図は，不良品，欠点，故障などの発生個数（または損失金額）を現象や原因別に分類し，大きい順に並べてその大きさを棒グラフとし，さらにこれらの大きさまたは率を順次累積した折れ線グラフで表した図をいう．

　パレート図により，大きな不良項目は何か，不良項目の順位と全体に占める割合，目標不良率達成のために対象となる重点不良項目を把握することができる．また，対策前のパレート図と比較して効果を確認し，改善に結びつけることができる．

No.43　総合施工計画書は，その工事をどのように進めていくかを示す，最も基本となるものであり，現場担当者およびそこで働く作業員に，作業内容・方法を理解させるためのものである．

　しかし，総合施工計画書は現場内だけのものではなく，官公庁の届出，工事概要の説明，工事管理者の承諾，主要資材の採用，総合的な仮設計画，社内審議等多くの目的がある．

　一般に仕様書には，工事監理者に総合施工計画書を提出し，承諾を得ることが明記されている場合が多く，これは，施工が設計図書どおり行われようとしているか否か，監理者が工事の方法や進め方をチェックするものである．

　また，建築主，設計者，関係官庁等に対して，施工計画全体を説明することが必要になる場合が多く，わかりやすくまとめておくことが大切である．

　総合施工計画書は，単に施工を行うための計画といっても上記の他にも様々な目

的があり，それらを十分に理解し作成する必要がある．

　よって，機器承諾図は総合施工計画書にはほとんど関係がない．

　したがって，1が最も関係のないものである．　　　　　　　　　**答　1**

No.44　総合工程表は，着工から竣工引渡しまでの全容を表し，仮設工事，付帯工事などをすべて含めた工事全体の作業の進捗を大局的に把握するために作成される．

　官公庁への申請書類の提出時期の記入，工程的に動かせない作業がある場合は，その作業を中心に他の作業との関連性，特に建築工事や他の設備工事と関連して作業が進められるため，互いにその作業内容を理解・整合して，大型機器の搬入・受電期日の決定，作業順序や工程を調整し無理のない工程計画を立てなければならない．各作業を詳細に記入するのは，工種別工程表などである．

　したがって，2が最も不適当なものである．　　　　　　　　　**答　2**

No.45　電気設備の技術基準の解釈第15条「高圧又は特別高圧の電路の絶縁性能」では，最大使用電圧が7 000 V以下（高圧）の電路においては，絶縁耐力試験を交流で行う場合の試験電圧は，最大使用電圧の1.5倍と規定されている．

　したがって，3が適当なものである．　　　　　　　　　　　　**答　3**

No.46　労働安全衛生規則第339条（停電作業を行なう場合の措置）では，次のように規定している．

　第339条　事業者は，電路を開路して，当該電路又はその支持物の敷設，点検，修理，塗装等の電気工事の作業を行なうときは，当該電路を開路した後に，当該電路について，次に定める措置を講じなければならない．当該電路に近接する電路若しくはその支持物の敷設，点検，修理，塗装等の電気工事の作業又は当該電路に近接する工作物（電路の支持物を除く．以下この章において同じ．）の建設，解体，点検，修理，塗装等の作業を行なう場合も同様とする．

　一　開路に用いた開閉器に，作業中，施錠し，若しくは通電禁止に関する所要事項を表示し，又は監視人を置くこと．

　二　開路した電路が電力ケーブル，電力コンデンサー等を有する電路で，残留電荷による危険を生ずるおそれのあるものについては，安全な方法により当該残留電荷を確実に放電させること．

　三　開路した電路が高圧又は特別高圧であったものについては，検電器具により停電を確認し，かつ，誤通電，他の電路との混触又は他の電路からの誘導による感電の危険を防止するため，短絡接地器具を用いて確実に短絡接地すること．

　2　事業者は，前項の作業中又は作業を終了した場合において，開路した電路に通電しようとするときは，あらかじめ，当該作業に従事する労働者について感電の危険が生ずるおそれのないこと及び短絡接地器具を取りはずしたことを確認した後

でなければ，行なってはならない．

　したがって，4が誤っているものである．　　　　　　　　**答　4**

No.47　労働安全衛生規則第536条（高所からの物体投下による危険の防止）では，次のように規定している．

　第536条　事業者は，<u>3 m 以上</u>の高所から物体を投下するときは，適当な投下設備を設け，監視人を置く等労働者の危険を防止するための措置を講じなければならない．

　2　労働者は，前項の規定による措置が講じられていないときは，3 m 以上の高所から物体を投下してはならない．

　したがって，4が定められているものである．　　　　　　**答　4**

No.48　屋外変電所の変電機器の据え付けは，架線工事などの上部作業が終了したのちに行うことが望ましい．変圧器や遮断器などの現場組立の機器は，防塵面で特に配慮する必要があり，上部作業を終了させておく必要がある．

　したがって，3が最も不適当なものである．　　　　　　　**答　3**

No.49　電気設備の技術基準の解釈第17条「接地工事の種類及び施設方法」第1項第三号ニでは，次のように規定している．

　ニ　接地線の<u>地下75 cm</u>から<u>地表上2 m</u>までの部分は，電気用品安全法の適用を受ける合成樹脂管（厚さ2 mm 未満の合成樹脂製電線管及び CD 管を除く.）又はこれと同等以上の絶縁効力及び強さのあるもので覆うこと．

　したがって，4が誤っているものである．　　　　　　　　**答　4**

No.50　内線規程3115-6（管及び附属品の連結及び支持）第5項では，次のように規定している．

　5．管相互の接続は，ボックス又はカップリングを使用するなどし，直接接続はしないこと．ただし，硬質ビニル管相互の接続は，この限りでない．

　したがって，4が不適当なものである．　　　　　　　　　**答　4**

No.51　51-1図に例を示すとおり，ちょう架線と補助ちょう架線をつなぐ役割を果たす，架線を吊る金具をドロッパという．

　したがって，2が適当なものである．　　**答　2**

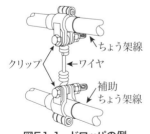

図51-1　ドロッパの例

電気書院 最新高級電験講座「電気鉄道」
P.195より引用

No.52 事務所ビルの全館放送用の拡声設備は，家庭用のステレオ装置とは出力方式が異なり，定電圧方式（100 V ライン）が用いられる．

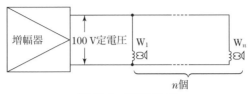

図52-1　定電圧方式

定電圧方式は，電力増幅器の出力がその増幅器固有の定格出力値に関わらず，定格出力時に一定電圧（100 V など）になるように出力インピーダンスを設計された方式をいう．

この定電圧方式は，ハイインピーダンス方式といわれており，その増幅器の出力インピーダンスは，一般のステレオ装置における出力インピーダンス（4 〜 16 Ω）よりも高い．

したがって，3が最も不適当なものである．　　　　　　　　　**答 3**

No.53 建設業法施行令第5条の2では，指定建設業として次の7業種を定めている．

第5条の2　法第15条第二号ただし書の政令で定める建設業は，次に掲げるものとする．

一　土木工事業

二　建築工事業

三　電気工事業

四　管工事業

五　鋼構造物工事業

六　舗装工事業

七　造園工事業

したがって，4が定められていないものである．　　　　　　**答 4**

No.54 建設業法第19条（建設工事の請負契約の内容）第1項では，次のように規定している．

第19条　建設工事の請負契約の当事者は，前条の趣旨に従って，契約の締結に際して次に掲げる事項を書面に記載し，署名又は記名押印をして相互に交付しなければならない．

一　工事内容

二　請負代金の額

三　工事着手の時期及び工事完成の時期

四　工事を施工しない日又は時間帯の定めをするときは，その内容

五　請負代金の全部又は一部の前金払又は出来形部分に対する支払の定めをするときは，その支払の時期及び方法

六　当事者の一方から設計変更又は工事着手の延期若しくは工事の全部若しくは一部の中止の申出があった場合における工期の変更，請負代金の額の変更又は損害の負担及びそれらの額の算定方法に関する定め

七　天災その他不可抗力による工期の変更又は損害の負担及びその額の算定方法に関する定め

八　価格等(物価統制令(昭和21年勅令第118号)第2条に規定する価格等をいう.)の変動若しくは変更に基づく請負代金の額又は工事内容の変更

九　工事の施工により第三者が損害を受けた場合における賠償金の負担に関する定め

十　注文者が工事に使用する資材を提供し，又は建設機械その他の機械を貸与するときは，その内容及び方法に関する定め

十一　注文者が工事の全部又は一部の完成を確認するための検査の時期及び方法並びに引渡しの時期

十二　工事完成後における請負代金の支払の時期及び方法

十三　工事の目的物が種類又は品質に関して契約の内容に適合しない場合におけるその不適合を担保すべき責任又は当該責任の履行に関して講ずべき保証保険契約の締結その他の措置に関する定めをするときは，その内容

十四　各当事者の履行の遅滞その他債務の不履行の場合における遅延利息，違約金その他の損害金

十五　契約に関する紛争の解決方法

十六　その他国土交通省令で定める事項

したがって，1が定められていないものである.　　　　　　　　　　　**答　1**

No.55　電気事業法施工規則第50条（保安規程）第3項では，次のように規定している.

3　第1項第二号に掲げる事業用電気工作物を設置する者は，法第42条第1項の保安規程において，次の各号に掲げる事項を定めるものとする.

一　事業用電気工作物の工事，維持又は運用に関する業務を管理する者の職務及び組織に関すること.

二　事業用電気工作物の工事，維持又は運用に従事する者に対する保安教育に関すること.

三　事業用電気工作物の工事，維持及び運用に関する保安のための巡視，点検及

び検査に関すること.

四　事業用電気工作物の運転又は操作に関すること.

五　発電所又は蓄電所の運転を相当期間停止する場合における保全の方法に関すること.

六　災害その他非常の場合に採るべき措置に関すること.

七　事業用電気工作物の工事, 維持及び運用に関する保安についての記録に関すること.

八　事業用電気工作物(使用前自主検査, 溶接自主検査若しくは定期自主検査(以下「法定自主検査」と総称する.) 又は法第51条の2第1項若しくは第2項の確認(以下「使用前自己確認」という.) を実施するものに限る.) の法定自主検査又は使用前自己確認に係る実施体制及び記録の保存に関すること.

九　その他事業用電気工作物の工事, 維持及び運用に関する保安に関し必要な事項

したがって, 3が定められていないものである.　　　　　　　　答　**3**

No.56　電気用品安全法では, 電気用品を定めている.

具体的には, 電気用品安全法施行令第1条(電気用品), 第1条の2(特定電気用品)で, 附則別表第一の上欄および別表第二に掲げるとおりとするとしており, 次の用品(抜粋) が掲げられている.

一　電線(定格電圧が100 V以上600 V以下のものに限る.) であって, 次に掲げるもの(特定電気用品に該当)

(一) ゴム絶縁電線, 合成樹脂絶縁電線(導体の公称断面積が100 mm^{2}以下のものに限る.)

二　電線管類及びその附属品並びにケーブル配線用スイッチボックスであって, 次に掲げるもの(銅製及び黄銅製のもの並びに防爆型のものを除く.)

(一) 電線管(可とう電線管を含み, 内径が120 mm以下のものに限る.)

(二) 線ぴ(幅が50 mm以下のものに限る.)

幅300 mm, 高さ200 mmの金属ダクトは, 電気用品に定められていない.

したがって, 3が電気用品として定められていないものである.　　答　**3**

No.57　電気工事士法施行令第1条「軽微な工事」では, 次のように規定している.

第1条　電気工事士法(以下「法」という.) 第2条第3項ただし書の政令で定める軽微な工事は, 次のとおりとする.

一　電圧600 V以下で使用する差込み接続器, ねじ込み接続器, ソケット, ローゼットその他の接続器又は電圧600 V以下で使用するナイフスイッチ, カットアウトスイッチ, スナップスイッチその他の開閉器にコード又はキャブタイヤケーブルを接続する工事

二　電圧 600 V 以下で使用する電気機器（配線器具を除く．以下同じ．）又は電圧 600 V 以下で使用する蓄電池の端子に電線（コード，キャブタイヤケーブル及びケーブルを含む．以下同じ．）をねじ止めする工事

三　電圧 600 V 以下で使用する電力量計若しくは電流制限器又はヒューズを<u>取り付け，又は取り外す工事</u>

四　電鈴，インターホーン，火災感知器，豆電球その他これらに類する施設に使用する小型変圧器（二次電圧が 36 V 以下のものに限る．）の二次側の配線工事

五　電線を支持する柱，腕木その他これらに類する工作物を設置し，又は変更する工事

六　<u>地中電線用の暗渠又は管を設置し，又は変更する工事</u>

また，電気工事士法施行規則第 2 条第 2 項には次のような定めがある．

　2　法第 3 条第 2 項の一般用電気工作物等の保安上支障がないと認められる作業であって経済産業省令で定めるものは，次のとおりとする．

　一　次に掲げる作業以外の作業

　　イ　前項第一号イからヌまで及びヲに掲げる作業

　　ロ　接地線を一般用電気工作物等（電圧 600 V 以下で使用する電気機器を除く．）に取り付け，若しくはこれを取り外し，接地線相互若しくは接地線と接地極とを接続し，又は接地極を地面に埋設する作業

　二　電気工事士が従事する前号イ及びロに掲げる作業を補助する作業

ここで，前項第一号ホは，

　ホ　配線器具を造営材その他の物件に取り付け，若しくはこれを取り外し，又はこれに電線を接続する作業（露出型点滅器又は露出型コンセントを取り換える作業を除く．）

とあり，露出型コンセントを取り換える作業は軽微な作業に該当する．

なお，第一号ロに定められているように，接地極を地面に埋設する作業は，軽微な作業から外されている．

　よって，選択肢 2 の接地極を地面に埋設する作業は，電気工事士の免状を持つ電気工事士でなければ従事してはならない作業である．

　したがって，2 が正しいものである．　　　　　　　　　　　　　　**答　2**

No.58　電気工事業の業務の適正化に関する法律施行規則第 11 条（器具）では，営業所ごとに備えなければならない器具を次のように規定している．

　第 11 条　法第 24 条の経済産業省令で定める器具は，次のとおりとする．

　一　自家用電気工事の業務を行う営業所にあっては，絶縁抵抗計，接地抵抗計，抵抗及び交流電圧を測定することができる回路計，低圧検電器，高圧検電器，

継電器試験装置並びに絶縁耐力試験装置（継電器試験装置及び絶縁耐力試験装置にあっては，必要なときに使用し得る措置が講じられているものを含む.）

二　一般用電気工事のみの業務を行う営業所にあっては，<u>絶縁抵抗計</u>，接地抵抗計並びに抵抗及び交流電圧を測定することができる回路計

したがって，1が定められているものである.　　　　　　　　　　　**答　1**

No.59　建築基準法第2条「用語の定義」(建築設備)では，次のように規定している.

第2条　この法律において次の各号に掲げる用語の意義は，それぞれ当該各号に定めるところによる.

三　建築設備　建築物に設ける電気，ガス，給水，排水，換気，暖房，冷房，消火，排煙若しくは汚物処理の設備又は煙突，昇降機若しくは避雷針をいう.

上記条文により，防火戸は定められていない.

したがって，2が定められていないものである.　　　　　　　　　　**答　2**

No.60　消防法施行規則第33条の3（免状の種類に応ずる工事又は整備の種類）では，次のように規定している.

第33条の3　法第17条の6第2項の規定により，甲種消防設備士が行うことができる工事又は整備の種類のうち，消防用設備等又は特殊消防用設備等の工事又は整備の種類は，次の表の左欄に掲げる指定区分に応じ，同表の右欄に掲げる消防用設備等又は特殊消防用設備等の工事又は整備とする.

指定区分	消防用設備等又は特殊消防用設備等の種類
特　類	特殊消防用設備等
第一類	屋内消火栓設備，スプリンクラー設備，水噴霧消火設備又は屋外消火栓設備
第二類	泡消火設備
第三類	不活性ガス消火設備，ハロゲン化物消火設備又は粉末消火設備
第四類	自動火災報知設備，ガス漏れ火災警報設備又は消防機関へ通報する火災報知設備
第五類	金属製避難はしご，救助袋または緩降機

非常用の照明装置の設置に係る工事は，電気工事士でなければ行ってはならない工事である.

したがって，1が定められていないものである.　　　　　　　　　　**答　1**

No.61　労働安全衛生規則第96条（事故報告）では，次のように規定している.

第96条　事業者は，次の場合は，遅滞なく，様式第22号による報告書を所轄労働基準監督署長に提出しなければならない.

一　事業場又はその附属建設物内で，次の事故が発生したとき

イ　火災又は爆発の事故（次号の事故を除く.）

ロ～ニ　（省略）

二～四　（省略）

　五　移動式クレーン（クレーン則第 2 条第一号に掲げる移動式クレーン（※0.5 t 未満のもの）を除く．）の次の事故が発生したとき

　　イ　転倒，倒壊又はジブの折損

　　ロ　ワイヤロープ又はつりチェーンの切断

　六〜七　（省略）

　八　建設用リフト（<u>クレーン則第 2 条第二号及び第三号に掲げる建設用リフト（※0.25 t 未満のもの）を除く</u>．）の次の事故が発生したとき

　　イ　昇降路等の倒壊又は搬器の墜落

　　ロ　ワイヤロープの切断

　九　（省略）

　十　ゴンドラの次の事故が発生したとき

　　イ　逸走，転倒，落下又はアームの折損

　　ロ　ワイヤロープの切断

したがって，4 が定められていないものである．　　　　　　　答　**4**

No.62　労働安全衛生規則第 333 条（漏電による感電の防止）第 1 項では，次のように規定している．

　第 333 条　事業者は，電動機を有する機械又は器具（以下「電動機械器具」という．）で，<u>対地電圧が 150 V をこえる</u>移動式若しくは可搬式のもの又は水等導電性の高い液体によって湿潤している場所その他鉄板上，鉄骨上，定盤上等導電性の高い場所において使用する移動式若しくは可搬式のものについては，漏電による感電の危険を防止するため，当該電動機械器具が接続される電路に，当該電路の定格に適合し，感度が良好であり，かつ，確実に作動する感電防止用漏電しゃ断装置を接続しなければならない．

　したがって，3 が正しいものである．　　　　　　　　　　　答　**3**

No.63　労働基準法第 107 条（労働者名簿）第 1 項では，次のように規定している．

　第 107 条　使用者は，各事業場ごとに労働者名簿を，各労働者（日日雇い入れられる者を除く．）について調製し，労働者の氏名，生年月日，<u>履歴</u>その他厚生労働省令で定める事項を記入しなければならない．

　また，労働基準法施行規則第 53 条では，次のように規定している．

　第 53 条　法第 107 条第 1 項の労働者名簿（様式第 19 号）に記入しなければならない事項は，同条同項に規定するもののほか，次に掲げるものとする．

　一　性別

　二　住所

　三　<u>従事する業務の種類</u>

四　雇入の年月日

五　退職の年月日及びその事由（退職の事由が解雇の場合にあっては，その理由を含む.）

六　死亡の年月日及びその原因

したがって，2が定められていないものである.　　　　　　　　　　答　2

No.64　特定建設作業に伴って発生する騒音の規制に関する基準では，次のように規定している.

〈特定建設作業に伴って発生する騒音の規制に関する基準〉

　騒音規制法（昭和43年法律第98号．以下「法」という.）第15条第1項の規定に基づき，環境大臣の定める基準は，次のとおりとする．ただし，この基準は，第一号の基準を超える大きさの騒音を発生する特定建設作業について法第15条第1項の規定による勧告又は同条第2項の規定による命令を行うに当たり，第三号本文の規定にかかわらず，1日における作業時間を同号に定める時間未満4時間以上の間において短縮させることを妨げるものではない.

　一　特定建設作業の騒音が，特定建設作業の場所の敷地の境界線において，85デジベルを超える大きさのものでないこと.（傍点原文ママ）

　二　以下省略

したがって，3が定められているものである.　　　　　　　　　　答　3

2023年度（令和5年度）第一次検定試験(後期)・解答
出題数：64　必要解答数：40

No.1 ある金属体の温度が T 〔℃〕となったときの抵抗値を R_T 〔Ω〕，20 ℃のときの抵抗値を R_{20} 〔Ω〕，20 ℃のときの抵抗温度計数を α_{20} 〔℃$^{-1}$〕とすると，次式が成立する．

$$R_T = R_{20} \{1 + \alpha_{20}(T - 20)\}$$

よって，上式に与えられた数値を代入して計算すると，

$$R_T = 10 \{1 + 0.004(45 - 20)\}$$
$$= 11 \ \Omega$$

したがって，2が正しいものである．　　　　　　　　　　　　　　　**答　2**

No.2 電荷の大きさが無視できるほど離れている場合の電荷を点電荷といい，真空中において，問題図のように電荷間の距離 r 〔m〕離れた点電荷 Q_1，Q_2 〔C〕の間には，

$$F = \frac{1}{4\pi\varepsilon} \times \frac{Q_1 Q_2}{r^2} \ 〔\text{N}〕$$

の大きさで，Q_1，Q_2 が同符号のとき反発力，異符号のとき吸引力が働く．これをクーロンの法則という．

したがって，4が正しいものである．　　　　　　　　　　　　　　**答　4**

No.3 設問の図はブリッジ回路となっており，スイッチ S を開閉しても A-B 間の合成抵抗が変わらないということは，ブリッジが平衡していることを意味している．

よって，ブリッジの平衡条件（対角線同士の抵抗値を掛けた値が等しくなる）より，次式が成立する．

$$R \times 6 = 4 \times 3$$

$$\therefore \quad R = \frac{4 \times 3}{6} = 2 \ \Omega$$

したがって，1が正しいものである．　　　　　　　　　　　　　　**答　1**

No.4 電流計の測定範囲を拡大する回路は，2-1図に示すように電流計に並列に抵抗を接続する回路とする．図の並列に接続した外部抵抗を「分流器」という．図のように内部抵抗が R_a 〔Ω〕の電流計Ⓐの端子に R_s 〔Ω〕の分流器を接続した場

合の「分流器」の倍率は，

$$\frac{I}{I_1} = \frac{I_1 + I_2}{I_1}$$

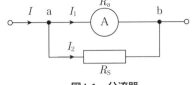

図4-1　分流器

a-b 間の電位降下が等しいことから，

$$I_1 R_a = I_2 R_s$$

$$\therefore \quad I_2 = \frac{R_a}{R_s} I_1$$

50 A まで測定範囲を拡大するということは，I_1=10 A とすると，

$$I_2 = 50 - I_1 = 50 - 10 = 40 \text{ A}$$

となればよい．すなわち，

$$40 = \frac{R_a}{R_s} \times 10 = \frac{0.04}{R_s} \times 10 = \frac{0.4}{R_s}$$

$$\therefore \quad R_s = \frac{0.4}{40} = 0.01 \ \Omega$$

となる．

したがって，2が正しいものである． **答　2**

No.5 同期発電機が，定格速度・定格電圧および無負荷で運転中に，突然三相短絡すると，短絡直後は電機子反作用がないので非常に大きな電流が流れる．短絡後に電機子反作用が現れるが，この場合の回路は誘導性であるので，主磁界に対して磁極を全般に減磁する減磁作用となり，短絡電流は同期インピーダンスで制限される値になる．

この持続電流が定格電流の何倍になるかを示すのが短絡比で，同期インピーダンスと短絡比は次式のように逆比例の関係にあり，同期インピーダンスが大きいほど小さくなる．

$$短絡比 \propto \frac{1}{同期インピーダンス}$$

したがって，1が最も不適当なものである． **答　1**

No.6 無負荷損の大部分は鉄損である．鉄損（P_i）は渦電流損とヒステリシス損（P_h）から成り，負荷電流に関係なく一定である．

負荷損は銅損と漂遊負荷損であるが，大部分は銅損であり，銅損は負荷電流の2乗に比例する．

したがって，1が最も不適当なものである． **答　1**

No.7 ガス遮断器（GCB）は，優れた消弧能力，絶縁強度を有する SF_6（六ふっ化硫黄）ガスを消弧媒質として利用する遮断器であり，空気遮断器と比較した場合，

以下の特徴がある.

① 高電圧では，空気遮断器に比較して遮断点数が少なく，空気遮断器の1/2〜1/3程度ですむため小形となる.

② タンク形は耐震性に優れ，また，ブッシング変流器を使用できるので，遮断点数の少ないことと併せて据え付け面積が小さい.

③ 遮断性能が良く，接触子の摩耗が少ない.

④ 遮断時の騒音が少ない.

⑤ 消弧能力が優れているので，小電流遮断時の異常電圧が小さい.

したがって，3が最も不適当なものである. 　　　　　答　**3**

No.8　タービン入口の蒸気圧力を低くすることは熱効率の低下を招くこととなる.

したがって，3が最も不適当なものである. 　　　　　答　**3**

汽力発電所における熱サイクルの向上対策としては，次のものがある.

① 高温高圧蒸気の採用

② 過熱蒸気の採用

③ 復水器の真空度の向上

④ 再熱サイクルの採用

⑤ 再生サイクルの採用

⑥ 節炭器により排ガスで燃焼用空気を予熱する

No.9　分路リアクトルは，長距離送電や地中送電において，線路の充電電流（進相電流）のため受電端電圧が上昇することを抑制するためのものである.

特に深夜などの軽負荷時に誘導性の負荷が少なくなったときや無負荷時には，受電端電圧の上昇が著しく，変電所機器などの絶縁をおびやかすことも考えられるほか，系統の安定運転の面からも，適当な容量の分路リアクトルを設置し，受電端電圧の変化をある一定の範囲内に収めることが必要である.

したがって，1が適当なものである. 　　　　　答　**1**

No.10　放電クランプは，高圧がいし頂部にフラッシオーバ金具を取り付け，この金具とがいしベース金具間（または腕金間）で雷サージによる放電ならびに放電に伴う続流の放電を行わせて，高圧がいしの破損および電線の断線防止を図るものである.

したがって，1が最も不適当なものである. 　　　　　答　**1**

配電系統で生じる電力損失の軽減対策としては，配電電圧を高くする，バランサなどを用いて負荷電流の不平衡を是正する，抵抗を小さくするため太い電線に張替える，鉄損および銅損の少ない柱上変圧器を採用する，負荷の中心に給電点を設けるなどの方策が取られる.

No.11　LEDランプは，周囲温度の変化に対して，その光束はほとんど影響を受

けない. 一方, 蛍光ランプは, LED ランプと比較すると周囲温度20℃付近を最高に温度上昇・温度低下ともに相対光束は低下する. 特に, 温度が低下すると急激に相対光束は低下する.

したがって, 2が最も不適当なものである. 答 2

LED は, p 型半導体と n 型半導体の pn 接合構造となっており, 接合部分に順方向に電流を流すと, pn 接合面に向かって電子と正孔が移動し衝突する. 衝突し再結合したときに生じた余分なエネルギーが光エネルギーに変換することを利用している.

No.12 赤外線加熱は, 赤外線を放射して被加熱物を加熱する方式である. 赤外線の放射源には, 赤外線電球と遠赤外線ヒータがあり, 暖房や塗料の乾燥などに利用される.

したがって, 3が最も不適当なものである. 答 3

マイクロ波による分子振動を利用するのはマイクロ波加熱である. マイクロ波加熱の代表的なものに電子レンジ（2 450 MHz のマイクロ波利用）がある.

No.13 水力発電所の発電機の回転子は, 大容量の低速機に「立軸凸極形」が多く採用され, 小容量の高速機には「横軸凸極形」多く採用されている.

軸方向に長い円筒形（横軸円筒形）が多く採用されるのは, 汽力発電所の発電機である.

したがって, 4が最も不適当なものである. 答 4

No.14 過電圧継電器は, コンデンサバンクの開閉時などに発生する過電圧の保護などに用いられるものである.

したがって, 2が最も不適当なものである. 答 2

油入変圧器の内部異常時に発生するガスによる内圧の上昇の検出には, ブッフホルツ継電器や衝撃圧力継電器などの機械式継電器が用いられる.

また, 内部異常を電気的に検出する継電器としては, 比率差動継電器が代表的なものとして採用されており, そのほか過電流継電器, 距離継電器, 地絡過電流継電器, 地絡方向継電器なども採用される.

No.15 断路器は, 負荷電流の開閉はできず, 高圧の電路や機器の点検・修理などを行うときに, 無負荷・無電圧の状態で高圧電路の開閉に用いる機器である. したがって, 1が最も不適当なものである. 答 1

電力系統における保護リレーシステムの役割は, 過電流から機器を保護する, 送配電線路の事故の拡大を防ぐ, 故障した機器を電路から切り離すことなどで, 計器用変成器・保護継電器・遮断器などで構成されている.

No.16 架空地線は送電線の上方に線路と並行に架線し, 各支持物（鉄塔）ごとに

接地された電線であり，その目的は電線への直撃雷の防止，誘導雷による配電線などに発生する異常電圧の低減および1線地絡時の故障電流を分流させることによる通信線への誘導障害の防止をするものである．

送電鉄塔の塔脚接地抵抗を小さくする効果はない．

したがって，2が最も不適当なものである．　　　　　　　　　　答　**2**

No.17　我が国のほとんどの架空送電線路は，三相3線式の線間および大地との距離が等しく配置されていないことから，各線のインダクタンス，静電容量が不平衡になる．このため，受電端電圧が不平衡になったり，通信線への誘導障害を与えたりするので，これを平衡するためにねん架（図17-1参照）が必要となる．

上線
中線
下線

電線の位置を入れ替える

第17-1図

したがって，4が適当なものである．　　　　　　　　　　答　**4**

No.18　誘電損を生じるのは，地中送電線路（電力ケーブルの損失）である．

したがって，3が最も不適当なものである．　　　　　　　　答　**3**

架空送電線路の電力損失には，抵抗損だけでなく，電線路のコロナ放電によるコロナ損，電線路を大地から絶縁するがいしの漏れ損などがある．コロナ損は電圧が高いほど，また細い電線ほど無視できない値となり，漏れ損は，がいしの汚損がはなはだしい場合には無視できなくなるほどの値となる．

No.19　接地抵抗は，絶縁劣化には関係ない．

したがって，3が最も不適当なものである．　　　　　　　　答　**3**

地中電線路における電力ケーブルの絶縁劣化の状態を測定する方法として，一般的に①誘電正接測定，②絶縁抵抗測定，③直流漏れ電流測定，④部分放電測定などが行われる．

No.20　非接地方式は，送電線路のこう長が短く，かつ電圧が低い場合に用いられ，高圧配電線路では，最も多く採用されている方式である．ただし，この方式は，1線地絡時の健全相電圧が相電圧の$\sqrt{3}$倍に上昇する．

したがって，4が適当なものである．　　　　　　　　　　答　**4**

低電圧短距離送電線路や高圧配電線路では，中性点を非接地としても送電にあたって特別の支障は生じないが，高電圧長距離送電線では，いろいろな電気的障害を発生するため，次の目的で中性点を接地する．

①　送電線がアーク地絡を起こしたときに生じる異常電圧の発生を防止する．

②　送電線路の電線の大地に対する電位上昇を少なくする．

③　地絡事故が発生したら，保護継電器が確実に動作するようにする．

No.21　距離の逆二乗の法則から，光度 I〔cd〕の点光源からP点までの距離を L

〔m〕とすると，水平面照度 E〔lx〕は，次式で表される．

$$E = \frac{I}{L^2} \ 〔\text{lx}〕$$

よって，与えられた数値を代入して計算すると，

$$E = \frac{I}{L^2} = \frac{200}{2^2} = 50 \ \text{lx}$$

したがって，2 が正しいものである． 答 **2**

No.22 内線規程 3335-4「低圧進相用コンデンサを個々の負荷に取り付ける場合の施設（対応省令：第 57，59 条)」第 1 項②号では，次のように規定している．

3335-4 低圧進相用コンデンサを個々の負荷に取り付ける場合の施設

1. 低圧進相用コンデンサを個々の負荷に取り付ける場合には，次の各号によること．

②　コンデンサは，手元開閉器又はこれに相当するものよりも負荷側に取付けること．

したがって，1 が不適当なものである． 答 **1**

No.23 屋内配線の電気方式として用いられる中性点を接地した単相 3 線式 100/200 V の配電方式は，

① 事務所ビルなどの照明やコンセントへの幹線に用いられる．

② 単相 100 V と単相 200 V の 2 種類の電圧が取り出せる．

③ 非接地側電線の対地電圧は両方とも 100 V となる．

④ 中性線と各非接地側電線との間に接続する負荷の各合計容量は，できるだけ平衡させる．

⑤ 同一容量の負荷に供給する場合，単相 2 線式 100 V に比べて電圧降下が小さく（1/2）なり，かつ，電力損失も小さく（1/4）なる．

⑥ 3 極が同時に遮断される場合を除き，中性線には過電流遮断器を設けない．

したがって，3 が不適当なものである． 答 **3**

No.24 高圧受変電設備規程 0030-1「用語」では，次のように規定している．

0030-1 用語

⑦ CB 形とは，主遮断装置として，高圧交流遮断器（CB）を用いる形式をいう．

したがって，2 が不適当なものである． 答 **2**

No.25 据置鉛蓄電池は，陽極に二酸化鉛，陰極に鉛，電解液に希硫酸（H_2SO_4）を使用した二次電池で，充電時には電解液が酸素と水素に分解されるので水素ガスを発生するが，放電による水素ガスの発生はない．

したがって，2 が不適当なものである． 答 **2**

制御弁式鉛蓄電池（MSE 形）は，基本的な充放電反応は一般の鉛蓄電池と変わりはないが，充電中に正極から発生する酸素ガスを負極活物質と反応させ，負極を完全充電状態にしないことにより水素ガスの発生を抑制し，水の電気分解による水分減少を抑制し，補水が不要な密閉構造を可能としている．

No.26 架空電線路の事故・故障時の復旧時間は<u>地中電線路と比較すると短い</u>．地中電線路は事故箇所の評定に長時間を要するので，復旧時間が長い．

したがって，4が最も不適当なものである．　　　　　　　　　　　　**答 4**

地中電線路と架空電線路を比較した場合，架空電線路の建設費は地中電線路の1/10程度と安いが，雷・風雨・氷雪などの自然現象の影響を受けやすい．また，鉄塔や電柱が都市景観を損なうなど，景観と調和させることが困難である．

No.27 定温式スポット型感知器は，一局所の周囲の温度が一定の温度以上になったときに火災信号を発信するもので，外観が電線状以外のものである．バイメタルの変位，金属の膨張，可溶絶縁物の溶融等を利用したものがある．

したがって，4が適当なものである．　　　　　　　　　　　　　　**答 4**

赤外線式スポット型感知器は，炎から放射される赤外線の変化が一定の量以上になったとき火災信号を発信するもので，一局所の赤外線による受光素子の受光量の変化により作動するものである．

光電式スポット型感知器は，周囲の空気が一定の濃度以上の煙を含むに至ったときに火災信号を発信するもので，一局所の煙による光電素子の受光量の変化により作動するものである．

差動式スポット型感知器は，周囲の温度の上昇率が一定の率以上になったときに火災信号を発信する感知器である．

No.28 消防法施行規則第28条の3（誘導灯及び誘導標識に関する基準の細目）第4項第六号では次のように規定している．

4　誘導灯の設置及び維持に関する技術上の基準の細目は，次のとおりとする．

　　六　誘導灯に設ける点滅機能又は音声誘導機能は，次のイからハまでに定めるところによること．

　　　イ　前項第一号イ又はロに掲げる避難口に設置する<u>避難口誘導灯以外の誘導灯には設けてはならない</u>こと．

　　　ロ　自動火災報知設備の感知器の作動と連動して起動すること．

　　　ハ　避難口から避難する方向に設けられている自動火災報知設備の感知器が作動したときは，当該避難口に設けられた誘導灯の点滅及び音声誘導が停止すること．

よって，通路誘導灯には音声誘導機能を設けることはできない．

したがって，2が誤っているものである．　　　　　　　　　　　　　**答　2**

No.29　分岐器は，幹線からの信号の一部を分岐して取り出す方向性結合器で，分岐損失は幹線の信号より10〜20 dB ほど小さくなる．方向性結合器であるので，入力端子と出力端子を誤接続すると分岐側出力が低下する．

したがって，3が適当なものである．　　　　　　　　　　　　　　**答　3**

分配器は，各出力端子に信号を均等に分けるために使用され，インピーダンスの整合も行う機器で，分配損失は2分配器で4 dB 以下，4分配器で8 dB 以下である．

混合器は，VHF，UHF，BS のアンテナからの信号を，干渉することなく一つの出力端子にまとめる機能を持った機器．

分波器は，混合された異なる周波数帯域別の信号を選別して取り出すために使用される機器．

No.30　サードレール（第三軌条ともいう）は，30-1図のように軌道脇に走行レールと並行した導電レールを大地から絶縁して敷設し，電気車に電力を供給するための一設備であり，架空式ではない．列車のレールが帰線として利用されている．

したがって，4が不適当なものである．　　**答　4**

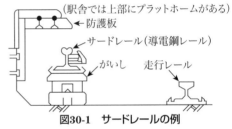

図30-1　サードレールの例

架空単線式には，カテナリちょう架式，直接ちょう架式，剛体ちょう架式などがある．

No.31　クリアランス時間は，道路交通信号の表示の切り替え時において，前現示の交通が停止線を越えてから次現示の交通の進行の邪魔にならない位置に達するまでの所要時間をいい，全赤信号表示時間の決定のためのパラメータである．

したがって，4が最も不適当なものである．　　　　　　　　　　**答　4**

一般に，道路交通信号は赤，青，黄の状態を周期的に示すことで交通の流れを制御しており，信号現示が一巡する周期（サイクル長という），サイクル長に対する各現示の青信号時間の割合のスプリット，同一方向の交通の流れに対する，基準交差点との青信号開始時刻のずれ（オフセットという）の三つのパラメータを制御量としている．

No.32　建築物に設ける飲料水の配管設備及び排水のための配管設備の構造方法を定める件（昭和50年12月20日）（建設省告示第1597号），改正平成22年3月29日（国土交通省告示第243号では，次のように規定している．

第二　排水のための配管設備の構造は，次に定めるところによらなければならない．

一　排水管

イ　掃除口を設ける等保守点検を容易に行うことができる構造とすること．

ロ　次に掲げる管に直接連結しないこと．

(1)　冷蔵庫，水飲器その他これらに類する機器の排水管

(2)　滅菌器，消毒器その他これらに類する機器の排水管

(3)　給水ポンプ，空気調和機その他これらに類する機器の排水管

(4)　給水タンク等の水抜管及びオーバーフロー管

ハ　雨水排水立て管は，汚水排水管若しくは通気管と兼用し，又はこれらの管に連結しないこと．

したがって，4が最も不適当なものである．　　　　　　　　　**答　4**

No.33　親杭横矢板工法は，親杭としてH形鋼やI形鋼が用いられ，横矢板として一般に木製矢板が用いられ，親杭と腹起しとの密着を図るためにモルタルで裏込めを行う工法である．この工法は，止水効果をほとんど得ることができないので，遮水性が求められる山留壁の壁体に用いられることはない．

したがって，2が最も不適当なものである．　　　　　　　　　**答　2**

No.34　水準測量は，34-1図に示すように，レベルと標尺により高低差を求める測量方法である．

水準測量においては，誤差消去が大切であり，誤差の消去は，次のようにして行う．

① レベルは一直線上におき，前視・後視の視準距離を等しくして，球差・視準軸誤差を消去する．

② 標尺は鉛直にして測定し，標尺誤差を消去する．標尺が傾斜していると，常に読みは正しい値より大きくなる．器械誤差である．

③ 誤差は測定長さに比例配分して消去する．

④ 目盛誤差は，高低差に比例配分して消去する．

⑤ レベルの鉛直軸の傾きの誤差は，定めた2本の脚と視準軸を常に平行して測定することによって消去する．

⑥ 往復の測定を行い，往復差が許容範囲内を確認する．

⑦ 器械は直射日光を避けて配置する．

したがって，3が最も不適当なものである．　　　　　　　　　**答　3**

No.35　地中送電線路の管路の埋設工法には，開削工法，小口径推進工法，セミシールド工法などがある．

ディープウェル工法は，250〜600mm程度の井戸（集水井）を掘り，地下水位

の高低差により，井戸内に地下水を集め，水中ポンプで強制排水して地下水位の低下を図る排水工法である．重力により集水を行うことから，重力排水工法とも呼ぶ．

したがって，4 が最も不適当なものである． 答　4

No.36 鉄道線路の軌道における速度向上策には，速度向上による輪重・横圧の増加による応力増加に十分な耐力を確保できるよう軌動部材の強化が必要で，具体的にはバラスト道床の厚みを大きくする，枕木の間隔を小さくする，レールの単位重量を大きくするなどの高強度化を実施する．

したがって，1 が不適当なものである． 答　1

また，曲率半径を大きくすることが曲線通過速度の向上につながる．さらに，より増加する遠心力を緩和するためカント拡大する．最大カント量を上回り，かつカント不足量が上限を超える場合は車両側で車体傾斜システムの導入を検討する．

No.37 柱の配筋図の例を図37-1に示す．

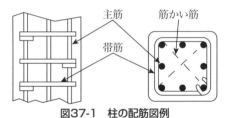

図37-1　柱の配筋図例

したがって，2 が適当なものである． 答　2

No.38 JIS C 0303（構内電気設備の配線用図記号）では，選択肢3の図記号が発電機の図記号を表す．1は電熱器，2は整流装置，4は蓄電池を示す．

したがって，3 が正しいものである． 答　3

No.39 週間工程表を基に施工すべき作業内容を具体的に示して作成するのは，施工要領書である．

したがって，5 が最も不適当なものである． 答　5

総合工程表は，着工から竣工引渡しまでの全容を表し，本体工事，完成検査，仮設工事，付帯工事などをすべて含めた工事全体の作業の進捗を大局的に把握するために作成する．

電気設備工事は，そのほとんどが建築工事や他の設備工事と関連して作業が進められるため，互いにその作業内容を理解・整合して，大型機器の搬入・受電期日の決定，競合の作業順序や工程を調整し無理のない総合工程計画書を作成することが大切である．

No.40 各作業の余裕時間が把握しやすいのは，ネットワーク工程表である．

したがって，2 が最も不適当なものである． 答　2

バーチャート工程表は，一般的に広く利用されている工程表であり，次のような特徴がある．

① 視覚的に見やすい図となる．

② 各作業の所要日数と施工日程がわかりやすい．一方で，各作業の余裕時間の把握は困難である．

③ ある程度各作業間の関連は分かるが，複雑化した工事での関連性は把握しづらい．

④ 各作業の工期に対する影響の度合いは把握し難い．

⑤ クリティカルパスを把握するのは困難で，作成方法に明確な規則がなく，主観的要素が入りやすい．

No.41 設問図に示された当初のクリティカルパスは，①→②→③→⑤→⑥→⑦であり，所要工期は，21日である．

問題のネットワーク工程表から，以下に示すルートの工期がある．

(a) ①→②→④→⑥→⑦ 16日

(b) ①→②→③→⑥→⑦ 17日

(c) ①→②→③→⑤→⑥→⑦ 21日

(d) ①→③→⑥→⑦ 15日

(e) ①→③→⑤→⑥→⑦ 19日

次に，設問にあるDの作業日数が6日から10日に変更になった場合，Dを通るルートは(a)の①→②→④→⑥→⑦のみであるので，その所要工期は，16+4＝20日となる．

よって，クリティカルパスの日数は当初から変化しないことがわかる．

したがって，5が正しいものである．　　　　　　　　　　　　　　**答 5**

No.42 問題の大きさの順位が容易にわかるのは，パレート図である．

したがって，2が最も不適当なものである．　　　　　　　　　　**答 2**

特性要因図は，問題としている特性（結果）と，それに影響を与える要因（原因）との関係を一目見てわかるように体系的に整理した図で，魚の骨の形に似ていることから，「魚骨法」とも呼ぶ．特性要因図は次のように利用される．

① 不良の原因とその内容を整理する．

② 要因同士の位置関係，結び付きがわかる．

③ 関連性，連想から意見や対策を導きやすい．

④ ブレーンストーミングの形を取りやすいので，全員の意見を取り上げることができ，意思統一を図ることができる．

⑤ 仕事や管理の要領を知らせる教育に用いる．

2023 一次解答〈後〉

No.43 建設工事の施工計画を立案する順序としては，概略，43-1図のような順で立案するのが一般的である．

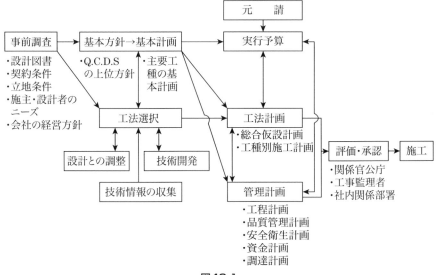

図43-1

したがって，3が最も適当なものである． 　　　　　　　　　　**答 3**

No.44 進捗度曲線（進度曲線，Sチャートともいう）は，労働力などの平均施工速度を基礎として作成されるもので，工期と累計人工の関係を示すものではない．

したがって，3が最も不適当なものである． 　　　　　　　　　　**答 3**

進捗度曲線は，44-1図に示すように縦軸を出来高，横軸を時間経過として作成される曲線であり，一般的にはS字になるものが多く，許容範囲の部分がバナナのような形状になるので，バナナ曲線ともいわれている．

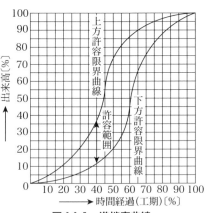

図44-1　進捗度曲線

No.45 絶縁抵抗測定では，高圧ケーブルの各心線と大地間を測定する場合，一般的には5 000 Vの絶縁抵抗計を使用して測定することが望ましい．（JEAC 8021：自家用電気工作物保安管理規程）

同規程によれば，500 V絶縁抵抗計を使用しての測定は，低圧の機器および電路の測定に使用されている，としている．

したがって，1が最も不適当なものである． **答 1**

No.46 墜落による危険を防止するためのネットの構造等の安全基準に関する技術上の指針第2項では，次のように規定している．

2 構造等

2-1 構造

ネットは，縁綱，仕立糸，つり綱，試験用糸等を有するものとすること．

2-2 材料

ネットの材料は，合成繊維とすること．

2-3 網目

網目は，その辺の長さが10 cm以下とすること．

2-4 網地

網地は，かえるまたその他のずれることのない結節によること．

2-5 仕立て

縁綱は，周辺の網目を通した後，ずれることのないように仕立糸で網糸と結び付けること．

2-6 縁綱とつり綱との接続

縁綱とつり綱との接続は，3回以上のさつま編込みで結ぶ方法又はこれと同等以上に確実な方法によること．

したがって，1が誤っているものである． **答 1**

No.47 労働安全衛生規則第565条（足場の組立て等作業主任者の選任）では，次のように規定している．

第565条 事業者は，令第6条第十五号の作業（※つり足場（ゴンドラのつり足場を除く．），張出し足場又は高さが5 m以上の構造の足場の組立て，解体又は変更の作業）については，足場の組立て等作業主任者技能講習を修了した者のうちから，足場の組立て等作業主任者を選任しなければならない．

したがって，1が最も不適当なものである． **答 1**

No.48 太陽光発電システムの施工において，スレート屋根の上に太陽電池アレイを設置する場合，支持金具（スレート取付金具）は垂木などの構造材のライン上に必ず固定すること．また，支持金具（スレート取付金具）は屋根材の段差に係らな

いところに設置することなどが施工上の注意点である.

したがって，4が最も不適当なものである. **答 4**

なお，スレート屋根の防水性を確保するため，ゴムアス系シーリング材の注入とスレート屋根の下に防水シートを施設するなどの対策が必要である.

No.49 高圧架空引込線の施工において，高圧受電設備規程（JEAC 8011）1120-2（高圧架空引込線の施設）では，「高圧ケーブルによる架空引込線は，径間途中では，ケーブルの接続を行わないこと.」と規定している.

したがって，1が最も不適当なものである. **答 1**

No.50 高圧受電設備規程（JEAC 8011）1130-1（受電室の施設）5. その他の注意事項③では，次のように規定している.

③ 受電室は，倉庫，更衣室又は休息室など受電設備の本来の目的以外の用途に使用しないこと.

したがって，2が最も不適当なものである. **答 2**

No.51 設問図に示された可動ビーム方式の電車線路の構成において，図のアに示された線は「ちょう架線」，図のイに示された線は「長幹がいし」である.

したがって，3が適当なものである. **答 3**

No.52 熱線を放出し検知するセンサは，アクティブセンサである.

したがって，3が最も不適当なものである. **答 3**

パッシブセンサは，人体などから放出される遠赤外線を感知するセンサで，センサ自体が熱線を出すのではなく，対象物（侵入者など）から放出される遠赤外線を受動的（＝パッシブ）に検知するものである. あくまでも表面温度の変化を捉える仕組みのため，その空間において突然の温度変化があれば，侵入者として誤検知することもある.

No.53 発注者が国または地用公共団体発注の工事は，特定建設業の許可を受けていなければならないという条文はなく，どちらの許可でも受注することは可能である.

したがって，1が誤っているものである. **答 1**

建設業法第3条〜第17条により，建設業の許可は，建設業を営もうとする者であって，その営業にあたって，その者が発注者から直接請け負う1件の建設工事につき，その工事の全部または一部を，下請代金の額（その工事に係る下請契約が二以上あるときは，下請代金の額の総額）が政令で定める金額（4 000万円）以上となる下請契約を締結して施工しようとするものは，特定建設業の許可を必要とする.

また，請負代金の額にかかわらず，発注者から直接工事を請け負わない場合および発注者から直接請け負う1件の建設工事につき，その工事の全部または一部を，下請代金の額（その工事に係る下請契約が二以上あるときは，下請代金の額の総額）

が政令で定める金額（4 000万円）未満となる下請契約を締結して施工するのであれば，一般建設業の許可となる．

No.54 建設業法第19条（建設工事の請負契約の内容）第1項では，次のように規定している．

第19条　建設工事の請負契約の当事者は，前条の趣旨に従って，契約の締結に際して次に掲げる事項を書面に記載し，署名又は記名押印をして相互に交付しなければならない．

一　工事内容

二　請負代金の額

三　工事着手の時期及び工事完成の時期

四　工事を施工しない日又は時間帯の定めをするときは，その内容

五　請負代金の全部又は一部の前金払又は出来形部分に対する支払の定めをするときは，その支払の時期及び方法

六　当事者の一方から設計変更又は工事着手の延期若しくは工事の全部若しくは一部の中止の申出があった場合における工期の変更，請負代金の額の変更又は損害の負担及びそれらの額の算定方法に関する定め

七　天災その他不可抗力による工期の変更又は損害の負担及びその額の算定方法に関する定め

八　価格等(物価統制令(昭和21年勅令第118号)第2条に規定する価格等をいう.)の変動若しくは変更に基づく請負代金の額又は工事内容の変更

九　工事の施工により第三者が損害を受けた場合における賠償金の負担に関する定め

十　注文者が工事に使用する資材を提供し，又は建設機械その他の機械を貸与するときは，その内容及び方法に関する定め

十一　注文者が工事の全部又は一部の完成を確認するための検査の時期及び方法並びに引渡しの時期

十二　工事完成後における請負代金の支払の時期及び方法

十三　工事の目的物が種類又は品質に関して契約の内容に適合しない場合におけるその不適合を担保すべき責任又は当該責任の履行に関して講ずべき保証保険契約の締結その他の措置に関する定めをするときは，その内容

十四　各当事者の履行の遅滞その他債務の不履行の場合における遅延利息，違約金その他の損害金

十五　契約に関する紛争の解決方法

十六　その他国土交通省で定める事項

したがって，3が定められていないものである． **答 3**

No.55 電気事業法第57条（調査の義務）第1項では，次のように規定している．

第57条　一般用電気工作物と直接に電気的に接続する電線路を維持し，及び運用する者（以下この条，次条及び第89条において「電線路維持運用者」という.）は，経済産業省令で定める場合を除き，経済産業省令で定めるところにより，その一般用電気工作物が前条第1項の経済産業省令で定める技術基準に適合しているかどうかを調査しなければならない．ただし，その一般用電気工作物の設置の場所に立ち入ることにつき，その所有者又は占有者の承諾を得ることができないときは，この限りでない．

つまり，一般用電気工作物の調査は所有者ではなく，電線路維持運用者が行うことと定められている．

したがって，1が誤っているものである． **答 1**

No.56 電気用品安全法第2条（定義）では，次のように規定している．

第2条　この法律において「電気用品」とは，次に掲げる物をいう．

一　一般用電気工作物（電気事業法（昭和39年法律第170号）第38条第1項に規定する一般用電気工作物及び同条3項に規定する小規模事業用電気工作物をいう.）の部分となり，又はこれに接続して用いられる機械，器具又は材料であって，政令で定めるもの

二　携帯発電機であって，政令で定めるもの

三　蓄電池であって，政令で定めるもの

2　この法律において「特定電気用品」とは，構造又は使用方法その他の使用状況からみて特に危険又は障害の発生するおそれが多い電気用品であって，政令で定めるものをいう．

したがって，3が定められているものである． **答 3**

No.57 電気工事士法第3条（電気工事士等）では，次のように規定している．

第3条　第一種電気工事士免状の交付を受けている者（以下「第一種電気工事士」という.）でなければ，自家用電気工作物に係る電気工事（第3項に規定する電気工事を除く．第4項において同じ.）の作業（自家用電気工作物の保安上支障がないと認められる作業であって，経済産業省令で定めるものを除く.）に従事してはならない．

2　第一種電気工事士又は第二種電気工事士免状の交付を受けている者（以下「第二種電気工事士」という.）でなければ，一般用電気工作物等に係る電気工事の作業（一般用電気工作物の保安上支障がないと認められる作業であって，経済産業省令で定めるものを除く．以下同じ.）に従事してはならない．

3 自家用電気工作物に係る電気工事のうち経済産業省令で定める特殊なもの(以下「特殊電気工事」という.）については，当該特殊電気工事に係る特種電気工事資格者認定証の交付を受けている者（以下「特種電気工事資格者」という.）でなければ，その作業（自家用電気工作物の保安上支障がないと認められる作業であって，経済産業省令で定めるものを除く.）に従事してはならない.

4 自家用電気工作物に係る電気工事のうち経済産業省令で定める簡易なもの(以下「簡易電気工事」という.）については，第1項の規定にかかわらず，認定電気工事従事者認定証の交付を受けている者（以下「認定電気工事従事者」という.）は，その作業に従事することができる.

よって，第二種電気工事士は，自家用電気工作物に係る簡易電気工事の作業に従事できない．第一種電気工事士，認定電気工事従事者の資格が必要である.

したがって，4が誤っているものである. 答 4

No.58 電気工事業の業務の適正化に関する法律施行規則第13条（帳簿）では，次のように規定している.

第13条 法第26条の規定により，電気工事業者は，その営業所ごとに帳簿を備え，電気工事ごとに次に掲げる事項を記載しなければならない.

一 <u>注文者の氏名または名称および住所</u>
二 <u>電気工事の種類および施工場所</u>
三 施工年月日
四 <u>主任電気工事士等および作業者の氏名</u>
五 配線図
六 検査結果

2 前項の帳簿は，記載の日から5年間保存しなければならない.

したがって，1が定められていないものである. 答 1

No.59 建築基準法第2条「用語の定義」では，次のように規定している.

第2条 この法律において次の各号に掲げる用語の意義は，それぞれ当該各号に定めるところによる.

三 建築設備 建築物に設ける電気，ガス，給水，排水，換気，暖房，冷房，消火，排煙若しくは汚物処理の設備又は煙突，昇降機若しくは避雷針をいう.

上記条文により，誘導標識は建築設備として定められていない.

したがって，2が定められていないものである. 答 2

No.60 消防法施行令第7条(消防用設備等の種類)では，次のように規定している.

第7条 法第17条第1項の政令で定める消防の用に供する設備は，<u>消火設備</u>，<u>警報設備</u>及び避難設備とする.

（2〜3項 省略）

4　第1項の避難設備は，火災が発生した場合において避難するために用いる機械器具又は設備であって，次に掲げるものとする．

① 　すべり台，避難はしご，救助袋，緩降機，避難橋その他の避難器具

② 　誘導灯及び誘導標識

（第5項以降省略）

したがって，4が定められていないものである．　　　　　　　　　　**答 4**

No.61　労働安全衛生法第59条（安全衛生教育）では，次のように規定している．

第59条　事業者は，労働者を雇い入れたときは，当該労働者に対し，厚生労働省令で定めるところにより，その従事する業務に関する安全又は衛生のための教育を行なわなければならない．

2　前項の規定は，労働者の作業内容を変更したときについて準用する．

3　事業者は，危険又は有害な業務で，厚生労働省令で定めるものに労働者をつかせるときは，厚生労働省令で定めるところにより，当該業務に関する安全又は衛生のための特別の教育を行なわなければならない．

なお，労働安全衛生規則第36条（特別教育を必要とする業務）第1項第四号では，次のように規定している．

第36条　法第59条第3項の厚生労働省令で定める危険又は有害な業務は，次のとおりとする．

四　高圧（直流にあっては750 Vを，交流にあっては600 Vを超え，7 000 V以下である電圧をいう．以下同じ．）若しくは特別高圧(7 000 Vを超える電圧をいう．以下同じ．) の充電電路若しくは当該充電電路の支持物の敷設，点検，修理若しくは操作の業務，低圧（直流にあっては750 V以下，交流にあっては600 V以下である電圧をいう．以下同じ．）の充電電路（対地電圧が50 V以下であるもの及び電信用のもの，電話用のもの等で感電による危害を生ずるおそれのないものを除く．）の敷設若しくは修理の業務（次号に掲げる業務を除く．）又は配電盤室，変電室等区画された場所に設置する低圧の電路（対地電圧が50 V以下であるもの及び電信用のもの，電話用のもの等で感電による危害の生ずるおそれのないものを除く．）のうち充電部分が露出している開閉器の操作の業務

また，労働安全衛生法第60条では次のように定められている．

第60条　事業者は，その事業場の業種が政令で定めるものに該当するときは，新たに職務につくこととなった職長その他の作業中の労働者を直接指導又は監督する者（作業主任者を除く．）に対し，次の事項について，厚生労働省令で定めるところにより，安全又は衛生のための教育を行なわなければならない．

一　作業方法の決定及び労働者の配置に関すること．

二　労働者に対する指導又は監督の方法に関すること．

三　前二号に掲げるもののほか，労働災害を防止するため必要な事項で，厚生労働省令で定めるもの

したがって，2が定められていないものである．　　　　　　　　　　　　**答　2**

No.62　労働安全衛生規則第51条（健康診断結果の記録の作成）では，次のように規定している．

第51条　事業者は，第43条，第44条若しくは第45条から第48条までの健康診断若しくは法第66条第4項の規定による指示を受けて行った健康診断（同条第5項ただし書の場合において当該労働者が受けた健康診断を含む．次条において「第43条等の健康診断」という．）又は法第66条の2の自ら受けた健康診断の結果に基づき，健康診断個人票（様式第五号）を作成して，<u>これを5年間保存しなければならない</u>．

したがって，4が誤っているものである．　　　　　　　　　　　　　　　**答　4**

No.63　労働基準法第15条（労働条件の明示）では，次のように規定している．

第15条　使用者は，労働契約の締結に際し，労働者に対して賃金，労働時間その他の労働条件を明示しなければならない．この場合において，賃金及び労働時間に関する事項その他の厚生労働省令で定める事項については，厚生労働省令で定める方法により明示しなければならない．

②　前項の規定によって明示された労働条件が事実と相違する場合においては，労働者は，<u>即時に労働契約を解除すること</u>ができる．

③　前項の場合，就業のために住居を変更した労働者が，契約解除の日から14日以内に帰郷する場合においては，使用者は，必要な旅費を負担しなければならない．

したがって，1が誤っているものである．　　　　　　　　　　　　　　**答　1**

No.64　エネルギーの使用の合理化及び非化石エネルギーへの転換等に関する法律第148条（エネルギー消費機器等製造事業者等の努力）に基づき，特定エネルギー消費機器（トップランナー制度の対象品目）が設けられた．

実際には，機器の省エネ基準は1979年の省エネ法制定時に，乗用自動車，エアコン，電気冷蔵庫を対象として平均基準値方式により設定され，その後，徐々に品目が増え，1999年に現在のトップランナー方式が採用され，目標基準値が大きく引き上げられた．

その後，順次対象機器の追加が行われてきており，2023年12月現在32品目が特定機器として次の品目が指定されている．

　乗用自動車，貨物自動車，エアコンディショナー，テレビジョン受信機，ビデオテープレコーダー，照明器具（蛍光灯器具，電球形蛍光ランプ），複写機，電子計算機，磁気ディスク装置，電気冷蔵庫，電気冷凍庫，ストーブ，ガス調理機器，ガス温水機器，石油温水機器，電気便座，自動販売機，変圧器，ジャー炊飯器，電子レンジ，DVD レコーダー，ルーティング機器，スイッチング機器，複合機，プリンター，ヒートポンプ給湯器，交流電動機，電球，ショーケース，断熱材，サッシ，複層ガラス

　したがって，4 が定められていないものである。　　　　　　　　答　4

2023年度（令和5年度）
第二次検定試験・解答
出題数：5　必要解答数：5

問題1 （解答例）

1-1　経験した電気工事

(1)　工 事 名　　　　　　　　○○ビル改築に伴う電気設備工事

(2)　工事場所　　　　　　　　○○県○○市○○町○○番地

(3)　電気工事の概要

　(イ)　請負金額（概略額）　○○○○○○○○○円

　(ロ)　概要　　　　　　　　6.6 kV CVT ケーブル 150 mm^2 100 m 引込線新設
　　　　　　　　　　　　　　変電設備（1φ3W 100 kV・A 1台，3φ3W 200 kV・A 2台），
　　　　　　　　　　　　　　動力設備（制御盤4面），電灯設備（分電盤20面），蓄
　　　　　　　　　　　　　　熱設備，幹線工事，弱電設備，防災設備

(4)　工　　　期　　　　　　　令和○○年○月〜令和△△年△月

(5)　この工事での立場　　　　現場主任

(6)　担当した業務の内容　　　現場主任として，工程・施工・品質管理など電気工事
　　　　　　　　　　　　　　　全体の施工管理を行った．

1-2　安全管理上，特に留意した事項と理由，とった対策・処置

(1)　感電事故や破損事故および不要停電事故の防止

（理由）　改築工事のため，既設設備との接続を行うとき，感電事故や破損事故および不要停電事故の防止が懸念されたため．

（対策・処置）

①　絶縁保護具・防具の事前点検とその報告，短絡接地器具の事前点検と報告，指示箇所への取り付け，検電後に作業を開始するなど，感電事故防止に努めた．

②　停電箇所の周知と分電盤類の「入」「切」表示・操作禁止表示を行うとともに，インターロック機能付き開閉器のインターロック確認と周知を実施した．

(2)　高所作業での墜落事故防止

（理由）　ケーブルラック増設など，2 m 以上の仮設足場上や移動可能なビデ足場上での高所作業が多くあったため，墜落・落下事故が懸念されたため．

（対策・処置）

① 高所作業時の安全帯の事前点検・報告，また，正しい使用方法を指導するとともに，使用工具類は鎖やひもを用いて落下しないよう毎日点検・報告を指示した．

② 仮設足場は指名点検者にガタつき，変形などの点検を毎日実施させるとともに，自ら異常がないか確認し，補強等の修繕も指示した．

問題2

2−1

1．工具の取扱い

① 電動工具など資格者による取扱いがなされているか確認

② 取扱い責任者の明示

③ 電動工具など取扱い説明書による適正使用の確認

④ 正しい取扱い教育の実施

⑤ 定期点検の実施と記録（不良工具の持ち込み禁止）

⑥ 落下防止対策の指示

2．機器の搬入

① 搬入量の確認と機器材置き場の管理

② 大型機器の搬入通路の確認（建築工程の進捗状況確認）

③ 大型機器の製作図の承諾期限と製作日数の確認，管理

④ 工場立会検査の有無と時期

⑤ 搬入，揚重方法（搬入口の大きさ，開口期間など）の確認・管理

3．分電盤の取付け

① 施工図に基づく取付け位置の確認

② 取付け位置（床・壁など）の強度や状態の確認

③ 転倒防止等の耐震性の確認

④ 作業スペース，メンテナンススペースの確保

4．ケーブルラックの施工

① ケーブルラックの幅を選定する場合は，ケーブル条数，ケーブル仕上がり外径，ケーブルの重量，ケーブルの許容曲げ半径，増設工事に対する予備スペースなどを検討して決定する．

② ケーブルラックの段数は，一般に電力用は1段に配列，弱電用は1段もしくは段積みとする．

③ ケーブルラックは一般的な鋼製ラックのほか，合成樹脂やアルミニウムなど，また，その形状，表面処理などによりさまざまな種類があり，施工環境により使い分けること．特に，湿気・水気の多い室内や屋外には，鋼に350 g/m^{2}以上の溶融亜

鉛メッキを施したもの（記号：Z35）やアルミニウムにアルマイト処理を施したケーブルラック（記号：AL）を使用すること．

④　ケーブルラックが防火区画された壁や床を貫通する場合は，不燃材などを充填するなどの耐火工法により施設する．

⑤　ケーブルラック相互の接続時のボンド線は，ノンボンド工法の直線継ぎ金具を使用する場合は必要ないが，蝶番継ぎ金具，自在継ぎ金具，伸縮継ぎ金具，特殊継ぎ金具の使用の場合には，ボンド線にて必ず接地を施す．接地工事は D 種接地工事となる．

5．電動機への配管配線

①　配管は，フレキシブルなもので，振動に耐えるものを使用する．

②　低圧用の電動機の接地は，金属管接地を共用するため，金属管と完全に接続する．

③　配線接続は，接続端子などを使用して堅ろうに接続する．

6．引込口の防水処理

①　管路口防水装置が引入れケーブルの仕様と防水管の仕様と合っているかどうか確認する．

②　管路口防水装置がケーブルに当たっていないか，食い込みがないかどうか確認する．

③　管路口防水装置のつば部分の締付けが規定のトルク（管理値の確認）で締付けられているか確認する．

④　トリプレックスケーブルなどで粘土を使用する場合など，均一に挿入されているか確認する．

⑤　最終的に漏水がないかどうか確認する．

2-2

(1)　機器の名称または略称

地絡継電装置付き高圧交流負荷開閉器（略称：GR 付 PAS）

(2)　機能

高圧自家用需要家の保安上の責任分界点に設置する区分開閉器としての高圧交流負荷開閉器と内蔵した零相変流器と地絡継電器を組合せて，地絡事故時に電路の開放動作をする機能を持たせている．

問題3

以下の項目から三つを選び，それぞれ二つを記述すればよい．

1．風力発電

①　風の力で風車を回し，その回転運動を発電機に伝えて発電するもので，出力

は，風速の3乗にほぼ比例する．

　②　風力エネルギーの約40％を電気エネルギーに変換でき，比較的効率が良い．

　③　安定した風力（平均風速6 m/秒以上が採算）の得られる，北海道・青森・秋田などの海岸部や沖縄の島々などで，440基以上が稼動している．

　④　風力発電を設置するには，その場所までの搬入道路があることや，近くに高圧送電線が通っているなどの条件を満たすことが必要である．

2．架空送配電線路の耐塩対策

　①　過絶縁：がいしを増結して絶縁耐力を増し，フラッシオーバを防止する．

　②　耐塩がいしを採用することにより，表面漏れ距離を増加してフラッシオーバを防止する．

　③　がいしの活線洗浄や停止洗浄を行い，がいし表面の塩分を落とす．

　④　がいし表面にシリコーンコンパウンドを塗布する（アメーバ作用）．

3．三相誘導電動機の始動方式

　①　三相かご形誘導電動機では，全電圧始動方式おび電源電圧の減電圧での始動が行われ，減電圧始動にはスターデルタ始動方式，リアクトル始動方式，補償器始動方式などが採用される．

　②　スターデルタ始動は，常時Δ結線で運転される電動機を始動時だけY結線とし，始動完了後にΔ結線に戻す始動方式で，一般にスターデルタ始動器が使用される．

　③　スターデルタ始動は，始動電流，始動トルクともに1/3となる．5.5 kW以上のかご形誘導電動機の始動に一般的に採用されている方式である．

　④　巻線形誘導電動機は，比例推移を応用した始動抵抗器を挿入した始動方式が採用される．

4．屋内配線用差込形電線コネクタ

　①　導電板と板状スプリングとの間などに電線終端を挟み込んで電線相互の接続を行う器材で，ジョイントボックスやアウトレットボックス内で使用される器具である．

　②　電線の差込形コネクタには2極，3極，4極，5極，6極，8極などの種類があり，ワンタッチで電線の接続が可能であり，テープ巻きが不要である．

　③　ストリップゲージを目安に電線の絶縁被膜を剥ぎ取ることが大切である．絶縁被膜を剥ぎ取り長さが長すぎると芯線導体部が差込形コネクタよりはみ出して絶縁不良に，短すぎると芯線の挿入不足となる．

5．光ファイバケーブル

　①　通信用ケーブルの一種で，ディジタル伝送・画像伝送など，比較的広帯域伝

送用として用いられるケーブルである.

② 光ファイバは,その構成材料から石英ガラス系,他成分ガラス系,プラスチッククラッド系およびプラスチックファイバに分類される.また,コアの屈折率分布の形状から,グレーデッドインデックス型とステップインデックス型に分類される.

③ 特徴としては,細形,軽量で,電磁誘導を受けない,漏話しにくい,低損失,広帯域などの長所があるが,急角度の曲げに弱い,接続に高度な技術を必要とする,分岐・結合が困難,振動に弱いなどの短所がある.

6. 自動列車制御装置（ATC）

① 列車運転の操作に関連して,先行列車との間隔や駅構内進路条件,あるいは曲線制限などから許容される走行速度を地上から車上に与える装置.

② 列車の速度が許容速度以下となればブレーキを緩解させるよう,減速制御に関してすべて自動化したシステムをいう.

7. 道路の照明方式（トンネル照明を除く）

① 夜間において,運転者が道路状況,交通状況を的確に把握するため,良好な視環境を確保し,交通安全が図れるように配列する.

② 平均路面輝度,路面の輝度均斉度が適切で,グレアが十分抑制され,適切な誘導性を有する配列であることが求められる.

③ ポール照明方式が一般的で,片側配列,千鳥配列,向合せ配列の3種類があり,道路形態,状況に応じて適切に組合せて設置する.

④ 片側配列は,交通量の少ない道路幅の狭い道路に使用されるが,片側しか明るくならないので,均斉度が悪い欠点がある.

⑤ 片側配列は,曲線半径が小さい曲線部で曲線の外縁に配列すると優れた誘導性が得られる.

⑥ 千鳥配列は,道路幅の狭い道路に適する配列であるが,路面にできる明暗の縞が自動車の進行と共に左右交互に移動する欠点がある.

⑦ 向合せ配列は,道路照明として光学的誘導性に優れた配列で,あらゆる道路に使用できる.

8. 接地抵抗試験

① 接地極の接地抵抗値が規定値以下であるか測定するものであり,接地抵抗計,補助接地極を使用して試験を行う.

② 測定方法は,測定する接地極と補助接地極（電圧電極および電流電極）を互いに10 m以上離し,一直線に埋設することが大切である.

③ 電源電圧を確認し,測定レンジを調節し,測定用押ボタンを押して指針が安定するのを待って数値を読みとる.

④　指針が細かく振れている場合は，地中に接地電圧がある場合が多いので発生源を除去して測定を行う．

⑤　接地極と平行して近くに埋設鋼管等がある場合は，埋設鋼管等に対して直角方向に補助極を埋設するか，埋設鋼管等から十分離して補助極を埋設する．

⑥　電技解釈に規定されている接地抵抗値以下であることを確認する．（A 種：10 Ω以下，B 種：実務では電力会社との技術協議により示された Ω値以下，C 種：10 Ω以下，D 種：100 Ω以下）

9. 電線の許容電流

①　電線に電流を流すと電線の抵抗によるジュール熱が発生し，電線の温度は周囲の温度より上昇する．電線の温度がある限度以上に上昇すると電線の諸性能が低下する．その限度となる温度の限界を最高許容温度といい，そのときの電流がその電線の「許容電流」である．

②　許容電流は，周囲温度，電線，絶縁物，外被の材質，構造，配線方法などによって異なる．

問題4

4-1

設問の交流電気回路の合成インピーダンス $\dot{Z}$〔Ω〕を求める．

$$\dot{Z} = R + \mathrm{j}X_\mathrm{L} - \mathrm{j}X_\mathrm{C}$$
$$= 8 + \mathrm{j}9 - \mathrm{j}3 = 8 + \mathrm{j}6 〔Ω〕$$

よって，合成インピーダンスの絶対値 $|\dot{Z}|$〔Ω〕は，

$$|\dot{Z}| = \sqrt{8^2 + 6^2} = 10 \ Ω$$

次に，この回路に流れる電流の絶対値 $|\dot{I}|$〔A〕を求める．電源電圧 $E = 100 \ \mathrm{V}$ を基準とすると，

$$|\dot{I}| = \frac{E}{|\dot{Z}|} = \frac{100}{10} = 10 \ \mathrm{A}$$

よって，当該回路の X_L の両端の電圧の値 V_L〔V〕は，

$$V_\mathrm{L} = |\dot{I}| \cdot X_\mathrm{L} = 10 \times 9 = 90 \ \mathrm{V}$$

したがって④が正しい．

4-2

電源は 1φ2W とあるので，図に示された配電線路は単相 2 線式の線路である．よって，その電圧降下 v の計算式は次のように示される．

$$v = 2I(R\cos\theta + x\sin\theta)〔\mathrm{V}〕$$

ここで，R：電線 1 線あたりの抵抗〔Ω〕，x：電線 1 線あたりのリアクタンス〔Ω〕，
　　　　$\cos\theta$：力率

問題から，負荷は抵抗負荷であるので，力率 $\cos\theta = 1.0$（したがって，$\sin\theta = 0$）である．また，線路リアクタンスは無視するとあるので，上式は，次のようになる．

$$v = 2IR \text{（V）}$$

線路 A-B 間の電圧降下 V_{AB}〔V〕は，A-B 間の電流 I_{AB} が 10+0=20 A であるから，

$$V_{AB} = 2I_{AB}R_{AB} = 2 \times 20 \times 0.2 = 8.0 \text{ V}$$

線路 B-C 間の電圧降下 V_{BC}〔V〕は，B-C 間の電流 I_{BC} が 10 A であるから，

$$V_{BC} = 2I_{BC}R_{BC} = 2 \times 10 \times 0.1 = 2.0 \text{ V}$$

よって，C 点の線間電圧 V_C〔V〕は，

$$V_C = 210 - 8 - 2 = 200 \text{ V}$$

したがって②が正しい．

問題5

5－1　ア-③，イ-①

建設業法第20条（建設工事の見積り等）第2項では，次のように規定している．

2　建設業者は，建設工事の注文者から請求があったときは，請負契約が成立するまでの間に，建設工事の見積書を交付しなければならない．

5－2　ア-③，イ-④

労働安全衛生法第25条（事業者の講ずべき措置等）では，次のように規定している．

第25条　事業者は，労働災害発生の急迫した危険があるときは，直ちに作業を中止し，労働者を作業場から退避させる等必要な措置を講じなければならない．

5－3　ア-②，イ-①

電気工事士法第4条（電気工事士免状）第3項では，次のように規定している．

3　第一種電気工事士免状は，次の各号の一に該当する者でなければ，その交付を受けることができない．

一　第一種電気工事士試験に合格し，かつ，経済産業省令で定める電気に関する工事に関し経済産業省令で定める実務の経験を有する者

二　経済産業省令で定めるところにより，前号に掲げる者と同等以上の知識及び技能を有していると都道府県知事が認定した者

2022年度（令和4年度）
第一次検定試験（前期）・解答
出題数：64　必要解答数：40

No.1 直列接続の図Aの合成静電容量 C_A 〔F〕，並列接続の図Bの合成静電容量 C_B 〔F〕は，次式で表される．

$$C_A = \frac{1}{\frac{1}{3C} + \frac{1}{C}} = \frac{3}{4}C \ \text{〔F〕}$$

$$C_B = 3C + C = 4C \ \text{〔F〕}$$

これより，

$$\frac{C_A}{C_B} = \frac{\frac{3}{4}C}{4C} = \frac{3}{16}$$

したがって，1が正しいものである． 答　**1**

No.2 磁石が作る磁束の中で導体に電流を流すと，導体を動かす力が生ずるが，この方向の関係は，図2-1のように，「左手の人差し指，中指，親指を互いに直角にして，人差し指の方向に磁力線，中指の方向に電流の向きをとれば，親指の方向に力が働く」となる．この法則をフレミングの左手の法則といい，回転機に関わる重要な法則である．

この法則によれば，問題図のaの方向に力が働く．

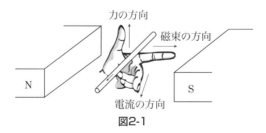

力の方向
磁束の方向
N
S
電流の方向
図2-1

したがって，1が正しいものである． 答　**1**

No.3 上下の回路の合成抵抗 R' を求める．

$$R' = \frac{(150 + 150) \times (120 + 180)}{(150 + 150) + (120 + 180)} = 150 \ \Omega$$

したがって，R' と R の並列抵抗（A-B間の合成抵抗）が $60 \ \Omega$ であるから，

2022 1次解答前

$$100 = \frac{150 \times R}{150 + R}$$

$$100 \times (150 + R) = 150 \times R$$

$$\therefore \quad R = \frac{100 \times 150}{150 - 100} = 300 \ \Omega$$

したがって，3 が正しいものである． **答 3**

No.4 定格電圧 V_v，内部抵抗 r_v の電圧計の測定範囲を m 倍に拡大するために直列に接続する抵抗を倍率器といい，倍率抵抗 R_m は抵抗の直列接続での分圧の理論を応用して，次のように求めることができる．

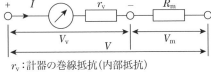

$$I = \frac{V}{r_v + R_m} = \frac{V_v}{r_v}$$

$$m = \frac{V}{V_v} = \frac{r_v + R_m}{r_v}$$

r_v:計器の巻線抵抗(内部抵抗)
R_m:倍率器の抵抗
V_v:計器の定格電圧

$$\therefore \quad R_m = m r_v - r_v = r_v \ (m - 1)$$

図4-1

最大電圧 300 V まで測定するとあるので，その倍率 m は 300/30 = 10 倍である．上式に与えられた数値を代入して，

$$R_m = r_v (m - 1) = 10 \times (10 - 1) = 90 \ \text{k}\Omega$$

したがって，2 が正しいものである． **答 2**

No.5 問題に示された図の 1 は直巻発電機の接続図である．図の 2 は分巻発電機の接続図である．図の 3 は他励発電機の接続図である．図の 4 は複巻発電機の接続図である．

したがって，1 が適当なものである． **答 1**

No.6 変圧器に用いる絶縁油の条件として，絶縁耐力が大きいこと，冷却作用が大きいこと，引火点が高いこと，粘度が低いこと，凝固点が低いことなどがあげられる．引火点が低いと火災が発生しやすくなる．

したがって，4 が不適当なものである． **答 4**

No.7 コンデンサ回路の開放時は，コンデンサの残留電荷のため開閉器間に現れる回復電圧が急激に増大し，この電圧が開閉器間の絶縁回復電圧以上となると，開閉器極間はアーク閃絡（再点弧現象）を起こすこととなる．定常電圧の約 3 倍の再点弧電圧がコンデンサおよび系統に加わる．

このため，JIS ではコンデンサ開放時の残留電荷を速やかに放電するため，放電コイル（放電装置）をコンデンサと並列に接続し，5 秒以内にその端子電圧を 50 V 以下に下げるよう規定している．

直列リアクトルは，1，3，4 の機能を持つが，2 の機能はない．

したがって，2が不適当なものである． 答　**2**

No.8　問題に示された図の汽力発電の強制循環ボイラにおいて，アは循環ポンプ，イは節炭器を示す．なお，図の右下の(←)が給水ポンプ，ドラムから蒸気に向かう管は過熱器，循環ポンプからドラムへ向かう管は蒸発管である．

したがって，4が適当なものである． 答　**4**

No.9　変電所において電力用コンデンサを系統に並列に接続する目的としては，無効電力を制御することによる電圧変動の抑制と力率改善である．その効果としては，送電線損失を軽減し，これにより送電容量の確保や送電電力の増加と配電容量に余裕が生まれるが，短絡容量は増大する．

短絡容量を軽減するには，設備の高インピーダンス化などが必要となるが，逆に電圧変動が大きくなることがある．

したがって，4が不適当なものである． 答　**4**

No.10　単相2線式と比較した三相3式の特徴は，線間電圧，力率および送電距離を同一，材質と太さが同じ電線を用いるものとすると，次のような特徴がある．

①　電線1条当たりの送電電力は大きくなる．
②　送電電力が等しい場合には，送電損失は小さくなる．
③　回転磁界が容易に得られ，電動機の使用に適している．
④　3相分を合計した送電電力の瞬時値は一定になり脈動しない．

したがって，2が最も不適当なものである． 答　**2**

No.11　輝度は，発光面（光源の見かけの面積）または光の反射面の光の輝きの程度を表したものであり，ある方向から見た光源の単位投影面積（光を受ける面の単位面積）当たりに含まれる光度をいう．

ある波長の放射エネルギーが，人の目に光としてどれだけ感じられるかを表すものは，光束である．つまり，光束とは，光源から放射される放射束を人間の目の感度（光として感じる感度で視感度という）を基準として測定したエネルギーの量をいう．

したがって，1が不適当なものである． 答　**1**

No.12　誘電加熱は，平行平板電極間に被加熱物を置いて，この電極間に作られる高周波電界によって加熱する方式で，交番電界中における絶縁性被加熱物中の誘電体損により加熱するものである．マイクロ波加熱も同じ原理を利用したもので，身近なものとして電子レンジなどが利用されている．

したがって，1が適当なものである． 答　**1**

No.13　衝動水車は，全水頭を速度水頭に変えた流水をランナに作用させる構造の水車であり，ノズルから噴出する水流ジェットをランナバケットに作用させるペル

トン水車がある.

一方，反動水車は，圧力水頭と速度水頭をもつ流水をランナに作用させる構造の水車であり，ランナの半径方向より流入した流水がランナ内において，軸方向に向きを変えて流出するフランシス水車，流水がランナベーンを軸に斜め方向に通過する斜流水車，流水がランナベーンを軸方向に通過するプロペラ水車，カプラン水車，軸流水車がある.

したがって，2が最も不適当なものである.　　　　　　　　　　　　　　　　答　**2**

No.14　屋外変電所の雷害対策は，

①屋外鉄構の上部に架空地線を施設して直撃雷を防止して機器類を保護する.

②避雷器の接地は，電技解釈37条による A 種接地とする.

③電技解釈37条により避雷器を架空電線の電路の引込口および引出口に設ける変電所の接地方式はメッシュ接地方式として接地抵抗値の低減を図る.

などの対策が有効である.

過電圧継電器（OVR）は，雷害対策（外部過電圧）ではなく，内部過電圧（商用電圧に対して＋10 ～ 20 ％程度での動作：事故時の開閉過電圧，フェランチ現象など）の対策である.

したがって，1が最も不適当なものである.　　　　　　　　　　　　　　　　答　**1**

No.15　電力用コンデンサは，系統に対して遅相無効電力を供給，分路リアクトルは進相無効電力を供給，同期調相機は，界磁電流の調整により遅相・進相無効電力の両方を供給して無効電力を調整するために施設される.

中性点接地装置は，中性点を100 ～ 1 000 Ωの抵抗体で接地して地絡電流を抑制し，通信線への誘導障害を防止するとともに地絡継電器を確実に動作させるために施設される機器である.

したがって，4が最も不適当なものである.　　　　　　　　　　　　　　　　答　**4**

No.16　支持点A，Bが同一水平線上にある電線は，その中央でたるみが生じて図16-1のような曲線を描き,そのたるみ D〔m〕は，次式で表される.

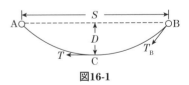

図16-1

$$D = \frac{WS^2}{8T} \text{〔m〕}$$

ただし，W：電線単位長当たりの質量による合成荷重〔N/m〕

（風圧および氷雪荷重を含めたもの）

S：径間〔m〕

T：最低点 C における電線の水平張力〔N〕

したがって，3が正しいものである.　　　　　　　　　　　　　　　　答　**3**

No.17 問題の図に示されたがいしは，長幹がいしである．

長幹がいしは，塩害地域の発変電所母線引止用や 66 ～ 154 kV 送電線路用に用いられており，経年劣化が少なく，表面漏れ距離が長く，塩じんによるがいし汚損も少なく，雨洗効果が大きいので耐霧性に優れているが，機械的強度が弱い．

したがって，2が適当なものである． **答 2**

No.18 送電線路の電線には，電流の流れを抑制したり，電力損失や電圧降下などの要因となる線路固有の定数がある．その電線には，どの部分をとっても長さ方向に抵抗とインダクタンスがあり，大地間や他の導体間には静電容量と漏れコンダクタンスが分布した四つの定数の連続回路である（分布定数回路という）．

送電線路の電気的特性（電圧降下，受電電力，電力損失，安定度）等の計算をするには，この四つの定数（線路定数）を知らねばならず，電線の種類，太さ，電線の配置により定まり，送電電圧，電流，力率などによってほとんど左右されない．

したがって，3が適当なものである． **答 3**

No.19 配電線の電圧フリッカは，電気溶接機，アーク炉，圧延（プレス）機のように，負荷電流が急変することにより線路の電圧が変動して発生する．電圧フリッカは，白熱灯や蛍光灯の明るさがちらつき不快感を与える現象をいい，蛍光灯は，電圧フリッカの影響を一番大きく受ける機器である．

したがって，1が不適当なものである． **答 1**

No.20 配電系統の電圧調整には，ステップ式自動電圧調整器による線路電圧の調整，配電用変電所における負荷時タップ切換変圧器による送出し電圧の調整，無効電力補償装置（SVC）による電圧の調整，配電用変電所やその上位系統の変電所などで分路リアクトルを用いて系統の進み力率を改善することによる電圧の調整（遅れ力率の改善には電力用コンデンサが用いられる．）などが行われる．

電圧調整に直列抵抗器を用いることはない．

したがって，3が最も不適当なものである． **答 3**

No.21　日本産業規格（JIS Z 9110）では，事務所の部屋に対する基準面における維持照度の推奨値を表21-1のように定めている.

表21-1

領域, 作業または活動の種類		基準面照度〔lx〕
作業	設計, 製図	750
	キーボード操作, 計算	500
執務空間	設計室, 製図室, 事務室, 役員室	750
	診察室, 印刷室, 調理室, 集中監視室, 電子計算機室	500
共用空間	玄関ホール(昼間)	750
	会議室, 集会室, 応接室, 守衛室,	500
	受付, 宿直室, 食堂, 化粧室, エレベータホール	300
	喫茶室, 書庫, 更衣室, 便所, 洗面所, 電気室, 機械室	200
	階段	150
	休憩室, 倉庫, 廊下, エレベータ, 玄関ホール(夜間)	100
	屋内非常階段	50

したがって，2が推奨照度が最も高いものである.　　　　　　　**答　2**

No.22　内線規定3302-1手元開閉器では，次のように規定している.

3302-1　手元開閉器

1.　電動機，加熱装置又は電力装置には，操作しやすい位置に手元開閉器として箱開閉器，電磁開閉器，配線用遮断器，カバー付ナイフスイッチ又はこれらに相当する開閉器のうちから用途に適したものを選定して施設すること. ただし，次の各号のいずれかに該当する場合は，この限りでない.

〔注1〕　手元開閉器は，電動機，加熱装置などがなるべく見えやすい箇所に設ける必要がある.

〔注2〕　電磁開閉器の場合は，押ボタンが操作しやすい場所にあればよい.

〔注3〕　カバー付ナイフスイッチは，電灯，加熱装置用として設計されたものであるから電動機の手元開閉器として使用するのは適当ではないが，対地電圧が150 V以下の電路から使用する400 W以下の電動機を次により施設する場合は，使用しても差しつかえない.（以下略）

つまり，三相200 Vの電動機の電路は，対地電圧が150 V以上であるので，カバー付ナイフスイッチを手元開閉器として使用できない.

したがって，4が不適当なものである.　　　　　　　**答　4**

No.23　電気設備技術基準の解釈第148条（低圧幹線の施設）第1項第四号では，次のように規定している.

四　低圧幹線の電源側電路には，当該低圧幹線を保護する過電流遮断器を施設すること. ただし，次のいずれかに該当する場合は，この限りでない.

イ　低圧幹線の許容電流が，当該低圧幹線の電源側に接続する他の低圧幹線を

　　保護する過電流遮断器の定格電流の55％以上である場合
　ロ　過電流遮断器に直接接続する低圧幹線又はイに掲げる低圧幹線に接続する
　　長さ8m以下の低圧幹線であって，当該低圧幹線の許容電流が，当該低圧幹
　　線の電源側に接続する他の低圧幹線を保護する過電流遮断器の定格電流の
　　35％以上である場合
　ハ　過電流遮断器に直接接続する低圧幹線又はイ若しくはロに掲げる低圧幹線
　　に接続する長さ3m以下の低圧幹線であって，当該低圧幹線の負荷側に他の
　　低圧幹線を接続しない場合
　（以下略）

本問の場合，分岐幹線の長さが8mであるので，ロに該当することから，

$$100\,A \times 0.35 = 35\,A$$

となる．

したがって，1が正しいものである．　　　　　　　　　　　　　　　答　**1**

No.24　高圧受電設備規程1150-2（断路器）第2項では，次のように規定している．
2　断路器は，開路状態において自然に閉路するおそれがないように施設すること．
〔注1〕　断路器の選定に当たっては，1240-1（高圧断路器）を参照のこと．
〔注2〕　断路器の取付けは，次によることが望ましい．
　(1)　操作が容易で危険のおそれがない箇所を選んで取り付けること．
　(2)　縦に取り付ける場合は，切替断路器を除き，接触子（刃受）を上部とすること．
　(3)　ブレード（断路刃）は，開路した場合に充電しないよう負荷側に接続すること．
　(4)　ブレード（断路刃）がいかなる位置にあっても，他物（本器を取り付けた
　　　パイプフレーム等を餘く.）から10cm以上離隔するように施設すること．

したがって，2が最も不適当なものである．　　　　　　　　　　　　答　**2**

No.25　据置鉛蓄電池は，陽極に二酸化鉛，陰極に鉛，電解液に希硫酸（H_2SO_4）
を使用した二次電池で，極板の種類によりクラッド式とペースト式がある．1セル
当たりの公称電圧は2V，触媒栓は充電時に発生するガスを水に戻す機能がある．
放電すると電解液の比重は低下する．

したがって，3が不適当なものである．　　　　　　　　　　　　　　答　**3**

No.26　電気設備の技術基準の解釈第80条（低高圧架空電線等の併架）第1項では，
次のように規定している．

第80条　低圧架空電線と高圧架空電線とを同一支持物に施設する場合は，次の
各号のいずれかによること．
　一　次により施設すること．
　イ　低圧架空電線を高圧架空電線の下に施設すること．

　　ロ　低圧架空電線と高圧架空電線は，別個の腕金類に施設すること．

　　ハ　低圧架空電線と高圧架空電線との離隔距離は，0.5 m 以上であること．ただし，かど柱，分岐柱等で混触のおそれがないように施設する場合は，この限りでない．

　二　高圧架空電線にケーブルを使用するとともに，高圧架空電線と低圧架空電線との離隔距離を0.3 m 以上とすること．

したがって，4が不適当なものである．　　　　　　　　　　　　　**答　4**

No.27　消防法施行規則第24条（自動火災報知設備に関する基準の細目）第1項第五号ホでは，次のように規定している．

　　ホ　受信機から地区音響装置までの配線は，第12条第1項第五号の規定に準じて設けること．ただし，ト及び次号ニの消防庁長官の定める基準により受信機と地区音響装置との間の信号を無線により発信し，又は受信する場合にあっては，この限りでない．

また，第12条（屋内消火栓設備に関する基準の細目）第1項第五号では，次のように規定している．

　五　操作回路又は第三号ロの灯火の回路の配線は，電気工作物に係る法令の規定によるほか，次のイ及びロに定めるところによること．

　　イ　600 V 二種ビニル絶縁電線又はこれと同等以上の耐熱性を有する電線を使用すること．

　　ロ　金属管工事，可とう電線管工事，金属ダクト工事又はケーブル工事（不燃性のダクトに布設するものに限る．）により設けること．ただし，消防庁長官が定める基準に適合する電線を使用する場合は，この限りでない．

したがって，4が誤っているものである．　　　　　　　　　　　　**答　4**

No.28　消防法施行令第7条（消防用設備等の種類）では次のように規定している．

　第7条　法第17条第1項の政令で定める消防の用に供する設備は，消火設備，警報設備及び避難設備とする．

　2　省略

　3　第1項の警報設備は，火災の発生を報知する機械器具又は設備であって，次に掲げるものとする．

　一　自動火災報知設備

　一の二　ガス漏れ火災警報設備（液化石油ガスの保安の確保及び取引の適正化に関する法律（昭和42年法律第149号）第2条第3項に規定する液化石油ガス販売事業によりその販売がされる液化石油ガスの漏れを検知するためのものを除く．以下同じ．）

　　二　漏電火災警報器

　　三　消防機関へ通報する火災報知設備

　　四　警鐘，携帯用拡声器，手動式サイレンその他の非常警報器具及び次に掲げ
　　　る非常警報設備

　　　イ　非常ベル

　　　ロ　自動式サイレン

　　　ハ　放送設備

　よって，非常ベルは警報設備である．

　したがって，1が誤っているものである．　　　　　　　　　　　　　　　答　**1**

No.29　光ファイバは，細径，軽量，可とう性に優れている，電磁誘導を受けない，漏話に強い，低損失，広帯域伝送が可能，省資源等の特徴を有する．

　その反面，光ファイバは急峻（きゅうしゅん）な曲げに弱く，敷設にあたっては，伝送特性や信頼性の面から曲率半径，側圧，敷設張力等の条件を考慮する必要がある．

　したがって，3が最も不適当なものである．　　　　　　　　　　　　　答　**3**

No.30　国内の電車線の標準電圧としては，直流600 V，750 Vが地下鉄などに用いられ，直流1 500 Vは在来線など，単相交流25 000 Vが新幹線に用いられている．

　直流1 000 Vは標準電圧として用いられていない．

　したがって，1が不適当なものである．　　　　　　　　　　　　　　　答　**1**

No.31　千鳥配列は，幅員の狭い道路に適する配列であるが，路面にできる明暗の縞が自動車の進行とともに左右に交互に移動する不快さがあり，曲率半径の小さい曲線部での光学的誘導効果が不完全になる欠点がある．

　したがって，4が最も不適当なものである．　　　　　　　　　　　　　答　**4**

　道路の曲線部の道路照明には，片側配列が適しており，とくに曲線の外側に照明器具を片配列にすると優れた光学的誘導性が得られる．

No.32　ヒートポンプの原理は，設問図のアの部分で示される圧縮機で高温・高圧のガスに冷媒を圧縮し，次のイの部分で示される凝縮器によって熱を放出して冷媒は液体になり，次の段階である膨張弁で減圧されて冷媒の温度が下がり，さらに次に進むと蒸発器で吸熱して冷媒は気化される．この循環の繰り返しとなる．

　したがって，3が適当なものである．　　　　　　　　　　　　　　　　答　**3**

No.33　盛土工事における締固めの効果・特性としては，締固めによる盛土材料の空隙が少なくなることから透水性は低下する，土の支持力が増加する，せん断強度が大きくなる，圧縮性が小さくなり，荷重に対する支持力も増加することなどがあげられる．

　したがって，1が不適当なものである．　　　　　　　　　　　　　　　答　**1**

つまり，盛土材料も上記のような効果を得るため，吸水による膨張が極力小さいこと，せん断強度が大きいこと，圧縮性が小さいことなどの特性をもつことが望ましい．

No.34 スクレーパは，掘削から積み込み，運搬，敷均しの作業を一貫して行うことのできる機械であるが，締固め作業には用いられない．

したがって，2 が最も不適当なものである． **答 2**

締固め作業に使用される建設機械には，広い施工場所ではロードローラやタイヤローラなどが用いられ，狭い施工場所ではランマ，振動コンパクタ，ソイルコンパクタなどが用いられる．

No.35 相取り工法は，架空電線の緊線作業の工法の一つである．

したがって，2 が不適当なものである． **答 2**

66 ～ 154 kV 級規模の標準的な鉄塔の組立方法として，重機械の搬入が可能な工事条件の場所では，トラッククレーンによる組立て（移動式クレーン工法）が行われている．平たん部では，大形トラッククレーンを利用して高さ 100 m 程度まで鉄塔組立てを行った例もある．

山地などの場所では，台棒工法（鋼管製など）を用いて組み立てられる．この方法は，台棒を鉄塔主柱材に取り付け，この台棒を利用して部材をつり上げ，組立てを行うもので，下部から順次組み上げていくものである．

275 ～ 500 kV 級の基幹系統の送電線の大形鉄塔の組立では，鉄塔部材に鋼管が用いられることが多く，部材の単体重量や腕金部材が重いため，タワークレーンを利用した工法（クライミングクレーン工法）が採用されている．

No.36 JIS E 1001 鉄道－線路用語では，道床厚とは，「レール直下のまくら木下面での道床の厚さ．曲線部でカントのある場合は内軌レール直下での厚さ．」と規定している．

したがって，2 が適当なものである． **答 2**

No.37 オーバーラップは，溶接欠陥の一つである．

したがって，3 が関係ないものである． **答 3**

コンクリート工事における施工の不具合（コンクリートのひび割れの原因）には，豆板（ジャンカ），空洞，砂じま，コールドジョイントなどがある．

No.38 配線用遮断器は MCCB，磁気遮断器は MBB，漏電遮断器は ELCB，電磁接触器は MC である

したがって，3 が正しいものである． **答 3**

No.39 大型機器の搬入計画を立案する場合の確認事項としては以下の事項を掲げることができる．

① 搬入機器の大きさや重量の確認
② 搬入通路・経路，作業区画の確認（建築工程の進捗状況確認）
③ 大型機器の製作図の承諾期限と製作日数の確認
④ 工場立会検査の有無と時期
⑤ 搬入，揚重方法（搬入口の大きさ，開口期間など）
⑥ レッカー車や大型車両の通行規制，待機場所
⑦ 搬入時期と搬入順序
⑧ 搬入重機作業の運転・操作に必要な資格の確認

したがって，4が最も関係ないものである．　　　　　　**答　4**

No.40　タクト工程表は，図40-1に示すように，縦軸を階層，横軸を暦日とし，同種の作業を複数の工区や階で繰り返し実施する場合の工程管理に適しており，システム化されたフローチャートを階段状に積み上げた工程表である．

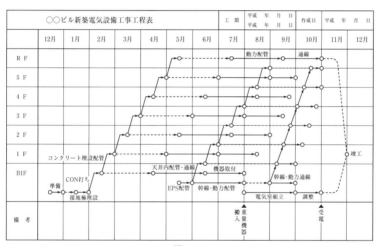

図40-1

その特徴は，全体工程表の作成に多く用いられ，繰り返し工程の工程管理に適し，作成・管理が容易で，工期の遅れなど状況の把握・対応が容易で，工事全体の稼働人員把握も容易である．ただし，全工程のクリティカルパスの把握は困難であり，出来高の管理にも不向きである．

したがって，3が最も不適当なものである．　　　　　　**答　3**

No.41　図に示されたネットワーク工程表のイベント⑨の最早開始時刻（イベント⑨までのすべての経路で最も長い工期）を求める．

①→②→⑦→⑨　　　　　　　　　　15日
①→②→④→⑤→⑨　　　　　　　　18日

①→②→④→⑤→⑥→⑧→⑨   23 日
①→④→⑤→⑨   15 日
①→④→⑤→⑥→⑧→⑨   20 日
①→③→⑥→⑧→⑨   20 日
①→③→④→⑤→⑨   21 日
①→③→④→⑤→⑥→⑧→⑨   <u>26 日</u>

したがって，4 が正しいものである．　　　　　　　　　　　　　　**答　4**

No.42　設問の記述から，㈜品質仕様決定→㈦作業実施→㈬比較検討・確認→㈠処置の順となる．

したがって，4 が適当なものである．　　　　　　　　　　　　　　**答　4**

品質の良いものを製造するための計画（Plan），製造（Do），品質チェック（Check），予定の品質が得られない場合の原因究明と改善処置（Action），そしてまた次の計画へという循環を繰り返して，品質の向上および歩止まりの改善が行われて行くが，この繰り返しを PDCA サイクルという．

これを図に表すと，図42-1のようになるが，このように円形に示されることが多いことからデミングサークル（デミングの円）という呼び方もある．

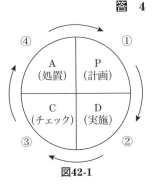

図42-1

No.43　施工計画の策定では，契約内容の確認が重要であり，設計図書，すなわち，工事請負契約書の確認，現場説明書の確認，質問回答書の確認，仕様書および設計図などを確認・検討し，これらは精読し確認しなければならない．

したがって，2 が最も関係のないものである．　　　　　　　　　　**答　2**

No.44　予定進捗度曲線は，横軸に時間経過（工程），縦軸に出来高を取り，図44-1のような曲線で示され，標準的な施工方法，施工速度，資材入手時期などを基礎として作成されることが多く，施工速度と工事原価の管理を行うものではない．

したがって，3 が最も不適当なものである．　　　　　　　　　　　**答　3**

一般に予定進度曲線は１本の線で表すが，実施進度曲線が予定進度曲線に対し常に安全な区域にあるように進度を管理する手段として，上方許容限界曲線，下方許容限界曲線を設け，この上下の曲線で囲まれた範囲内にあればよいとしており，バナナ曲線と呼ばれる．

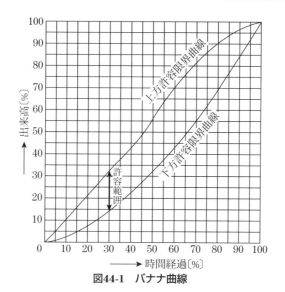

図44-1 バナナ曲線

No.45 電気工事において，検電器は，低圧回路や高圧回路の充電の有無確認に使用される機器である．電圧の値を測定するものではない．

したがって，2が最も不適当なものである． **答 2**

No.46 労働安全衛生規則第521条(要求性能墜落制止用器具等の取付設備等)では，次のように規定している．

第521条　事業者は，高さが2m以上の箇所で作業を行う場合において，労働者に要求性能墜落制止用器具等を使用させるときは，要求性能墜落制止用器具等を安全に取り付けるための設備等を設けなければならない．

2　事業者は，労働者に要求性能墜落制止用器具等を使用させるときは，要求性能墜落制止用器具等及びその取付け設備等の異常の有無について，随時点検しなければならない．

したがって，3が正しいものである． **答 3**

No.47 労働安全衛生法施行令第6条（作業主任者を選任すべき作業）では，次のように規定している．

第6条　法第14条の政令で定める作業は，次のとおりとする．

二　アセチレン溶接装置又はガス集合溶接装置を用いて行う金属の溶接，溶断又は加熱の作業

十　土止め支保工の切りばり又は腹起こしの取付け又は取り外しの作業

二十一　別表第六に掲げる酸素欠乏危険場所における作業

4の高圧活線近接作業は，労働安全衛生規則の別条項でその作業の方法について

詳細が定められているが，作業主任者を選任すべき作業として定められていない．

したがって，4が定められていないものである． **答 4**

No.48 変電所の大型機器を基礎に固定する際には，箱抜きアンカよりも強度の大きい埋込アンカを使用するのが良い．

埋込アンカーボルトの引抜力 P_t は，各値を図のように定めると，X点の周りのモーメントを考えればよい．

$$L = \frac{n}{2} \times P_t = \alpha WH - 9.81 \times W \times \frac{L}{2}$$

が成立するので，アンカーボルト１本当たりの引抜力 P_t は，

$$P_t = \frac{(2\alpha H - 9.81 \times L)W}{nL}$$

上式に，地震力を代入すると，$F_H = \alpha W$，$F_V = gW = 9.81W$ であるから，

$$P_t = \frac{2F_H H - F_V L}{nL}$$

と表される．

したがって，1が最も不適当なものである． **答 1**

No.49 延線工事の引抜工法は，鉄塔に固定される固定金車のみで電線を支持し，径間では電線をフリーにした状態で延線を行う工法である．

吊金工法は，新線の上方の旧線，あるいは，別途張設した支持ワイヤに，多数の吊金車を吊り下げ，吊金車で新線を支持しながら新線を巻き上げるものである．

搬送工法は，吊金工法の類似工法で，吊金工法と同様に支持線を利用するので延線時に横過物を防護する防護設備を必要としない工法である．

推進工法は，地中送電線路の管路埋設工法で，近年，都市部などの開削工法での施工が困難な箇所で用いられる工法である．

したがって，1が不適当なものである． **答 1**

No.50 内線規程3110-8（管の屈曲）では，次のように規定している．

3110-8　管の屈曲

1　金属管を曲げる場合は，金属管の断面が著しく変形しないように曲げ，その内側の半径は，管内径の6倍以上とすること．ただし，電線管の太さが25 mm以下のもので建造物の構造上やむを得ない場合は，管の内断面が著しく変形せず，管にひび割れが生じない程度まで小さくすることができる．

2　アウトレットボックス間又はその他の電線引入れ口を備える器具の間の金属管には，3箇所を超える直角又はこれに近い屈曲箇所を設けないこと．

（以降省略）

したがって，1が不適当なものである． **答 1**

No.51 パンタグラフの離線減少対策は，以下のとおりである．

① トロリ線の温度変化による張力変動を自動的に調整するために，張力自動調整装置（テンションバランサ）を設ける．

② トロリ線の勾配と勾配変化を少なくして，できるだけレール面上均一な高さに保持する．

③ トロリ線の押し上がりが，支持点と径間中央すべての部分でできるだけ均一となるようにする．

④ トロリ線の接続箇所を少なくし，取り付ける金具を軽量化するなどにより，局部的な硬点を少なくする．

⑤ トロリ線，ちょう架線の張力を適正に保持する．

トロリ線の張力を下げるとパンタグラフに過大な負荷がかかり，パンタグラフやトロリ線の摩耗を促進したり，高速化の妨げになる．

したがって，1が不適当なものである． **答 1**

No.52 有線電気通信設備令第17条（屋内電線）では，次のように規定している．

第17条 屋内電線（光ファイバを除く．以下この条において同じ．）と大地との間及び屋内電線相互間の絶縁抵抗は，直流100Vの電圧で測定した値で1MΩ以上でなければならない．

したがって，4が誤っているものである． **答 4**

No.53 建設業法第26条（主任技術者及び監理技術者の設置等）では，次のように規定している．

第26条 建設業者は，その請け負った建設工事を施工するときは，当該建設工事に関し第七条第二号イ，ロ又はハに該当する者で当該工事現場における建設工事の施工の技術上の管理をつかさどるもの（以下「主任技術者」という．）を置かなければならない．

2 発注者から直接建設工事を請け負った特定建設業者は，当該建設工事を施工するために締結した下請契約の請負代金の額（当該下請契約が二以上あるときは，それらの請負代金の額の総額）が第3条第1項第二号の政令で定める金額以上になる場合においては，前項の規定にかかわらず，当該建設工事に関し第15条第二号イ，ロ又はハに該当する者（当該建設工事に係る建設業が指定建設業である場合にあっては，同号イに該当する者又は同号ハの規定により国土交通大臣が同号イに掲げる者と同等以上の能力を有するものと認定した者）で当該工事現場における建設工事の施工の技術上の管理をつかさどるもの（以下「監理技術者」という．）を置かなければならない．

また，建設業法施行令第2条（法第3条第1項第二号の金額）では，「法第3条第1項第二号の政令で定める金額は，4000万円とする．ただし，同項の許可を受けようとする建設業が建築工事業である場合においては，6000万円とする．」と定められている．

つまり，選択肢3の場合は，主任技術者ではなく監理技術者を置かなければならない．

したがって，3が誤っているものである．　　　　　　　　　　　　　　　　**答　3**

No.54　建設業法第2条（定義）では，次のように規定している．

第2条　この法律において「建設工事」とは，土木建築に関する工事で別表第一の上欄に掲げるものをいう．

2　この法律において「建設業」とは，元請，下請その他いかなる名義をもってするかを問わず，建設工事の完成を請け負う営業をいう．

3　この法律において「建設業者」とは，第3条第1項の許可を受けて建設業を営む者をいう．

4　この法律において「下請契約」とは，建設工事を他の者から請け負った建設業を営む者と他の建設業を営む者との間で当該建設工事の全部又は一部について締結される請負契約をいう．

5　この法律において「発注者」とは，建設工事（他の者から請け負ったものを除く．）の注文者をいい，「元請負人」とは，下請契約における注文者で建設業者であるものをいい，「下請負人」とは，下請契約における請負人をいう．

選択肢3は「元請負人」の定義である．

したがって，3が誤っているものである．　　　　　　　　　　　　　　　　**答　3**

No.55　電気事業法第38条（電気工作物の定義）では，次のように規定している．

第38条　この法律において「一般用電気工作物」とは，次に掲げる電気工作物をいう．ただし，小出力発電設備（経済産業省令で定める電圧以下の電気の発電用の電気工作物であって，経済産業省令で定めるものをいう．以下この項，第106条第7項及び第107条第5項において同じ．）以外の発電用の電気工作物と同一の構内（これに準ずる区域内を含む．以下同じ．）に設置するもの又は爆発性若しくは引火性の物が存在するため電気工作物による事故が発生するおそれが多い場所であって，経済産業省令で定めるものに設置するものを除く．

一　他の者から経済産業省令で定める電圧以下の電圧で受電し，その受電の場所と同一の構内においてその受電に係る電気を使用するための電気工作物（これと同一の構内に，かつ，電気的に接続して設置する小出力発電設備を含む．）であって，その受電のための電線路以外の電線路によりその構内以外の場所に

ある電気工作物と電気的に接続されていないもの

二　構内に設置する小出力発電設備（これと同一の構内に，かつ，電気的に接続して設置する電気を使用するための電気工作物を含む.）であって，その発電に係る電気を前号の経済産業省令で定める電圧以下の電圧で他の者がその構内において受電するための電線路以外の電線路によりその構内以外の場所にある電気工作物と電気的に接続されていないもの

三　前二号に掲げるものに準ずるものとして経済産業省令で定めるもの

2　この法律において「事業用電気工作物」とは，一般用電気工作物以外の電気工作物をいう.

3　この法律において「自家用電気工作物」とは，次に掲げる事業の用に供する電気工作物及び一般用電気工作物以外の電気工作物をいう.

一　一般送配電事業

二　送電事業

三　配電事業

四　特定送配電事業

五　発電事業であって，その事業の用に供する発電用の電気工作物が主務省令で定める要件に該当するもの

また，電気事業法施行規則第48条（一般用電気工作物の範囲）第1項では，次のように規定している.

第48条　法第38条第1項の経済産業省令で定める電圧は，600Vとする.

よって，高圧で受電する設備は一般用電気工作物に該当しない.

したがって，2が誤っているものである.　　　　　　　　　　　答　2

No.56　電気用品とは，電気用品安全法施行令第1条（電気用品），第1条の2（特定電気用品）で，附則別表第一の上欄および別表第二に掲げるとおりとするとしており，次の用品（抜粋）が掲げられている.

①　電線（定格電圧が100V以上600V以下のものに限る.）であって，次に掲げるもの（特定電気用品に該当）

　　㈠　省略

　　㈡　ケーブル（導体の公称断面積が22mm²以下，線心が7本以下及び外装がゴム（合成ゴムを含む.）又は合成樹脂のものに限る.）

②　タンブラースイッチ，中間スイッチ，タイムスイッチその他の点滅器（定格電流が30A以下のものに限り，別表第二第四号㈠に掲げるもの及び機械器具に組み込まれる特殊な構造のものを除く.）（特定電気用品に該当）

③　ライティングダクト及びその附属品（ライティングダクトを接続し，又はそ

の端に接続するものに限る．）並びにライティングダクト用接続器（定格電流が50 A以下のものであって，極数が5以下のものに限り，タイムスイッチ機構以外の点滅機構を有するものを含む．）

したがって，2が電気用品に定められていないものである． **答 2**

No.57 政令で定める軽微な工事は電気工事から除外されており，電気工事士でなくても従事できる．軽微な工事とは，電気工事士法施行令第1条（軽微な工事）で，次のように規定している．

第1条　電気工事士法（以下「法」という．）第2条第3項ただし書の政令で定める軽微な工事は，次のとおりとする．

　一　電圧600V以下で使用する差込み接続器，ねじ込み接続器，ソケット，ローゼットその他の接続器又は電圧600V以下で使用するナイフスイッチ，カットアウトスイッチ，スナップスイッチその他の開閉器にコード又はキャブタイヤケーブルを接続する工事

　二　電圧600V以下で使用する電気機器（配線器具を除く．以下同じ．）又は電圧600V以下で使用する蓄電池の端子に電線（コード，キャブタイヤケーブル及びケーブルを含む．以下同じ．）をねじ止めする工事

　三　電圧600V以下で使用する電力量計若しくは電流制限器又はヒューズを取り付け，又は取り外す工事

　四　電鈴，インターホーン，火災感知器，豆電球その他これらに類する施設に使用する小型変圧器（二次電圧が36V以下のものに限る．）の二次側の配線工事

　五　電線を支持する柱，腕木その他これらに類する工作物を設置し，又は変更する工事

　六　地中電線用の暗渠又は管を設置し，又は変更する工事

よって，選択肢3の地中電線用管を設置する工事は誰でもできる作業である．

したがって，3が正しいものである． **答 3**

No.58 電気工事業の業務の適正化に関する法律施行規則第12条（標識の掲示）では，次のように規定している．

第12条　法第25条の経済産業省令で定める事項は，次のとおりとする．

　一　登録電気工事業者にあっては，次に掲げる事項

　　イ　氏名又は名称及び法人にあっては，その代表者の氏名

　　ロ　営業所の名称及び当該営業所の業務に係る電気工事の種類

　　ハ　登録の年月日及び登録番号

　　ニ　主任電気工事士等の氏名

したがって，4が誤っているものである． **答 4**

No.59　建築基準法第2条「用語の定義」では，次のように規定している．

　　三　建築設備　建築物に設ける電気，ガス，給水，排水，換気，暖房，冷房，消
　　　　火，排煙若しくは汚物処理の設備又は煙突，昇降機若しくは避雷針をいう．

　したがって，3が定められていないものである．　　　　　　　　　　**答　3**

No.60　消防法施行令第7条(消防用設備等の種類)では，次のように規定している．

　第7条　法第17条第1項の政令で定める消防の用に供する設備は，消火設備，警
報設備及び避難設備とする．

　2　前項の消火設備は，水その他消火剤を使用して消火を行う機械器具又は設備
であって，次に掲げるものとする．

　　　一　消火器及び次に掲げる簡易消火用具
　　　　（中略）

　　　二　屋内消火栓設備

　　　三～五　省略

　　　六　不活性ガス消火設備
　　　　（以下省略）

　したがって，2が定められていないものである．　　　　　　　　　　**答　2**

No.61　労働安全衛生法第12条の2（安全衛生推進者等）において，一定規模の事
業者ごとに安全衛生推進者の選任が義務付けられているが，各選択肢については次
のように規定されている．

　①　選択肢1：安全衛生推進者を選任しなければならない事業者は，常時10人以
上50人未満の労働者を使用する事業場…労働安全衛生規則第12条の2

　②　選択肢2：安全衛生推進者等を選任すべき事由が発生した日から14日以内に
選任すること…労働安全衛生規則第12条の3

　③　選択肢3：安全衛生推進者に担当させなければならない業務の一つに，「労
働者の危険または健康障害を防止するための措置に関すること」が掲げられてい
る…労働安全衛生法第12条の2および第10条第1項

　選択肢4は，産業医が担当する業務である．（労働安全衛生規則第14条）

　したがって，4が誤っているものである．　　　　　　　　　　　　　**答　4**

No.62　クレーン等安全規則第68条（就業制限）では，次のように規定している．

　第68条　事業者は，令第20条第七号に掲げる業務（つり上げ荷重が1t以上の移
動式クレーンの運転（道路交通法（昭和35年法律第105号）第2条第1項第一号に
規定する道路（以下この条において「道路」という．）上を走行させる運転を除く．）
の業務）については，移動式クレーン<u>運転士免許</u>を受けた者でなければ，当該業務
に就かせてはならない．ただし，つり上げ荷重が1t以上5t未満の移動式クレーン

（以下「小型移動式クレーン」という．）の運転の業務については，小型移動式クレーン運転技能講習を修了した者を当該業務に就かせることができる．

　したがって，4が正しいものである．　　　　　　　　　　　　**答　4**

No.63　労働基準法第34条（休憩）では，次のように規定している．

　第34条　使用者は，労働時間が6時間を超える場合においては少くとも45分，8時間を超える場合においては少くとも1時間の休憩時間を労働時間の途中に与えなければならない．

　2　前項の休憩時間は，一斉に与えなければならない．ただし，当該事業場に，労働者の過半数で組織する労働組合がある場合においてはその労働組合，労働者の過半数で組織する労働組合がない場合においては労働者の過半数を代表する者との書面による協定があるときは，この限りでない．

　3　使用者は，第一項の休憩時間を自由に利用させなければならない．

　したがって，2が正しいものである．　　　　　　　　　　　　**答　2**

No.64　建築物のエネルギー消費性能の向上に関する法律施行令第1条（空気調和設備等）では，次のように規定している．

　第1条　建築物のエネルギー消費性能の向上に関する法律（以下「法」という．）第2条第1項第二号の政令で定める建築設備は，次に掲げるものとする．

　一　空気調和設備その他の機械換気設備

　二　照明設備

　三　給湯設備

　四　昇降機

　したがって，4が定められていないものである．　　　　　　　**答　4**

2022年度（令和4年度）第一次検定試験（後期）・解答

出題数：64　必要解答数：40

No.1　ペルチエ効果は、「異種の2種類の金属導体を接続して閉回路としてそこに電流を流すとき、導体の接触面でジュール熱以外の熱の発生または吸収が起こる現象」をいう。この熱効果は可逆的である。

したがって、2が適当なものである。　　　　　　　　　　　　　**答　2**

ホール効果は、細長い導体または半導体の板の長さ方向に電流を流し、それに直角に磁界を作用させると、電流と磁界に直角な方向に起電力が発生する現象をいい、発見者の名前をとってホール効果という。

フェランチ効果は、長距離送電線などで、負荷が非常に小さい場合や無負荷の場合など、線路を流れる電流が静電容量のため進み電流となり、受電端電圧が送電端電圧よりも高くなる現象をいう。

ピエゾ効果は、圧電効果ともいわれ、強誘電体の結晶の表面に圧力を加えると表面に電位差が生じる、逆にその結晶に電圧を加えると表面にひずみが発生する現象である。強誘電体としては水晶、ロッシェル塩などを用いる。

No.2　図2-1は、鉄を磁化するときの磁界の強さ H〔A/m〕と磁束密度 B〔T〕との関係を示したもので、磁化（B-H）曲線またはヒステリシスループという。

最大磁束密度は B_m、B_r を残留磁気、H_C を保磁力といい、この B_r が大きく H_C の小さい強磁性体は永久磁石に適しているといえる。

ループで囲まれた面積が損失（ヒステリシス損）を示す。

したがって、4が不適当なものである。

答　4

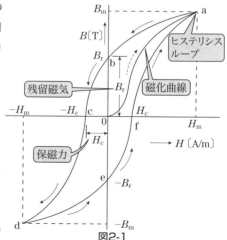

図2-1

No.3 問題図に示された 20 Ω の抵抗 1 相分にかかる電圧は，抵抗が Y 結線となっているので，$\dfrac{200}{\sqrt{3}}$ V である．

したがって，線電流 I〔A〕は，

$$I = \frac{\dfrac{200}{\sqrt{3}}\text{V}}{20\,\Omega} = \frac{10}{\sqrt{3}}\text{A}$$

したがって，1 が正しいものである．　　　　　　　　　　　　　　**答　1**

No.4 検流計の電流が流れなくなったとき，図に示されるブリッジ回路は平衡したことになる．その条件は，図において対角線上の抵抗同士を乗じた値が等しいときであるので，次式が成立する．

$$R_\text{X} \times 15.0 = R_1 \times 8.0$$

よって，与えられた数値を代入して計算すると，

$$R_\text{X} \times 15.0 = 12.0 \times 8.0$$

$$\therefore \quad R_\text{X} = \frac{12.0 \times 8.0}{15.0} = 6.4 \ \Omega$$

したがって，2 が正しいものである．　　　　　　　　　　　　　　**答　2**

No.5 三相同期発電機の同期速度の式は，次式で表される．

$$N = \frac{120f}{p} \ [\text{min}^{-1}]$$

ここに，N：同期速度〔min^{-1}〕，f：周波数〔Hz〕，p：極数

上式を変形すれば，

$$f = \frac{pN}{120} \ [\text{Hz}]$$

したがって，3 が正しいものである．　　　　　　　　　　　　　　**答　3**

No.6 単相変圧器 3 台を△ - △結線した場合の特徴を以下に示す．

① 第 3 調波電流を△回路内に流せるので，第 3 調波電流が外部に出ることがなく，誘起電圧も正弦波となり，通信線障害を与えることがない．

② 一次・二次間の線間電圧に位相差を生じない．

③ 負荷時タップ切換器は各相に別々に設置することが必要．

④ 単相器の場合，1 台が故障しても V-V 結線として運転できる．ただし，バンク容量は 1 台の容量の $\sqrt{3}$ 倍である．

⑤ 中性点が引き出せないので，中性点接地をするときは接地変圧器が必要となる．

したがって，3 が最も不適当なものである．　　　　　　　　　　　**答　3**

No.7 遮断時に圧縮空気をアークに吹き付けて消弧するものは，空気遮断器である．
したがって，2が最も不適当なものである． 　　　　　　　　　　　**答 2**

高圧真空遮断器は，真空の絶縁性と生成したアークの真空中への拡散による消弧
作用を利用するもので，真空度は封じ切り時に $1 \sim 10\,\mu\text{Pa}$ 以下に製作される．

アーク電圧が低く，電極消耗が少ない，小型・軽量・長寿命・低騒音で爆発・火
災の心配もなくメンテナンスフリーというメリットもあり広く使用されている．

短絡電流の遮断は，規定の遮断回数は 10 000 回程度である．

No.8 アーチダムは，ダム上流側に湾曲した形状を持つ．<u>ダムに作用する力は大
部分両岸の岩盤によって支えられる．このため，両岸の幅が狭く岩盤が強固な場所
での築造となる．</u>重力ダムに比較して使用するコンクリートの体積は小さくなるが，
設計と施工は複雑であり，取水口などのダム付属設備の設置にも配慮が必要である．

したがって，1が適当なものである． 　　　　　　　　　　　　**答 1**

No.9 直接接地方式は，中性点を実用上抵抗が零である導体で直接接地する方式
である．送電電圧が $187\,\text{kV}$ 以上の送電線路に採用され，1線地絡時の健全相の電
圧上昇が他の方式に比較して最も小さく，接続される機器や線路の絶縁（変圧器の
段絶縁の採用など）を低減できる利点がある．しかし，地絡電流が大きくなるので，
通信線への誘導障害，故障点の損傷拡大などを防止するため高速遮断（数サイクル）
する必要がある．

したがって，2が適当なものである． 　　　　　　　　　　　　**答 2**

No.10 コロナ放電の発生防止対策には，電線の太さを太くする，複導体，<u>多導体
の採用</u>，がいしへのシールドリングの取付，電線に傷を付けない，金具の突起をな
くすなどの方法がある．

したがって，3が不適当なものである． 　　　　　　　　　　　**答 3**

架空送電線路の電線の表面から外に向かっての電位の傾きは，電線の表面におい
て最大となり，表面から離れるに従って減少していく．その値がある電圧（コロナ
臨界電圧）以上になると，周囲の空気相の絶縁が失われてイオン化し，低い音や，
薄白い光を発生する．この現象をコロナ放電という．

No.11 「光源から上方（天井）への光束が多く室内全体が一様な明るさとなり，
やわらかな雰囲気を与えるが，照明率が劣る」照明方式は，間接照明である．一般
には，シェードなどで光源を包み，光源を直接見せずに照明する方式である．

したがって，2が最も適当なものである． 　　　　　　　　　　**答 2**

No.12 <u>スターデルタ始動形</u>，リアクトル始動形，コンドルファ始動形は，三相誘
導電動機の始動方式である．単相誘導電動機の始動方式には，くま取りコイル形，
コンデンサ始動形，分相始動形，反発始動形などがある．

したがって，1が不適当なものである. **答 1**

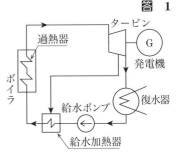

No.13 再生サイクルは，図13-1に示すようなシステム構成となっており，蒸気タービンの中間段から蒸気を一部抽出し（これを抽気という），その熱を給水加熱に利用する方式で，復水器で冷却水に持ち去られる熱量を幾分でも減らし，熱効率を向上させることを目的としている.

したがって，3が適当なものである. **答 3**

No.14 単母線方式は，送配電線の回線数が少なく，重要度の低い変電所に採用され，<u>所要機器およびスペースが最も少なくてすみ</u>，単純で経済的に有利であり，わが国では，最も多く採用されている.　ただし，機器の事故があると変電所が全停電となるほか，母線機器等の点検時にも変電所停止が必要となる.

したがって，2が最も不適当なものである. **答 2**

大規模の変電所には，信頼度を高めるため，二重（複）母線方式が採用されるが，所要機器が多くなる.

No.15 過電流継電器（OCR）では，<u>過電流の方向を判別することはできない</u>.　短絡保護で方向判別できる継電器としては，短絡方向継電器（DSR）がある.

したがって，4が最も不適当なものである. **答 4**

過電流継電器は定限時特性や反限時特性があり，入力電流が整定値以上になると動作するもので，短絡保護，過負荷保護に用いられる機器である.

No.16 配電線路に用いられる電線の種類で引込用ビニル絶縁電線（DV）は，<u>低圧架空引込用に用いられる電線である</u>.

したがって，3が不適当なものである. **答 3**

No.17 架空送電線路で数条の電線を使用する多導体方式の場合に，電線間隔を一定に保つために使用する機材は<u>スペーサ</u>である.

したがって，1が適当なものである. **答 1**

スペーサは，20 ～ 90 m 間隔で取り付けられ，短絡電流による電磁吸引力や強風による電線相互の接触などを防止し，電線の振動に対して長時間耐え，電線を損傷しないこと等が要求される.

2導体と4導体スペーサの例を図17-1に示す.

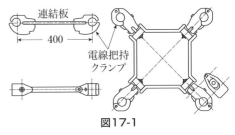

図17-1

No.18 等価単相回路のベクトル図から，単相2線式配電線は線路電流 I〔A〕が

往復電線に流れるため，往復の電圧降下を考慮する必要がある．

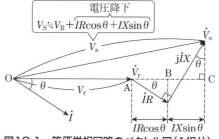

$$V_S \fallingdotseq V_R + \overbrace{IR\cos\theta + IX\sin\theta}^{\text{電圧降下}}$$

図18-1　等価単相回路のベクトル図（1相分）

よって，負荷力率が θ であるので，配電線の電圧降下 v〔V〕の簡略式は，次のように表される．

$$v = 2I\left(R\cos\theta + X\sin\theta\right)\,\text{〔V〕}$$

したがって，2が適当なものである．　　　　　　　　　　　　　答　**2**

No.19 静止形無効電力補償装置は変電所に施設される設備で，コンデンサ群とリアクトルによる無効電力の調整により，変電所から配電線路に送出される電圧の調整に用いられるもので，配電線路の保護に用いるものではない．

したがって，4が不適当なものである．　　　　　　　　　　　答　**4**

架空配電線路の保護に用いられる機器または装置としては，配電用変電所に施設される遮断器，配電線路に施設される放電クランプ，高圧カットアウト，電線ヒューズ（ケッチヒューズ）などがある．

No.20 電力用コンデンサは高調波の影響を受け，加熱，焼損あるいは振動，うなりが発生する電気機器である．

したがって，4が高調波が発生しないものである．　　　　　　答　**4**

高調波発生源と影響機器およびその対策は，次のとおりである．

(1) 発生源
　① 変圧器，回転機などの磁気飽和によるもの．
　② アーク炉，整流器，サイリスタ使用装置からの発生．

(2) 影響機器
　① コンデンサ，リアクトルの振動やうなりの発生，過熱・焼損．
　② ラジオ，テレビの雑音，映像のちらつき．トランジスタ等の故障・寿命の低下など．
　③ 電力ヒューズのエレメントの過熱・溶断，積算電力計の誤動作．

(3) 対策
　① 高調波発生側で交流フィルタの使用．

② 系統分離による共振拡大防止.

③ 専用配電線に切り換える.

No.21 光束法は，部屋の全般照明による照度計算に使用される手法の一つで，照明器具が持つ固有の光束〔lm〕を利用し，部屋の大きさ・天井高さ・壁面の反射率から「平均照度」を求める計算方法であり，室部分の平均照度が簡易に求められるので，照明設計の基本となる方法である.

したがって，3が不適当なものである. **答 3**

作業面内の各位置における直接照度を求める方法は，逐点法という.

No.22 消防用設備等の試験基準（総務省消防庁）第28「配線」では，次のように規定している.

第28 配線

消防用設備等に係る配線の工事が完了した場合における試験は，次表に掲げる試験区分及び項目に応じた試験方法及び合否の判定基準によること.

ア 外観試験（抜粋）

試験項目		試験方法	合否の判定基準
電源回路の開閉器・遮断器等	設置場所等	目視により確認すること.	a 配電盤及び分電盤の基準に適合するものに収納されているか又は不燃専用室に設けられていること. b 電動機の手元開閉器（電磁開閉器，金属箱開閉器，配線用遮断器等）は，当該電動機の設置位置より見やすい位置に設けてあること.
	開閉器	目視により確認すること.	a 専用であること. b 開閉器には，消防用設備等用である旨（分岐開閉器にあっては個々の消防用設備等である旨）の表示が付されていること.
	遮断器	目視により確認すること.	**a 電源回路には，地絡遮断装置（漏電遮断器）が設けられていないこと.** b 分岐用遮断器は，専用のものであること. c 過電流遮断器の定格電流値は，当該過電流遮断器の二次側に接続された電線の許容電流値以下であること.

よって，消火栓ポンプの配線には漏電遮断器を施設しないこと.

したがって，3が最も不適当なものである. **答 3**

No.23 内線規程3125節（金属線ぴ配線） 3125-5（施設方法）では，次のように規定している.

3125-5 施設方法

① 金属線ぴおよびその附属品は，堅ろうに，かつ，電気的に完全に接続し，適当な方法により造営材その他に確実に支持すること.

〔注1〕 金属線ぴを造営材に沿って施設できない場合は，あらかじめ適当な支

　　　持材を設けてこれを取り付けること．

　　〔注2〕金属線ぴの支持点間の距離は，1.5 m 以下とすることが望ましい．

　　したがって，3が最も不適当なものである．　　　　　　　　　**答　3**

No.24　一次側にリアクトルを取り付けても過負荷保護にはならない．リアクトル
は，主として第5高調波の波形ひずみを抑制するために電力用コンデンサの一次側
に直列に接続される設備である．

　　したがって，2が不適当なものである．　　　　　　　　　　　**答　2**

　　受電用変圧器の過負荷保護には，高圧受電設備の変圧器の一次側に設ける開閉装
置として，「高圧受電設備規程」においては，高圧交流遮断器（CB），高圧交流負
荷開閉器（LBS），高圧カットアウト（PC）を用いることが規定されている．

　　変圧器の一次側に変流器を設け，過電流継電器を取り付けて高圧交流遮断器（CB）
を動作させる方法と，限流ヒューズ付き高圧交流負荷開閉器（LBS），高圧カット
アウト（PC）を取り付けて直接過電流を遮断する方法がとられる．そのほか，設
問にある警報接点付ダイヤル温度計やサーマルリレーの施設などがある．

No.25　アークホーンは，架空送電線路に施設される設備であり，直撃雷によるフ
ラッシオーバまたは逆フラッシオーバによるがいし保護を主目的としている．JIS
規程における建築物等の雷保護に関する用語には規定がない．

　　したがって，1が関係ないものである．　　　　　　　　　　　**答　1**

No.26　電気設備の技術基準の解釈第110条（低圧屋側電線路の施設）第2項では，
次のように規定している．

　2　低圧屋側電線路は，次の各号のいずれかにより施設すること．

　一　がいし引き工事により，次に適合するように施設すること．（以降省略）

　二　合成樹脂管工事により，第145条第2項及び第158条の規定に準じて施設す
　　ること．

　三　金属管工事により，次に適合するように施設すること．（以降省略）

　四　バスダクト工事により，次に適合するように施設すること．（以降省略）

　五　ケーブル工事により，次に適合するように施設すること．（以降省略）

　上記より，金属ダクト工事は施設することができない．

　　したがって，3が不適当なものである．　　　　　　　　　　　**答　3**

No.27　火災報知設備の感知器及び発信機に係る技術上の規格を定める省令（昭和
56年自治省令第17号）第2条「用語の意義」（第二十一号）では，次のように規定
している．

第2条

　二十一　P型発信機　各発信機に共通又は固有の火災信号を受信機に手動により

発信するもので，発信と同時に通話することができないものをいう．

したがって，4が不適当なものである．　　　　　　　　　**答　4**

No.28　「非常用の照明装置の構造方法を定める件」昭和45年建設省告示第1830号
（最終改正：平成29年国土交通省告示第600号）では，次のように規定している．

第三　電源

一　常用の電源は，蓄電池又は交流低圧屋内幹線によるものとし，その開閉器
には非常用の照明装置用である旨を表示しなければならない．ただし，照明
器具内に予備電源 を有する場合は，この限りでない．

二　予備電源は，常用の電源が断たれた場合に自動的に切り替えられて接続さ
れ，かつ，常用の電源が復旧した場合に自動的に切り替えられて復帰するも
のとしなければならない．

三　予備電源は，自動充電装置時限充電装置を有する蓄電池（開放型のものに
あっては，予備電源室その他これに類する場所に定置されたもので，かつ，
減液警報装置を有するものに限る．以下この号において同じ．）又は蓄電池
と自家用発電装置を組み合わせたもの（常用の電源が断たれた場合に直ちに
蓄電池により非常用の照明装置を点灯させるものに限る．）で充電を行うこ
となく30分間継続して非常用の照明装置を点灯させることができるものそ
の他これに類するものによるものとし，その開閉器には非常用の照明装置用
である旨を表示しなければならない．

したがって，2が誤っているものである．　　　　　　　**答　2**

No.29　設問で問われている機器は，ルータである．

したがって，1が最も適当なものである．　　　　　　　**答　1**

ルータは，コンピュータネットワークの中継・転送機器の一つで，データの転送
経路を選択・制御する機能を持ち，複数の異なるネットワーク間の接続・中継に用
いられる装置である．とくに，接続先から受信したデータを解析し，IP（Internet
Protocol）の制御情報を元に様々な転送制御を行うことのできる装置である．

No.30　ハンガは，図30-1に示すようにトロリ
線をちょう架線から吊るすための支持物であり，
トロリ線とちょう架線を電気的に絶縁するため
の特殊なハンガもある．

したがって，2が最も不適当なものである．

答　2

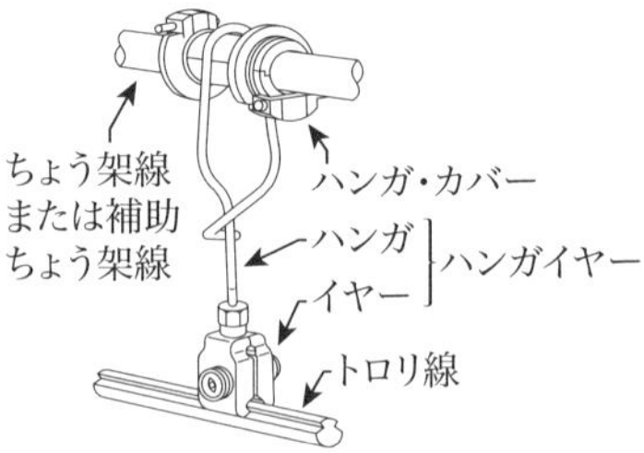

図30-1　ハンガイヤーの例

No.31　「道路照明施設設置基準・同解説」第5章（トンネル照明）5-8トンネル照

明の運用の解説(1)基本照明では，次のように規定している．

夜間において交通量が減少し，トンネル内視環境が改善される場合は，基本照明の路面輝度を状況に応じて低減することができる．

（以降省略）

したがって，4が最も不適当なものである． 答 **4**

No.32 水道直結増圧方式は，給水管の途中に増圧給水装置（増圧ポンプ）を設置することで，水道管内の水圧を高めて水を直接引き込む給水方法であり，給水本管の水圧変動があっても給水圧力に変化は生じない．

したがって，1が最も不適当なものである． 答 **1**

水道直結直圧方式では圧力の関係で高階層への給水に対応できないが，水道直結増圧方式では高層でも上水道の配水管から各戸の蛇口まで受水槽を介さずに新鮮・清潔な水を届けることが可能であり，近年普及してきている方式で，15階以上の高層建物であっても対応可能となってきている．

No.33 水準測量は，レベルと標尺を使用して測量を行うもので，水準点などを基準として高低差を求める場合に行われる測量方法である．

したがって，4が関係のないものである． 答 **4**

アリダードや平板，磁針箱等を用いる測量は平板測量である．この測量は現場で測量を行い直ちに図面上に一定の縮尺で作図する方法で，精度は一般に他の測量に及ばないが，作業が簡便で迅速に行うことができるため，細部測量にも用いられることがある．

No.34 移動式クレーンの安全装置には，過負荷防止装置（AML），巻過警報装置（または巻過防止装置），外れ止め装置（玉掛けロープはずれ止め）などがある．

したがって，3が関係のないものである． 答 **3**

揚貨装置とは，建設現場などに据え付けられたデリックやクレーン設備のことをいい，主に建造物の上部へ現場で使用される資・機材などの荷を吊り上げるなどの荷役作業に用いられる機械である．

No.35 土留め壁に用いる鋼矢板工法において，鋼矢板の施工方法には，プレボーリング工法，振動工法，圧入工法などがある．

したがって，1が関係のないものである． 答 **1**

ウェルポイント工法は，地下6m程度の位置にウェルポイントと呼ばれる機器を設置し，地下水を真空ポンプで汲み上げる排水工法の一種である．

No.36 スラブ軌道は，JIS 1001（鉄道 - 線路用語）では，「コンクリートのスラブを用いた軌道」と定義され，コンクリート路盤上に軌道スラブと呼ばれるコンクリート製の板を設置し，その上にレールを敷く構造となっている．

したがって，4が不適当なものである. **答 4**

道床バラスト（砕石，ふるい砂利など）を用いて枕木・レールを敷設する軌道は，バラスト軌道である.

No.37 コンクリートの圧縮強度は大きいが，引張強度は圧縮強度と比較するとかなり小さいため，一般にはコンクリートに引張強度の大きい鉄筋を入れて補強される.

したがって，2が最も不適当なものである. **答 2**

No.38 JIS C 0303（構内電気設備の配線用図記号）では，選択肢4の図記号はコネクタを示す. チャイムは図38-1のような図記号となっている.

図38-1

したがって，4が誤っているものである. **答 4**

No.39 仮設計画は，契約書及び設計図書に特別の定めがある場合（指定仮設という）を除き，<u>請負者がその責任において定める</u>. これを任意仮設といい，ほとんどの工事がこれにあたり，原則，契約変更の対象とならない. 指定仮設の場合は契約変更の対象となる.

したがって，3が最も不適当なものである. **答 3**

No.40 設問図において，施工期間3か月の時の総費用（一点鎖線）は，約600万円である.

したがって，3が最も不適当なものである. **答 3**

No.41 設問図に示されたクリティカルパスは，①→③→④→⑤→⑥→⑧→⑩→⑪であり，所要工期は<u>38日</u>となる.

問題のネットワーク工程表から，以下に示すルートの工期がある.

(a) ①→②→⑦→⑩→⑪ 　　　　　　　　23日

(b) ①→②→⑦→⑨→⑩→⑪ 　　　　　26日

(c) ①→②→④→⑤→⑨→⑩→⑪ 　　　29日

(d) ①→②→④→⑤→⑥→⑧→⑨→⑩→⑪ 　34日

(e) ①→②→④→⑤→⑥→⑧→⑩→⑪ 　35日

(f) ①→④→⑤→⑨→⑩→⑪ 　　　　　26日

(g) ①→④→⑤→⑥→⑧→⑨→⑩→⑪ 　31日

(h) ①→④→⑤→⑥→⑧→⑩→⑪ 　　　32日

(i) ①→③→⑥→⑧→⑨→⑩→⑪ 　　　31日

(j) ①→③→⑥→⑧→⑩→⑪ 　　　　　32日

(k) ①→③→④→⑤→⑨→⑩→⑪ 　　　32日

(l) ①→③→④→⑤→⑥→⑧→⑩→⑪ 　<u>38日</u>

(m) ①→③→④→⑤→⑥→⑧→⑨→⑩→⑪ 　37日

したがって，4が正しいものである． 答　4

No.42　総度数は，$2+6+10+9+3+1=31$ となり，

$$測定値の平均 = \frac{\sum(測定値 \times 度数)}{総度数}$$

を求めると，

$$測定値の平均 = \frac{(4 \times 2 + 5 \times 6 + 6 \times 10 + 7 \times 9 + 8 \times 3 + 12 \times 1)}{31}$$

となる．なお，8.0は中央値である．

したがって，2が最も不適当なものである． 答　2

設問図のヒストグラムの形は，測定値12が他の測定値および目標値から大きく離れた離れ小島型であり，とくに測定値12に誤りがないか調査する必要がある．さらに，規格値を外れている測定値が多くみられる．

No.43　施工計画書の作成目的としては，工事の目的とする築造物を，設計図書および仕様書に基づいて，施工の効率を高めて所定の工事期間内に予算に見合った最小の費用で安全に施工できるよう条件と方法を策定することである．

① 経済性，施工性を探求するため，代案による計画と比較検討し，最適な計画を立てる．

② 施工計画を立てる前に図面，仕様書その他契約条件の検討，現場の物理的条件などの実地調査を行う必要があり，これら予備調査のあと慎重に計画を立てる．

③ 最適な施工計画を立てるため，工事の主任者のみに依存することなくできるだけ企業内の関係機構を活用し，全社的高度なレベルを活用することが望ましい．

④ 一般的にいえることは従来の経験と実績のみに頼った計画は過少なものとなりやすい．経験と実績をもとに改良の試み，新しい工法，技術の採用など大局的判断が大切である．

施工技術の習得は，施工計画書の作成の目的とは関係のないもので，研修や現場の実践（経験）などにより習得するものである．

したがって，3が最も関係のないものである． 答　3

No.44　総合工程表は，着工から竣工引渡しまでの全容を表し，仮設工事，付帯工事などをすべて含めた工事全体の作業の進捗を大局的に把握するために作成される．

したがって，2が最も不適当なものである． 答　2

官公庁への申請書類の提出時期の記入，工程的に動かせない作業がある場合は，その作業を中心に他の作業との関連性，とくに建築工事や他の設備工事と関連して作業が進められるため，互いにその作業内容を理解・整合して，大型機器の搬入・受電期日の決定，作業順序や工程を調整し無理のない工程計画を立てなければならない．

2022 一次解答後

No.45　接地抵抗測定において，接地網を地面に敷き，水をかけて補助極とする場合は，地表面は水が浸透するような地面（砂利，石，コンクリートなど）でなければならない．アスファルトは水の浸透がほとんどないことから，測定は不可能に近い．

　このような場合は，商用電源のアース側を利用した2極法による簡易測定を実施するなどの方法をとることが多い．

　したがって，4が最も不適当なものである．　　　　　　　　　　　**答　4**

No.46　労働安全衛生規則第347条（低圧活線近接作業）では，次のように規定している．

　第347条　事業者は，低圧の充電電路に近接する場所で電路又はその支持物の敷設，点検，修理，塗装等の電気工事の作業を行なう場合において，当該作業に従事する労働者が当該充電電路に接触することにより感電の危険が生ずるおそれのあるときは，当該充電電路に絶縁用防具を装着しなければならない．ただし，当該作業に従事する労働者に絶縁用保護具を着用させて作業を行なう場合において，当該絶縁用保護具を着用する身体の部分以外の部分が当該充電電路に接触するおそれのないときは，この限りでない．

　2　事業者は，前項の場合において，絶縁用防具の装着又は取りはずしの作業を労働者に行なわせるときは，当該作業に従事する労働者に，絶縁用保護具を着用させ，又は活線作業用器具を使用させなければならない．

　3　労働者は，前二項の作業において，絶縁用防具の装着，絶縁用保護具の着用又は活線作業用器具の使用を事業者から命じられたときは，これを装着し，着用し，又は使用しなければならない．

　感電注意の表示のみは，法令違反である．

　したがって，1が不適当なものである．　　　　　　　　　　　　**答　1**

No.47　労働安全衛生規則第563条では，次のように規定している．

　第563条　事業者は，足場（一側足場を除く．）における高さ2 m以上の作業場所には，次に定めるところにより，作業床を設けなければならない．

　一　省略

　二　つり足場の場合を除き，幅，床材間の隙間及び床材と建地との隙間は，次に
　　　定めるところによること．

　イ　幅は，40 cm以上とすること．

　ロ　床材間の隙間は，3 cm以下とすること．

　ハ　床材と建地との隙間は，12 cm未満とすること．

　三　～　五　省略

　六　作業のため物体が落下することにより，労働者に危険を及ぼすおそれのある

ときは，高さ10cm以上の幅木，メッシュシート若しくは防網又はこれらと同等以上の機能を有する設備（以下「幅木等」という．）を設けること．ただし，第三号の規定に基づき設けた設備が幅木等と同等以上の機能を有する場合又は作業の性質上幅木等を設けることが著しく困難な場合若しくは作業の必要上臨時に幅木等を取り外す場合において，立入区域を設定したときは，この限りでない．

（以下省略）

したがって，3が不適当なものである．　　　　　　　　　　　　**答　3**

No.48　太陽電池モジュール集合体は，ストリング，逆流防止素子，バイパス素子，接続箱などで構成されている．

ストリングとは，太陽電池アレイが所定の出力電圧を満足するよう太陽電池モジュールを直列に接続した一つのまとまりの回路をいい，ストリングへの逆電流の流入を防止するため，各ストリングは逆流防止素子を介して並列接続しなければならない．

バイパス素子（バイパスダイオード）は，一部の太陽電池セルが木の葉などによって発電せずに高抵抗となった場合，そのセルが発熱して破損することがあるため，そのモジュールに流れる電流をバイパスして破損防止を図るために設置されるものである．

したがって，1が最も不適当なものである．　　　　　　　　　　　**答　1**

No.49　電技解釈第54条（架空電線の分岐）では，次のように規定している．

第54条　架空電線の分岐は，電線の支持点であること．ただし，次の各号のいずれかにより施設する場合はこの限りでない．

一　電線にケーブルを使用する場合

二　分岐点において電線に張力が加わらないように施設する場合

したがって，3が最も不適当なものである．　　　　　　　　　　　**答　3**

No.50　内線規程3125節（金属線ぴ配線）3125-5（施設方法）では，次のように規定している．

3125-5　施設方法

金属線ぴ及びその附属品は，次の各号により施設すること（解釈161）．

①　金属線ぴ及びその附属品は，堅ろうに，かつ，電気的に完全に接続し，適当な方法により造営材その他に確実に支持すること．

②　金属線ぴの内部には，じんあいが侵入し難いようにすること．

③　金属線ぴの終端部は，閉そくすること．

金属線ぴ内に湿気が浸入することで絶縁不良が進行することになることから，金

属線ぴの終端部は閉そくしておくことが必要である.

したがって, 4が最も不適当なものである. 　答　**4**

No.51　設問の文章に該当するのは, エアセクションである.

エアセクションは, ちょう架線, トロリ線の引止箇所で, 給電する架線が切り替わる平行部分における電線相互の離隔空間を絶縁に用いたもので, セクションとしては最も代表的なものであり, 交流, 直流ともに系統区分用に広く採用されている.

したがって, 1が適当なものである. 　答　**1**

パンタグラフ通過中に電流が中断せず, 高速運転に適しているので主として駅間に施設されるが, 瞬間的に短絡するので低速運転には向かず, 万が一セクションで停車すると架線溶断などの事故となる危険性がある.

また, 最低でも架線柱1スパンの長さを必要とするので, 駅構内や車庫など狭い場所では使用困難な場合が多い.

No.52　設問図のアは, 返り墨（逃げ墨）である. 柱や壁の真ん中にある通り芯は, 施工が進むと柱や壁ができ, 通り芯の墨は見えなくなるので, 1 000 mm 離れた所に返り墨（逃げ墨）を打ち, 柱が立っても, 壁ができても墨を使うことができるようにするものである.

設問図のイは, 陸墨である. 陸墨は, 墨出し作業において各階の水平の基準を示すための水平墨のことである. 一般的に使われるのは, 床仕上りより1 000 mm の所に墨を打つ.

したがって, 1が適当なものである. 　答　**1**

No.53　建設業法第3条（建設業の許可）では, 次のように規定している.

第3条　建設業を営もうとする者は, 次に掲げる区分により, この章で定めるところにより, 二以上の都道府県の区域内に営業所（本店又は支店若しくは政令で定めるこれに準ずるものをいう. 以下同じ.）を設けて営業をしようとする場合にあっては国土交通大臣の, 一の都道府県の区域内にのみ営業所を設けて営業をしようとする場合にあっては当該営業所の所在地を管轄する都道府県知事の許可を受けなければならない. ただし, 政令で定める軽微な建設工事のみを請け負うことを営業とする者は, この限りでない.

この条文から, 都道府県知事の許可を受けた建設業者における営業区域についての規程の定めはないので, 他の都道府県において工事を施工することはできる.

したがって, 4が誤っているものである. 　答　**4**

No.54　建設業法施行規則第25条（標識の記載事項及び様式）では, 次のように規定している.

第25条　法第40条の規定により建設業者が掲げる標識の記載事項は, 店舗にあ

っては第一号から第四号までに掲げる事項，建設工事の現場にあっては第一号から第五号までに掲げる事項とする．

　一　一般建設業又は特定建設業の別

　二　許可年月日，許可番号及び許可を受けた建設業

　三　商号又は名称

　四　代表者の氏名

　五　主任技術者又は監理技術者の氏名

したがって，2が定められていないものである．　　　　　　　　**答　2**

No.55　電気事業法第42条（保安規程）第1項では，次のように規定している．

　第42条　事業用電気工作物を設置する者は，事業用電気工作物の工事，維持及び運用に関する保安を確保するため，主務省令で定めるところにより，保安を一体的に確保することが必要な事業用電気工作物の組織ごとに保安規程を定め，当該組織における事業用電気工作物の使用（第51条第1項の自主検査又は第52条第1項の事業者検査を伴うものにあっては，その工事）の開始前に，主務大臣に届け出なければならない．

　つまり，保安規程は主任技術者ではなく，<u>事業用電気工作物を設置する者</u>が定めることとなっている．

したがって，1が定められていないものである．　　　　　　　　**答　1**

No.56　電気用品安全法による特定電気用品の表示記号を図56-1に示す．

したがって，1が正しいものである．　　　　　　**答　1**　図56-1

　選択肢の2は特定電気用品以外の電気用品，3は消費生活用製品安全法による特別特定製品，4は消費生活用製品安全法による特別特定製品以外の製品に表示する記号である．

No.57　電気工事士法第3条（電気工事士等）では，次のように規定している．

　第3条　第一種電気工事士免状の交付を受けている者（以下「第一種電気工事士」という．）でなければ，自家用電気工作物に係る電気工事（第3項に規定する電気工事を除く．第4項において同じ．）の作業（自家用電気工作物の保安上支障がないと認められる作業であって，経済産業省令で定めるものを除く．）に従事してはならない．

　2　第一種電気工事士又は第二種電気工事士免状の交付を受けている者（以下「第二種電気工事士」という．）でなければ，一般用電気工作物に係る電気工事の作業（一般用電気工作物の保安上支障がないと認められる作業であって，経済産業省令で定めるものを除く．以下同じ．）に従事してはならない．

3　自家用電気工作物に係る電気工事のうち経済産業省令で定める特殊なもの（以下「特殊電気工事」という．）については，当該特殊電気工事に係る特種電気工事資格者認定証の交付を受けている者（以下「特種電気工事資格者」という．）でなければ，その作業（自家用電気工作物の保安上支障がないと認められる作業であって，経済産業省令で定めるものを除く．）に従事してはならない．

4　自家用電気工作物に係る電気工事のうち経済産業省令で定める簡易なもの（以下「簡易電気工事」という．）については，第1項の規定にかかわらず，認定電気工事従事者認定証の交付を受けている者（以下「認定電気工事従事者」という．）は，その作業に従事することができる．

つまり，第3項の規程により，第一種電気工事士の免状を有していても，特殊電気工事に関してはその作業に従事することはできない．

したがって，1が誤っているものである．　　　　　　　　　　　　　　**答**　**1**

No.58　電気工事業の業務の適正化に関する法律第19条（主任電気工事士の設置）では，次のように規定している．

第19条　登録電気工事業者は，その一般用電気工作物に係る電気工事（以下「一般用電気工事」という．）の業務を行う営業所（以下この条において「特定営業所」という．）ごとに，当該業務に係る一般用電気工事の作業を管理させるため，第一種電気工事士又は電気工事士法による第二種電気工事士免状の交付を受けた後電気工事に関し3年以上の実務の経験を有する第二種電気工事士であって第6条第1項第一号から第四号までに該当しないものを，主任電気工事士として，置かなければならない．

したがって，1が定められているものである．　　　　　　　　　　　　**答**　**1**

No.59　建築基準法第2条「用語の定義」第5項では，次のように規定している．

五条　主要構造部　　壁，柱，床，はり，屋根又は階段をいい，建築物の構造上重要でない間仕切壁，間柱，付け柱，揚げ床，最下階の床，回り舞台の床，小ばり，ひさし，局部的な小階段，屋外階段その他これらに類する建築物の部分を除くものとする．

したがって，4が定められていないものである．　　　　　　　　　　　**答**　**4**

No.60　消防法施行令第7条（消防用設備等の種類）では，次のように規定している．

第7条　法第17条第1項の政令で定める消防の用に供する設備は，消火設備，警報設備及び避難設備とする．

2　前項の消火設備は，水その他消火剤を使用して消火を行う機械器具又は設備であって，次に掲げるものとする．

一　消火器及び次に掲げる簡易消火用具

  イ　水バケツ

  ロ　水槽

  ハ　乾燥砂

  ニ　膨張ひる石又は膨張真珠岩

二　屋内消火栓設備

三　スプリンクラー設備

（四　以降省略）

3　省略

4　第1項の避難設備は，火災が発生した場合において避難するために用いる機械器具又は設備であって，次に掲げるものとする．

一　すべり台，避難はしご，救助袋，緩降機，避難橋その他の避難器具

二　誘導灯及び誘導標識

したがって，4が定められていないものである．　　　　　　　　**答　4**

No.61　労働安全衛生法第11条（安全管理者）において，政令で定める業種および規模の事業場では安全管理者を選任しなければならない旨定められているが，各選択肢については次のように規定されている．

　①　選択肢1：安全管理者を選任すべき事由が発生した日から14日以内に選任すること．…労働安全衛生規則第4条第1項第一号

　②　選択肢2：報告書の提出先は当該事業場の所在地を管轄する労働基準監督署長である．…労働安全衛生規則第4条第2項

　③　選択肢3：安全管理者が管理する業務の一つに「労働災害の原因の調査及び再発防止対策に関すること」が掲げられている．…労働安全衛生法第11条および第10条

　④　選択肢4：法第11条第1項の政令で定める業種及び規模の事業場は，前条第一号又は第二号に掲げる業種の事業場で，常時50人以上の労働者を使用するものとする．…労働安全衛生法施行令第3条

したがって，2が誤っているものである．　　　　　　　　　　**答　2**

No.62　労働安全衛生法第59条（安全衛生教育）第1項では，次のように規定している．

第59条　事業者は，労働者を雇い入れたときは，当該労働者に対し，厚生労働省令で定めるところにより，その従事する業務に関する<u>安全又は衛生</u>のための<u>教育</u>を行なわなければならない．

したがって，4が正しいものである．　　　　　　　　　　　　**答　4**

No.63　年少者労働基準規則第8条（年少者の就業制限の業務の範囲）では，次の

ように規定している（抜粋）．

第8条　法第62条第1項の厚生労働省令で定める危険な業務及び同条第2項の規定により満18歳に満たない者を就かせてはならない業務は，次の各号に掲げるものとする．ただし，第四十一号に掲げる業務は，保険師助産師看護師法（昭和23年法律第203号）により免許を受けた者及び同法による保健師，助産師，看護師又は准看護師の養成中の者については，この限りでない．

　三　クレーン，デリック又は揚貨装置の運転の業務

　二十三　土砂が崩壊するおそれのある場所又は深さが5メートル以上の地穴における業務

　二十五　足場の組立，解体又は変更の業務（地上又は床上における補助作業の業務を除く．）

したがって，2が定められていないものである．　　　　　　　　　　答　**2**

No.64　廃棄物の処理及び清掃に関する法律施行令第2条（産業廃棄物）では，次のように規定している（抜粋）．

第2条　法第2条第4項第一号の政令で定める廃棄物は，次のとおりとする．

　一　<u>紙くず</u>（建設業に係るもの（<u>工作物の新築，改築又は除去に伴って生じたもの</u>に限る．），パルプ，紙又は紙加工品の製造業，新聞業（新聞巻取紙を使用して印刷発行を行うものに限る．），出版業（印刷出版を行うものに限る．），製本業及び印刷物加工業に係るもの並びにポリ塩化ビフェニルが塗布され，又は染み込んだものに限る．）

よって，工作物の除去によって生じる紙くずは，産業廃棄物である．家庭から出る紙くずは一般廃棄物として扱われる．

したがって，3が誤っているものである．　　　　　　　　　　答　**3**

問題1 （解答例）

1-1　経験した電気工事

(1) 工　事　名　　　　　　　　○○地区配電線地中化工事

(2) 工事場所　　　　　　　　○○県○○市○○町〜△△市△△町

(3) 電気工事の概要　　　　　6.6 kV CVT ケーブル 3×150 mm² 〜 60 mm² 1 500 m新設

　　　　　　　　　　　　　　600 V CVQ ケーブル38 mm²，60 mm² 2 500 m新設

　　　　　　　　　　　　　　パットマウント変圧器 150 ＋ 50 kVA 3 台新設

　　　　　　　　　　　　　　多回路開閉器5台新設，コンクリート柱25本撤去他

(4) 工　　　　期　　　　　　令和○○年○月〜令和△△年△月

(5) 上記工事での立場　　　　元請負業者側の現場主任

(6) 担当した業務の内容　　　現場主任として，現場代理人を補佐し，現場施工図の
　　　　　　　　　　　　　　作成，工程・施工・品質管理など電気工事全体の施工
　　　　　　　　　　　　　　管理を行った．

1-2　工程管理上，特に留意した事項と理由，対策または処置

(1) ケーブル切替え工程管理

（理由）　地元の要請で歩道上のパットマウント変圧器および多回路開閉器の位置
変更が生じ，他企業（ガス，水道）との埋設再調整の遅延が生じたため．

（対策・処置）

①　現場施工図を早急に再作成し，各機器，管路位置オフセット，ケーブル引入
れ施工要領書を作成して，発注者および地元の了解を得た．

②　他企業（ガス，水道）との埋設再調整後，先行可能なケーブル引き入れ作業
と接続作業を前倒しで実施する工程とし，毎日フォローアップを実施した．

(2) 接続材料納期管理

（理由）　各機器の位置変更の関係から，ケーブル切り出し数量ならびに接続材料
の数量変更（増）が生じたため．

（対策・処置）

①　最終施工図をもとにケーブル切り出し管理表および接続材料管理表を再作成し作業班に指示しするとともに，納入日および事務所倉庫出荷日には仕様，傷，出荷成績表を厳重チェックした．

②　現場の接続実施管理（相確認は接続班長と相互確認）を確実に行い，停止切替え日程の調整を発注者と連絡を密にして実施し，当初の送電日に運開させた．

問題2

2－1

1．安全パトロール

①　事業場の全域あるいは単位作業場ごとに巡視し，危険な施設，設備・機械の物的条件，危険な作業方法・作業行動などを摘出・指摘し，これを是正することにより安全を達成しようとするものである．

②　幹部，労働組合，安全委員会，安全当番，同業種相互などが行う各種のものがあり，効果を上げるためには，標準的な安全設備，安全作業手順の設定および教育訓練が必要である．

2．ツールボックスミーティング（TBM）

①　作業開始前に，道具箱（ツールボックス）の周りに責任者や職長を中心に集まった仕事仲間が，安全作業について話し合いをすることをいう．

②　アメリカの風習を取り入れた現場安全教育の一方法であり，作業開始前５〜15分程度の短時間に行うもので，安全常会，職場安全会議，職場常会などということもある．

3．飛来落下災害の防止対策

①　上下作業を回避する施工計画，機械設備の配置計画を行う．

②　養生ネット，シート，防護棚（朝顔）等の防護設備を受けること．

③　危険区域の立入禁止および必要に応じて監視員の配置．

4．墜落災害の防止対策

①　高さが２ｍ以上の作業床は，作業床の端，開口部等には，囲い，手すり，覆い等を設ける．

②　作業床を設置できない場合，防網を張り，安全帯の使用を義務付ける．また，囲い等を設置できない場合や作業の必要上臨時に囲い等を取り外すときは，防網を張り，安全帯の使用を義務付ける．

③　安全帯等および親綱等の設備の異常の有無について，随時点検する．

5．感電災害の防止対策

①　配電盤などで開路に用いた開閉器には，作業中札の表示，配電盤等の鍵の施

錠，監視人を置くなどの対策を講じる．

② 開路した電路が電力ケーブル，電力コンデンサー等を有する電路などでは，接地棒などを用いて残留電荷を確実に放電させる．

③ 感電防止保護具の着用（低圧・高圧ゴム手袋，絶縁長靴など）．

6．新規入場者教育

① 工事現場に新規に入場する作業員に対して実施する受入教育で，30分〜1時間程度で随時実施するものである．

② 職長が中心になって実施（作業所長および係員が指導・援助）し，作業員名簿の確認，「受入教育用シート」による当該現場の施工サイクル，特殊事情，作業所規律，一般的安全事項等の説明を行うものである．

2－2

(1) **機器の名称または略称**

高圧交流遮断器（略称：CB）

(2) **機能**

通常の負荷電流をはじめ，過負荷・短絡電流の遮断も行うことができる機器である．過電流・短絡電流の遮断は，変流器（CT）と過電流継電器（OCR）との組み合わせで行う．

問題3

以下の項目から三つを選び，それぞれ二つを記述すればよい．

1．揚水式発電

① 深夜・週末などの軽負荷時の大容量火力・原子力などの供給余力によって，下部池から上部池に揚水し，その水を重負荷時に使って発電する方式である．

② 水車・発電機とポンプ・電動機を別々に設置したものを別置式という．

③ 発電機とポンプ用電動機を共用し，ポンプ・水車・発電機を同一軸に結合したもの（直結式ともいう）をタンデム（くし形）式という．

④ ポンプと水車，また，発電機と電動機を共用したものをポンプ水車式という．ほとんど，この方式がとられる（可逆式ともいう）．

⑤ 揚水時は，水車を逆方向に回転してポンプと共用する．フランシス・斜流・プロペラ形が用いられる．

⑥ 一般にはフランシス形が多く，高落差ではランナを二つ直列に重ねた2段ポンプ水車を使うことがある．可変羽根である斜流形は，揚程の変化が大きい場合に適し，軽負荷時の効率も高い．

2．架空地線

① 架空地線は架空送電線用鉄塔の頂部に延線され，送電線路への直撃雷を防護

するために設置される.

② 架空地線の遮へい角は小さいほど望ましいが，設備信頼度との整合性より，77 kV 以下の2回線鉄塔では一般に1条の架空地線，154 kV 以上の2回線鉄塔では一般に2条の架空地線としている.

③ 架空地線は通信線路への誘導障害の防止対策としても有効に働く.

④ 架空地線と各相導体の結合率をできるだけ大きくし，かつ突起部分をなくして，接地間隔は少なくとも200〜300 m以下とする．また，遮へい角は45°程度以下とする.

⑤ 架空地線の接地抵抗は，30 Ω以下が望ましい.

⑥ 架空地線に使用される電線は，一般に亜鉛メッキ鋼線が用いられるが，アルミ合金より線，アルミ覆鋼線も使用されている.

3. 力率改善

① 一般の需要家の負荷は，抵抗と誘導性リアクタンスからなっており，力率は遅れとなっている．この遅れの負荷と並列に電力用コンデンサ（容量性リアクタンス）を接続して実施すること.

② コンデンサに流れる電流は電圧より90度進みとなり，誘導性リアクタンスに流れる遅れの電流を相殺（吸収）することとなり，力率を100 %に近づかせることを力率改善という.

③ 力率改善を行うと，発電設備をはじめとする電力系統設備の容量の低減が図れることから，需要家での力率改善幅により電力会社では基本料金の割引制度を採用している.

4. 漏電遮断器

① 電路の地絡事故による危険防止のために設ける遮断器である．電路が漏電（地絡）を生じたときにそれを感知し，自動的に事故回路を切り離す遮断器である.

② 漏電を検出するのに零相変流器（ZCT）が用いられ，遮断器と開閉機構が一体になっている構造である.

5. UTP ケーブル

① 10 BASE-T や100BASE-TX に使われているケーブル（Unshielded Twisted Pair）で，日本語に訳すと非シールド・より対線という．つまり，ツイストペア・ケーブルのことをいう.

② UTP ケーブルは 何対かの絶縁線を，ビニールチューブで覆っており，非シールドであることから，周囲からのノイズに弱い．したがって，電源からの電磁誘導を受ける場合もあるため，電源ケーブルから十分に離すことが望ましい.

③ 防水型・防爆型もあり，温度変化の激しい場所や水蒸気・可燃性ガス等の雰

囲気でも使用される.

6. 電車線路の帰線

① 電気鉄道の運転用電力は変電所から電車線路にき電され, 電気車の電動機を経て走行レール等の帰線を通り変電所に戻る. このような回路を「き電回路」といい, 変電所から電気車に電力を送る方式を「き電方式」という.

② 電気車運転を行うため電流の帰線路となる.

③ 信号電流の軌道回路となる. (列車の検知や信号機の制御, レール折損を検知することができる.)

④ 大地への漏れ電流により, 電食を発生させてしまうことがある. (直流電気鉄道)

7. ループコイル式車両感知器

① 矩形のコイルを路面下に埋め, 車両の通過によるインダクタンスの変化を検出する感知器をいう.

② インダクタンスの変化の立ち上がりを検出することで, 車両の台数を検出する通過型と, 変化の持続時間を検出する存在型に分類される.

8. 波付硬質合成樹脂管（FEP）

① 地中に埋設するケーブルの保護に用いられるもので, 可とう性に優れ, 軽量, 長尺などの長所がある.

② 管は, 塩化ビニル樹脂, ポリプロピレン, ポリエチレンなどを波付けしたもので, 延線時の接触抵抗（摩擦抵抗）が少なく, 通線が容易である.

9. 絶縁抵抗試験

① 電気設備に関する技術基準を定める省令第58条により, 電路の絶縁抵抗値が規定値以上か否かを判定する試験である.

② 低圧電路の絶縁抵抗試験にあっては, 分電盤, 制御盤等の配線用遮断器で区切ることのできる電路ごとに絶縁抵抗計（メガー）で, 電線相互間および電路と大地間の絶縁抵抗を測定する.

③ 測定時の留意事項は次のとおりである.

・絶縁抵抗計のバッテリーチェックを行う.

・被測定回路を無電圧状態にし, 電子回路など絶縁抵抗計の印加電圧に耐えられない機器がある場合には, その機器を回路から切り離す.

問題4

4-1

設問の交流電気回路の合成インピーダンス $\dot{Z}$ 〔Ω〕を求める.

$$\dot{Z} = R + jX_L - jX_C$$

$$= 4 + j4 - j1 = 4 + j3 \ [\Omega]$$

よって，合成インピーダンスの絶対値 $|\dot{Z}|$〔Ω〕は，

$$|\dot{Z}| = \sqrt{4^2 + 3^2} = 5\,\Omega$$

次に，この回路に流れる電流の絶対値 $|\dot{I}|$〔A〕を求める．電源 $E = 100\,V$ を基準とすると，

$$|\dot{I}| = \frac{E}{|\dot{Z}|} = \frac{100}{5} = 20\,A$$

よって，当該回路の有効電力の値 P〔W〕は，

$$P = |\dot{I}|^2 \times R$$
$$= 20^2 \times 4 = 1\,600\,W$$

したがって③が正しい．

4-2

変圧器の効率 η〔%〕は，次式で求められる．

$$\eta = \frac{出力}{入力} \times 100 = \frac{出力}{入力 + 損失} \times 100 \ 〔\%〕$$

$$= \frac{450}{450 + 20 + 30} \times 100 = \frac{450}{500} \times 100 = 90\ \%$$

したがって①が正しい．

問題5

5-1　ア-②，イ-③

建設業法第25条の27（施工技術の確保に関する建設業者等の責務）第2項では，次のように規定している．

27　建設工事に従事する者は，建設工事を適正に実施するために必要な<u>知識及び技術</u>又は技能の<u>向上</u>に努めなければならない．

5-2　ア-③，イ-①

労働安全衛生法第3条（事業者等の責務）第1項では，次のように規定している．

第3条　事業者は，単にこの法律で定める労働災害の防止のための<u>最低基準</u>を守るだけでなく，快適な職場環境の実現と労働条件の改善を通じて職場における労働者の<u>安全と健康</u>を確保するようにしなければならない．また，事業者は，国が実施する労働災害の防止に関する施策に協力するようにしなければならない．

5-3　ア-①，イ-②

電気工事士法第1条（目的）では，次のように規定している．

第1条　この法律は，電気工事の<u>作業</u>に従事する者の資格及び義務を定め，もって電気工事の欠陥による<u>災害の発生</u>の防止に寄与することを目的とする．

2021年度（令和3年度）
第一次検定試験（前期）・解答
出題数：64　必要解答数：40

No.1 面積 S〔m²〕の導体板2枚を平行に向かい合わせたコンデンサにおいて，その導体板間の距離が d〔m〕のときのコンデンサの静電容量 C_1〔F〕は，次式で示される.

ただし，ε_0 は真空の誘電率，ε_s は誘電体の誘電率で，$\varepsilon_0 \varepsilon_s = \varepsilon$ である.

$$C_1 = \frac{\varepsilon_0 \varepsilon_S S}{d} = \frac{\varepsilon S}{d} \ \text{〔F〕} \tag{1}$$

次に，面積が同じで導体板間の距離を $2d$〔m〕としたときのコンデンサの静電容量 C_z〔F〕は，次式で示される.

$$C_2 = \frac{\varepsilon S}{\dfrac{d}{2}} = \frac{2\varepsilon S}{d} \ \text{〔F〕} \tag{2}$$

したがって，(1)，(2)式より，

$$C_2 = 2C_1$$

となる.

したがって，3が正しいものである. **答 3**

No.2 平行な線状導体間に働く力は図2-1のようになる.

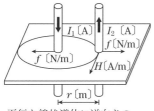

平行な線状導体に逆向きの電流が流れていると，反発力が生じる.

(a) 逆方向の電流による反発力

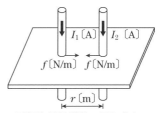

平行な線状導体に同じ向きの電流が流れていると，吸引力が生じる.

(b) 同じ方向の電流による吸引力

2-1図　平行な線状導体間に働く力

本問は，電流が同方向に流れているので吸引力となることから，bの方向に力が働く.

したがって，2が正しいものである. **答 2**

No.3 合成抵抗 R を求める．$4\,\Omega$ を R_1，$10\,\Omega$ を R_2，$15\,\Omega$ を R_3 とすると，

$$R = R_1 + \frac{R_2 R_3}{R_2 + R_3} = 4 + \frac{10 \times 15}{10 + 15} = 10\ \Omega$$

回路全体の電流 I_1 は，

$$I_1 = \frac{V}{R} = \frac{100}{10} = 10\ \text{A}$$

並列部分の電流は，並列抵抗の値に逆比例した値の電流が流れるので，電流 I_2 は，

$$I_2 = 10 \times \frac{15}{10 + 15} = 6$$

したがって，2 が正しいものである． **答 2**

No.4 永久磁石可動コイル形計器は，直流専用である．可動鉄片形計器は，交流専用である．整流形計器Z電流力計形計器は，交直両用である．

したがって，1 が適当なものである． **答 1**

No.5 問題に示された図は，直流発電機の原理を示した図である．直流発電機の出力は，フレミングの右手の法則に従うので，電機子コイルの回転方向を反転させると出力電圧の向きは反対向きに変化する．

ブラシと整流器が無ければ，コイルの半回転ごとに向きの変わる交流波形となるブラシと整流器によって，交流波形のマイナス側の波形をプラス側に変換し，出力波形はプラス側のみの波形を示すようになる．

したがって，2 が不適当なものである． **答 2**

No.6 無負荷損の大部分は鉄損である．鉄損は渦電流損とヒステリシス損とに分かれ，負荷電流に関係なく一定である．

負荷損は銅損と漂遊負荷損であるが，大部分は銅損であり，銅損は負荷電流の2乗に比例する．

したがって，3 が最も不適当なものである． **答 3**

No.7 進相コンデンサを誘導性負荷に並列に接続した場合の電源側回路に生じる効果としては，電力損失の低減，電圧降下の軽減，遅れ無効電流の減少による力率改善などが挙げられる．

電圧波形のひずみの改善は，進相コンデンサに直列に接続する直列リアクトルの効果である．

したがって，4 が不適当なものである． **答 4**

No.8 汽力発電所における熱サイクルの向上対策としては，次のものがある．
① 高温高圧蒸気の採用
② 過熱蒸気の採用

③ 復水器の真空度の向上

④ 再熱サイクルの採用

⑤ 再生サイクルの採用

⑥ 節炭器による排ガスで燃焼用空気を予熱する

復水器の圧力を高くすることは逆効果となる.

したがって，2が不適当なものである. 　答　2

No.9 柱上に用いる高圧気中負荷開閉器（PAS）は，負荷電流の開閉はできるが，短絡電流の遮断能力はない.

したがって，1が最も不適当なものである. 　答　1

No.10 配電系統やビル等の需要率は次式にて求められる.

$$需要率 = \frac{最大需要電力}{負荷設備容量} \times 100 \%$$

したがって，問題に示された計算式により求められるものは，1の需要率である.

　答　1

No.11 日本産業規格（JIS Z 9110）では，事務所の部屋に対する基準面における維持照度の推奨値を表11-1のように定めている.

表11-1

領域, 作業または活動の種類		基準面照度〔lx〕
作業	設計, 製図	750
	キーボード操作, 計算	500
執務空間	設計室, 製図室, 事務室, 役員室	750
	受付	300
共用空間	玄関ホール(昼間)	750
	会議室, 集会室, 応接室	500
	食堂	300
	便所, 洗面所	200
	階段	150
	休憩室, 倉庫, 廊下, エレベータ, 玄関ホール(夜間)	100

したがって，3が適当なものである. 　答　3

No.12 コンデンサ始動法は単相誘導電動機の始法である.

したがって，3が不適当なものである. 　答　3

三相誘導電動機の始動法には，全電圧始動法（直入れ始動法），Y-△始動法，始動補償器法などがある．また，単相誘導電動機の始動方式には，くま取りコイルによる始動，コンデンサ始動，分相始動，反発始動方式などがある．

No.13 火力発電所では，環境に対して各種の対策を施してあるが，中でも硫黄（SO_X）酸化物対策，窒素酸化物（NO_X）対策，ばいじん対策は大切なものであり，それぞれ，排煙脱硫装置，排煙脱硝装置，電気集じん器を用いて抑制対策としている．

空気予熱器は，煙道ガスの排熱を燃焼用空気に回収し，ボイラプラント効率を高める熱交換器である．

したがって，4が最も不適当なものである．　　　　　　　　　　**答　4**

No.14 電力用コンデンサは，系統に遅相無効電力を供給（進相無効電力を消費）して系統の無効電力を調整するために施設する設備である．無効電力調整により，系統の電圧安定を図るものである．

したがって，3が最も不適当なものである．　　　　　　　　　　**答　3**

No.15 電力系統における保護リレーシステムの役割は，過電流から機器を保護する，送配電線路の事故の拡大を防ぐ，故障した機器を電路から切り離すことなどで，計器用変成器・保護継電器・遮断器などで構成されている．

直撃雷から機器を保護する役割を果たす設備は避電器である．

したがって，3が最も不適当なものである．　　　　　　　　　　**答　3**

No.16 アーマロッドは，図16-1に示すように送電線路の電線の支持部で，電線の振動による疲労防止と事故電流による溶断防止，雷による切断防止のために，電線と同一系統の金属を巻き付けて補強するものである．

したがって，3が適当なものである．　　　　　　　　　　**答　3**

図16-1　アーマロッド

No.17　問題図のように，長幹がいしを鉄鋼や床面に直立固定する構造になっているものをラインポストがいしという．電線を磁器体頭部の溝にバインド線で結束して使用される．最近では特性の良いラインポストがいしが使用されている．

したがって，3が適当なものである．　　　　　　　　　　　　**答　3**

No.18　わが国の電気方式は，表18-1に示すような方式が採用されている．各方式の電圧降下式は表に示すとおりである．

表18-1　各種電気方式の比較

電気方式	単相2線式	単相3線式	三相3線式	三相4線式
回路図				
線路電流	$I_1 = \dfrac{P}{V\cos\theta}$	$I_2 = \dfrac{P}{2V\cos\theta}$	$I_3 = \dfrac{P}{\sqrt{3}V\cos\theta}$	$I_4 = \dfrac{P}{3V\cos\theta}$
	1	$\dfrac{I_2}{I_1} = \dfrac{1}{2}$	$\dfrac{I_3}{I_1} = \dfrac{1}{\sqrt{3}}$	$\dfrac{I_4}{I_1} = \dfrac{1}{3}$
電圧降下	$e_1 = 2I_1(R\cos\theta + X\sin\theta)$	$e_2 = I_2(R\cos\theta + X\sin\theta)$	$e_3 = \sqrt{3}I_3(R\cos\theta + X\sin\theta)$	$e_4 = I_4(R\cos\theta + X\sin\theta)$
	1	$\dfrac{e_2}{e_1} = \dfrac{1}{2}\cdot\dfrac{I_2}{I_1} = \dfrac{1}{4}$	$\dfrac{e_3}{e_1} = \dfrac{\sqrt{3}}{2}\cdot\dfrac{I_3}{I_1} = \dfrac{1}{2}$	$\dfrac{e_4}{e_1} = \dfrac{1}{2}\cdot\dfrac{I_4}{I_1} = \dfrac{1}{6}$
電力損失	$p_1 = 2I_1^2 R$	$p_2 = 2I_2^2 R$	$p_3 = 3I_3^2 R$	$p_4 = 3I_4^2 R$
	1	$\dfrac{p_2}{p_1} = \left(\dfrac{I_2}{I_1}\right)^2 = \dfrac{1}{4}$	$\dfrac{p_3}{p_1} = \dfrac{3}{2}\left(\dfrac{I_3}{I_1}\right)^2 = \dfrac{1}{2}$	$\dfrac{p_4}{p_1} = \dfrac{3}{2}\left(\dfrac{I_4}{I_1}\right)^2 = \dfrac{1}{6}$

厳選「電験第3種テキスト」（電気書院）より引用

したがって，1が正しいものである．　　　　　　　　　　　　**答　1**

No.19　高圧電線の支持に深溝型のがいしを用いるのは，塩害対策のためである．がいし本体に塩分が付着した状態では，表面の絶縁抵抗が低下し，漏れ電流が増加して絶縁破壊につながるおそれがあるため，がいしの構造を深溝構造とし，表面漏れ距離を長くするとともに撥水しやすく汚れが洗われやすい形状としている．

したがって，2が最も不適当なものである．　　　　　　　　　**答　2**

No.20　地絡方向継電器は，1線地絡事故の方向を判定するリレーで，通常，零相電圧と零相電流とで方向判定が行われる．1線地絡事故時の零相電圧$3V_0$と零相電流$3I_0$の位相関係が逆位相方向であるため，$-3V_0$と$3I_0$との間で方向判定が行われる．

したがって，3が適当なものである．　　　　　　　　　　　　**答　3**

No.21　例えば，JIS Z 9112では，蛍光ランプの光源色による区分として，昼光色，昼白色，白色，温白色および電球色の5種類に区分されているが，相関色温度の範囲は，

・昼光色：5 700〜7 100 K

・昼白色：4 600〜5 500 K

・白　色：3 800〜4 500 K

・温白色：3 250〜3 800 K

・電球色：2 600〜3 250 K

と定められている．

　したがって，1 が正しいものである． **答　1**

　なお，相関色温度とは，特定の観測条件の下で，明るさを等しくして比較したときに，与えられた刺激に対して知覚色が最も近似する黒体の温度をいう（JIS Z 8113）．すなわち，光源と最も近い色に見える黒体放射の色温度のことである．

No.22 かご形誘導電動機を全電圧で始動する場合，電動機定格電流の 5〜6 倍の始動電流が流れるのが一般的であり，Y- △始動をはじめとする低減電圧始動が採用される．

　一方，インバータ駆動の場合，低い周波数・低い電圧からスタートし，さらにストール防止動作で電流が抑制されるため，モータ定格電流の 1.5〜2 倍の始動電流に抑えて始動することが可能となる．

　したがって，1 が最も不適当なものである． **答　1**

No.23 電技解釈第156条（低圧屋内配線の施設場所による工事の種類）では，「低圧屋内配線は，次の各号（省略）に掲げるものを除き，156-1表に規定する工事のいずれかにより施設すること」と規定している．

この表によれば，湿気の多い場所又は水気のある場所では，展開した場所，隠ぺい場所にかかわらず金属線ぴ工事の施工はできない．

表23-1　電気設備技術基準の解釈第156条の表（156-1表）

施設場所の区分		使用電圧の区分	工事の種類											
			がいし引き工事	合成樹脂管工事	金属管工事	金属可とう電線管工事	金属線ぴ工事	金属ダクト工事	バスダクト工事	ケーブル工事	フロアダクト工事	セルラダクト工事	ライティングダクト工事	平形保護層工事
展開した場所	乾燥した場所	300V以下	○	○	○	○	○	○	○	○			○	
		300V超過	○	○	○	○		○	○	○				
	湿気の多い場所又は水気のある場所	300V以下	○	○	○	○			○	○				
		300V超過	○	○	○	○				○				
点検できる隠ぺい場所	乾燥した場所	300V以下	○	○	○	○	○	○	○	○	○	○	○	
		300V超過	○	○	○	○		○	○	○				
	湿気の多い場所又は水気のある場所	－	○	○	○	○				○				
点検できない隠ぺい場所	乾燥した場所	300V以下		○	○	○				○				
		300V超過		○	○	○				○				
	湿気の多い場所又は水気のある場所	－		○	○	○				○				

（備考）○は，使用できることを示す．

したがって，4が誤っているものである．　　　　　　　　　　　　　　　　　　　**答　4**

No.24 高圧受電設備において，引込ケーブルの太さを選定する際の検討項目としては，許容電流（許容最高使用温度），負荷電流，短絡電流があり，地絡電流は非接地方式によりかなり小さな値であるため，検討時には考慮しない．

したがって，3が最も関係ないものである．　　　　　　　　　　　　　　　　　　**答　3**

No.25 開閉サージは，遮断器や断路器の開閉時に発生するサージであり，JIS規格における建築物等の雷保護に関する用語には規定がない．

したがって，1が最も関係ないものである．　　　　　　　　　　　　　　　　　　**答　1**

No.26 電力ケーブルの許容電流は，熱放散によって大きく左右される．このため，直接埋設式と管路式を比較すると，直接埋設式の場合のケーブル収容数は少ないことから熱放散は良く，許容電流を管路式より大きくとることができる．

2021 一次解答前

一方，管路式はケーブルの収容数が多いため，熱放散が悪く（中央部の管路は最も熱放散が悪い）許容電流を大きくとることができない.

したがって，1が最も不適当なものである. 答 **1**

No.27 光電式スポット型感知器は，周囲の空気が一定の濃度以上の煙を含むに至ったときに火災信号を発信するもので，一局所の煙による光電素子の受光量の変化により作動するものである.

よって，自動火災報知設備を設置する事務所ビルの廊下および通路に設ける感知器には，光電式スポット型感知器が適切である.

したがって，3が正しいものである. 答 **3**

消防法施行規則第23条（自動火災報知設備の感知器等）第4項第三号では，差動式スポット型，定温式スポット型または補償式スポット型感知器について，詳細を規定している. また，同規則別表第一の二の三からも感知器の設置場所の区分が決められており，事務所ビルの廊下および通路に設ける感知器としてはこれらの感知器は不適切である.

No.28 消防法施行規則第28条の3（誘導灯及び誘導標識に関する基準の細目）第4項第六号では次のように規定している.

六　誘導灯に設ける点滅機能又は音声誘導機能は，次のイからハまでに定めるところによること.

イ　前項第一号イ又はロに掲げる避難口に設置する避難口誘導灯以外の誘導灯には設けてはならないこと.

ロ　自動火災報知設備の感知器の作動と連動して起動すること.

ハ　避難口から避難する方向に設けられている自動火災報知設備の感知器が作動したときは，当該避難口に設けられた誘導灯の点滅及び音声誘導が停止すること.

よって，通路誘導灯には点滅機能を設けることはできない.

したがって，1が誤っているものである. 答 **1**

ちなみに，イ号にある「前項第一号イ又はロに掲げる避難口」とは，

イ　屋内から直接地上へ通ずる出入口

ロ　直通階段の出入口

である.

No.29 各出力端子に信号を均等に分けるために使用され，インピーダンスの整合も行う機器は，分配器である. 分配損失は2分配器で4 dB 以下，4分配器で8 dB 以下である.

したがって，1が適当なものである. 答 **1**

　分岐器は，幹線からの信号の一部を取り出す方向性結合器で，分岐損失は幹線の信号より10～20 dBほど小さくなる．方向性結合器であるので，入力端子と出力端子を誤接続すると分岐側出力が低下する．

　混合器は，VHF，UHF，BSのアンテナからの信号を干渉することなく，一つの出力端子にまとめる機能をもった機器．

　分波器は，混合された異なる周波数帯域別の信号を選別して取り出すために使用される機器．

No.30　シンプルカテナリ式電車線は，30-1図に示すとおり，ちょう架線からハンガイーヤによりトロリ線を吊り下げた構造のもので，カテナリちょう架式では，最も簡単な構造である．集電容量は中程度で，速度も100 km/h程度の中速用である．

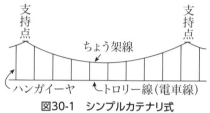

図30-1　シンプルカテナリ式

　使用される金具としては，トロリ線をちょう架線または補助ちょう架線に吊るすためのハンガおよびイーヤ，トロリ線相互間，ちょう架線とトロリ線間を電気的に接続するコネクタ，曲線区間の横張力に対し，トロリ線の変位を保持するための曲線引金具などがある．

　ドロッパは，補助ちょう架線をちょう架線に吊る金具で，ワイヤとクリップにより構成されるもので，コンパウンドカテナリ式に用いられる金具である．

　したがって，2が不適当なものである．　　　　　　　　　　　　　　　**答　2**

No.31　横断歩道の照明は，これに接近してくる自動車の運転者に対して，その存在を示し，横断中および横断しようとする歩行者等の状況がわかるようにするものである．

　横断歩道の照明方式は，運転者から見て歩行者の背景を照明する方式を原則とするが，<u>背景の明るさを確保することが難しい場合などには，歩行者自身を照明する方式を選定する．</u>

　したがって，4が不適当なものである．　　　　　　　　　　　　　　　**答　4**

　歩行者の背景を照明する方式は，平均路面照度は，横断歩道の前後それぞれ35 mの範囲を対象に20 lx程度を確保することが望ましく，交通量が少なく，周辺環境が暗い場合においても10 lx以上を確保することが望ましい．

　明るい路面を背景とする人物のシルエット効果を得るためには，横断歩道の後方

に灯具を配置し，横断歩道の直前には設置しないようにする．つまり，シルエット効果を得るためには，歩行者の背景を照明する方式とする．

歩行者自身を照明する方式は，横断歩道中心線上１mの高さにおいて，鉛直面の平均照度は20 lx程度を確保することが望ましく，交通量が少なく，周辺環境が特に暗い場合などにおいても10 lx以上を確保することが望ましい．

No.32 機械換気の方式には，第１種機械換気，第２種機械換気，第３種機械換気があり，厨房は第３種機械換気が適する．

トイレや厨房のように，室内で発生した臭気や有毒ガスを他室に流出させたり室内に拡散させたりしてはいけない室の換気には第３種機械換気が適しており，室内の空気を排気送風機によって排出し，外気は給気口より自然に流入させ，室内が負圧になるように換気する第３種機械換気が適している．第３種機械換気であれば室内は陰圧となり，臭気や有毒ガスが室内より漏れることがないからである．

したがって，3が最も不適当なものである．　　　　　　　　　　　**答　3**

No.33 親杭横矢板工法は，親杭としてH形鋼やI形鋼が用いられ，横矢板として一般に木製矢板が用いられ，親杭と腹起しとの密着を図るためにモルタルで裏込めを行う工法である．この工法は，止水効果をほとんど得ることができないので，遮水性が求められる壁体に用いられることはない．

したがって，2が最も不適当なものである．　　　　　　　　　　　**答　2**

No.34 移動式クレーンの転倒事故を防止するための装置としては，アウトリガーがある．

クレーン等安全規則第70条の5（アウトリガー等の張り出し）では，「事業者は，アウトリガーを有する移動式クレーン又は拡幅式のクローラを有する移動式クレーンを用いて作業を行うときは，当該アウトリガー又はクローラを最大限に張り出さなければならない．」と規定しており，現場では，クレーンの設置地盤力の確保と安定を図るために敷板を設置し，アウトリガーを最大限に張り出して作業することが大切である．

したがって，3が最も適当なものである．　　　　　　　　　　　　**答　3**

No.35 送電用鉄塔の既製杭工法としては，打ち込み工法，圧入工法などが採用される．

セミシールド工法，刃口推進工法は下水道管きょなどの構築に採用される推進工法，アースドリル工法は場所打ち杭の工法である．

したがって，4が適当なものである．　　　　　　　　　　　　　　**答　4**

No.36 サードレールは第三軸条ともいい，電車に電力を供給するための導電用のレールで，電気車両の集電靴によって接触集電し，走行レールを帰路として電力を

変電所へ戻す方式である.

　したがって，3が最も不適当なものである.　　　　　　　　**答　3**

No.37　コンクリートは，一般に骨材の重量によって普通コンクリートと軽量コンクリートに分類される.

　したがって，4が不適当なものである.　　　　　　　　　　**答　4**

　軽量骨材コンクリートとは，構成材料である砂利や砂を密度の小さい（軽い）ものとしたコンクリートで，軽量骨材の種類としては天然軽量骨材と人工軽量骨材があり，天然軽量骨材は主として火山の噴火に伴って噴出した軽石や火山礫などで，人工軽量骨材は，頁（けつ）岩を高温で焼いて膨張させるとか，フライアッシュを造粒して焼成，あるいは蛭（ひる）石を加熱膨張させることによって得られる.現在，わが国で使用されている軽量骨材は，ほとんどが膨張頁岩系の人工軽量骨材である.そのほか，軽量気泡コンクリートと呼ばれる軽量コンクリートもある.

No.38　JIS C 0303（構内電気設備の配線用図記号）では，設問4の図記号はターミナルアダプタを示す.端子盤は図38-1に示す図記号となっている.

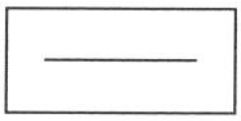

図38-1

　したがって，4が誤っているものである.　　　　　　　　　**答　4**

No.39　施工要領書（工種別施工計画書ともいう）は，設計図書に基づいて作成され，工事施工上の特記事項，配線，機器等の据付工事，接地，耐震措置，試験などの詳細な方法が記載される.

　また，作業のフロー，管理項目，管理水準，管理方法，監理者・管理者の確認，管理資料・記録などを記載した品質管理表が使用されている.施工要領書は施工内容が具体的になったときには，その都度作成し，発注者の承認を得る場合もある.

　よって，他の現場にも共通して利用できるように作成するものではない.

　したがって，4が最も不適当なものである.　　　　　　　　**答　4**

2021　一次解答前

No.40 バーチャート工程表は，工程表の中では一般に最も広く使用されており，横線工程表と呼ばれている．工程表は縦軸に工事を構成する工種を，横軸に暦日をとり，各作業の着手日と終了日の間を棒線で結ぶものである．（図40-1参照）

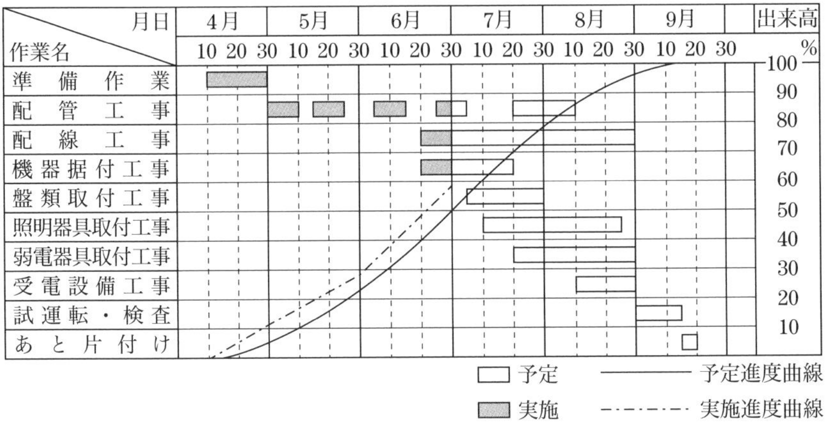

月日 作業名	4月 10 20 30	5月 10 20 30	6月 10 20 30	7月 10 20 30	8月 10 20 30	9月 10 20 30	出来高 %
準 備 作 業							100 / 90
配 管 工 事							80
配 線 工 事							70
機 器 据 付 工 事							60
盤 類 取 付 工 事							50
照 明 器 具 取 付 工 事							40
弱 電 器 具 取 付 工 事							30
受 電 設 備 工 事							20
試 運 転 ・ 検 査							10
あ と 片 付 け							

□ 予定　────── 予定進度曲線
■ 実施　─・─・─・─ 実施進度曲線

図40-1　バーチャート工程表

特徴としては，視覚的に見やすい図となり，各作業の所要日数と施工日程がわかりやすい．また，ある程度各作業間の関連がわかるが，各作業の工期に対する影響の度合いは把握し難く，作成方法に明確な規則がなく，主観的要素が入りやすい．

工事全体のクリティカルパスの把握は困難であり，把握しやすい工程表はネットワーク式の工程表である．

したがって，5が最も不適当なものである．　　　　　　　　　　　　　　**答　5**

No.41 ⑧に進む直前のイベント②，③，④からの日数で一番長いのは③→④→⑦→⑧の9日である．

①〜③の日数で一番長いのは，①→②→③の⑤日である．

これより，図に示されたネットワーク工程表の所要工期（クリティカルパス）をイベント番号で示すと次のようになる．

①→②→③→④→⑦→⑧→⑨　（2＋3＋4＋2＋3＋3＝17日）

したがって，4が正しいものである．　　　　　　　　　　　　　　　　　**答　4**

No.42 パレート図は，不良品，欠点，故障などの発生個数（または損失金額）を現象や原因別に分類し，大きい順に並べてその大きさを棒グラフとし，さらにこれらの大きさを順次累積した折れ線グラフで表した図をいう．

パレート図により，大きな不良項目は何か，不良項目の順位と全体に占める割合，目標不良率達成のために対象となる重点不良項目を把握することができる．また，対策前のパレート図を比較して効果を確認することができる．

設問に示された図は，不良件数・累計不良率が示されており，配管等支持不良の項目を改善しても工事全体の損失額は，25％程度しか低減できない．

工事全体の損失額を効果的に低減するためには，損失金額を示した不良項目順にパレート図を作成しなおし，検討する必要がある．

したがって，4が最も不適当なものである．　　　　　　　　　　　　　**答　4**

No.43　施工計画書は，その工事をどのように進めていくか，最も基本となるものであり，現場担当者およびそこで働く作業員に，作業内容・方法を理解させるためのものである．

しかし，施工計画書は現場内だけのものではなく，官公庁の届出，工事概要の説明，工事管理者の承諾，主要資材の採用，総合的な仮設計画，社内審議など多くの目的がある．

一般に仕様書には，工事監理者に施工計画書を提出し，承諾を得ることが明記されている場合が多く，これは，施工が設計図書どおり行われようとしているか否か，監理者が工事の方法や進め方をチェックするものである．

また，建築主，設計者，関係官庁等に対して，施工計画全体を説明することが必要になる場合が多く，わかりやすくまとめておくことが大切である．

施工計画書は，単に施工を行うための計画といっても上記のほかにもさまざまな目的があり，それらを十分に理解し作成する必要がある．

機器承諾図は施工計画にはほとんど関係がない．

したがって，1が最も関係のないものである．　　　　　　　　　　　　**答　1**

No.44　総合工程表は，着工から竣工引渡しまでの全容を表し，工事全体の作業の進捗を大局的に把握するために作成される．電気設備工事は，そのほとんどが建築工事やほかの設備工事と関連して作業が進められるため，互いにその作業内容を理解して，作業順序や工程を調整し無理のない工程計画を立てなければならない．

作業種別ごとの作業間の工程調整や詳細な進捗管理をするには，各作業工程表と出来高用工程表とを組み合わせたものを用いるのが良い．

したがって，2が最も不適当なものである．　　　　　　　　　　　　**答　2**

No.45　ケーブルの絶縁抵抗測定は，ケーブルの長さにもよるが，通常，1分程度（1分値とする場合が多い）時間が経過して指針が安定してからの値を測定値とする．

したがって，1が最も不適当なものである．　　　　　　　　　　　　**答　1**

No.46　労働安全衛生規則第526条（昇降するための設備の設置等）第一項では，次のように規定している．

第526条　事業者は，高さ又は深さが1.5mをこえる箇所で作業を行なうときは，当該作業に従事する労働者が安全に昇降するための設備等を設けなければならな

い．ただし，安全に昇降するための設備等を設けることが作業の性質上著しく困難なときは，この限りでない．

したがって，3が誤っているものである． **答 3**

No.47 労働安全衛生規則第536条（高所からの物体投下による危険の防止）では，次のように規定している．

第536条　事業者は，3m以上の高所から物体を投下するときは，適当な投下設備を設け，監視人を置く等労働者の危険を防止するための措置を講じなければならない．

したがって，2が定められているものである． **答 2**

No.48 屋外変電所の変電機器の据え付けは，架線工事などの上部作業が終了したのちに行うことが望ましい．変圧器や遮断器などの現場組立の機器は，防塵面で特に配慮する必要があり，上部作業を終了させておく必要がある．

したがって，3が最も不適当なものである． **答 3**

No.49 高圧架空引込線の施工において，高圧受電設備規程（JEAC 8011）1120-2（高圧架空引込線の施設）第4項⑤号 b では，「高圧ケーブルによる架空引込線は，径間途中では，ケーブルの接続を行わないこと．」と規定している．

したがって，2が最も不適当なものである． **答 2**

No.50 内線規程3150節（ライティングダクト配線）3150-4（ライティングダクトの施設方法）⑤号では，次のように規定している．

⑤　ライティングダクトの開口部は，下向きに施設すること．ただし，次のいずれかに該当するときは，横に向けて施設することができる．

a.　簡易接触防護措置を施し，かつ，ダクトの内部にじんあいが侵入し難いように施設する場合．

b.　（省略）

したがって，4が不適当なものである． **答 4**

No.51 シンプルカテナリ式の電車線路の構成において，図のアに示された線は「き電線」，図のイに示された線は「トロリ線」である．

したがって，2が適当なものである． **答 2**

No.52 有線電気通信設備令施行規則第7条（架空電線の高さ）では，次のように規定している．

第7条　令第8条に規定する総務省令で定める架空電線の高さは，次の各号によらなければならない．

一　架空電線が道路上にあるときは，横断歩道橋の上にあるときを除き，路面から5m（交通に支障を及ぼすおそれが少ない場合で工事上やむを得ないときは，

歩道と車道との区別がある道路の歩道上においては，2.5 m，その他の道路上においては，4.5 m）以上であること．

二　架空電線が<u>横断歩道橋の上</u>にあるときは，<u>その路面から3 m 以上</u>であること．

三　架空電線が鉄道又は軌道を横断するときは，軌条面から6 m（車両の運行に支障を及ぼすおそれがない高さが6 m より低い場合は，その高さ）以上であること．

四　架空電線が河川を横断するときは，舟行に支障を及ぼすおそれがない高さであること．

したがって，4が誤っているものである．　　　　　　　　　　　　　　**答　4**

No.53　建設業法第3条〜第17条により，建設業の許可は，建設業を営もうとする者であって，その営業にあたって，その者が発注者から直接請け負う1件の建設工事につき，その工事の全部又は一部を，下請代金の額（その工事に係る下請契約が二以上あるときは，下請代金の額の総額）が政令で定める金額（4 000万円）以上となる下請契約を締結して施工しようとするものは，特定建設業の許可を必要とする．

　また，請負代金の額にかかわらず，発注者から直接工事を請け負わない場合および発注者から直接請け負う1件の建設工事につき，その工事の全部又は一部を，下請代金の額（その工事に係る下請契約が二以上あるときは，下請代金の額の総額）が政令で定める金額（4 000万円）未満となる下請契約を締結して施工するのであれば，一般建設業の許可となる．

　すなわち，特定建設業とは請負金額の額により定められるもので，発注者により定められるものではない．

したがって，1が誤っているものである．　　　　　　　　　　　　　　**答　1**

No.54　建設業法第19条（建設工事の請負契約の内容）第1項では，次のように規定している．

　第19条　建設工事の請負契約の当事者は，前条の趣旨に従って，契約の締結に際して次に掲げる事項を書面に記載し，署名又は記名押印をして相互に交付しなければならない．

一　工事内容

二　請負代金の額

三　工事着手の時期及び工事完成の時期

四　工事を施工しない日又は時間帯の定めをするときは，その内容

五　請負代金の全部又は一部の前金払又は出来形部分に対する支払の定めをするときは，その支払の時期及び方法

六　当事者の一方から設計変更又は工事着手の延期若しくは工事の全部若しくは

2021 一次解答前

　　一部の中止の申出があった場合における工期の変更，請負代金の額の変更又は
　　損害の負担及びそれらの額の算定方法に関する定め

七　天災その他不可抗力による工期の変更又は損害の負担及びその額の算定方法
　　に関する定め

八　価格等(物価統制令(昭和21年勅令第118号)第2条に規定する価格等をいう.)
　　の変動若しくは変更に基づく請負代金の額又は工事内容の変更

九　工事の施工により第三者が損害を受けた場合における賠償金の負担に関する
　　定め

十　注文者が工事に使用する資材を提供し，又は建設機械その他の機械を貸与す
　　るときは，その内容及び方法に関する定め

十一　注文者が工事の全部又は一部の完成を確認するための検査の時期及び方法
　　　並びに引渡しの時期

十二　<u>工事完成後における請負代金の支払の時期及び方法</u>

十三　工事の目的物が種類又は品質に関して契約の内容に適合しない場合におけ
　　　るその不適合を担保すべき責任又は当該責任の履行に関して講ずべき保証保
　　　険契約の締結その他の措置に関する定めをするときは，その内容

十四　各当事者の履行の遅滞その他債務の不履行の場合における遅延利息，違約
　　　金その他の損害金

十五　<u>契約に関する紛争の解決方法</u>

したがって，4が定められていないものである.　　　　　　　　　　　　**答　4**

No.55　電気事業法施行規則第56条（免状の種類による監督の範囲）では，次の
ように規定している.

　第56条　法第44条第5項の経済産業省令で定める事業用電気工作物の工事，維
持及び運用の範囲は，次の表の左欄に掲げる主任技術者免状の種類に応じて，それ
ぞれ同表の右欄に掲げるとおりとする.

表55-1 (表抜粋)

主任技術者免状の種類	保安の監督をすることができる範囲
第一種電気主任技術者免状	事業用電気工作物の工事，維持及び運用
第二種電気主任技術者免状	電圧170 000 V未満の事業用電気工作物の工事，維持及び運用
第三種電気主任技術者免状	電圧50 000 V未満の事業用電気工作物(出力5 000 kW以上の発電所を除く.)の工事，維持及び運用

　したがって，3が定められているものである.　　　　　　　　　　　　**答　3**

No.56　電気用品安全法第2条（定義）第1項では，次のように規定している.
　第2条　この法律において「電気用品」とは，次に掲げる物をいう.

一　一般用電気工作物（電気事業法（昭和39年法律第170号）第38条第1項に規定する一般用電気工作物をいう．）の部分となり，又はこれに接続して用いられる機械，器具又は材料であって，政令で定めるもの

二　携帯発電機であって，政令で定めるもの

三　蓄電池であって，政令で定めるもの

したがって，1が定められていないものである．　　　　　　　　　　答　**1**

No.57　電気工事士法第3条（電気工事士等）では，次のように規定している．

　第3条　第一種電気工事士免状の交付を受けている者（以下「第一種電気工事士」という．）でなければ，自家用電気工作物に係る電気工事（第3項に規定する電気工事を除く．第4項において同じ．）の作業（自家用電気工作物の保安上支障がないと認められる作業であって，経済産業省令で定めるものを除く．）に従事してはならない．

　2　第一種電気工事士又は第二種電気工事士免状の交付を受けている者（以下「第二種電気工事士」という．）でなければ，一般用電気工作物に係る電気工事の作業（一般用電気工作物の保安上支障がないと認められる作業であって，経済産業省令で定めるものを除く．以下同じ．）に従事してはならない．

　3　自家用電気工作物に係る電気工事のうち経済産業省令で定める特殊なもの（以下「特殊電気工事」という．）については，当該特殊電気工事に係る特種電気工事資格者認定証の交付を受けている者（以下「特種電気工事資格者」という．）でなければ，その作業（自家用電気工作物の保安上支障がないと認められる作業であって，経済産業省令で定めるものを除く．）に従事してはならない．

　4　自家用電気工作物に係る電気工事のうち経済産業省令で定める簡易なもの（以下「簡易電気工事」という．）については，第1項の規定にかかわらず，認定電気工事従事者認定証の交付を受けている者（以下「認定電気工事従事者」という．）は，その作業に従事することができる．

　よって，第二種電気工事士は，自家用電気工作物に係る簡易電気工事の作業に従事できない．認定電気工事従事者の資格が必要である．

したがって，2が誤っているものである．　　　　　　　　　　答　**2**

No.58　電気工事業の業務の適正化に関する法律施行規則第13条（帳簿）第1項では，次のように規定している．

　第13条　法第26条の規定により，電気工事業者は，その営業所ごとに帳簿を備え，電気工事ごとに次に掲げる事項を記載しなければならない．

一　注文者の氏名または名称および住所

二　電気工事の種類および施工場所

三　施工年月日

四　主任電気工事士等および作業者の氏名

五　配線図

六　検査結果

したがって，2が定められていないものである．　　　　　　　　　　答　**2**

No.59　建築基準法第2条（用語の定義）第一号では，次のように規定している．

　第2条　この法律において次の各号に掲げる用語の意義は，それぞれ当該各号に定めるところによる．

　一　建築物　土地に定着する工作物のうち，屋根及び柱若しくは壁を有するもの（これに類する構造のものを含む．），これに附属する門若しくは塀，観覧のための工作物又は地下若しくは高架の工作物内に設ける事務所，店舗，興行場，倉庫その他これらに類する施設（鉄道及び軌道の線路敷地内の運転保安に関する施設並びに跨線橋，プラットホームの上家，貯蔵槽その他これらに類する施設を除く．）をいい，建築設備を含むものとする．

　したがって，2が誤っているものである．　　　　　　　　　　　答　**2**

No.60　消防法施行令「第六款　消火活動上必要な施設に関する基準」では，第28条に「排煙設備に関する基準」，第28条の2に「連結散水設備に関する基準」，第29条の2に「非常コンセント設備に関する基準」についてその詳細を定めている．

　したがって，4の「非常警報設備」が定められていないものである．　　答　**4**

No.61　労働安全衛生法第59条（安全衛生教育）では，次のように規定している．

　第59条　事業者は，労働者を雇い入れたときは，当該労働者に対し，厚生労働省令で定めるところにより，その従事する業務に関する安全又は衛生のための教育を行なわなければならない．

　2　前項の規定は，労働者の作業内容を変更したときについて準用する．

　3　事業者は，危険又は有害な業務で，厚生労働省令で定めるものに労働者をつかせるときは，厚生労働省令で定めるところにより，当該業務に関する安全又は衛生のための特別の教育を行なわなければならない．

　また，第3項でいう「厚生労働省で定めるもの」は労働安全衛生規則に定められており，第36条第1項第一号，第四号では次のように規定されている．

　第36条　法第59条第3項の厚生労働省令で定める危険又は有害な業務は，次のとおりとする．

　一　研削といしの取替え又は取替え時の試運転の業務

　四　高圧（直流にあっては750ボルトを，交流にあっては600ボルトを超え，7 000ボルト以下である電圧をいう．以下同じ．）若しくは特別高圧（7 000ボルト

を超える電圧をいう．以下同じ．）の充電電路若しくは当該充電電路の支持物の敷設，点検，修理若しくは操作の業務，低圧（直流にあっては750ボルト以下，交流にあっては600ボルト以下である電圧をいう．以下同じ．）の充電電路（対地電圧が50ボルト以下であるもの及び電信用のもの，電話用のもの等で感電による危害を生ずるおそれのないものを除く．）の敷設若しくは修理の業務（次号に掲げる業務を除く．）又は配電盤室，変電室等区画された場所に設置する低圧の電路（対地電圧が50ボルト以下であるもの及び電信用のもの，電話用のもの等で感電による危害の生ずるおそれのないものを除く．）のうち充電部分が露出している開閉器の操作の業務．

したがって，2が定められていないものである． **答 2**

No.62 労働安全衛生規則第4条（安全管理者の選任）第1項第一号では，次のように規定している．

第4条 法第11条第1項の規定による安全管理者の選任は，次に定めるところにより行わなければならない．

一 安全管理者を選任すべき事由が発生した日から14日以内に選任すること．

したがって，1が定められていないものである． **答 1**

No.63 労働基準法第107条（労働者名簿）では，次のように規定している．

第107条 使用者は，各事業場ごとに労働者名簿を，各労働者（日日雇い入れられる者を除く．）について調製し，労働者の氏名，生年月日，履歴その他厚生労働省令で定める事項を記入しなければならない．

また，労働基準法施行規則第53条では，次のように規定している．

第53条 法第107条第1項の労働者名簿（様式第19号）に記入しなければならない事項は，同条同項に規定するもののほか，次に掲げるものとする．

一 性別

二 住所

三 従事する業務の種類

四 雇入の年月日

五 <u>退職の年月日及びその事由</u>（退職の事由が解雇の場合にあっては，その理由を含む．）

六 <u>死亡の年月日及びその原因</u>

したがって，2が定められていないものである． **答 2**

No.64 廃棄物の処理及び清掃に関する法律施行令第2条（産業廃棄物）では，次のように規定している．

第1条 法第2条第4項第一号の政令で定める廃棄物は，次のとおりとする．

七　ガラスくず，コンクリートくず（工作物の新築，改築又は除去に伴って生じたものを除く．）及び陶磁器くず

よって，工作物の除去に伴って生じたガラスくずは，一般廃棄物ではなく，産業廃棄物として扱わなければならない．

したがって，4が誤っているものである．　　　　　　　　　　　　　　　答　4

2021年度（令和3年度）第一次検定試験（後期）・解答

出題数：64　必要解答数：40

※【No.1】〜【No.12】までの12問題のうちから，8問題を選択・解答

No.1 電界の強さとは，+1C の電荷が受ける力のことである．したがって，R に +1C の電荷が有ると考え，点 A の電荷による電界の強さを E_A の反発力，点 B の電荷による電界の強さを E_B の吸引力，とすると，その合成電荷は図 1-1 に示すようなベクトルの合成 E_{AB} となるので，図のイの方向となる．

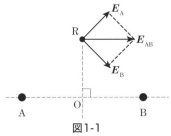

図1-1

したがって，2が適当なものである．　　　　　　　　　　　　　　　**答　2**

No.2 図 2-1 に示すように，磁束（磁力線）は，N 極から出て S 極に入る．また，磁束の向きは磁界の向きを表し，磁束が曲線を描くときはその点の接線の向きを磁界の向きとし，任意の点における磁力線の密度は，その点の磁界の大きさを表す．

そして，一つの磁石の N 極と S 極の強さは等しいので，N 極から出た磁束の量と S 極に入り込む磁束の

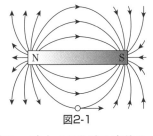

図2-1

量は等しい．さらに，磁束は互いに反発し合う性質を有し，途中での分岐や交差はない．また，同種の磁極の間には反発力が働き，異種の磁極の間には吸引力が働く．

したがって，3が不適当なものである．　　　　　　　　　　　　　　**答　3**

No.3 Δ回路の負荷抵抗 10 Ω を流れる相電流 I_Δ〔A〕は，

$$I_\Delta = \frac{200}{10} = 20 \text{ A}$$

2021 | 次解答後

　　よって，線電流 I〔A〕は，相電流 I_Δ〔A〕の $\sqrt{3}$ 倍となるので，

　　　∴　$I = 20\sqrt{3}$　A

したがって，3 が適当なものである．　　　　　　　　　　　　　　　答　**3**

No.4　ディジタル計器は，図 4-1 に示すように測定されたアナログデータを計器内部でディジタルデータに変換して表示する．

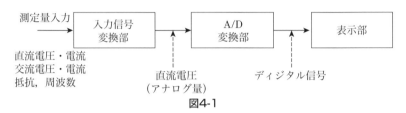

図4-1

　　入力信号変換部は，広範囲のレベルの信号を扱うことができるように，ディジタル計器に入力される測定量を次段のアナログ－ディジタル変換部（A/D 変換部）で扱えるレベルの直流電圧に変換する．その特徴は次のようである．

　①　入力電圧が低い場合は電圧増幅器を用いて入力電圧を増幅する．逆に入力電圧が高い場合には，抵抗で分圧して A/D 変換部の入力として適切なレベルになるように変換する．いずれの場合も入力インピーダンスを極めて高くすることができるので，測定回路に影響を与えず高精度の測定が可能である．

　②　数値で表示されるので，読み取りの個人差がない．

　③　コンピュータに接続してデータ処理することができる．

　　したがって，1 が最も不適当なものである．　　　　　　　　　　答　**1**

No.5　同期発電機の並行運転の条件は，

　①　定格電圧が等しいこと．

　②　定格周波数が等しいこと．

　③　起電力の波形が等しいこと．

　④　起電力の位相が一致していること．

　⑤　相順が一致していること．

　上記条件を満足した状態を「同期の状態」，発電機の双方に上記条件を満足させるようにすることを「同期化」という．定格容量は等しくなくともよい．

　　したがって，1 が必要のないものである．　　　　　　　　　　　答　**1**

No.6　変圧器の並行運転の条件を満たしているので，両変圧器の％インピーダンスは等しい．よって，100 kV・A の変圧器の容量を P_{100}，300 kV・A の変圧器の容量を P_{300}，負荷を P_C，100 kV・A の変圧器の負荷分担を P_{C100}，300 kV・A の変圧器の負荷分担を P_{C300} とすると，次式が成立し，分担負荷を計算できる．

$$P_{C100} = \frac{P_{100}}{P_{100} + P_{300}} \times P_C = \frac{100}{100 + 300} \times 240 = 60 \ \text{kV·A}$$

$$P_{C300} = \frac{P_{300}}{P_{100} + P_{300}} \times P_C = \frac{300}{100 + 300} \times 240 = 180 \ \text{kV·A}$$

したがって，3が適当なものである．　　　　　　　　　　　　　　　**答 3**

No.7　ガス遮断器（GCB）は，優れた消弧能力，絶縁強度を有する SF_6（六ふっ化硫黄）ガスを消弧媒質として利用する遮断器であり，以下の特徴がある．

①　高電圧では，空気遮断器に比較して遮断点数が少なく，空気遮断器の1/2 〜 1/3 程度ですむため小形となる．

②　タンク形は耐震性に優れ，また，ブッシング変流器を使用できるので，遮断点数の少ないことと併せて据え付け面積が小さい．

③　遮断性能がよく，接触子の摩耗が少ない．

④　開閉時の騒音が少ない．

⑤　消弧能力が優れているので，<u>小電流遮断時の異常電圧が小さい</u>．

したがって，3が最も不適当なものである．　　　　　　　　　　　**答　3**

No.8　水が管路に充満して，ある速度で流れているとき，その流動を急に遮断すると管内では瞬間的に大きな圧力の上昇が起こる．また管路内で静止している水が急に流動を開始した場合は，瞬間的に大きな圧力の下降が起こる．このようにして起こる現象を，水撃作用と呼んでいる．

水力発電所においては，水車の負荷が急に変化したり，遮断したりして案内羽根あるいはニードル弁を急速に動かすと，この現象が発生する．すなわち案内羽根を急に閉めると流速が減じるので水圧を増加するように，また開くときには水圧を減ずるように水撃作用が起きる．

水圧管の長さが長いほど，<u>水車の入口弁閉鎖時間が短いほど</u>大きくなる．

したがって，3が最も不適当なものである．　　　　　　　　　　　**答　3**

No.9　放電クランプは，高圧架空配電線路に施設される機器で，高圧がいし頂部にフラッシオーバ金具を取り付け，この金具とがいしベース金具間（または腕金間）で雷サージによる放電ならびに放電に伴う続流の放電を行わせて，高圧がいしの破損および電線の断線防止を図るものである．

したがって，2が最も不適当なものである．　　　　　　　　　　　**答　2**

No.10　配電系統で生じる電力損失の軽減対策としては，配電電圧を高くする，単相3線式配電方式の採用およびバランサなどを用いて負荷電流の不平衡を是正する，抵抗を小さくするため太い電線に張替える，鉄損および銅損の少ない柱上変圧器を採用する，等がある．

　また，負荷の中心に給電点を設けることやコンデンサを設置して負荷の力率を改善し，配電電流そのものを小さくすることも有効であり，これらの方策が取られる．

　変圧器の二次側の中性点を接地することは，電気設備の技術基準の解釈第 24 条により，変圧器の故障などによる高圧・低圧の混触時に，低圧側の電位上昇を抑制することを目的としている．

　したがって，4 が最も不適当なものである． 　　　　　　　　　　**答　4**

No.11　1m^2 に 1〔lm：ルーメン〕の光束が入射する割合 lm/m^2（lm/m^{-2}）は照度の定義で，単位は lx（1 lx ＝ 1 lm/m^{-2}）である．光度の単位は〔cd：カンデラ〕で表され，光度は，その方向の単位立体角（1〔sr：ステラジアン〕）当たりの光束の量〔lm〕である．

　したがって，2 が不適当なものである． 　　　　　　　　　　　　**答　2**

No.12　三相誘導電動機の回転速度 N〔min^{-1}〕は，次式で表される．

$$N = \frac{120f}{p}(1-s) \ \text{〔min}^{-1}\text{〕}$$

　ただし，f：周波数〔Hz〕，p：極数，s：滑り

　上式より，回転速度は，固定子巻線の極数が多くなるほど遅くなる．

　したがって，4 が最も不適当なものである． 　　　　　　　　　　**答　4**

※【No.13】〜【No.32】までの 20 問題のうちから，11 問題を選択・解答

No.13　火力発電に用いられるタービン発電機は，水車発電機に比べて磁極が少ないので回転速度が速く，風損を小さくするために回転子には横軸円筒型が用いられる．回転子に突極形が採用されるのは，水力発電機である．

　また，大容量機では冷却効果を高めるために，空気より熱伝導率の大きい水素冷却方式が採用され，単機容量が増すことにより発電機の効率上げている．

　したがって，3 が最も不適当なものである． 　　　　　　　　　　**答　3**

No.14　油入変圧器の騒音低減対策を列挙する．

(a)　変圧器本体での対策

・鉄心の磁束密度を低くして，磁気ひずみの量を少なくする．

・磁気ひずみの少ない，高磁束密度けい素鋼板（方向性鉄板）を使用する．

・鉄心構造・処理・鉄心の締め付けなど組立方法を適切にする．

・鉄心その他について共振を避けるような寸法とする．

・二重タンク構造とし，本体とタンクの間に吸音材を充填する．

・鉄心の振動がなるべくタンクに伝わらないよう，防振ゴムや金属バネなどを挿入する．

・タンク表面にゴムなどの吸音片を貼り，その内部摩擦損失でタンク壁面の振動を抑制する．

(b) 冷却ファンについての対策

・ファンの回転数を下げる．

・低騒音ファンを用いる．

・冷却器を防音構造とする．

(c) 遮音による対策

・防音壁を設ける．

・変圧器を屋内式とする．あるいは，変圧器本体を屋内，冷却器を屋外とした送油自冷式とする．

　なお，都心の地下変電所では，本質的に騒音の少ない水冷式とし，変圧器室の周囲温度を下げるためのファンは騒音の少ない形式のものを選定し，風洞に吸音材を貼るなどの対策を行っている．

　したがって，4 が最も不適当なものである．　　　　　　　　　　　　　　　　答　**4**

No.15　計器用変成器は，一次側に電圧をかけた状態で二次側を短絡してはならない．これは，二次端子が短絡状態になると，端子間に大きな電流が流れ，過熱・焼損事故になるからである．

　変流器は，一次側に電流が流れている状態で二次側を開放してはならない．これは，二次側開放で一次電流を流すと，二次側に高電圧を発生し，絶縁破壊・焼損事故になるからである．

　したがって，3 が適当なものである．　　　　　　　　　　　　　　　　　　答　**3**

No.16　架空送電線路のスパイラルロッドは，図 16-1 に示すように一般に電線の周りに架空送電線の導体部と同種の金属材料を数本巻き付けて，電線が風の流れと定常的な共振状態になることを防止し，電線特有の風音の発生を抑制する設備である．

図16-1　スパイラルロッド（©大嶋 輝夫）

　したがって，1 が適当なものである．　　　　　　　　　　　　　　　　　　答　**1**

No.17　問題図に示されたコンデンサ C〔F〕1 相分にかかる電圧は，抵抗が Y 結

線となっているので，$\dfrac{V}{\sqrt{3}}$〔V〕である．また，コンデンサのインピーダンスは

$$Z_C = \dfrac{1}{\omega C} = \dfrac{1}{2\pi f C} \ \text{〔}\Omega\text{〕である．}$$

したがって，線電流 I_C〔A〕は，

$$I_C = \dfrac{\dfrac{V}{\sqrt{3}}}{Z_C} = \dfrac{\dfrac{V}{\sqrt{3}}}{\dfrac{1}{2\pi f C}} = \dfrac{2\pi f C V}{\sqrt{3}} \ \text{〔A〕}$$

したがって，3 が適当なものである． 答　3

No.18 電磁誘導障害は，送電線の磁界に起因する誘導障害であり，送電線の地絡電流などによって通信線に電磁誘導電圧が誘起されるものである．

その防止対策には，以下の事項がある．

① 通信線との離隔距離をできるだけ大きくする．

② 通信線に遮へいケーブルを使用する．

③ 通信線に避雷器を取り付ける．

④ 電力線と通信線間に，導電率の大きな遮へい線を設ける．

⑤ 送電線故障時に，故障線を迅速に遮断する．

⑥ 中性点の接地抵抗を大きくして，地絡電流を適当な値に抑制する．

⑦ 中性点の接地箇所を適当に選ぶ．

⑧ ねん架や逆相配列を行う．

⑨ 架空地線に導電率のよい鋼心イ号アルミ線などを使用するとともに条数を増加する．

よって，直接接地方式の採用は，逆に電磁誘導障害を増大させてしまう．

したがって，4 が最も不適当なものである． 答　4

No.19 架空送電線路の塩害対策には，以下の事項がある．

① がいしの連結数を増やす．

② 耐塩がいし，深溝がいし，長幹がいしの使用．

③ シリコンコンパウンドなどのはっ水性物質をがいし類に塗布する．

④ がいし洗浄装置によってがいしを洗浄する．

アークホーンは，雷害対策の一方策である．

したがって，1 が最も不適当なものである． 答　1

No.20 電気事業法施行規則第 38 条（電圧及び周波数の値）では，次のように規定している．

第 38 条　法第 26 条第 1 項の経済産業省令で定める電圧の値は，その電気を供給

する場所において次の表の左欄に掲げる標準電圧に応じて，それぞれ同表の右欄に掲げるとおりとする．

標準電圧	維持すべき値
100 V	101 Vの上下6 Vを超えない値
200 V	202 Vの上下20 Vを超えない値

したがって，4 が適当なものである．　　　　　　　　　　　　　　　**答 4**

No.21　JIS C 8303（配線用差込接続器）では，単相 200 V 回路に使用する定格電流 20 A の接地極付コンセントの極配置を示す図は 2 に示される図となっている．

1 は，単相 100 V 回路に使用する定格電流 20 A の接地極付コンセント，3 は，単相 100 V 回路に使用する定格電流 15 A の接地極付コンセント，4 は，単相 200 V 回路に使用する定格電流 15 A の接地極付コンセントの極配置を示す図である．

したがって，2 が適当なものである．　　　　　　　　　　　　　　　**答 2**

No.22　電動機の回路に使用されるリレーは，モータリレー（静止形継電器）と言われ，一般に，1E, 2E, 3E が使用される．

E は要素（ELEMENT）のことで，以下の要素となる．

1E……過負荷

2E……過負荷，欠相

3E……過負荷，欠相，逆相（反相）

一般的に使われるのは 2E リレーであるが，過負荷，欠相保護となり，逆相（反相）保護を可能とするためには，3E リレーを使用する必要がある．

したがって，2 が適当なものである．　　　　　　　　　　　　　　　**答 2**

No.23　電技解釈第 156 条「低圧屋内配線の施設場所による工事の種類」では，低圧屋内配線は，156-1 表に規定する工事のいずれかにより施設することと規定している（例外規程あり）．

この表によれば，点検できない隠ぺい場所では，バスダクト工事の施工はできない．

2021 一次解答後

表23-1　156-1表

施設場所の区分		使用電圧の区分	がいし引き工事	合成樹脂管工事	金属管工事	金属可とう電線管工事	金属線ぴ工事	金属ダクト工事	バスダクト工事	ケーブル工事	フロアダクト工事	セルラダクト工事	ライティングダクト工事	平形保護層工事
展開した場所	乾燥した場所	300 V 以下	○	○	○	○	○	○	○	○			○	
		300 V 超過	○	○	○	○		○	○	○				
	湿気の多い場所又は水気のある場所	300 V 以下												
		300 V 超過												
点検できる隠ぺい場所	乾燥した場所	300 V 以下		○	○	○	○	○	○	○	○	○	○	○
		300 V 超過		○	○	○		○	○	○				
	湿気の多い場所又は水気のある場所	―		○	○	○				○				
点検できない隠ぺい場所	乾燥した場所	300 V 以下		○	○	○				○	○	○	○	
		300 V 超過		○	○	○				○				
	湿気の多い場所又は水気のある場所	―		○	○	○				○				

（備考）○は使用できることを示す．

したがって，3 が不適当なものである．　　　　　　　　　　　　　**答　3**

No.24　高圧受電設備規程第0030節（0030-1 用語）⑪では，「受電設備容量とは，受電電圧で使用する変圧器，電動機などの機器容量〔kV・A〕の合計をいう．ただし，高圧電動機は，定格出力〔kW〕をもって機器容量〔kV・A〕とみなし，高圧進相コンデンサは，受電設備容量には含めない．」と規定している．

設問図に示された高圧受電設備の受電設備容量は，次のように計算される．

$$3\,\phi\ Tr\ 300\ kV\cdot A \times 1台 + 1\,\phi\ Tr\ 100\ kV\cdot A \times 3台 = \underline{600\ kV\cdot A}$$

したがって，2 が適当なものである．　　　　　　　　　　　　　**答　2**

No.25　(1)　高圧電路と低圧電路とを結合する変圧器の低圧側の中性点の接地は，B種接地工事を施す．（電技解釈第24条）

(2)　使用電圧が200 Vの電路に接続されている，人が触れるおそれがある場所に施設する電動機の金属製外箱の接地は，D種接地工事を施す．（電技解釈第29条）

(3)　高圧キュービクル内にある高圧計器用変圧器の二次側電路の接地は，D種接地工事を施す．（電技解釈第28条）

⑷　屋内の金属管工事において，使用電圧100Vの長さ10mの金属管の接地は，D種接地工事を施す．（電技解釈第159条）

したがって，1が不適当なものである．　　　　　　　　　　　**答　1**

No.26　電気設備の技術基準の解釈第120条（地中電線路の施設）第2項では，次のように規定している．

2　地中電線路を管路式により施設する場合は，次の各号によること．

一　電線を収める管は，これに加わる車両その他の重量物の圧力に耐えるものであること．

二　高圧又は特別高圧の地中電線路には，次により表示を施すこと．ただし，需要場所に施設する高圧地中電線路であって，その長さが15m以下のものにあってはこの限りでない．

イ　物件の名称，管理者名及び電圧（需要場所に施設する場合にあっては，物件の名称及び管理者名を除く．）を表示すること．

ロ　おおむね2mの間隔で表示すること．ただし，他人が立ち入らない場所又は当該電線路の位置が十分に認知できる場合は，この限りでない．

したがって，4が不適当なものである．　　　　　　　　　　　**答　4**

No.27　自動火災報知設備の受信機については，「受信機に係る技術上の規格を定める省令」第8条（P型受信機の機能）により，次のように規定している．

第8条　P型一級受信機の機能は次に定めるところによらなければならない．

一　火災表示の作動を容易に確認することができる装置（以下「火災表示試験装置」という．）及び終端器に至る信号回路の導通を回線ごとに容易に確認することができる装置（以下「導通試験装置」という．）による試験機能を有し，かつ，これらの装置の操作中に他の警戒区域からの火災信号又は火災表示信号を受信したとき，火災表示をすることができること．ただし，接続することができる回線の数が一のものにあっては，導通試験装置による試験機能を有しないことができる．

2　P型二級受信機の機能は，前項第二号から第四号まで並びに第七号及び第八号に定めるところによるほか，次に定めるところによらなければならない．

（以降省略）

すなわち，第一項第一号に定められている導通試験装置による試験機能は，P型二級受信機には求められてはいない．

したがって，1が不適当なものである．　　　　　　　　　　　**答　1**

No.28　「非常用の照明装置の構造方法を定める件」昭和45年建設省告示第1830号（最終改正：平成29年国土交通省告示第600号）では，次のように規定している．

第一 ～ 第三　省略

第四　その他

一　非常用の照明装置は，常温下で床面において水平面照度で 1 ルクス（蛍光灯又は LED ランプを用いる場合にあっては，2 ルクス）以上を確保することができるものとしなければならない．

二　前号の水平面照度は，十分に補正された低照度測定用照度計を用いた物理測定方法 によって測定されたものとする．

したがって，2 が不適当なものである．　　　　　　　　　　　　　答　2

No.29　UTP ケーブルと光ファイバケーブル間での信号の変換を主たる機能とする装置は，メディアコンバータである．

メディアコンバータは，異なる伝送媒体（例：光ファイバと UTP ケーブルなどの銅線ケーブル）を接続し，信号を相互に変換する装置であり，銅線を流れてきた信号を光信号に変換して，数十 km にわたって長距離伝送することができる．

したがって，4 が最も適当なものである．　　　　　　　　　　　答　4

No.30　電車線路におけるトロリ線の偏位量は，風による電車線・トロリ線の揺れや走行状態での車両動揺などを考慮して規定しており，風圧が一定の場合，トロリ線の張力を大きくすると，偏位は小さくなる．

したがって，4 が不適当なものである．　　　　　　　　　　　　答　4

No.31　設問の 1 と 2 の図は対称照明方式といい，灯具の配光が道路の縦断方向（道路軸方向）にほぼ対称であることが特徴である．とくに，道路の横断方向の配光はその配置（取付位置）により，側壁配置形と天井配置形の 2 種類に分類され，灯具の配置に合わせて選定される．

設問の 3 と 4 の図は非対称照明方式といい，灯具の配光が道路の縦断方向に非対称なのが特徴である．非称照明方式には，設問図 3 に示される交通方向（車両の進入方向）に対向する配光をもつカウンタービーム照明方式と，設問図 4 に示される交通方向に配光を持つプロビーム照明方式があり，カウンタービーム照明方式は入口照明に，プロビーム照明方式は入口・出口照明に使用することができる．

したがって，4 が適当なものである．　　　　　　　　　　　　　答　4

No.32　ポンプ直送方式は，水道本管から供給された水を受水槽へ導き，受水槽に貯水した水を給水ポンプにより建物内の必要な箇所へ直送する方式で，近年普及してきた方式である．

よって，水道本管の圧力変化があっても給水圧力には直接影響を及ぼさない方式である．

したがって，1 が最も不適当なものである．　　　　　　　　　　答　1

※【No.33】～【No.38】までの6問題のうちから，3問題を選択・解答

No.33 図33-1に土止め支保工の概要図を示す．

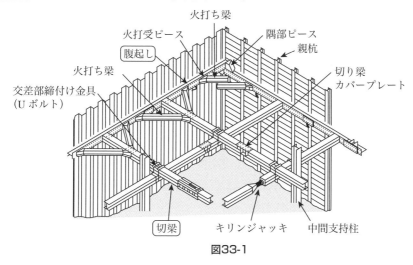

図33-1

したがって，2が適当なものである． 答 **2**

No.34 モータグレーダは，整地作業などに用いられる建設機械であり，ブルドーザなどとともに使用される．締め固めにはブルドーザや振動ローラ，タイヤローラなどの建設機械が用いられる．

したがって，4が不適当なものである． 答 **4**

No.35 地中送電線路における管路の埋設工法には，小口径管推進工法，刃口推進工法，セミシールド工法などがある．

アースドリル工法は，場所打ち杭工法の一種である．

したがって，3が不適当なものである． 答 **3**

No.36 鉄道に関する技術上の基準を定める省令の解釈基準Ⅲ-1（第12条（軌間）関係）(2)において，

(2) 新幹線の軌間は，1.435 m とする．

と定められている．ちなみに1.435 m を標準軌（JIS E 1001）という．

したがって，4が適当なものである． 答 **4**

※【No.38】～【No.42】は必ず解答

No.37 鉄筋コンクリート構造は，構造体が現場で構築され，部材の接合の問題がない．

特徴としては，重量が大きく，圧縮力に強いが，引張力には鉄筋で補強している，

2021 一次解答後

耐火性，耐久性に優れているなどが挙げられる．

　圧縮力に対してはコンクリートが負担するものとして設計され，普通コンクリートの単位容積重量は，概略 2.3 t/m^3 である．

　鉄筋コンクリートに作用する引張力は，鉄筋が負担するものとして設計される．

　したがって，4 が最も不適当なものである．　　　　　　　　　　　　　答　**4**

No.38　JIS C 0303（構内電気設備の配線用図記号）では，設問 2 の図記号は非常用照明（蛍光灯形）を示す．誘導灯（蛍光灯形）は図 38-1 のような図記号となっている．

図38-1

　したがって，1 が不適当なものである．　　　　　　　　　　　　　　答　**1**

No.39　施工要領書（工種別施工計画書ともいう）は，設計図書に基づいて作成され，工事施工上の特記事項，配線，機器等の据付工事，接地，耐震措置，試験等の詳細な方法が記載される．

　また，作業のフロー，管理項目，管理水準，管理方法，監理者・管理者の確認，管理資料・記録等を記載した品質管理表が使用されている．施工要領書は施工内容が具体的になったときには，その都度作成し，設計者や工事監督員の承諾を得る必要があり，また，発注者の承認を得ることが必要な場合もある．

　したがって，3 が最も不適当なものである．　　　　　　　　　　　　答　**3**

No.40　ネットワーク工程表は，図 40-1 に示すように作業（工事など）の相互関係を丸印と矢線によって網目の図形で表示して，作業の内容，手順および日程を図解的ならびに数量的に表現した方法である．その特徴は，次のようである．

①　工程の順序関係をある程度の精度で表現できる．

②　各作業に対する先行作業・並行作業および後続作業の相互関係がわかりやすい．

③　余裕の有無，遅れ等日数計算が容易であり，どの時点からでもその後の計算がしやすく，変更などにも対処しやすい．

④　工程表に表現される情報が豊富なため，作成者以外の者でも理解しやすい．

⑤　工程表が数量化されているため信頼度が高く，コンピュータの利用も可能である．

⑥　重点管理作業が容易にわかる．工程表の作成に知識を要し，時間がかかる．

⑦　計画出来高と実績出来高の比較をするのは困難である．

計画出来高と実績出来高の比較には，曲線式工程表，バーチャート工程表などが用いられる．

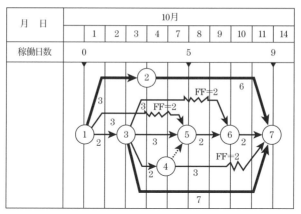

図40-1　ネットワーク工程表

したがって，2が最も不適当なものである．　　　　　　　　　　**答　2**

No.41　アロー型ネットワーク工程表の結合点（イベント）は，丸印で表され，アクティビティは作業単位で矢線で表される．結合点には作業の開始および終了時点を示す（入ってくる矢線の作業が終了する時点，出ていく矢線の作業が開始される時点．）．結合点の基本要点は次のとおりである．

①　結合点には番号（正整数）または記号を付ける．これを結合点番号またはイベント番号と呼び，作業を番号で呼ぶことができる．

②　結合点番号は，同じ番号が二つ以上あってはならない．

③　番号は作業の進行する方向に向かって大きな数字になるように付ける．

④　作業は，その矢線の尾が接する結合点に入ってくる矢線群（作業群）がすべて終了してからでないと着手できない．

④より，作業Kは，作業G，作業Hの両作業が終了しないと作業開始できない．

したがって，4が不適当なものである．　　　　　　　　　　**答　4**

No.42　特性要因図は，問題としている特性（結果）と，それに影響を与える要因（原因）との関係を一目でわかるように体系的に整理した図で，魚の骨の形に似ていることから，「魚骨法」とも呼ばれる．

設問図のアは，要素が時間なので「工程」，イは，要素が施工方法等に関する事項なので「施工」，ウは，作業者の作業方法などに関する事項なので「作業者」である．

したがって，1が適当なものである．　　　　　　　　　　**答　1**

※【No.43】～【No.52】までの10問題のうちから，6問題を選択・解答

No.43 仮設計画立案に支障をきたすことのないように，事前に現地の状況を確認しておく．確認項目としては，以下のようなものがある．

a．周囲の状況

① 周囲の環境と騒音の許容限度

② 公害の予測とその対策の計画

③ 電力，電話の引き込み，近隣建物，敷地境界

b．施工条件

① 現場事務所，作業場，資材置場等の用地

② 交通規制，揚重の諸条件

③ 作業騒音等の周囲への影響，作業時間帯の規制の有無

④ 交通の便，工事車両の進入，周辺の交通状況

⑤ 緊急施設の有無

したがって，3が最も重要度が低いものである．　　　　　　　**答 3**

No.44 総合工程表は，着工から竣工引渡しまでの全容を表し，仮設工事，付帯工事などをすべて含めた工事全体の作業の進捗を大局的に把握するために作成される．

官公庁への申請書類の提出時期の記入，工程的に動かせない作業がある場合は，その作業を中心に他の作業との関連性，とくに建築工事や他の設備工事と関連して作業が進められるため，互いにその作業内容を理解・整合して，大型機器の搬入・受電期日の決定，作業順序や工程を調整し無理のない工程計画を立てなければならない．各作業を詳細に記入するのは，工種別工程表などである．

したがって，4が最も不適当なものである．　　　　　　　**答 4**

No.45 電気設備の技術基準の解釈第15条（高圧又は特別高圧の電路の絶縁性能）では，最大使用電圧が 7 000 V 以下（高圧）の電路においては，絶縁耐力試験を交流で行う場合の試験電圧は，最大使用電圧の 1.5 倍と規定されている．

したがって，3が適当なものである．　　　　　　　**答 3**

No.46 労働安全衛生規則第357条（掘削面のこう配の基準）台1項第一号では，次のように規定している．

第 357 条　事業者は，手掘りにより砂からなる地山又は発破等により崩壊しやすい状態になっている地山の掘削の作業を行なうときは，次に定めるところによらなければならない．

一　砂からなる地山にあっては，掘削面のこう配を35度以下とし，又は掘削面の高さを 5 m 未満とすること．

したがって，4が不適当なものである．　　　　　　　**答4**

No.47 労働安全衛生規則第263条（ガス等の容器の取扱い）では，次のように規定している．

第236条 事業者は，ガス溶接等の業務（令第20条第十号に掲げる業務をいう．以下同じ．）に使用するガス等の容器については，次に定めるところによらなければならない．

一 次の場所においては，設置し，使用し，貯蔵し，又は放置しないこと．

 イ 通風又は換気の不十分な場所

 ロ 火気を使用する場所及びその附近

 ハ 火薬類，危険物その他の爆発性若しくは発火性の物又は多量の易燃性の物を製造し，又は取り扱う場所及びその附近

二 容器の温度を40度以下に保つこと．

三 転倒のおそれがないように保持すること．

四 衝撃を与えないこと．

五 運搬するときは，キャップを施すこと．

六 使用するときは，容器の口金に付着している油類及びじんあいを除去すること．

七 バルブの開閉は，静かに行なうこと．

八 溶解アセチレンの容器は，立てて置くこと．

九 使用前又は使用中の容器とこれら以外の容器との区別を明らかにしておくこと．

したがって，1が不適当なものである． **答 1**

No.48 自家発電設備は，地震時に発生する災害に対する重要な電源装置であり，また地震後も商用電力が復旧するまで建物の最低限の機能を保持するために必要な電源装置である．したがって，次のような十分な地震対策が必要とされる

① 架台上の燃料小出槽のように，据付面積に対し高さの高い機器は，揺れによる機器の破損および転倒防止のため，頂部に振止め措置をする．

② 原動機のように防振措置が必要な機器を据付ける場合は，移動または転倒防止のため，機器に適した強度を有する耐震ストッパを設ける．常時にしか作動しない防災機器等についても，有効な防振措置を講ずる．

③ 地震時に機器が移動および転倒しないように，機器と躯体または基礎等とはアンカーボルトを用いて固定する．なお，箱抜アンカーは，引抜荷重が他の方式に比べて小さいので注意が必要である．

④ 地震時の振動性状が異なる機器と接続する配管および配線は，可とう管，可とう導体を用いて変位吸収の処置を実施する．

⑤ 発電機と接続するケーブルは，余長を持たせて張力がかからないようにする．

そのほか，選択肢1，2のように消防法に適合するよう設置する必要がある．

したがって，3 が最も不適当なものである． **答** **3**

No.49 高圧配電線路の短絡保護には，配電用変電所の高圧配電線路の各フィーダに過電流継電器（OCR）を施設する必要がある．

したがって，2 が最も不適当なものである． **答** **2**

No.50 内線規程 3115 節（合成樹脂管配線）3115-5 配管では，次のように規定している．

1. 合成樹脂管の端口は，電線の被覆を損傷しないようになめらかなものであること．

2. 合成樹脂管配線に使用する管及びボックスその他の附属品は，次の各号により施設すること．

　① 温度変化による伸縮を考慮すること．

　② コンクリートの内に集中配管して建物の強度を減少させないこと．

　③ 壁内の埋込みボックスなどは，コンクリート打設時に損傷を受けないような十分な強度のものを使用すること．

　④ 管の屈曲は，3110-8（管の屈曲）の規定に準じて施設すること．

　⑤ <u>CD 管は，直接コンクリートに埋込んで施設する場合を除き，専用の不燃性又は自消性のある難燃性の管又はダクトに収めて施設すること．</u>

したがって，3 が最も不適当なものである． **答** **3**

No.51 交流電化区間の電車線路の標準構造において，図のアに示された線は「可動ブラケット」，図のイに示された線は「ハンガ」である．

したがって，3 が適当なものである． **答** **3**

No.52 消防法施行規則第 25 条の 2（非常警報設備に関する基準）第 2 項第四号ニでは，次のように規定している．

　ニ 操作部若しくは起動装置からスピーカー若しくは音響装置まで又は増幅器若しくは操作部から遠隔操作器までの配線は，第 12 条第 1 項第五号の規定に準じて設けること．

　また，第 12 条第 1 項第五号では，次のように規定している．

　五 操作回路又は第三号ロの灯火の回路の配線は，電気工作物に係る法令の規定によるほか，次のイ及びロに定めるところによること．

　　イ 600 V 二種ビニル絶縁電線又はこれと同等以上の耐熱性を有する電線を使用すること．

　　ロ 金属管工事，可とう電線管工事，金属ダクト工事又はケーブル工事（不燃性のダクトに布設するものに限る．）により設けること．ただし，消防庁長官が定める基準に適合する電線を使用する場合は，この限りでない．

よって，非常放送設備のスピーカの配線に，警報用ポリエチレン絶縁ケーブル（AE）を使用することは，法令違反である．

したがって，4が最も不適当なものである． 答 **4**

※【No.53】～【No.64】までの12問題のうちから，8問題を選択・解答

No.53 建設業法第3条（建設業の許可）では，次のように規定している．

第3条　建設業を営もうとする者は，次に掲げる区分により，この章で定めるところにより，二以上の都道府県の区域内に営業所（本店又は支店若しくは政令で定めるこれに準ずるものをいう．以下同じ．）を設けて営業をしようとする場合にあっては国土交通大臣の，一の都道府県の区域内にのみ営業所を設けて営業をしようとする場合にあっては当該営業所の所在地を管轄する都道府県知事の許可を受けなければならない．ただし，政令で定める軽微な建設工事のみを請け負うことを営業とする者は，この限りでない．

したがって，3が誤っているものである． 答 **3**

No.54 建設業法第22条（一括下請負の禁止）第1項では，次のように規定している．

第22条　建設業者は，その請け負った建設工事を，いかなる方法をもってするかを問わず，一括して他人に請け負わせてはならない．

したがって，1が誤っているものである． 答 **1**

No.55 電気事業法第38条「電気工作物の定義」第1項では，次のように規定している．

第38条　この法律において「一般用電気工作物」とは，次に掲げる電気工作物をいう．ただし，小出力発電設備（経済産業省令で定める電圧以下の電気の発電用の電気工作物であって，経済産業省令で定めるものをいう．以下この項，第106条第7項及び第107条第5項において同じ．）以外の発電用の電気工作物と同一の構内（これに準ずる区域内を含む．以下同じ．）に設置するもの又は爆発性若しくは引火性の物が存在するため電気工作物による事故が発生するおそれが多い場所であって，経済産業省令で定めるものに設置するものを除く．

一　他の者から経済産業省令で定める電圧以下の電圧で受電し，その受電の場所と同一の構内においてその受電に係る電気を使用するための電気工作物（これと同一の構内に，かつ，電気的に接続して設置する小出力発電設備を含む．）であって，その受電のための電線路以外の電線路によりその構内以外の場所にある電気工作物と電気的に接続されていないもの

二　構内に設置する小出力発電設備（これと同一の構内に，かつ，電気的に接続して設置する電気を使用するための電気工作物を含む．）であって，その発電に係る電気を前号の経済産業省令で定める電圧以下の電圧で他の者がその構内

において受電するための電線路以外の電線路によりその構内以外の場所にある電気工作物と電気的に接続されていないもの

また，電気事業法施行規則第 48 条（一般用電気工作物の範囲）では，次のように規定している．

第 48 条　法第 38 条第 1 項の経済産業省令で定める電圧は，<u>600 V</u> とする．

したがって，3 が正しいものである．　　　　　　　　　　　　　　　答　3

No.56　電気用品安全法施行令第 1 条（電気用品）では，次のように規定している．

第 1 条　電気用品安全法（以下「法」という．）第 2 条第 1 項の電気用品は，別表第一の上欄及び別表第二に掲げるとおりとする．

（別表第一より抜粋）

一　電線（定格電圧が 100 V 以上 <u>600 V 以下</u>のものに限る．）であって，次に掲げるもの

(1)　絶縁電線であって，次に掲げるもの（導体の公称断面積が 100 mm² 以下のものに限る．）

1　ゴム絶縁電線

2　合成樹脂絶縁電線

三　配線器具であって，次に掲げるもの（<u>定格電圧が 100 V 以上 300 V 以下</u>（蛍光灯用ソケットにあっては，100 V 以上 1 000 V 以下）<u>のものであって，交流の電路に使用するもの</u>に限り，防爆型のもの及び油入型のものを除く．）

（別表第二より抜粋）

二　電線管類及びその附属品並びにケーブル配線用スイッチボックスであって，次に掲げるもの（銅製及び黄銅製のもの並びに防爆型のものを除く．）

(1)　電線管（可撓電線管を含み，内径が 120 mm 以下のものに限る．）

よって，金属製プルボックスの定めはない．

したがって，2 が電気用品として定められていないものである．　　　答　2

No.57　電気工事士法第 2 条第 3 項において，政令で定める軽微な工事は電気工事から除かれており，電気工事士でなくとも作業に従事できる．この軽微な工事については，電気工事士法施行令第 1 条（軽微な工事）で，次のように規定している．

第 1 条　電気工事士法（以下「法」という．）第 2 条第 3 項ただし書の政令で定める軽微な工事は，次のとおりとする．

一　電圧 600 V 以下で使用する差込み接続器，ねじ込み接続器，ソケット，ローゼットその他の接続器又は電圧 600 V 以下で使用するナイフスイッチ，カットアウトスイッチ，スナップスイッチその他の開閉器にコード又はキャブタイヤ

ケーブルを接続する工事

二　電圧600 V以下で使用する電気機器（配線器具を除く．以下同じ．）又は電圧600 V以下で使用する蓄電池の端子に電線（コード，キャブタイヤケーブル及びケーブルを含む．以下同じ．）をねじ止めする工事

三　電圧600 V以下で使用する<u>電力量計若しくは電流制限器又はヒューズを取り付け，又は取り外す工事</u>

四　電鈴，インターホーン，火災感知器，豆電球その他これらに類する施設に使用する小型変圧器（二次電圧が36 V以下のものに限る．）の二次側の配線工事

五　電線を支持する柱，腕木その他これらに類する工作物を設置し，又は変更する工事

六　地中電線用の暗渠又は管を設置し，又は変更する工事

したがって，4の作業が，電気工事士でなくても従事できる作業である．　　**答　4**

No.58　電気工事業の業務の適正化に関する法律施行規則第11条（器具）では，次のように規定している．

第11条　法第24条の経済産業省令で定める器具は，次のとおりとする．

一　自家用電気工事の業務を行う営業所にあっては，絶縁抵抗計，接地抵抗計，抵抗及び交流電圧を測定することができる回路計，低圧検電器，高圧検電器，継電器試験装置並びに絶縁耐力試験装置（継電器試験装置及び絶縁耐力試験装置にあっては，必要なときに使用し得る措置が講じられているものを含む．）

二　一般用電気工事のみの業務を行う営業所にあっては，<u>絶縁抵抗計，接地抵抗計並びに抵抗及び交流電圧を測定することができる回路計</u>

したがって，1が定められていないものである．　　**答　1**

No.59　建築基準法第2条（用語定義）第1項第三号では，次のように規定している．

第2条　この法律において次の各号に掲げる用語の意義は，それぞれ当該各号に定めるところによる．

三　建築設備　建築物に設ける電気，ガス，給水，排水，換気，暖房，冷房，消火，排煙若しくは汚物処理の設備又は煙突，昇降機若しくは避雷針をいう．

上記条文により，防火戸は建築設備として定められていない．

したがって，3が定められていないものである．　　**答　3**

No.60　消防法施行令第7条（消防用設備等の種類）第1項，第3項，第4項では，次のように規定している．

第7条　法第17条第1項の政令で定める消防の用に供する設備は，消火設備，警報設備及び避難設備とする．

3　第1項の警報設備は，火災の発生を報知する機械器具又は設備であって，次

2021 1次解答後

に掲げるものとする.

一　自動火災報知設備

　一の二　ガス漏れ火災警報設備（液化石油ガスの保安の確保及び取引の適正化に関する法律第 2 条第 3 項に規定する液化石油ガス販売事業によりその販売がされる液化石油ガスの漏れを検知するためのものを除く. 以下同じ.）

二　漏電火災警報器

三　消防機関へ通報する火災報知設備

四　警鐘, 携帯用拡声器, 手動式サイレンその他の非常警報器具及び次に掲げる非常警報設備

　イ　非常ベル

　ロ　自動式サイレン

　ハ　放送設備

4　第 1 項の避難設備は, 火災が発生した場合において避難するために用いる機械器具又は設備であって, 次に掲げるものとする.

一　すべり台, 避難はしご, 救助袋, 緩降機, 避難橋その他の避難器具

二　誘導灯及び誘導標識

したがって, 2 が定められていないものである.　　　　　　　答　2

No.61　労働安全衛生規則第 96 条(事故報告)では, 次のように規定している.（抜粋）

第 96 条　事業者は, 次の場合は, 遅滞なく, 様式第 22 号による報告書を所轄労働基準監督署長に提出しなければならない.

一　事業場又はその附属建設物内で, 次の事故が発生したとき

　イ　火災又は爆発の事故（次号の事故を除く.）

　ロ　遠心機械, 研削といしその他高速回転体の破裂の事故

　ハ　機械集材装置, 巻上げ機又は索道の鎖又は索の切断の事故

　ニ　建設物, 附属建設物又は機械集材装置, 煙突, 高架そう等の倒壊の事故

五　移動式クレーン（クレーン則第 2 条第一号に掲げる移動式クレーンを除く.）の次の事故が発生したとき

　イ　転倒, 倒壊又はジブの折損

　ロ　ワイヤロープ又はつりチェーンの切断

十　ゴンドラの次の事故が発生したとき

　イ　逸走, 転倒, 落下又はアームの折損

　ロ　ワイヤロープの切断

したがって, 4 が定められていないものである.　　　　　　　答　4

No.62　労働安全衛生法第 13 条（産業医等）では, 次のように規定している.

第13条　事業者は，政令で定める規模の事業場ごとに，厚生労働省令で定めるところにより，医師のうちから産業医を選任し，その者に労働者の健康管理その他の厚生労働省令で定める事項（以下「労働者の健康管理等」という．）を行わせなければならない．

また，労働安全衛生法施行令第5条（産業医を選任すべき事業場）では，次のように規定している．

第5条　法第13条第1項の政令で定める規模の事業場は，常時50人以上の労働者を使用する事業場とする．

したがって，2が定められていないものである．　　　　　　　　　　　**答　2**

No.63　労働基準法第19条（解雇制限）では次のように定められている．

第19条　使用者は，労働者が業務上負傷し，又は疾病にかかり療養のために休業する期間及びその後30日間並びに産前産後の女性が第65条の規定によって休業する期間及びその後30日間は，解雇してはならない．ただし，使用者が，<u>第81条の規定によって打切補償を支払う場合</u>又は天災事変その他やむを得ない事由のために事業の継続が不可能となった場合においては，<u>この限りでない</u>．

②　前項但書後段の場合においては，その事由について行政官庁の認定を受けなければならない．

また，第81条（打切補償）では，次のように定められている．

第81条　第75条の規定によって補償を受ける労働者が，療養開始後3年を経過しても負傷又は疾病がなおらない場合においては，使用者は，平均賃金の1200日分の打切補償を行い，その後はこの法律の規定による補償を行わなくてもよい．

※第75条は療養補償に関する規定である．

したがって，3年経過し打切補償を支払う場合，事業の継続が不可能となった場合などに解雇制限は解除されるが，無条件で解雇できるわけではない．

したがって，4が誤っているものである．　　　　　　　　　　　**答　4**

No.64　建設工事に係わる資材の再資源化等に関する法律第2条第5項において，次のように定められている．

5　この法律において「特定建設資材」とは，<u>コンクリート，木材その他建設資材</u>のうち，建設資材廃棄物となった場合におけるその再資源化が資源の有効な利用及び廃棄物の原料を図る上で特に必要であり，かつ，その再資源化が経済性の面において制約が著しくないと認められるものとして政令で定めるものをいう．

また，建設工事に係る資材の再資源化等に関する法律施行令第1条（特定建設資材）では，次のように規定している．

第1条　建設工事に係る資材の再資源化等に関する法律（以下「法」という．）

第 2 条第 5 項のコンクリート，木材その他建設資材のうち政令で定めるものは，次に掲げる建設資材とする．

一　コンクリート

二　コンクリート及び鉄から成る建設資材

三　木材

四　アスファルト・コンクリート

したがって，1 が定められていないものである．　　　　　　　　　　**答　1**

2021年度（令和3年度）第二次検定試験・解答

出題数：5　必要解答数：5

問題1 （解答例）

1-1　経験した電気工事

(1) 工　事　名　　　　　　　○○変電所蓄電池設備増設工事

(2) 工事場所　　　　　　　○○県○○市○○町○○○番地

(3) 電気工事の概要　　　　充電器電源幹線工事600 V ◇◇ケーブル250 m

　　　　　　　　　　　　　通信用蓄電池設備48 V，800 A 2系列

　　　　　　　　　　　　　操作用電源蓄電池設備100 V，200 V 2系列

　　　　　　　　　　　　　充電器・蓄電池設備配線工事一式

(4) 工　　　期　　　　　　令和○○年○月～令和△△年△月

(5) 上記工事での立場　　　工事主任

(6) 担当した業務の内容　　電気工事現場の工程，安全管理面の施工管理.

1-2　安全管理上，特に留意した事項2項目

(1) 蓄電池の配線，接続時における感電災害に留意した.

（理由）　各蓄電池を接続していくごとに電圧が高くなり，感電災害が懸念された.

（対策・処置）

①　蓄電池の接続ごとに電圧が高くなることから，各蓄電池接続順を施工要領を含めた手順書にて作業員全員に徹底した.

②　作業着手前，直流用の低圧ゴム手袋の事前点検と報告の徹底，工事期間中の鉛蓄電池は養生マット用いて損壊の危険がないよう徹底した.

(2) 地下変電所への蓄電池搬入時における墜落・落下災害に留意した.

（理由）　畜電池室が地下4階となっており，マシンハッチを開放して，ユニック車による搬入であったため.

（対策・処置）

①　ユニック車アウトリガーの確実な張り出し，荷下ろし時のブーム角度を規定以上に保つ，ワイヤのキンク点検など現場で指導した.

②　玉掛は有資格者によることを徹底し，上下の連絡は無線を使用するとともに，

各階に監視員を配置し，不安全作業の注意喚起を徹底した．

問題2

2－1

1．機器の搬入

① 搬入量の確認と機器材置き場の管理．

② 大型機器の搬入通路の確認（建築工程の進捗状況確認）．

③ 大型機器の製作図の承諾期限と製作日数の確認，管理．

④ 工場立会検査の有無と時期．

⑤ 搬入，揚重方法（搬入口の大きさ，開口期間など）の確認・管理．

2．分電盤の取付け

① 施工図に基づく取付け位置の確認．

② 取付け位置（床・壁など）の強度や状態の確認．

③ 転倒防止等の耐震性の確認．

④ 作業スペース，メンテナンススペースの確保．

3．低圧ケーブルの敷設

① ケーブルシースは外的圧力に弱いので，ステップル等の施工には十分注意する．また，外装を傷つけないように施工する．

② ケーブルの許容曲げ半径は，内線規程に基づき施工する．

③ 必要以上に張力を掛けて布設しないこと．

④ ボックスに引き入れるときは，ゴムブッシングなどを使用して損傷を防止する．

4．電動機への配管配線

① 配管は，フレキシブルなものを使用し，振動に耐えるものを使用する．

② 低圧用の電動機の接地は，金属管接地を共用するため，金属管と完全に接続する．

③ 配線接続は，接続端子などを使用して堅ろうに接続する．

5．資材の受入検査

① 受入数量の確認（送り状・納品書の確認）．

② 不良品混入の有無の確認．

③ 汎用品は特定電気用品などの所定のマークの確認（品質証明資料の確認）．

④ 定格電圧，容量など要求事項の確認．

⑤ キュービクル式高圧受電設備などは，JIS 規格で要求する構造，性能などを満足しているか結果の確認（試験成績表の確認）．

⑥ 要求寸法の確認（形状寸法，材質などの確認）．

6. 低圧分岐回路の試験

① 目視で異常のないことを確認する.

② 回路計を用いて導通確認を行う.

③ 分電盤, 制御盤等の配線用遮断器で区切ることのできる電路ごとに絶縁抵抗計（メガー）で, 電線相互間および電路と大地間の絶縁抵抗を測定する. 電技第58条で規定する絶縁抵抗値以上であることを確認する.

④ 被測定回路を無電圧状態にして絶縁抵抗を測定する.

⑤ 電子回路など絶縁抵抗計の印加電圧に耐えられない機器がある場合には, その機器を回路から切り離して絶縁抵抗測定する.

2-2

(1) 機器の名称または略称

高圧進相コンデンサ（略称：SC）

(2) 機能

需要設備に遅れ無効電力を供給（進相無効電力の消費）し, 需要設備全体の力率を改善する. 力率改善により, 配電線路などの損失を減少させ, 電気料金の低減にも貢献する.

問題3

1. 風力発電

① 風の力で風車をまわし, その回転運動を発電機に伝えて発電するもので, 出力は, 風速の3乗にほぼ比例する.

② 風力エネルギーの約40％を電気エネルギーに変換でき, 比較的効率がよい.

③ 安定した風力（平均風速6 m/s以上が採算）の得られる, 北海道・青森・秋田などの海岸部や沖縄の島々などで, 440基以上が稼働している.

④ 風力発電を設置するには, その場所までの搬入道路があることや, 近くに高圧送電線が通っているなどの条件を満たすことが必要である.

2. 架空送電線のたるみ

① 架空電線は温度によって伸縮することからたるみが必要であり, 電線の張力が大きくなるほどたるみは小さく, 支持物の径間が長くなるほどたるみは大きくなる.

② 電線の伸びによってたるみは大きくなるが, 最低地上高は電技の規定をクリアするように施設しなければならない.

③ 架空電線のたるみ（D）の近似式は次式による.

$$D \fallingdotseq \frac{WS^2}{8T} \text{〔m〕}$$

T：水平張力〔N〕, S：径間長〔m〕, W：電線の質量による荷重〔N〕

3．スターデルタ始動

①　常時 Δ 結線で運転される電動機を始動時だけ Y 結線とし，始動完了後に Δ 結線に戻す起動方式をいい，一般にスターデルタ始動器が使用される．

②　始動電流，始動トルクともに1/3となる．5.5 kW 以上のかご形誘導電動機の始動に一般的に採用されている方式である．

4．VVF ケーブルの差込形のコネクタ

①　導電板と板状スプリングとの間などに電線終端を挟み込んで電線相互の接続を行う器材で，ジョイントボックスやアウトレットボックス内で使用される器具である．

②　電線の差込形コネクタには2極，3極，4極，5極，6極，8極などの種類があり，ワンタッチで電線の接続が可能であり，テープ巻きが不要である．

③　ストリップゲージを目安に電線の絶縁被膜を剥ぎ取ることが大切である．絶縁被膜の剥ぎ取り長さが長すぎると芯線導体部が差込形コネクタよりはみ出して絶縁不良に，短すぎると芯線の挿入不足となる．

5．定温式スポット型感知器

①　定温式スポット型感知器は，感知器設置部分の温度が一定以上になったときに作動する感知器である．

②　公称作動温度が定められており，使用場所の温度が公称作動温度より20 ℃低くなるように感知器を選定する．

③　防水型・防爆型もあり，温度変化の激しい場所や水蒸気・可燃性ガス等の雰囲気でも使用される．

6．電気鉄道のき電方式

①　電気鉄道の運転用電力は変電所から電車線路にき電され，電気車の電動機を経て走行レール等の帰線を通り変電所に戻る．このような回路を「き電回路」といい，変電所から電気車に電力を送る方式を「き電方式」という．

②　き電方式には，直流き電方式，交流き電方式があり，交流き電方式には，BT き電方式（吸上変圧器）と AT き電方式（単巻変圧器）がある．

③　直流き電方式では運転電流が大きく，事故電流との差が少ないので磁界電流の選択遮断が困難となる．

④　直流き電方式は，比較的絶縁強度の弱い直流変成機器を含んでいるので，絶縁協調については交流き電方式に比べ問題が多い．

7．超音波式車両感知器

①　路面上約5 mの高さに設置した送受器から，超音波パルスを路面に向かって周期的に発射し，通過車両の検出を行うものである．

② パルスの反射時間の差異により車両の通過を判別するもので，設置が容易であり，耐久性の点から近年においては多く用いられている．

8．電線の許容電流

① 電線に電流を流すと電線の抵抗によるジュール熱が発生し，電線の温度は周囲の温度より上昇する．電線の温度がある限度以上に上昇すると電線の諸性能が低下する．その限度となる温度の限界を最高許容温度といい，そのときの電流がその電線の「許容電流」である．

② 許容電流は，周囲温度，電線，絶縁物，外被の材質，構造，配線方法などによって異なる．

9．A種接地工事

① A種接地工事は，高圧機器の通電部分と金属製外箱との静電容量により，金属製外箱に異常が生ずるのを防止するために行う接地工事である．

② 電路が地絡した場合に機器に生ずる対地電圧を低減するために行う接地工事である．

③ 電路に施設する高圧用の機械器具の鉄台に施すこととしている．

④ 特別高圧計器用変成器の二次側電路に施すこととしている．

⑤ 屋内で人が触れるおそれのある場所に施設する高圧ケーブルを収める金属管に施すこととしている．

問題4

4-1

直流回路網計算には，電気回路の閉回路について，その閉回路の各枝路に生じる電圧降下の代数総和は，その閉回路中に含まれる起電力の代数総和に等しいというものであるというキルヒホッフの第2法則を用いる．この法則により問題図の回路において式を成立（時計の逆回りで閉回路を閉じる方向とする）させれば，

$$E = -1 \times 6 + 2 \times 5 + 3 \times 4$$

$$\therefore \quad E = -6 + 10 + 12 = 16\,\text{V}$$

したがって③が正しい．

4-2

変圧器二次側の電力 P を求めると，力率が1.0であるから，

$$P = 19.8 + 13.2 = 33\,\text{kW} = 33\,000\,\text{W}$$

したがって，一次側の電力と二次側の電力は等しいので，一次側の電圧で二次側の電力を除すれば電流が算出できる．

$$I = \frac{33\,000\,\text{W}}{6\,600\,\text{V}} = 5.0\,\text{A}$$

したがって③が正しい.

問題5

5－1　ア-④，イ-②

建設業法第25条の27（施工技術の確保に関する建設業者等の責）第1項では，次のように規定している.

第25条の27　建設業者は，建設工事の担い手の<u>育成</u>及び確保その他の<u>施工</u>技術の確保に努めなければならない.

5－2　ア-④，イ-①

労働安全衛生法第14条（作業主任者）では，次のように規定している.

第14条　事業者は，高圧室内作業その他の労働災害を防止するための管理を必要とする作業で，政令で定めるものについては，都道府県労働局長の免許を受けた者又は都道府県労働局長の登録を受けた者が行う<u>技能講習を修了した者</u>のうちから，厚生労働省令で定めるところにより，当該作業の区分に応じて，<u>作業主任者</u>を選任し，その者に当該作業に従事する労働者の指揮その他の厚生労働省令で定める事項を行わせなければならない.

5－3　ア-④，イ-①

電気工事士法第4条の3(第一種電気工事士の講習)では,次のように規定している.

第4条の3　第一種電気工事士は，経済産業省令で定めるやむを得ない事由がある場合を除き，第一種電気工事士免状の交付を受けた日から<u>5年以内</u>に，経済産業省令で定めるところにより，経済産業大臣の指定する者が行う自家用電気工作物の保安に関する講習を受けなければならない．当該講習を受けた日以降についても，同様とする.

2020年度（令和2年度）
学科試験（後期）・解答

出題数：64　必要解答数：40

※【No.1】～【No.12】までの12問題のうちから，8問題を選択・解答

No.1　金属導体の抵抗 R〔Ω〕は，導体の断面積を S〔m²〕，長さを l〔m〕，抵抗率を ρ〔Ω·m〕とすると，次式で表される．

$$R = \rho \frac{l}{S} \text{〔Ω〕}$$

上式より，金属導体Aの抵抗 R_A〔Ω〕は，

$$R_A = \rho \frac{l}{S_A} = \frac{\rho l}{\pi r^2} \text{〔Ω〕}$$

次に，金属導体Bの抵抗 R_B〔Ω〕は，

$$R_B = \rho \frac{\frac{1}{2}l}{\pi\left(\frac{1}{2}r\right)^2} = \frac{\frac{\rho l}{2}}{\frac{\pi r^2}{}} = \frac{\rho l}{2} \cdot \frac{4}{\pi r^2} = \frac{2\rho l}{\pi r^2} \text{〔Ω〕}$$

金属導体Bの抵抗 R_B〔Ω〕は，金属導体Aの抵抗 R_A〔Ω〕の2倍となる．

したがって，2が正しいものである．　　　　　　　　　　　　**答　2**

No.2　アンペア周回積分の法則により，無限に長い直線導体に電流 I〔A〕が流れているとき，点Pの磁界の強さは同法則から円周に沿っているので，次式で表される．

$$H = \frac{I}{2\pi r} \text{〔A/m〕}$$

また，図2-1のように，電流の方向を右ねじの方向に合わせると，その電流によって生じる磁界の方向は，右ねじの回転方向と一致し，同心円形となる．これをアンペア右ねじの法則という．

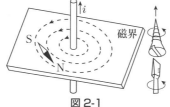

図2-1

したがって，1が適当なものである. 答 **1**

No.3 図3-1において，検流計 G の振れが"0"となったときブリッジが平衡し，c と d の電位が等しくなる．a-c 間の電圧と a-d 間の電圧は等しく，また，c-d 間と b-d 間の電圧も等しくなっていることから，次の関係が成立する．

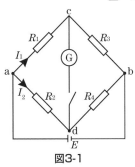

図3-1

$$R_1 I_1 = R_2 I_2 \quad R_3 I_1 = R_4 I_2$$

$$\frac{R_1}{R_2} = \frac{R_3}{R_4} \quad \text{または，} \quad R_1 R_4 = R_2 R_3$$

設問の図は，ブリッジ回路で上記条件を満たしており，平衡していることから，中間の短絡線には電流が流れない．よって，この線は開放されているとみなすことができる．よって，

$$\therefore \quad I = \frac{12\text{V}}{(2+4)\Omega} = 2\text{A}$$

したがって，3が正しいものである． 答 **3**

No.4 可動コイル形電流計では，可動コイルに流せる電流は，数十 mA 程度にすぎないので，50 mA 程度以上の大きさの電流を測定するには，図4-1のような分流器を用いる．

図のように内部抵抗が R_a〔Ω〕の mA 計の端子に R_s〔Ω〕の分流器を接続した場合の分流器の倍率 m は，

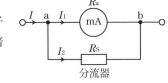

図4-1

$$m = \frac{I}{I_1} = \frac{I_1 + I_2}{I_1} \tag{①}$$

a-b 間の電位降下が等しいことから，

$$I_1 R_a = I_2 R_s$$

$$\therefore \quad I_2 = \frac{R_a}{R_s} I_1 \tag{②}$$

よって，倍率 m は，①，②式より，

$$m = \frac{I_1 + \dfrac{R_a}{R_s} I_1}{I_1} = 1 + \frac{R_a}{R_s} \tag{③}$$

となる．

設問から倍率 m を求めると，最大目盛 10 mA の電流計を最大電流 0.1 A（100 mA）まで測定するとあるので，

$$m = \frac{100}{10} = 10 \ \text{倍}$$

よって，③式に与えられた数値を代入して R_s〔Ω〕を求める．

$$10 = 1 + \frac{9}{R_\mathrm{s}}$$

$$\frac{9}{R_\mathrm{s}} = 10 - 1$$

$$\therefore \ R_\mathrm{s} = \frac{9}{9} = 1 \ \Omega$$

したがって，2 が正しいものである． 答 2

No.5 他励発電機は，図 5-1 のように界磁（励磁）回路が独立しており，界磁巻線の界磁電流をほかの直流電源からとるものである．発電機の磁束 φ は界磁電流 I_f に比例するので，誘導起電力は界磁電流に比例し，この形の発電機は試験用などの高電圧の発電機として用いられる．

一方，自励発電機は，電機子巻線に生じた起電力によって界磁電流を流すもので，電機子巻線と界磁巻線のつなぎ方によって分巻発電機，直巻発電機，複巻発電機の 3 種に大別される．

自励発電機である分巻発電機は，図 5-2 に示すように電機子 A と界磁巻線 F とを並列につないだもので，界磁巻線には細い電線が巻かれている．この発電機は自己励磁であることから，装置が簡単で，ある範囲の電圧調整ができるため，電気化学用，電池の充電用，同期機の励磁用，そのほか一般の直流電源として用いられている．

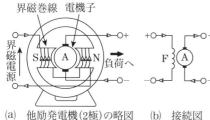

(a) 他励発電機(2極)の略図　　(b) 接続図

図5-1　他励発電機

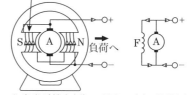

(a) 分巻発電機(2極)の略図　　(b) 接続図

図5-2　分巻発電機

したがって，2 が不適当なものである． 答 2

No.6 変圧器に用いる絶縁油の条件として，絶縁耐力が大きいこと，冷却作用が大きいこと，引火点が高いこと，粘度が低いことなどがあげられ，一般に鉱油や合成油が用いられる．

したがって，3 が不適当なものである． 答 3

No.7 高圧真空遮断器は，真空の絶縁性とアーク生成物の真空中への拡散による

消弧作用を利用するもので，真空度は封じ切り時に $1 \sim 10\,\mu\text{Pa}$ 以下に製作される．負荷電流の開閉を行うことができ，定格遮断電流以下の短絡電流も遮断することができる．その開閉機構は，高真空状態のバルブのなかで接点を開閉するようになっている．ただし，故障時の電流を自ら検知して遮断することはできない．

したがって，2 が不適当なものである． **答 2**

No.8 節炭器は，煙道ガスの余熱を利用してボイラ給水を加熱し，ボイラプラント全体の効率を高めようとするものである．

したがって，1 が適当なものである． **答 1**

空気予熱器は，煙道ガスの排熱を燃焼用空気に回収し，ボイラプラント効率を高める熱交換器である．燃焼用空気を予熱するため，燃焼効率を向上させる．

蒸気ドラムは，燃料の燃焼によって発生した熱を吸収してドラムの中の水を湿り蒸気に変換する設備である．

再熱器は，熱サイクルの効率向上およびタービンの翼の腐食防止などのために，一度高圧タービンで仕事をした低温低圧の蒸気をボイラに戻して再過熱し，再び中低圧タービンで仕事をさせるためのものであり，主として $75\,\text{MW}$ 以上の発電用ボイラに使用される．

No.9 変電所は，送配電電圧の昇圧または降圧を行う，送配電系統の切換えを行い電力の流れを調整する，事故が発生した送配電線を電力系統から切り離すなどの役割がある．

送配電系統の周波数が一定になるように制御する役割を担う施設は，水力や火力等の発電所である．

したがって，4 が不適当なものである． **答 4**

No.10 高圧配電線は，こう長，負荷の大きさ・分布，ピーク負荷時間帯などフィーダにより個々に異なるが，電圧調整の面からは，可能な限り電圧降下が少ないことが望ましい．

電圧調整には次の装置が用いられている．

① 高圧自動電圧調整器による電圧調整

② 固定昇圧器による電圧調整

③ 配電用変電所の負荷時タップ切換装置（負荷時電圧調整）による電圧調整

④ 柱上変圧器の高圧側タップ調整による電圧調整

配電線路の途中に柱上開閉器を設置するのは，高圧き線系統の切り替えや事故時の切り離しなどの対応に使用されるものである．電圧調整はできない．

したがって，4 が最も不適当なものである． **答 4**

No.11 LED の発光は，エレクトロルミネセンスの原理を利用している．つまり，

LED チップには P 型半導体（＋が動く）と N 型半導体（－が動く）が合わされており，それに通電することによって（＋）と（－）が衝突して接合面が発光する．

省エネルギーである，また，蛍光ランプに比べると，周囲温度の変化による光束の低下がほとんどないなどの特長がある．

なお，パワー LED などは発光時に熱が発生することから，フィンを付けるなどの放熱対策が必要であり，素子は，耐圧が低いことから電圧変化により破壊されやすい．

したがって，4 が不適当なものである．　　　　　　　　　　　　　　　　**答　4**

No.12　アーク加熱は電極間または電極と被加熱物との間にアークを発生させ，アーク熱によって材料を加熱または溶解する．気体中の電離電子の運動エネルギーによって 3 000 〜 6 000 K の温度が得られる．

したがって，3 が最も不適当なものである．　　　　　　　　　　　　　　**答　3**

アーク炉は被熱物に直接アークを発生させる直接式アーク炉と，被熱物がアークの熱を受けて加熱される間接式アーク炉に分けられる．

電子ビーム加熱は，真空中でタングステンなどの高融点金属を加熱して熱電子を発生させ，50 〜 100 kV の直流電圧で熱電子を加速して電子ビームにする．

さらに，電磁界を利用した電子レンズで電子ビームを適当なビーム径に収束させ，比熱物に電子の持つ運動エネルギーを熱エネルギーに変換して加熱するものである．

※【No.13】〜【No.32】までの20問題のうちから，11問題を選択・解答

No.13　水力発電所の発電機の回転子は，大容量の低速機に「立軸凸極形」が多く採用され，小容量の高速機には「横軸凸極形」多く採用されている．

軸方向に長い円筒形（横軸円筒形）が多く採用されるのは，汽力発電所の発電機である．

したがって，3 が不適当なものである．　　　　　　　　　　　　　　　　**答　3**

No.14　変圧器にはさまざまな特性があり，単相変圧器を並行運転するには次のような条件が満たされなければならない．

① 各変圧器の極性があっていること．

② 循環電流が流れないために，一次・二次の定格電圧と巻数比が等しいこと．

③ 各変圧器が容量に応じた負荷を分担するため，インピーダンス電圧が等しいこと．

④ インピーダンス角（抵抗とリアクタンスの比）が等しいこと．

三相変圧器の場合には，前述の条件に加えて，

⑤ 角変位が等しいこと．

⑥ 相回転が等しいこと．

が必要である．

2020 学科試験後

各変圧器のインピーダンスが変圧器の容量に比例していることは, 条件にはない. したがって, 3 が不適当なものである. **答 3**

No.15 電力系統における保護リレーシステムの役割は, 過電流から機器を保護する, 送配電線路の事故の拡大を防ぐ, 故障した機器を電路から切り離すことなどで, 計器用変成器・保護継電器・遮断器などで構成されている.

避雷器は, 直撃雷から機器を保護する役割を果たす設備である.

したがって, 4 が不適当なものである. **答 4**

No.16 引込用ポリエチレン絶縁電線 (DE) は, 低圧架空引込用として用いられるものである.

したがって, 1 が不適当なものである. **答 1**

No.17 設問の図に示されたがいしの名称は, 高圧ピンがいしである.

したがって, 3 が適当なものである. **答 3**

図 17-1 に高圧ピンがいしの概要図を示すが, 架空配電線路の直線部分, 開閉器・変圧器の縁廻し線などの張力のかからない場所で使用される.

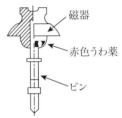

図17-1　高圧ピンがいし
（東電研修資料より）

No.18 送電線路は抵抗, インダクタンス, <u>静電容量（キャパシタンス）</u>, リーカンス（漏れコンダクタンス）の四つの定数（線路定数という）をもった電気回路である. 線路定数は, 電線の種類・太さおよびその配置によって定まるもので, 電圧・電流または力率などには影響されない.

したがって, 3 が適当なものである. **答 3**

No.19 低電圧短距離送電線路では, 中性点を非接地としても送電にあたって特別の支障は生じないが, 高電圧長距離送電線では, いろいろな電気的障害を発生するため, 次の目的で中性点を接地する.

① 送電線がアーク地絡を起こしたときに生じる異常電圧の発生を防止する.

② 送電線路の電線の大地に対する電位上昇を少なくする.

③ 地絡事故が発生したら, 保護継電器が確実に動作するようにする.

非接地方式は, 送電線路のこう長が短く, かつ電圧が低い場合に用いられ, 高圧の配電線路では, 最も多く採用されている方式である. ただし, この方式は, 1 線地絡時の健全相電圧が相電圧の $\sqrt{3}$ 倍に上昇する.

したがって, 2 が適当なものである. **答 2**

No.20 電気事業法第 26 条（電圧及び周波数）第 1 項では,「一般送配電事業者は,

その供給する電気の電圧及び周波数値を経済産業省令で定める値に維持するよう努めなければならない」としており，電気事業法施行規則第38条（電圧及び周波数の値）では，次のように規定している．

第38条　法第26条第1項の経済産業省令で定める電圧の値は，その電気を供給する場所において次の表の左欄に掲げる標準電圧に応じて，それぞれ同表の右欄に掲げるとおりとする．

標準電圧	維持すべき値
100 V	101 Vの上下6 Vを超えない値
200 V	202 Vの上下20 Vを超えない値

したがって，2が定められているものである．　　　　　　　　　　　　答　**2**

No.21　光源の形が極めて小さいものを「点光源」といい，図のように点光源L直下にある距離 l〔m〕の点Pの照度 E〔lx〕は，距離の2乗に反比例（距離の逆2乗の法則という）し，次式で表される．

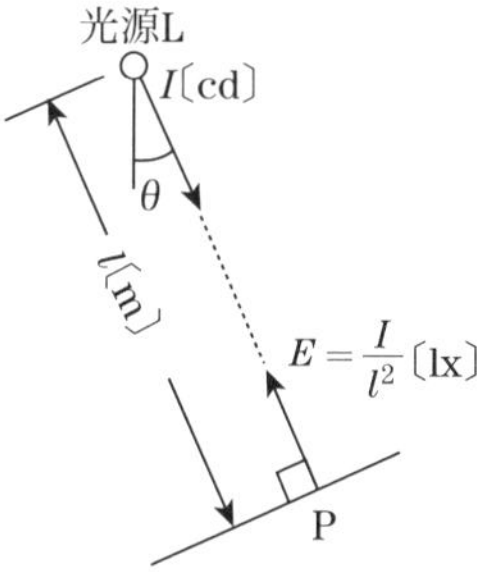

$$E = \frac{I}{l^2} \ \text{〔lx〕}$$

図21-1

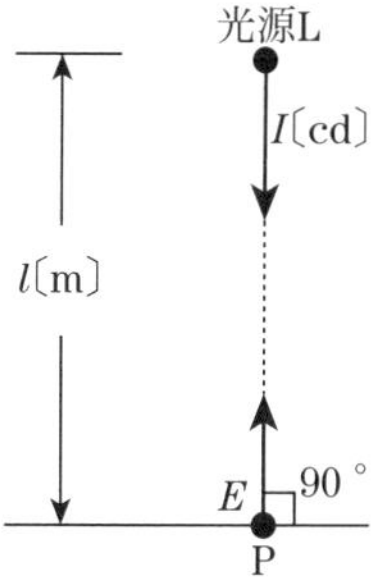

図21-2

ただし，I：点光源のP方向の光度〔cd〕

よって，上式に与えられた数値を代入すると，

$$E = \frac{160}{4^2} = 10 \ \text{lx}$$

したがって，2が正しいものである．　　　　　　　　　　　　　　答　**2**

No.22　電動機の回路に使用されるリレーは，モータリレー（静止形継電器）といわれ，一般に，1E，2E，3Eが使用される．

Eは要素（ELEMENT）のことで，以下の要素となる．

1E······過負荷

2E······過負荷，欠相

3E······過負荷，欠相，逆相（反相）

一般的に使われるのは2Eリレーで，過負荷，欠相保護となり，逆相（反相）保護を可能とするためには，3Eリレーを使用する必要がある．

したがって，2が最も不適当なものである．　　　　　　　　　　　答　**2**

No.23　電気設備技術基準の解釈第148条（低圧幹線の施設）第1項第四号では，次のように規定している．

2020 学科試験後

四　低圧幹線の電源側電路には，当該低圧幹線を保護する過電流遮断器を施設すること．ただし，次のいずれかに該当する場合は，この限りでない．

　　イ　低圧幹線の許容電流が，当該低圧幹線の電源側に接続する他の低圧幹線を保護する過電流遮断器の定格電流の 55 % 以上である場合

　　ロ　過電流遮断器に直接接続する低圧幹線又はイに掲げる低圧幹線に接続する長さ 8 m 以下の低圧幹線であって，当該低圧幹線の許容電流が，当該低圧幹線の電源側に接続する他の低圧幹線を保護する過電流遮断器の定格電流の 35 % 以上である場合

　　ハ　過電流遮断器に直接接続する低圧幹線又はイ若しくはロに掲げる低圧幹線に接続する長さ 3 m 以下の低圧幹線であって，当該低圧幹線の負荷側に他の低圧幹線を接続しない場合

　本問の場合，分岐幹線の長さが 6 m であるので，ロに該当することから許容電流の最小値は，

$$200 \text{ A} \times 0.35 = 70 \text{ A}$$

となる．

　したがって，1 が正しいものである．　　　　　　　　　　　　　　**答　1**

No.24　高圧限流ヒューズは，主として高圧回路および高圧機器の短絡保護用に使用され，その種類は，溶断時間－電流特性－繰返し過電流特性から，JIS C 4604（高圧限流ヒューズ）では次の 6 種類を規定している．

　G：一般用　　　T：変圧器用　　　M：電動機用　　　C：リアクトルなしコンデンサ用
　LC：リアクトル付きコンデンサ用　　　断路形ヒューズ（記号なし）

　したがって，1 が誤っているものである．　　　　　　　　　　　　**答　1**

No.25　屋内用高圧断路器（JIS C 4606）では，断路器とは，「単に充電された電路を開閉分離するために用いられる開閉機器で，負荷電流の開閉を目的としないもの」と規定している．

　したがって，2 が最も不適当なものである．　　　　　　　　　　　**答　2**

なお，JIS C 4620（キュービクル式高圧受電設備）において，「CB 形においては，主遮断装置の電源側に断路器を用いる」と規定されている．

No.26　JIS A 4201（建築物等の雷保護）では，「受雷部システムは，次の各要素またはその組合せによって構成する」とある．

　a）突針

　b）水平導体

　c）メッシュ導体

保護レベル（Protection level）は，「雷保護システムを効率に応じて分類する用

語であり，雷保護システムが雷の影響から被保護物を保護する確率を表す」と定義されている．

　サージ保護装置（Surge suppressor）は，「火花ギャップ，サージ抑制器，半導体装置など，被保護物内の2点間におけるサージ電圧を制限するための装置」と定義されている．

　アーマロッドは，架空送電線路の電線の支持部において，電線の振動による疲労防止と事故電流による溶断防止，雷による切断防止のために，電線と同一系統の金属を巻き付けて補強するものである．

　したがって，2が関係のないものである．　　　　　　　　　　　　　**答　2**

No.27　電技解釈第156条（低圧屋内配線の施設場所による工事の種類）では，「低圧屋内配線は，次の各号に掲げるものを除き，156-1表に規定する工事のいずれかにより施設すること．（各号省略）」と規定している．

第27-1　156-1表

施設場所の区分		使用電圧の区分	がいし引き工事	合成樹脂管工事	金属管工事	金属可とう電線管工事	金属線び工事	金属ダクト工事	バスダクト工事	ケーブル工事	フロアダクト工事	セルラダクト工事	ライティングダクト工事	平形保護層工事
展開した場所	乾燥した場所	300 V 以下	○	○	○	○	○	○	○	○			○	
		300 V 超過	○	○	○	○		○	○	○				
	湿気の多い場所又は水気のある場所	300 V 以下	○	○	○	○				○				
		300 V 超過	○	○	○	○				○				
点検できる隠ぺい場所	乾燥した場所	300 V 以下	○	○	○	○	○	○	○	○	○	○	○	○
		300 V 超過	○	○	○	○		○	○	○				
	湿気の多い場所又は水気のある場所	—		○	○	○				○				
点検できない隠ぺい場所	乾燥した場所	300 V 以下		○	○	○				○	○	○		
		300 V 超過		○	○	○				○				
	湿気の多い場所又は水気のある場所	—		○	○	○				○				

（備考）○は使用できることを示す．

　したがって，3が誤っているものである．　　　　　　　　　　　　　**答　3**

No.28　周囲の温度の上昇率が一定の率以上になったときに火災信号を発信する感

知器は，「差動式スポット型感知器」である．

　したがって，4 が適当なものである．　　　　　　　　　　**答　4**

　定温式スポット型感知器は，一局所の周囲の温度が一定の温度以上になったとき
に火災信号を発信するもので，バイメタルの変位，金属の膨張，可溶絶縁物の溶融
などを利用したものがある．

　光電式スポット型感知器は，周囲の空気が一定の濃度以上の煙を含むに至ったと
きに火災信号を発信するもので，一局所の煙による光電素子の受光量の変化により
作動するものである．

　イオン化式スポット型感知器は，周囲の空気が一定の濃度以上の煙を含むに至っ
たときに火災信号を発信するもので，一局所の煙によるイオン電流の変化により作
動するものである．

No.29　消防法施行規則第 25 条の 2（非常警報設備に関する基準）第 2 項第二の
二号では次のように規定している．

二の二　非常警報設備の起動装置は，次のイからニまでに定めるところにより設け
　　　　ること．

　イ　各階ごとに，その階の各部分から一の起動装置までの歩行距離が 50 m 以下
　　　となるように設けること．

　ロ　床面からの高さが 0.8 m 以上 1.5 m 以下の箇所に設けること．

　ハ　<u>起動装置の直近の箇所に表示灯を設けること</u>．

　ニ　表示灯は，赤色の灯火で，取付け面と 15 度以上の角度となる方向に沿って
　　　10 m 離れた所から点灯していることが容易に識別できるものであること．

　したがって，3 が誤っているものである．　　　　　　　　**答　3**

No.30　LAN に関するイーサネットの規格において，伝送媒体に光ファイバケー
ブルを使用するものは，100BASE-FX である．

　したがって，3 が適当なものである．　　　　　　　　　　**答　3**

　10BASE5 は，伝送速度 10 Mbps の同軸ケーブルである．

　100 BASE-TX は，伝送速度 100 Mbps の UTP ケーブルである．

　1000 BASE-T は，伝送速度 1 000 Mbps の UTP ケーブルである．

　100BASE-FX は，伝送速度 100 Mbps で通信できるファストイーサネットの仕様
の一つで，通信ケーブルとして光ファイバを用いるものであり，IEEE で標準化さ
れている．

　メタルケーブルを利用するほかの規格（100BASE-TX）などに比べ，電磁ノイズ
に強く長距離を安定的に伝送できるという特徴があり，主に，ビル内や敷地内の建
物間のネットワーク間接続や，工場内など強いノイズにさらされる環境での使用に

適する．

No.31 ヘビーシンプルカテナリ式の運転基準速度は，140 km 程度までである．

コンパウンドカテナリ式の運転基準速度は，160 km 程度までである．

ツインシンプルカテナリ式の運転基準速度は，140 km 程度までである．

直接ちょう架式の運転基準速度は，50 km 〜 85 km 程度までである．

したがって，4 が不適当なものである． **答 4**

No.32 カウンタービーム照明方式は，非称照明方式であり，交通方向（車両の進入方向）に対向する配光をもち，入口照明に採用される．また，プロビーム照明方式も非称照明方式であり，交通方向に配光をもち，入口・出口照明に使用することができる．

したがって，1 が最も不適当なものである． **答 1**

※【No.33】〜【No.38】までの6問題のうちから，3問題を選択・解答

No.33 ヒートポンプの原理は，設問図のアの部分で示される圧縮機で高温・高圧のガスに冷媒を圧縮し，次の凝縮器によって熱を放出して冷媒は液体になり，次の段階である膨張弁で減圧されて冷媒の温度が下がり，さらに次に進むと蒸発器で吸熱して冷媒は気化される．この循環の繰り返しとなる．

したがって，1 が適当なものである． **答 1**

No.34 盛土工事における締固めの効果・特性としては，締固めによる盛土材料の空げきが少なくなることから透水性は低下する，土の支持力が増加する，せん断強度が大きくなる，圧縮性が小さくなることなどがあげられる．

つまり，盛土材料も上記のような効果を得るため，吸水による膨張が極力小さいこと，せん断強度が大きいこと，圧縮性が小さいことなどの特性を持つことが望ましい．

したがって，4 が不適当なものである． **答 4**

No.35 前視（F・S：フォアサイト）とは，高さを求める点に標尺を据え付け，レベルで視準すること（または読み）をいう．既知点に立てた標尺の読みは，後視（B・S：バックサイト）である．

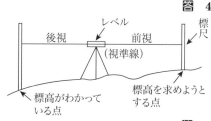

したがって，3 が誤っているものである． **答 3**

No.36 問題に示された基礎は，深礎基礎である．この基礎は，山地における送電用鉄塔基礎形状として数多く適用されている．比較的急斜面の箇所でも 4 脚独立して設置可能な形状の基礎として用いられ，円形のコンクリートピアを地中深く構築

2020 学科試験後

し，鉄塔からの荷重を地盤中に伝達する形式である．

したがって，1 が適当なものである． **答** **1**

No.37 速度向上による輪重・横圧の増加による応力増加に十分な耐力を確保できるよう軌道部材の強化が必要で，<u>具体的にはバラスト道床の厚みを大きくする</u>，枕木の間隔を小さくする，レールの単位重量を大きくするなどの対策を実施する．

また，曲率半径を大きくすることは曲線通過速度の向上につながる．さらに，より増加する遠心力を緩和するためカントを拡大する．最大カント量を上回り，かつカント不足量が上限を超える場合は車両側で車体傾斜システムの導入を検討する．

したがって，1 が不適当なものである． **答** **1**

No.38 溶接欠陥には，オーバーラップ，アンダーカット，ブローホール，のど厚不足などがある．

コールドジョイントとは，コンクリートの欠陥の一つで，コンクリートのうち重ね時間の間隔が長くなった場合，後から打ち込んだコンクリートが一体化しない状態となることである．

したがって，4 が関係ないものである． **答** **4**

※【No.39】の問題は，必ず解答

No.39 JIS C 0303（構内電気設備の配線用図記号）では，設問 2 の図記号は煙感知器を示す．なお，定温式スポット型感知器は図 39-1 のような図記号となっている．

図39-1

したがって，2 が誤っているものである． **答** **2**

※【No.40】～【No.52】までの 13 問題のうちから，9 問題を選択・解答

No.40 太陽光発電システムへの雷サージの侵入経路としては，太陽電池アレイからの侵入以外に配電線や接地線からの侵入，および，その組合せによる侵入がある．接地線からの侵入は，近傍への落雷により大地電位が上昇して相対的に電源側の電位が低くなり，接地線から逆に電源側に向かって流れる場合に発生する．

雷サージによる被害から太陽光発電システムを守るため，以下の対策をとることが望ましい．

① 避雷素子をアレイ主回路内に分散させて取り付けるとともに，接続箱にも取り付ける．

② 低圧配電線から侵入してくる雷サージに対しては，分電盤に避雷素子を取り付ける．

③ 雷雨の多発地域では，<u>交流電源側に耐雷トランスを設置し</u>，より完全な対策

をする．

したがって，4が不適当なものである． 答　4

No.41　電気設備の技術基準の解釈第59条（架空電線路の支持物の強度等）第2項第二号では，「A種鉄筋コンクリート柱は，設計荷重及び柱の全長に応じ，根入れ深さを59-3表に規定する値以上として施設すること」と規定され，59-3表では，全長が15 m以下の場合は，設計荷重が6.87 kN以下，根入れを全長の1/6以上とすることと規定されている．

よって，長さ15 mのA種鉄筋コンクリート柱の場合は，15×(1/6)＝2.5 m以上の根入れ長が必要である．

したがって，1が最も不適当なものである． 答　1

No.42　高圧受電設備規程1130節（受電室などの施設）1130-1「受電室の施設」5.⑤では，次のように規定している．

⑤　受電室には，水管，蒸気管，ガス管などを通過させないこと．

この規定から，（ドレンパンを設けた）給水管を通過させることはできない．

したがって，2が不適当なものである． 答　2

No.43　電車線におけるハンガイヤーの概要図を図43-1に示す．

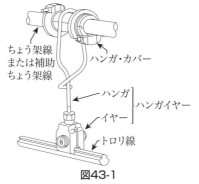

図43-1

したがって，4が適当なものである． 答　4

No.44　有線電気通信設備令第14条（地中電線）では，「地中電線は，地中強電流電線との離隔距離が30 cm（その地中強電流電線の電圧が7 000 Vを超えるものであるときは，60 cm）以下となるように設置するときは，総務省令で定めるところによらなければならない．とあり，有線電気通信設備令施行規則第16条（地中電線の設備）では次のように規定されている．

第16条　令第14条の規定により，地中電線を地中強電流電線から同条に規定する距離において設置する場合には，地中電線と地中強電流電線との間に堅ろうかつ耐火性の隔壁を設けなければならない．ただし，次の各号のいずれかに該当する場

合であって，地中強電流電線の設置者の承諾を得たときは，この限りでない．

一　難燃性の防護被覆を使用し，かつ，次のイ又はロのいずれかに該当する場合

　　イ　地中弱電流電線に接触しないように設置する場合

　　ロ　地中弱電流電線の電圧が 222 V 以下である場合

二　導体が光ファイバである場合

三　ケーブルを使用し，かつ，地中強電流電線（その電圧が 170 000 V 未満のものに限る．）との離隔距離が 10 cm 以上となるように設置する場合

したがって，1 が正しいものである．　　　　　　　　　　　　　　**答　1**

No.45　施工計画書の作成目的としては，工事の目的とする築造物を，設計図書および仕様書に基づいて，施工の効率を高めて所定の工事期間内に予算に見合った最小の費用で安全に施工できるよう条件と方法を策定することである．

1. 経済性，施工性を探求するため，代案による計画を検討し，比較検討し，最適な計画を立てる．

2. 施工計画を立てる前に図面，仕様書その他契約条件の検討，現場の物理的条件などの実地調査を行う必要があり，これら予備調査のあと慎重に計画を立てる．

3. 最適な施工計画を立てるため，工事の主任者のみに依存することなくできるだけ企業内の関係機構を活用し，全社的高度なレベルを活用することが望ましい．

4. 一般的にいえることは従来の経験と実績のみに頼った計画は過少なものとなりやすい．経験と実績をもとに改良の試み，新しい工法，技術の採用など大局的判断が大切である．

施工技術の習得は，施工計画書の作成の目的とは関係のないもので，研修や現場の実践（経験）などにより習得するものである．

したがって，3 が最も関係のないものである．　　　　　　　　　**答　3**

No.46　消防法第 17 条の 3 の 2 により，「飲食店の関係者は，誘導灯を設置した際には，その旨を届け出て検査を受けなければならない」と規定されているが，消防法施行規則第 31 条の 3（消防用設備等又は特殊消防用設備等の届出及び検査）では，次のように規定している．

　　第 31 条の 3　法第 17 条の 3 の 2 の規定による検査を受けようとする防火対象物の関係者は，当該防火対象物における消防用設備等又は特殊消防用設備等の設置に係る工事が完了した場合において，その旨を工事が完了した日から <u>4 日以内</u> に消防長又は消防署長に別記様式第一号の二の三の届出書に次に掲げる書類を添えて届け出なければならない．（以下略）

つまり，延べ面積 300 m^2 以上の飲食店に誘導灯を設置する場合は，この工事完了日から 4 日以内に届け出が必要である．

したがって，1が正しいものである． 答 **1**

No.47 総合工程表は，着工から竣工引渡しまでの全容を表し，本体工事，<u>完成検査</u>，仮設工事，付帯工事などをすべて含めた工事全体の作業の進捗を大局的に把握するために作成される．

したがって，2が最も不適当なものである． 答 **2**

電気設備工事は，そのほとんどが建築工事や他の設備工事と関連して作業が進められるため，<u>互いにその作業内容を理解・整合して</u>，大型機器の搬入・受電期日の決定，作業順序や工程を調整し無理のない工程計画を立てなければならない．

No.48 問題の図は，バーチャート工程表である．この工程表は，電気工事の工程表のなかでは一般に最も広く使用されており，横線工程表とも呼ばれている．工程表は縦軸に工事を構成する工種を，横軸に暦日をとり，各作業の着手日と終了日の間を棒線で結ぶものである．

したがって，1が適当なものである． 答 **1**

No.49 問題の図はヒストグラムである．この図は，データを適当な幅に分け，そのなかの度数を縦軸にとった柱状図であり，データの分布状態がわかりやすく，一般に規格の上限と下限の線を入れて良・不良のばらつき具合を調べやすくしている．

したがって，1が適当なものである． 答 **1**

No.50 電位降下法による測定は，接地抵抗の測定法として最も広く用いられており，電位電極Pおよび電流電極Cはともに測定のための補助電極である．図50-1に示すように接地極と補助極を配置し，E極を中心とし，その両側にP，C極を設ける配置とはしない．

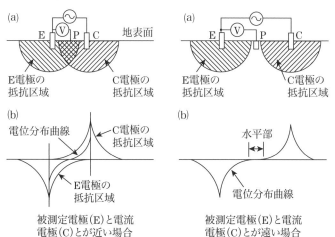

図50-1

したがって，2 が最も不適当なものである．　　　　　　　　　**答　2**

　測定に際して，被測定電極−電流電極間に電源をつないで大地に電流を流す．この電源には交流が用いられる．これは，直流を用いると電気化学作用が生じるからである．また，交流の周波数としては，電力系統からの誘導信号を分離しやすいように，商用以外の周波数を用いる．交流の周波数としてあまり高いものを用いると，リード線のインダクタンスや容量が測定に影響を及ぼすため，一般的には 1 kHz 以下の周波数が採用される．

No.51　労働安全衛生規則第 522 条（悪天候時の作業禁止）では，次のように規定している．

　第 522 条　事業者は，高さが 2 m 以上の箇所で作業を行なう場合において，強風，大雨，大雪等の悪天候のため，当該作業の実施について危険が予想されるときは，当該作業に労働者を従事させてはならない．

　したがって，2 が誤っているものである．　　　　　　　　　**答　2**

No.52　労働安全衛生法第 61 条（就業制限）第 1 項では，次のように規定している．

　第 61 条　事業者は，クレーンの運転その他の業務で，政令で定めるものについては，都道府県労働局長の当該業務に係る免許を受けた者又は都道府県労働局長の登録を受けた者が行う当該業務に係る技能講習を修了した者その他厚生労働省令で定める資格を有する者でなければ，当該業務に就かせてはならない．

　労働安全衛生法施行令第 20 条（就業制限に係る業務）第 1 項第十五号では，次のように規定している．

　第 20 条　法第 61 条第 1 項の政令で定める業務は，次のとおりとする．

　十五　作業床の高さが 10 m 以上の高所作業車の運転（道路上を走行させる運転
　　　　を除く．）の業務

　したがって，作業床の高さが 15 m の高所作業車の運転には特別教育修了者を就かせることはできないので，3 が誤っているものである．　　　　　　　　　**答　3**

　※ **【No.53】** 〜 **【No.64】** までの 12 問題のうちから，**8 問題を選択・解答**

No.53　建設業法第 3 条（建設業の許可）では，次のように規定している．

　第 3 条　建設業を営もうとする者は，次に掲げる区分により，この章で定めるところにより，二以上の都道府県の区域内に営業所（本店又は支店若しくは政令で定めるこれに準ずるものをいう．以下同じ．）を設けて営業をしようとする場合にあっては国土交通大臣の，一の都道府県の区域内にのみ営業所を設けて営業をしようとする場合にあっては当該営業所の所在地を管轄する都道府県知事の許可を受けなければならない．ただし，政令で定める軽微な建設工事のみを請け負うことを営業と

する者は，この限りでない．

　以上から，建設業の許可区分については上記の規定しかなく，国が発注する電気工事であっても，許可の区分（国土交通大臣または都道府県知事）に関係なく，工事を請け負うことができる．

　したがって，4が誤っているものである．　　　　　　　　　　　　**答　4**

No.54　建設業法第2条（定義）では，次のように規定している．

　第2条　この法律において「建設工事」とは，土木建築に関する工事で別表第一の上欄に掲げるものをいう．

　「別表第一の上覧に掲げる建設工事」には，次の29種類が定められている．

　土木一式工事，建築一式工事，大工工事，左官工事，とび・土工・コンクリート工事，石工事，屋根工事，電気工事，管工事，タイル・れんが・ブロック工事，鋼構造物工事，鉄筋工事，舗装工事，しゅんせつ工事，板金工事，ガラス工事，塗装工事，防水工事，内装仕上工事，機械器具設置工事，熱絶縁工事，電気通信工事，造園工事，さく井工事，建具工事，水道施設工事，消防施設工事，清掃施設工事，<u>解体工事</u>

　したがって，4が誤っているものである．　　　　　　　　　　　　**答　4**

No.55　電気事業法施行令第1条（電気工作物から除かれる工作物）では，次のように規定している．

　第1条　電気事業法第2条第1項第十八号の政令で定める工作物は，次のとおりとする．

　一　鉄道営業法（明治33年法律第65号），軌道法（大正10年法律第76号）若しくは鉄道事業法（昭和61年法律第92号）が適用され若しくは準用される車両若しくは搬器，船舶安全法（昭和8年法律第11号）が適用される船舶，陸上自衛隊の使用する船舶（水陸両用車両を含む．）若しくは海上自衛隊の使用する船舶又は道路運送車両法（昭和26年法律第185号）第2条第2項に規定する自動車に設置される工作物であって，これらの車両，搬器，船舶及び自動車以外の場所に設置される電気的設備に電気を供給するためのもの以外のもの

　二　航空法（昭和27年法律第231号）第2条第1項に規定する航空機に設置される工作物

　三　前二号に掲げるもののほか，電圧30V未満の電気的設備であって，電圧30V以上の電気的設備と電気的に接続されていないもの

　一号の規定により，電気鉄道の車両に設置する電気設備は，電気工作物ではない．したがって，4が定められていないものである．　　　　　　　　　　　　**答　4**

No.56　電気用品安全法施行令第1条（電気用品）では，次のように規定している．

　第1条　電気用品安全法（以下「法」という．）第2条第1項の電気用品は，別

表第一の上欄及び別表第二に掲げるとおりとする．

（別表第一より抜粋）

一　電線（定格電圧が 100 V 以上 600 V 以下のものに限る．）であって，次に掲げるもの

   (1)　絶縁電線であって，次に掲げるもの（導体の公称断面積が 100 mm² 以下のものに限る．）

1　ゴム絶縁電線（絶縁体が合成ゴムのものを含む．）

2　合成樹脂絶縁電線（別表第二第一号(1)に掲げるものを除く．）

   (2)　ケーブル（導体の公称断面積が 22 mm² 以下，線心が 7 本以下及び外装がゴム（合成ゴムを含む．）又は合成樹脂のものに限る．）

よって，CVT150 mm² は電気用品から除外される．

したがって，1 が定められていないものである．　　　　　　**答　1**

No.57　電気工事士法施行令第 1 条（軽微な工事）では，次のように規定している．

第 1 条　電気工事士法（以下「法」という．）第 2 条第 3 項ただし書の政令で定める軽微な工事は，次のとおりとする．

一　電圧 600 V 以下で使用する差込み接続器，ねじ込み接続器，ソケット，ローゼットその他の接続器又は電圧 600 V 以下で使用するナイフスイッチ，カットアウトスイッチ，スナップスイッチその他の開閉器にコード又はキャブタイヤケーブルを接続する工事

二　電圧 600 V 以下で使用する電気機器（配線器具を除く．以下同じ．）又は電圧 600 V 以下で使用する蓄電池の端子に電線（コード，キャブタイヤケーブル及びケーブルを含む．以下同じ．）をねじ止めする工事

三　電圧 600 V 以下で使用する電力量計若しくは電流制限器又はヒューズを取り付け，又は取り外す工事

四　電鈴，インターホーン，火災感知器，豆電球その他これらに類する施設に使用する小型変圧器（二次電圧が 36 V 以下のものに限る．）の二次側の配線工事

五　電線を支持する柱，腕木その他これらに類する工作物を設置し，又は変更する工事

六　地中電線用の暗渠又は管を設置し，又は変更する工事

よって，選択肢 2，3，4 は上記条文から誰でもできる作業であるが，選択肢 1 の埋込型点滅器を取り換える作業は，電気工事士でなければ従事することができない作業である．

したがって，1 が正しいものである．　　　　　　**答　1**

No.58　電気工事の業務の適正化に関する法律第 25 条において，「氏名又は名称，

登録番号その他の経済産業省令で定める事項を記載した標識を掲げなければならない」と規定されているが，電気工事業の業務の適正化に関する法律施行規則第12条（標識の掲示）では，次のように規定している．

第12条　法第25条の経済産業省令で定める事項は，次のとおりとする．

一　登録電気工事業者にあっては，次に掲げる事項

イ　氏名又は名称及び法人にあっては，その代表者の氏名

ロ　営業所の名称及び当該営業所の業務に係る電気工事の種類

ハ　登録の年月日及び登録番号

ニ　主任電気工事士等の氏名

したがって，2が定められていないものである．　　　　　　　答　2

No.59　建築基準法第2条(用語定義)第1項第三号では，次のように規定している．

第2条　この法律において次の各号に掲げる用語の意義は，それぞれ当該各号に定めるところによる．

三　建築設備　建築物に設ける電気，ガス，給水，排水，換気，暖房，冷房，消火，排煙若しくは汚物処理の設備又は煙突，昇降機若しくは避雷針をいう．

上記条文により，畜光式の誘導標識は建築設備として定められていない．

したがって，4が誤っているものである．　　　　　　　　　答　4

No.60　消防法施行令第7条(消防用設備等の種類)では，次のように規定している．

第7条　法第17条第1項の政令で定める消防の用に供する設備は，消火設備，警報設備及び避難設備とする．

2　前項の消火設備は，水その他消火剤を使用して消火を行う機械器具又は設備であって，次に掲げるものとする．

一　消火器及び次に掲げる簡易消火用具

イ　水バケツ

ロ　水槽

ハ　乾燥砂

ニ　膨張ひる石又は膨張真珠岩

二　屋内消火栓設備

三　スプリンクラー設備

四　水噴霧消火設備

五　泡消火設備

六　不活性ガス消火設備

七　ハロゲン化物消火設備

八　粉末消火設備

九　屋外消火栓設備

十　動力消防ポンプ設備

3　第 1 項の警報設備は，火災の発生を報知する機械器具又は設備であって，次に掲げるものとする．

一　自動火災報知設備

一の二　ガス漏れ火災警報設備（液化石油ガスの保安の確保及び取引の適正化に関する法律第 2 条第 3 項に規定する液化石油ガス販売事業によりその販売がされる液化石油ガスの漏れを検知するためのものを除く．以下同じ．）

二　漏電火災警報器

三　消防機関へ通報する火災報知設備

四　警鐘，携帯用拡声器，手動式サイレンその他の非常警報器具及び次に掲げる非常警報設備

　イ　非常ベル

　ロ　自動式サイレン

　ハ　放送設備

したがって，4 が定められていないものである．　　　　　　　　　　**答　4**

No.61　労働安全衛生規則第 12 条の 3（安全衛生推進者等の選任）では，次のように規定している．

　第 12 条の 3　法第 12 条の 2 の規定による安全衛生推進者又は衛生推進者(以下「安全衛生推進者等」という．)の選任は，都道府県労働局長の登録を受けた者が行う講習を修了した者その他法第 10 条第 1 項各号の業務（衛生推進者にあっては，衛生に係る業務に限る．）を担当するため必要な能力を有すると認められる者のうちから，次に定めるところにより行わなければならない．

　一　安全衛生推進者等を選任すべき事由が発生した日から 14 日以内に選任すること．

　二　その事業場に専属の者を選任すること．ただし，労働安全コンサルタント，労働衛生コンサルタントその他厚生労働大臣が定める者のうちから選任するときは，この限りでない．

したがって，3 が誤っているものである．　　　　　　　　　　　　**答　3**

No.62　労働安全衛生規則第 333 条（漏電による感電の防止）第 1 項では，次のように規定している．

　第 333 条　事業者は，電動機を有する機械又は器具(以下「電動機械器具」という．)で，対地電圧が 150 V をこえる移動式若しくは可搬式のもの又は水等導電性の高い液体によって湿潤している場所その他鉄板上，鉄骨上，定盤上等導電性の高い場所

において使用する移動式若しくは可搬式のものについては，漏電による感電の危険を防止するため，当該電動機械器具が接続される電路に，当該電路の定格に適合し，感度が良好であり，かつ，確実に作動する感電防止用漏電しゃ断装置を接続しなければならない．

したがって，3が正しいものである．　　　　　　　　　　　　　　　　　**答　3**

No.63　年少者労働基準規則第8条（年少者の就業制限の業務の範囲）では，次のように規定している（抜粋）．

　第8条　法第62条第1項の厚生労働省令で定める危険な業務及び同条第2項の規定により満18歳に満たない者を就かせてはならない業務は，次の各号に掲げるものとする．ただし，第四十一号に掲げる業務は，保健師助産師看護師法（昭和23年法律第203号）により免許を受けた者及び同法による保健師，助産師，看護師又は准看護師の養成中の者については，この限りでない．

　三　　クレーン，デリック又は揚貨装置の運転の業務

　十二　動力により駆動される土木建築用機械又は船舶荷扱用機械の運転の業務

　二十三　土砂が崩壊するおそれのある場所又は深さが5メートル以上の地穴における業務

したがって，4が定められていないものである．　　　　　　　　　　　　　**答　4**

No.64　廃棄物の処理及び清掃に関する法律第2条第4号第一号において，「事業活動に伴って生じた廃棄物のうち，燃え殻，汚泥，廃油，廃アルカリ，廃プラスチック類その他政令で定める廃棄物」が産業廃棄物と定義されているが，廃棄物の処理及び清掃に関する法律施行令第2条（産業廃棄物）では，次のように規定している．

　第2条　法第2条第4項第一号の政令で定める廃棄物は，次のとおりとする．

　一～五　省略

　六　金属くず

　七　ガラスくず，コンクリートくず（工作物の新築，改築又は除去に伴って生じたものを除く．）及び陶磁器くず

　八～十一　省略

　十二　大気汚染防止法第2条第2項に規定するばい煙発生施設，ダイオキシン類対策特別措置法第2条第2項に規定する特定施設（ダイオキシン類（同条第1項に規定するダイオキシン類をいう．以下同じ．）を発生し，及び大気中に排出するものに限る．）又は次に掲げる廃棄物の焼却施設において発生するばいじんであって，集じん施設によって集められたもの

　　イ　燃え殻

　　ロ　汚泥

　　ハ　廃油

　　ニ　廃酸

　　ホ　廃アルカリ

　　ヘ　廃プラスチック類

　　ト　前各号に掲げる廃棄物（第一号から第三号まで及び第五号から第九号まで
　　　　に掲げる廃棄物にあっては，事業活動に伴って生じたものに限る.）

　建設発生土は，資源の有効な利用の促進に関する法律により，再生資源として利
用しなければならない.

　したがって，3 が定められていないものである.　　　　　　　　**答　3**

**2020年度（令和2年度）
実地試験・解答**
出題数：5　必要解答数：5

問題1 （解答例）

1-1　経験した電気工事

(1)　工　事　名　　　　　　○○マンション新築に伴う電気設備工事

(2)　工事場所　　　　　　　富山県富山市△△1丁目□□番地

(3)　電気工事の概要　　　　受電電圧6.6 kV，低圧幹線600 V CVT250，150，60，
　　　　　　　　　　　　　38 mm^2 延長2 000 m，各住戸別屋内配線，共用エレベ
　　　　　　　　　　　　　ータ他動力設備，通信・弱電設備他付帯工事

(4)　工　　　期　　　　　　令和○○年○月～令和△△年△月

(5)　上記工事での立場　　　下請業者側の現場主任

(6)　担当した業務の内容　　現場主任として現場施工管理を中心とした電気工事全
　　　　　　　　　　　　　体の施工管理を実施．

1-2　工程管理上留意した事項・理由とその対策または処置

(1)　低圧幹線ケーブルの納入・仮資材置き場管理

（理由）　低圧幹線ケーブルの納入遅れの発生と仮資材置き場の確保と管理が適正
でないと，工事全体の遅延が発生するため．

（対策・処置）

①　低圧幹線ケーブル納入メーカとの出荷調整を綿密に行い，納入当日は，試験
成績書の確認とメガー確認，傷などの目視確認を入念に実施した．

②　仮資材置き場を確実に確保し，工程に合わせたケーブルドラムの配置を行い，
管理表にて数量チェックと作業者不在時の入口の施錠確認（盗難予防）を厳重に実
施した．

(2)　建築工事との競合調整

（理由）　建築関連工事との競合調整不足による工程遅延が発生するため．

（対策・処置）

①　建築・関連工事業者と一体となった工程表（月間・週間）を作成し，特に毎
日の工程会議にて週間工程表のフォローアップを行った．

②　工程の進捗に合わせて，資材搬入口の確実な確保と仮資材置き場の移動など，

2020 実地試験

低圧幹線ケーブル引入れ，接続作業に支障の出ないように綿密な調整を実施した．

問題2

2－1

1．危険予知活動（KYK）

① 当日の作業のなかに潜んでいる危険を予知し，その解決を目的として実施する．

② 作業開始前ミーティング時に素早く短時間に行う実践的安全活動であり，自分自身がつくり出そうとしている危険要因についても気付かせることが大切である．

2．安全施工サイクル

① 安全施工管理のサイクルとは, Plan（計画）→ Do（実施）→ Check（チェック）→ Action（処理）の手順を確実に行い，施工の品質管理を行うものである．

② 施工計画が的確であるかの確認，チェックを行う．

③ 計画に基づく実施（現場施工）が確実に行われているかの確認（設計図・仕様書・現場施工図等の整合確認），チェックを行う．

④ 現場施工のチェックをして問題点があるか確認（絶縁抵抗の確認など技術基準との適合確認），チェックを行う．

⑤ 問題点の応急処置が講じられているか確認，チェックを行う．

⑥ 同じ間違いが再度発生しないように歯止め対策が講じられているか確認，チェックを行う．

⑦ 次の工事にフィードバックしているか確認，チェックを行う．

3．新規入場者教育

① 工事現場に新規に入場する作業員に対して実施する受入教育で，30分〜1時間程度で随時実施するものである．

② 職長が中心になって実施（作業所長および係員が指導・援助）し，作業員名簿の確認，「受入教育用シート」による当該現場の施工サイクル，特殊事情，作業所規律，一般的安全事項などの説明を行うものである

4．酸素欠乏危険場所での危険防止対策

① 酸素濃度測定ならびに硫化水素濃度の測定を実施する．マンホールの場合，上・中・下の3点を測定する．酸素濃度18％未満・硫化水素濃度100万分の10を超える状態が危険である．

② 換気等危害防止措置の確認．作業前および作業中の換気を実施する．

③ 作業員の入場時および退場時の氏名および人員の確認．

④ 表示事項の確認（危険表示，作業主任者，測定時間・濃度等）．

⑤ 特別教育を受けた作業員を配置しているかの確認．

⑥ 緊急時・避難用具などの配備は万全か（空気呼吸器，安全帯，はしごなど）．

5. 高所作業車での危険防止対策

①　毎日，作業開始前に，制動装置，操作装置および作業装置の機能について点検を行い，不具合がある場合は使用禁止または補修をしてから使用する．

②　アウトリガーを最大限張り出す，地盤の支持力確認，路肩の崩壊を防止する措置を講ずる．

6. 感電災害の防止対策

①　配電盤などで開路に用いた開閉器には，作業中札の表示，配電盤などの鍵の施錠，監視人を置くなどの対策を講じる．

②　開路した電路が電力ケーブル，電力コンデンサなどを有する電路などでは，接地棒などを用いて残留電荷を確実に放電させる．

③　感電防止保護具の着用（低圧・高圧ゴム手袋，絶縁長靴など）．

2-2

⑴　**機器の名称または略称**

断路器（略称：DS）

⑵　**機能**

高圧の電路や機器の点検・修理などを行うときに，無負荷・無電圧の状態で高圧電路の開閉に用いる機器である．負荷電流の開閉はできない．

問題3

⑴　**所要工期　32日**

問題のネットワーク工程表から，以下に示すルートの工期がある．

ⓐ　①→②→⑥→⑧→⑩…………………22日

ⓑ　①→②→⑥→⑧→⑨→⑩…………24日

ⓒ　①→②→④→⑤→⑨→⑩…………23日

ⓓ　①→②→④→⑤→⑥→⑧→⑩………26日

ⓔ　①→②→④→⑤→⑥→⑧→⑨→⑩…28日

ⓕ　①→②→④→⑤→⑦→⑩…………<u>32日</u>

ⓖ　①→④→⑤→⑨→⑩…………………18日

ⓗ　①→④→⑤→⑥→⑧→⑩…………21日

ⓘ　①→④→⑤→⑥→⑧→⑨→⑩………23日

ⓙ　①→④→⑤→⑦→⑩…………………27日

ⓚ　①→③→⑦→⑩……………………22日

ⓛ　①→③→④→⑤→⑨→⑩…………20日

ⓜ　①→③→④→⑤→⑥→⑧→⑩………23日

ⓝ　①→③→④→⑤→⑥→⑧→⑨→⑩…25日

2020 実地試験

ⓞ　①→③→④→⑤→⑦→⑩‥‥‥‥‥‥29日

上記より，クリティカルパスは，ⓕの①→②→④→⑤→⑦→⑩である．

したがって，所要工期は32日である．

⑵　最早開始時刻　23日

イベント⑨は，クリティカルパス上にないので，イベント番号①からのすべての
ルートを計算しなおす．

ⓐ　①→②→⑥→⑧→⑨‥‥‥‥‥‥‥18日

ⓑ　①→②→④→⑤→⑨‥‥‥‥‥‥‥20日

ⓒ　①→②→④→⑤→⑥→⑧→⑨‥‥‥23日

ⓓ　①→④→⑤→⑨‥‥‥‥‥‥‥‥‥15日

ⓔ　①→④→⑤→⑥→⑧→⑨‥‥‥‥‥18日

ⓕ　①→③→④→⑤→⑨‥‥‥‥‥‥‥17日

ⓖ　①→③→④→⑤→⑥→⑧→⑨‥‥‥20日

最早開始時刻は，その最長時間をとるので，イベント⑨の最早開始時刻はⓒの
23日となる．

問題4　以下のなかから三つを選び，それぞれの項目から二つを解答すればよい．

1．太陽光発電システム

①　太陽の光エネルギーを，pn 接合の半導体素子による光電効果を利用して電
気エネルギーに変換する，太陽電池を利用したシステムをいう．

②　太陽電池の主なものには，アモルファスシリコン太陽電池（非結晶），CdS/
CdTe 太陽電池などがある．

③　システムは，太陽電池モジュールと交直変換装置，系統連系保護装置などで
構成される．

④　エネルギー源（太陽光）が無尽蔵で枯渇しない．

⑤　気象条件（晴雨）に出力が左右され不安定である．ピークカット効果の期待
はできる．

⑥　排気ガスの発生がなく，可動部分がなく騒音が発生しないなど，環境にやさ
しい装置である．

⑦　発電電力が$100\,\mathrm{W/m^2}$と小さい．規模の大小による効率の差がほとんどない．

2．架空送配電線路の塩害対策

①　過絶縁：がいしを増結して絶縁耐力を増し，フラッシオーバを防止する．

②　耐塩がいしを採用することにより，表面漏れ距離を増加してフラッシオーバ
を防止する．

③　がいしの活線洗浄や停止洗浄を行い，がいし表面の塩分を落とす．

④　がいし表面にシリコーンコンパウンドを塗布する（アメーバ作用）．

3．三相誘導電動機の始動法

①　三相かご形誘導電動機では，全電圧始動方式および電源電圧の減電圧での始動が行われ，減電圧始動にはスターデルタ始動方式，リアクトル始動方式，補償器始動方式などが採用される．

②　スターデルタ始動は，常時 Δ 結線で運転される電動機を始動時だけ Y 結線とし，始動完了後に Δ 結線に戻す起動で，一般にスターデルタ始動器が使用される．

③　スターデルタ始動は，始動電流，始動トルクともに 1/3 となる．5.5 kW 以上のかご形誘導電動機の始動に一般的に採用されている方式である．

④　巻線形誘導電動機は，比例推移を応用した始動抵抗器を挿入した始動方式が採用される．

4．スコット結線変圧器

①　スコット結線変圧器は，スコット結線の巻線を有し，単相変圧器を2台使う代わりに単独で三相から位相の90°異なった二相に変換を行う変圧器のことをいう．

②　構内における自家発電設備の三相回路から電灯のような単相負荷を取り出すときや，新幹線などの単相交流を取り出すときに，電源側に不平衡が生じないように使用される．

③　スコット結線とは，2台の巻数比の等しい単相変圧器を用意し，1台（主座巻線）は一次巻線の中点からタップを出し，ほかの1台（T座巻線）は一次巻線の86.6 %の所からタップを出して結線したものをいう．

5．光ファイバケーブル

①　通信用ケーブルの一種で，デジタル伝送・画像伝送など，比較的広帯域伝送用として用いられるケーブルである．

②　光ファイバは，その構成材料から石英ガラス系，多成分ガラス系，プラスチッククラッド系およびプラスチックファイバに分類される．また，コアの屈折率分布の形状から，グレーデッドインデックス型とステップインデックス型に分類される．

③　特徴としては，細形，軽量で，電磁誘導を受けない，漏話しにくい，低損失，広帯域などの長所があるが，急角度の曲げに弱い，接続に高度な技術を必要とする，分岐・結合が困難，振動に弱いなどの短所がある．

6．自動列車停止装置（ATS）

①　通称 ATS と呼ばれるもので，列車が停止信号に接近し，所要の位置においてブレーキ操作が行われないときに，自動的に列車を停止させる装置である．

②　列車が所要の位置において一定の速度を超えて走行していた場合においても，自動的に列車を停止させる．

7．ループコイル式車両感知器

① 矩形のコイルを路面下に埋め，車両の通過によるインダクタンスの変化を検出して車両を検知する感知器をいう．

② インダクタンスの変化の立ち上がりを検出することで，車両の台数を検出する通過型と，変化の持続時間を検出する存在型に分類される．

8．絶縁抵抗試験

① 電気設備の技術基準を定める省令第58条により，電路の絶縁抵抗値が規定値以上か否かを判定する試験である．

② 低圧電路の絶縁抵抗試験にあっては，分電盤，制御盤などの配線用遮断器で区切ることのできる電路ごとに，絶縁抵抗計（メガー）で電線相互間および電路と大地間の絶縁抵抗を測定する．

③ 測定時の留意事項は次のとおりである．

イ 絶縁抵抗計のバッテリーチェックを行う．

ロ 被測定回路を無電圧状態にし，電子回路など絶縁抵抗計の印加電圧に耐えられない機器がある場合には，その機器を回路から切り離す．

9．D種接地工事

① D種接地工事は，300 V以下の低圧機器の絶縁が劣化した場合に，機器の外箱にかかる対地電圧や，低圧電路が地絡した場合の対地電圧を低減するため施すものである．

② D種接地工事は，漏電時に人体への接触電圧を低減するものである．

問題5

5－1 ③ 下請負人

建設業法第24条の2（下請負人の意見の聴取）では，次のように規定している．

第24条の2 元請負人は，その請け負った建設工事を施工するために必要な工程の細目，作業方法その他元請負人において定めるべき事項を定めようとするときは，あらかじめ，下請負人の意見をきかなければならない．

5－2 ① 労働災害

労働安全衛生法第3条（事業者等の責務）では，次のように規定している．

第3条 事業者は，単にこの法律で定める労働災害の防止のための最低基準を守るだけでなく，快適な職場環境の実現と労働条件の改善を通じて職場における労働者の安全と健康を確保するようにしなければならない．また，事業者は，国が実施する労働災害の防止に関する施策に協力するようにしなければならない．

5－3 ② 自家用

電気工事士法第2条（用語の定義）では，次のように規定している．

3　この法律において「電気工事」とは，一般用電気工作物又は<u>自家用</u>電気工作物を設置し，又は変更する工事をいう．ただし，政令で定める軽微な工事を除く．

2019年度（令和元年度）学科試験（前期）・解答

出題数：64　必要解答数：40

※【No.1】〜【No.12】までの12問題のうちから，8問題を選択・解答

No.1　設問の記述に該当するものは，ゼーベック効果である．

したがって，1が適当なものである．　　　　　　　　　　　　　**答　1**

ペルチエ効果は，異種の金属を接合して直流を流すと，接合点でジュール熱以外の熱の発生または吸収が起こる現象をいう．この熱効果は可逆的である．

トムソン効果は，均質な金属線に温度勾配があるとき，それに電流を流すと熱の吸収または発生が行われる現象をいう．電流を高温部から低温部へ流すと，鉄では熱を吸収し，銅では熱を発生する．

ピエゾ効果は，圧電効果ともいわれ，強誘電体の結晶の表面に圧力を加えると表面に電位差が生じ，逆にその結晶に電圧を加えると表面にひずみが発生する現象．強誘電体としては水晶，ロッシェル塩などを用いる．

No.2　電荷の形が無視できるほど離れている場合の電荷を点電荷といい，真空中において，問題図のように電荷間の距離 r [m] 離れた点電荷 Q_1, Q_2 [C] の間には，

$$F = \frac{1}{4\pi\varepsilon} \times \frac{Q_1 Q_2}{r^2} \text{[N]}$$

の大きさで，Q_1，Q_2 が同符号のとき反発力，異符号のとき吸引力が働く．これをクーロンの法則という．

したがって，1が正しいものである．　　　　　　　　　　　　　**答　1**

No.3　問題図に示される単相交流回路に流れる電流 I は，インピーダンスを $Z[\Omega]$ とすると，

$$I = \frac{E}{Z} = \frac{E}{\sqrt{R^2 + X_L^2}} = \frac{200}{\sqrt{4^2 + 3^2}} = \frac{200}{5} = 40 \text{ A}$$

したがって，2が正しいものである．　　　　　　　　　　　　　**答　2**

No.4　永久磁石可動コイル形計器が直流専用である．

したがって，1が適当なものである．　　　　　　　　　　　　　**答　1**

可動鉄片形計器は交流専用，熱電形計器・電流力計形計器は交直両用である．

No.5　問題に示された図は直流発電機の原理を示した図である．直流発電機から

出力される電流波形は，ブラシと整流器が無ければ，選択肢1に示される交流波形である．

直流発電機はブラシと整流器によって，交流波形のマイナス側の波形をプラス側に変換することから，出力波形は選択肢2に示されるような波形となる．

したがって，2が適当なものである．　　　　　　　　　　　　　　**答　2**

No.6　一次側の電圧を V_1 [V]，二次側の電圧を V_2 [V] とすると，その変圧比（巻数比）a は，

$$a = \frac{V_1}{V_2} = \frac{6600}{110} = 60$$

したがって，変圧器の二次側の電圧を105 Vにするための一次側電圧 V_1 [V] は，

$$V_1 = V_2 \times a = 105 \times 60 = 6300 \text{ V}$$

したがって，3が正しいものである．　　　　　　　　　　　　　**答　3**

No.7　進相コンデンサを誘導性負荷に並列に接続して力率を改善した場合，電源側回路に生じる効果としては，無効電流が減少して皮相電力が減少するので，電力損失の低減，電圧降下の軽減，遅れ電流の減少などが挙げられる．

電圧波形のひずみの減少はほとんど効果はない．進相コンデンサに生じる電圧波形のひずみの抑制には，進相コンデンサ用直列リアクトルの設置が必要である．

したがって，「電圧波形のひずみの減少」とした4が不適当なものである．**答　4**

No.8　汽力発電所における熱サイクルの向上対策としては，次のものがある．
①　高温高圧蒸気の採用
②　過熱蒸気の採用
③　復水器の真空度の向上
④　再熱サイクルの採用
⑤　再生サイクルの採用
⑥　節炭器による排ガスで燃焼用空気を予熱する
復水器の内部圧力を高くすることは逆効果となる．

したがって，「復水器内の圧力を高くする」とした，2が不適当なものである．

　　　　　　　　　　　　　　　　　　　　　　　　　　　　答　2

No.9　設問の記述は，直接接地方式に関するものである．

したがって，2が適当なものである．　　　　　　　　　　　　　**答　2**

直接接地方式は，中性点を実用上抵抗が零である導体で直接接地する方式である．送電電圧が187 kV以上の送電線路に採用され，異常電圧の発生が他の方式に比較して少なく，接続される機器や線路の絶縁（変圧器の段絶縁の採用など）を低減できる利点がある．しかし，地絡電流が大きくなるので通信線への誘導障害，故障点

の損傷拡大などを防止するため高速遮断（数サイクル）する必要がある.

No.10 架空送電線路の電線の表面から外に向かっての電位の傾きは，電線の表面において最大となり，表面から離れるに従って減少していく. その値がある電圧(コロナ臨界電圧) 以上になると，周囲の空気相の絶縁が失われてイオン化し，低い音や，薄白い光を発生する. この現象をコロナ放電という.

コロナ発生防止対策には，電線の太さを太くする，複導体・多導体の採用，碍子へのシールドリングの取付，電線に傷を付けない，金具の突起をなくすなどの方法がある.

したがって，「単導体より多導体の方が発生しやすい」とした，4が不適当なものである. **答 4**

No.11 光源のある方向への輝度は，その方向から見た光源の単位投影面積当たりの光度で表され，光源の投影面積を S [m²]，光源を I [cd] とすると，輝度 L [cd/m²] は次式で表される.

$$L = \frac{I}{S}[\text{cd/m}^2]$$

照度の単位はルクス (lx) であるが，これは1 m² に1 lm の光束が入射する割合を示し，1 lx＝1 lm/m²である. すなわち，選択肢3の単位は照度の定義である.

したがって，3が不適当なものである. **答 3**

No.12 単相誘導電動機の始動方式には，くま取りコイルによる始動，コンデンサ始動，分相始動，反発始動方式などがある. スターデルタ始動，リアクトル始動，コンドルファ始動は，三相誘導電動機の始動方式である.

したがって，1の「コンデンサ始動」が適当なものである. **答 1**

※ **【No.13】 ～【No.32】** までの20問題のうちから，11問題を選択・解答

No.13 火力発電に用いられるタービン発電機は，水車発電機に比べて磁極が少ないので回転速度が速く，風損を小さくするために回転子には横軸円筒型が用いられる. 回転子に突極形が採用されるのは，水力発電機である.

したがって，「回転子は，突極形が採用される」とした，4が最も不適当なものである. **答 4**

なお，大容量機では，冷却効果を高めるために，空気より熱伝導率の大きい水素冷却方式が採用され，単機容量が増すことにより発電機の効率上げている.

No.14 油入変圧器の騒音低減対策を列挙する.

(a) 変圧器本体での対策

・鉄心の磁束密度を小さくして，磁気ひずみの量を少なくする.

・磁気ひずみの少ない，高磁束密度けい素鋼板（方向性鉄板）を使用する．

・鉄心構造・処理・鉄心の締め付けなど組立方法を適切にする．

・鉄心その他について共振を避けるような寸法とする．

・二重タンク構造とし，本体とタンクの間に吸音材を充填する．

・鉄心の振動がなるべくタンクに伝わらないよう，防振ゴムや金属バネなどを挿入する．

・タンク表面にゴムなどの吸音片を貼り，その内部摩擦損失でタンク壁面の振動を抑制する．

(b)　冷却ファンについての対策

・ファンの回転数を下げる．

・低騒音ファンを用いる．

・冷却器を防音構造とする．

(c)　遮音による対策

・防音壁を設ける．

・変圧器を屋内式とする．あるいは，変圧器本体を屋内，冷却器を屋外とした送油自冷式とする．

なお，都心の地下変電所では，本質的に騒音の少ない水冷式とし，変圧器室の周囲温度を下げるためのファンは騒音の少ない形式のものを選定し，風洞に吸音材を貼るなどの対策を行っている．

したがって，「変圧器の鉄心の断面積を小さくして，磁束密度を大きくする」とした，1が最も不適当なものである．　　　　　　　　　　　　　　答　1

No.15　過電流継電器（OCR）は，定限時特性や反限時特性があり，入力電流が整定値以上になると動作するもので，短絡保護，過負荷保護に用いられる．

過電流の方向を判別することはできない．短絡保護で方向判別できる継電器としては，短絡方向継電器（DSR）がある．

したがって，「過電流の方向を判別することができる」とした，4が最も不適当なものである．　　　　　　　　　　　　　　答　4

No.16　設問の記述に該当するものは，アーマロッドである．

したがって，3が適当なものである．　　　　　　　　　　　　答　3

アーマロッドは，図16-1に示すように送電線路の電線の支持部で，電線の振動による疲労防止と事故電流による溶断防止，雷による切断防止のために，電線と同一系統の金属を巻き付けて補強するものである．

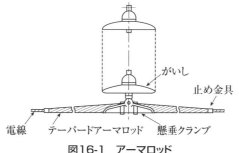

図16-1　アーマロッド

No.17　設問の記述に該当するものは，ラインポストがいしである．電線を磁器体頭部の溝にバインド線で結束して使用される．最近では特性の良いラインポストがいしが使用されている．

したがって，3が適当なものである．　　　　　　　　　　　　　　**答　3**

No.18　等価単相回路のベクトル図を図18-1に示す．単相2線式配電線は線路電流 I [A] が往復電線に流れるため，往復の電圧降下を考慮する必要がある．

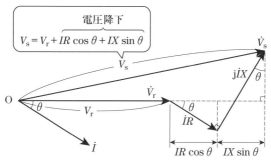

$$V_s = V_r + IR\cos\theta + IX\sin\theta$$

図 18-1　等価単相回路のベクトル図（1相分）

図より，負荷力率が θ であるので，配電線の電圧降下 v の簡略式は，次のように表される．

$$v = 2I(R\cos\theta + X\sin\theta)\,[\text{V}]$$

したがって，1が正しいものである．　　　　　　　　　　　　　　**答　1**

No.19　高圧配電系統では，地絡故障時の誘導障害を抑制するため，中性点非接地方式が採用される．その地絡事故から系統を保護するために使用する機器として，零相変流器（ZCT），接地形計器用変圧器（EVT），地絡方向継電器（DGR）などが施設される．

避雷器は，配電系統の線路絶縁を超過する直撃雷や誘導雷サージを線路絶縁以下に抑制する機器であり，系統保護機器として施設するものではない．

2019 学科解答 前

したがって，3 の「避雷器」が不適当なものである．　　　　　**答　3**

No.20　配電系統の電圧調整には，配電用変電所やその上位系統の変電所などで分路リアクトルが用いられ，系統の進み力率を改善することによる電圧の調整が行われる．遅れ力率の改善には，電力用コンデンサが用いられる．

したがって，「分路リアクトルを接続し，系統の遅れ力率を改善」とした，4 が最も不適当なものである．　　　　　**答　4**

No.21　JIS C 8303（配線用差込接続器）では，単相 200 V 回路に使用する定格電流 15 A の接地極付コンセントの極配置を示す図は選択肢 4 に示される⬡となっている．

したがって，4 が適当なものである．　　　　　**答　4**

選択肢 1 の⬡は単相 100 V 回路に使用する定格電流 20 A の接地極付コンセント，2 の⬡は単相 200 V 回路に使用する定格電流 20 A の接地極付コンセント，3 の⬡は単相 100 V 回路に使用する定格電流 15 A の接地極付コンセントの極配置を示す図である．

No.22　電気設備技術基準第 58 条では，低圧電路の絶縁抵抗値は，表 22-1 のように規定されている．

表22-1

電路の使用電圧の区分		絶縁抵抗値
300 V 以下	対地電圧150 V以下	0.1 MΩ以上
	その他の場合	0.2 MΩ以上
300 V を超えるもの		0.4 MΩ以上

表から，使用電圧 200 V の三相誘導電動機が接続されている電路と大地との間の絶縁抵抗値は，0.2 MΩ以上でなければならない．

したがって，2 が定められているものである．　　　　　**答　2**

ただし，この値は維持基準であり，新築の場合などの竣工時は，いずれも 100 MΩ程度以上あるのが一般的であるので，規定値程度の値の場合には，その回路を点検する必要がある．

No.23　電気設備技術基準の解釈第156条「低圧屋内配線の施設場所による工事の種類」では，低圧屋内配線は，（次の各号に掲げるものを除き，）156-1 表に規定する工事のいずれかにより施設することと規定している．

表23-1　電気設備技術基準の解釈第156条の表（156-1表）

施設場所の区分		使用電圧の区分	工事の種類											
			がいし引き工事	合成樹脂管工事	金属管工事	金属可とう電線管工事	金属線ぴ工事	金属ダクト工事	バスダクト工事	ケーブル工事	フロアダクト工事	セルラダクト工事	ライティングダクト工事	平形保護層工事
展開した場所	乾燥した場所	300V以下	○	○	○	○	○	○	○	○			○	
		300V超過	○	○	○	○		○	○	○				
	湿気の多い場所又は水気のある場所	300V以下	○	○	○	○			○	○				
		300V超過	○	○	○	○			○	○				
点検できる隠ぺい場所	乾燥した場所	300V以下	○	○	○	○	○	○	○	○		○	○	○
		300V超過	○	○	○	○		○	○	○				
	湿気の多い場所又は水気のある場所	－		○	○	○				○				
点検できない隠ぺい場所	乾燥した場所	300V以下		○	○	○				○	○	○		
		300V超過		○	○	○				○				
	湿気の多い場所又は水気のある場所	－		○	○	○				○				

（備考）○は，使用できることを示す．

　この表で分かるように，湿気の多い場所又は水気のある場所では，金属線ぴ工事による施工はできない．

　したがって，3が不適当なものである．　　　　　　　　　　　　　　　　　　**答　3**

No.24　ストライカ引外し式は，ストライカの動作によって3極（3相）すべてが自動的に開路できるようにしたものとなっている．

　したがって，「事故相のみを開路できるようにしたものである」とした，3が最も不適当なものである．　　　　　　　　　　　　　　　　　　　　　　　　**答　3**

　ストライカ引外し式の限流ヒューズ付高圧交流負荷開閉器は，高圧受電設備規程およびJIS C 4611により，限流ヒューズは，各相のすべてに設けて用い，限流ヒューズの溶断に伴い，内蔵バネによって表示棒を突出させ開路する構造となっており，絶縁バリアは，相間及び側面に設けるものとしている．

No.25　JIS C 4620:2004「キュービクル式高圧受電設備」7.3.7「変圧器」a）では，次のように規定している．

　変圧器は，次による．

　a）　変圧器1台の容量は，単相変圧器の場合は500 kV・A以下，三相変圧器の場合は750 kV・A以下とする．

したがって，「三相変圧器1台の容量は，1 000 kV·A 以下とする」とした，2が不適当なものである． 答 2

No.26 放電クランプは，高圧がいし頭部にフラッシオーバ金具を取り付け，この金具とがいしベース金具間（あるいは腕金間）で雷サージによる放電およびこれに伴う続流を行わせ，高圧がいしの破損および電線の溶断を防止する装置をいう．高圧配電線路の保護のために設ける設備であり，建築物の雷保護とは関連がないため,，JIS A 4201（建築物等の雷保護）には規定がない．

したがって，1の「放電クランプ」が関係のないものである． 答 1

No.27 電気設備技術基準の解釈第120条（地中電線路の施設）第1項では，次のように規定している．

第120条 地中電線路は，電線にケーブルを使用し，かつ，管路式，暗きょ式又は直接埋設式により施設すること．（以下略）

したがって，ケーブル以外の電線は使用できず「管路式では，電線に絶縁電線（IV）を使用することができる」とした，1が誤っているものである． 答 1

No.28 設問の記述に該当するのは，低温式スポット型感知器である．

したがって，2が適当なものである． 答 2

差動式スポット型感知器は，周囲の温度の上昇率が一定の値以上になったときに火災信号を発信する感知器である．

定温式スポット型感知器は，一局所の周囲の温度が一定の温度以上になったときに火災信号を発信するもので，外観が電線状以外のものである．バイメタルの変位，金属の膨張，可溶絶縁物の溶融等を利用したものがある．

光電式スポット型感知器は，周囲の空気が一定の濃度以上の煙を含むに至ったときに火災信号を発信するもので，一局所の煙による光電素子の受光量の変化により作動するものである．

赤外線式スポット型感知器は，炎から放射される赤外線の変化が一定の値以上になったとき火災信号を発信するもので，一局所の赤外線による受光素子の受光量の変化により作動するものである．

No.29 「非常用の照明装置の構造方法を定める件」昭和45年建設省告示第1830号では，次のように規定している．

第三 電源

三 予備電源は，自動充電装置又は時限充電装置を有する蓄電池（開放型のものにあっては，予備電源室その他これに類する場所に定置されたもので，かつ，減液警報装置を有するものに限る．以下この号において同じ．）又は蓄電池と自家用発電装置を組み合わせたもの（常用の電源が断たれた場合に直ちに蓄電

池により非常用の照明装置を点灯させるものに限る．）で充電を行うことなく
<u>30分間継続して非常用の照明装置を点灯させることができるものその他これ</u>
に類するものによるものとし，その開閉器には非常用の照明装置用である旨を
表示しなければならない．

したがって，「予備電源は，充電を行うことなく10分間継続して点灯させること
ができるものとする」とした，2が誤っているものである． 答 **2**

No.30 JIS C 6020（インターホン通則）では，次のように規定している．
「通話路数とは，同一の通話網で同時に別々の通話ができる数をいう．」
個々の親機，子機の呼出しが選択できる相手数は，選局数である．

したがって，4が不適当なものである． 答 **4**

No.31 電車線のちょう架方式で，シンプルカテナリ式は，中容量・中速用に用い
られる架線である．き電ちょう架式，ツインシンプルカテナリ式，コンパウンドカ
テナリ式は，大容量・高速用に用いられる架線方式である．

したがって，3が最も不適当なものである． 答 **3**

No.32 照明におけるグレアは，視野内に極端に高い輝度のものや強すぎる輝度対
比が存在すると，不快感を感じたり，視覚の低下を生じたりする．いわゆる，光の
まぶしさをいう．よって，道路照明において連続照明の設計要件として，照明から
のグレアは，極力小さくすることが望ましい．

したがって，「照明からのグレアを大きくすること」とした，3が最も不適当な
ものである． 答 **3**

※ 【No.33】〜【No.38】までの**6問題**のうちから，**3問題**を選択・解答

No.33 図33-1に示す4電極の電極棒を使用して排水液面制御を行う場合，それ
ぞれの電極の役割を示すと次のとおりである．

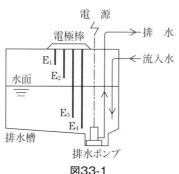

図33-1

E_1：電動機の排水処理能力を超え，水位が上昇し続けた場合に満水警報信号を

　　発信するための接点．

　E₂：水位が上昇し，電動機を始動させるための接点．

　E₃：排水が順調に進み，設定水位で電動機を停止させるための接点．

　E₄：設定した水位で電動機が停止しなかった場合，電動機の空転防止のための
　　　接点．

　したがって，2が適当なものである．　　　　　　　　　　　　　　**答　2**

No.34　コンクリートの硬化初期における養生方法で最も大切なのは，コンクリート表面に直接風などが当たらないよう乾燥を避け，常時散水して湿潤養生を行うことである．

　したがって，「表面を十分に乾燥した状態に保つ」とした，2が不適当なものである．　　　　　　　　　　　　　　　　　　　　　　　　　　　**答　2**

No.35　水準測量は，図35-1に示すように，レベルと標尺により高低差を求める測量方法である．ベンチマーク，基準面，水平面，移器点，標高などの用語が用いられる．

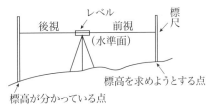

図35-1

　トラバース点は，多角測量（トラバース測量）に用いられる用語である．この測量は，測点を折線上に結び，各点間の距離と隣接する2辺の交角を測って各測点の位置を求める方法で，細部測量に広く用いられている．

　したがって，4の「トラバース点」が関係のないものである．　　　**答　4**

No.36　選択肢1は逆T字型基礎，2はベタ基礎（マット基礎），3は杭基礎，4は深礎基礎の図である．

　したがって，2が適当なものである．　　　　　　　　　　　　　　**答　2**

No.37　JIS E 1001（鉄道–線路用語）では，軌間とは，「軌道中心線が直線である区間におけるレール面上から下方の所定距離以内における左右レール頭部間の最短距離」と規定している．よって，設問図のウが軌間を示す．

　したがって，3が適当なものである．　　　　　　　　　　　　　　**答　3**

No.38　生コンクリートのスランプが小さいほど，コンクリート中の水分量は少ないことから，粗骨材の分離やブリーディングは生じにくくなる．一般に，コンクリートは材料分離を生じない範囲でワーカビリティー（コンクリートの打ち込み等の

作業性）を確保したうえで，水分量を少なくすることが強度確保面において望ましい．

したがって，「生コンクリートのスランプが小さいほど，粗骨材の分離やブリーディングが生じやすい」とした，1が最も不適当なものである． **答 1**

※【No.39】の問題は，必ず解答

No.39 JIS C 0303「構内電気設備の配線用図記号」では，選択肢3の図記号は4分岐器を示す．4分配器は図39-1のような図記号となっている．

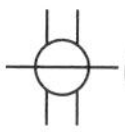

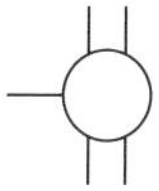

図39-1

したがって，3が誤っているものである． **答 3**

※【No.40】～【No.52】までの13問題のうちから，9問題を選択・解答

No.40 貫流ボイラは，ボイラ内に循環回路がなく，給水がボイラの一端（ボイラチューブ）から送り込まれると，他端から蒸気が出てくるようなチューブだけ構成されたボイラである．循環ポンプが必要なボイラは，強制循環ボイラである．

したがって，「貫流ボイラは，循環ポンプが必要である」とした，4が不適当なものである． **答 4**

No.41 柱上変圧器の過負荷保護のために変圧器の一次側に取り付けるのは，高圧カットアウトである．ケッチヒューズは，低圧架空電線路と低引込み線との分岐接続部分の引込み線電圧側電線に設置するヒューズである．

したがって，「一次側にケッチヒューズを取り付けた」とした1が誤っているものである． **答 1**

No.42 内線規程3110－16（接地）3では，次のように規定している．

3 3102－7（配線と他の配線又は弱電流電線，光ファイバケーブル，金属製水管，ガス管などとの離隔）により，強電流回路の電線と弱電流回路の弱電流電線とを同一のボックス内に収める場合は，隔壁を施設し，C種接地工事を施すか又は金属製の電気的遮へい層を有する通信ケーブルを使用し，当該遮へい層にC種接地工事を施すこと．（解釈167）

したがって，「D種接地工事を施した」とした4が不適当なものである． **答 4**

No.43 トロリ線相互の接続には，トロリ線とトロリ線を添わせて接続するダブル

イヤー（普通の電線接続金具に比べて，パンタグラフがしゅう動通過できるようになっている）や，トロリ線を突き合わせて接続するようにしたスプライサという金具が用いられる（図43-1参照）．

圧縮接続管は用いられない．

(a)　ダブルイヤー　　　　(b)　スプライサ

図43-1　ダブルイヤーとスプライサ

したがって，「トロリ線相互の接続に圧縮接続管を使用した」とした，3が不適当なものである．　　　　答　3

No.44　熱線式パッシブセンサは，人体などから放出される遠赤外線を感知するセンサで，センサ自体が熱線を出すのではなく，対象物（侵入者など）から放出される遠赤外線を受動的（＝パッシブ）に検知するものである．

あくまでも表面温度の変化を捉える仕組みのため，その空間において突然の温度変化があれば，侵入者と同様に検知するようになっている．

したがって，「熱線式パッシブセンサは，熱線を放出して侵入者を検知する」とした，3が最も不適当なものである．　　　　答　3

No.45　施工要領書は，工種別施工計画書とも呼ばれるもので，設計図書に基づいて作成され，工事施工上の特記事項，配線，機器等の据付工事，接地，耐震措置，試験等の詳細な方法が記載される．また，作業のフロー，管理項目，管理水準，管理方法，監理者・管理者の確認，管理資料・記録等を記載した品質管理表が使用されている．

よって，総合施工計画書に記載することはない．

したがって，3が最も関係のないものである．　　　　答　3

施工要領書は施工内容が具体的になったときにはその都度作成し，原則，発注者の承認を得る．作成に要する資料は，次のようなものがある．

①　設計図，仕様書，および建築他設備に関する設計図類
②　電気設備技術基準，内線規程，消防法施行規則などの関係法規類
③　大形設備などでは，製造者が作成した設計図や仕様書類
④　設計者ならびに現場担当者による各種計算書
⑤　設計者ならびに現場担当者による官公庁打ち合わせ記録
⑥　会社の「施工基準」などの各種資料，ならびに「施工検討会議」などの各種記録

No.46 道路法に基づく道路「占用」許可申請書は，<u>道路管理者に提出</u>するものである．所轄警察署長に提出する申請書は，道路「使用」許可申請書である．

したがって，4が誤っているものである． **答 4**

No.47 アロー形ネットワーク工程表において，イベントに入ってくる先行作業がすべて完了していなければ，後続作業は開始することができない．

したがって，「イベントに入ってくる先行作業がすべて完了していなくても，後続作業は開始できる」とした，2が不適当なものである． **答 2**

No.48 問題に示された工程表は，ガントチャート工程表である．

したがって，1が適当なものである． **答 1**

ガントチャート工程表は，問題に示すように縦軸に工事を構成する工種を，横軸に各作業の達成度を百分率でとり，計画日程と現時点における進行状態とを棒グラフで示したものである．

No.49 設問の記述は，散布図に関するものである．

したがって，2が適当なものである． **答 2**

散布図は，関連性の有無を判断しなければならない二つの対になったデータを縦軸と横軸にとり，両者の対応する点をグラフにプロットした図である．散布図からは次のことが分かる．

① 対応する二つのデータの関連性の有無

② 対応する場合に，片方のデータをどう処理すれば良いかという対策が分かる．

No.50 電気設備の技術基準の解釈第15条（高圧又は特別高圧の電路の絶縁性能）では，最大使用電圧が7000 V以下（高圧）の電路においては，絶縁耐力試験を交流で行う場合の試験電圧は，<u>最大使用電圧の1.5倍</u>と規定されている．

6.6 kV回路の場合，次のように計算される．

$$6600 \times \frac{1.15}{1.1} \times 1.5 = 10350 \text{ V}$$

なお，直流で試験する場合は，交流の試験電圧の2倍の試験電圧で行わなければならない．

したがって，1が適当なものである． **答 1**

No.51 クレーン等安全規則第220条（作業開始前の点検）第1項では，次のように規定している．

第220条 事業者は，クレーン，移動式クレーン又はデリックの玉掛用具であるワイヤロープ，つりチェーン，繊維ロープ，繊維ベルト又はフック，シャックル，リング等の金具（以下この条において「ワイヤロープ等」という．）を用いて玉掛けの作業を行なうときは，その日の作業を開始する前に当該ワイヤロープ等の異常

の有無について点検を行なわなければならない.

したがって,「点検を前日に行ったものを使用した」とした, 2が不適当なものである.　　　　　　　　　　　　　　　　　　　　　　　　　　**答　2**

No.52　労働安全衛生法施行令第6条（作業主任者を選任すべき作業）では, 次のように規定している.

第6条　法第14条の政令で定める作業は, 次のとおりとする.

十　土止め支保工の切りばり又は腹起こしの取付け又は取り外しの作業

十五　つり足場（ゴンドラのつり足場を除く. 以下同じ.）, 張出し足場又は高さが5m以上の構造の足場の組立て, 解体又は変更の作業

二十一　別表第六に掲げる酸素欠乏危険場所における作業

仮設電源の電線相互を接続する作業は, 電気工事士の免状が必要である.

したがって, 3が定められていないものである.　　　　　　　　　　　**答　3**

※【No.53】～【No.64】までの12問題のうちから, 8問題を選択・解答

No.53　建設業法第3条（建設業の許可）では,「建設業を営もうとする者は, 次に掲げる区分により, 国土交通大臣または都道府県知事の許可を受けなければならない. ただし, 政令で定める軽微な建設工事のみを請け負うことを営業とする者は, この限りでない」と規定されている. ここで, 第一号に該当するものを一般建設業, 第二号に該当するものを特定建設業という.

一　建設業を営もうとする者であって, 次号に掲げる者以外のもの

二　建設業を営もうとする者であって, その営業にあたって, その者が発注者から直接請け負う一件の建設工事につき, その工事の全部又は一部を, 下請代金の額（その工事に係る下請契約が二以上あるときは, 下請代金の額の総額）が政令で定める金額以上となる下請契約を締結して施工しようとするもの

つまり, 建設業の許可は, 発注者から直接請け負う一件の工事につき, 下請代金の額により, 特定建設業と一般建設業に分けられることとなる.

したがって,「請負代金の額により分けられる」とした, 2が誤っているものである.　　　　　　　　　　　　　　　　　　　　　　　　　　　**答　2**

ちなみに, 建設業法施行令第2条（法第3条第1項第二号の金額）では, 次のように規定している.

第2条　法第3条第1項第二号の政令で定める金額は, 4000万円とする. ただし, 同項の許可を受けようとする建設業が建築工事業である場合においては, 6000万円とする.

No.54　建設業法第26条（主任技術者及び監理技術者の設置等）では, 次のよう

に規定している.

第26条　建設業者は，その請け負った建設工事を施工するときは，当該建設工事に関し第7条第二号イ，ロ又はハに該当する者で当該工事現場における建設工事の施工の技術上の管理をつかさどるもの（以下「主任技術者」という.）を置かなければならない.

2　発注者から直接建設工事を請け負った特定建設業者は，当該建設工事を施工するために締結した下請契約の請負代金の額（当該下請契約が二以上あるときは，それらの請負代金の額の総額）が第3条第1項第二号の政令で定める金額以上になる場合においては，前項の規定にかかわらず，当該建設工事に関し第15条第二号イ，ロ又はハに該当する者（当該建設工事に係る建設業が指定建設業である場合にあっては，同号イに該当する者又は同号ハの規定により国土交通大臣が同号イに掲げる者と同等以上の能力を有するものと認定した者）で当該工事現場における建設工事の施工の技術上の管理をつかさどるもの（以下「監理技術者」という.）を置かなければならない.

したがって，発注者から直接電気工事を請け負った工事を，下請け契約せずに自ら行う場合は，第1項に該当するので，主任技術者を置けばよいので，「監理技術者を置かなければならない」とした，1が誤っているものである.　　　　　答　1

なお，建設業法施行令第2条（法第3条第1項第二号の金額）では，次のように規定している.

第2条　法第3条第1項第二号の政令で定める金額は，4000万円とする.ただし，同項の許可を受けようとする建設業が建築工事業である場合においては，6000万円とする.

No.55　電気事業法第43条（主任技術者）第1項，第2項では，次のように規定している.

第43条　事業用電気工作物を設置する者は，事業用電気工作物の工事，維持及び運用に関する保安の監督をさせるため，主務省令で定めるところにより，主任技術者免状の交付を受けている者のうちから，主任技術者を選任しなければならない.

2　自家用電気工作物を設置する者は，前項の規定にかかわらず，主務大臣の許可を受けて，主任技術者免状の交付を受けていない者を主任技術者として選任することができる.

したがって，一般用電気工作物において主任技術者を選任しなければならない，という規定はないので，「一般用電気工作物を設置する者は，主任技術者を選任しなければならない」とした，4が誤っているものである.　　　　　答　4

No.56　電気用品安全法施行令第1条において，「電気用品とは，別表第一の左欄

及び別表第二に掲げるとおりとする」としており，次の用品（抜粋）が掲げられている.

一　電線（定格電圧が100 V以上600 V以下のものに限る.）であって，次に掲げるもの

㈠　絶縁電線であって，次に掲げるもの（導体の公称断面積が100 mm^{2}以下のものに限る.）

　　1　ゴム絶縁電線（絶縁体が合成ゴムのものを含む）

　　2　合成樹脂絶縁電線

三　ヒューズであって，次に掲げるもの（定格電圧が100 V以上300 V以下及び定格電流が1 A以上200 A以下（電動機用ヒューズにあっては，その適用電動機の定格容量が12 kW以下）のものであって，交流の電路に使用するものに限る.）

四　配線器具であって，次に掲げるもの（定格電圧が100 V以上300 V以下のものであって，交流の電路に使用するものに限り，防爆型のもの及び油入型のものを除く.）

㈡　開閉器であって，次に掲げるもの（定格電流が100 A以下（電動機用のものにあっては，その適用電動機の定格容量が12 kW以下）のものに限り，機械器具に組み込まれる特殊な構造のものを除く.）

よって，4の幅が600 mmのケーブルラックは，電気用品として定められていないものである.　　　　　　　　　　　　　　　　　　　　　　　　　答　**4**

No.57　電気工事業の業務の適正化に関する法律施行規則第11条（器具）第二号では，電気工事業者が備えなければならない器具を次のように規定している.

二　一般用電気工事のみの業務を行う営業所にあっては，<u>絶縁抵抗計</u>，接地抵抗計並びに抵抗及び交流電圧を測定することができる回路計

したがって，1の「絶縁抵抗計」が定められているものである.　　　　答　**1**

No.58　電気工事士法第3条第2項において，経済産業省令で定める保安上支障がないと認められる作業については電気工事士でなくても従事できる，と定められており，その作業は，電気工事士法施行規則第2条（軽微な作業）において，次のように規定している.

第2条　法第3条第1項の自家用電気工作物の保安上支障がないと認められる作業であって，経済産業省令で定めるものは，次のとおりとする.

一　<u>次に掲げる作業以外の作業</u>

　イ　電線相互を接続する作業

　ロ　がいしに電線を取り付ける作業

　ハ　電線を直接造営材その他の物件（がいしを除く.）に取り付け，又はこれ

を取り外す作業

ニ　電線管，線樋，ダクトその他これらに類する物に電線を収める作業

ホ　配線器具を造営材その他の物件に取り付け，若しくははこれを取り外し，又はこれに電線を接続する作業（<u>露出型点滅器又は露出型コンセントを取り換える作業を除く</u>.）

ヘ　電線管を曲げ，若しくはねじ切りし，又は電線管相互若しくは電線管とボックスその他の附属品とを接続する作業

ト　金属製のボックスを造営材その他の物件に取り付け，またはこれを取り外す作業

チ　電線，電線管，線樋，ダクトその他これらに類する物が造営材を貫通する部分に金属製の防護装置を取り付け，又はこれを取り外す作業

リ　金属製の電線管，線樋，ダクトその他これらに類する物又はこれらの附属品を，建造物のメタルラス張り，ワイヤラス張り又は金属板張りの部分に取り付け，又はこれらを取り外す作業

ヌ　配電盤を造営材に取り付け，又はこれを取り外す作業

ル　接地線を自家用電気工作物に取り付け，若しくはこれを取り外し，接地線相互若しくは接地線と接地極とを接続し，又は接地極を地面に埋設する作業

ヲ　電圧600ボルトを超えて使用する電気機器に電線を接続する作業

二　第一種電気工事士が従事する前号イからヲまでに掲げる作業を補助する作業

2　法第3条第2項の一般用電気工作物の保安上支障がないと認められる作業であって，経済産業省令で定めるものは，次のとおりとする.

一　<u>次に掲げる作業以外の作業</u>

イ　<u>前項第一号イからヌまで及びヲに掲げる作業</u>

ロ　接地線を一般用電気工作物に取り付け，若しくはこれを取り外し，接地線相互若しくは接地線と接地極とを接続し，又は接地極を地面に埋設する作業

二　電気工事士が従事する前号イ及びロに掲げる作業を補助する作業

つまり，第2項第一号イにより，ホのカッコ書き掲げられている，露出型コンセントを取り換える作業は資格が必要ない.

したがって，2の「露出型コンセントを取り換える作業」が電気工事士でなくても従事できる作業である.　　　　　答　2

No.59　建築基準法第2条「用語の定義」では，次のように規定している.

第2条　特殊建築物は，学校（専修学校及び各種学校を含む. 以下同様とする.），<u>体育館</u>, 病院, 劇場, 観覧場, 集会場, 展示場, <u>百貨店</u>, 市場, ダンスホール, 遊技場, 公衆浴場, <u>旅館</u>, 共同住宅, 寄宿舎, 下宿, 工場, 倉庫, 自動車庫, 危険

物の貯蔵場，と畜場，火葬場，汚物処理場その他これらに類する用途に供する建築物をいう．

したがって，4の「事務所」が特殊建築物として定められていないものである．　　　答　4

No.60　消防法施行令「第六款　消火活動上必要な施設に関する基準」では，第28条に「排煙設備に関する基準」，第28条の2に「連結散水設備に関する基準」，第29条に「連結送水管に関する基準」，第29条の2に「非常コンセント設備に関する基準」についてその詳細を定めている．

したがって，4の「非常警報設備」が定められていないものである．　　　答　4

No.61　労働安全衛生法第59条（安全衛生教育）では，次のように規定している．

第59条　事業者は，<u>労働者を雇い入れたとき</u>は，当該労働者に対し，厚生労働省令で定めるところにより，その従事する業務に関する安全又は衛生のための教育を行なわなければならない．

2　前項の規定は，<u>労働者の作業内容を変更したとき</u>について準用する．

3　事業者は，危険又は有害な業務で，<u>厚生労働省令で定めるものに労働者をつかせるとき</u>は，厚生労働省令で定めるところにより，当該業務に関する安全又は衛生のための特別の教育を行なわなければならない．

高圧充電電路の点検業務は，労働安全衛生規則第36条に掲げられている厚生労働省令で定める危険又は有害な作業である．

したがって，2の「労働災害が発生したとき」が安全衛生教育を行わなければならない場合として定められていないものである．　　　答　2

No.62　労働安全衛生規則第4条（安全管理者の選任）では，次のように規定している．

第4条　法第11条第1項の規定による安全管理者の選任は，次に定めるところにより行わなければならない．

一　安全管理者を選任すべき事由が発生した日から14日以内に選任すること．

二　以降省略

2　<u>第2条第2項及び第3条の規定は，安全管理者について準用する</u>．

ここで，労働安全衛生規則第2条（総括安全衛生管理者の選任）第2項では，「事業者は，総括安全衛生管理者を選任したときは，遅滞なく，報告書を<u>所轄労働基準監督署長に提出</u>しなければならない．」と規定している．

つまり，安全管理者を選任した場合は，所轄労働基準監督署長への届け出が必要である．

したがって，「都道府県知事に提出」とした3が誤っているものである．　　　答　3

No.63 労働基準法第107条（労働者名簿）では，次のように規定している．

第107条　使用者は，各事業場ごとに労働者名簿を，各労働者（日日雇い入れられる者を除く．）について調製し，労働者の氏名，生年月日，履歴その他厚生労働省令で定める事項を記入しなければならない．

また，労働基準法施行規則第53条では，次のように規定している．

第53条　法第107条第1項の労働者名簿（様式第19号）に記入しなければならない事項は，同条同項に規定するもののほか，次に掲げるものとする．

一　性別

二　住所

三　<u>従事する業務の種類</u>

四　雇入の年月日

五　<u>退職の年月日及びその事由</u>（退職の事由が解雇の場合にあっては，その理由を含む．）

六　<u>死亡の年月日及びその原因</u>

したがって，1の「労働者の労働日数」が定められていないものである．　　答　**1**

No.64 「特定建設作業に伴って発生する騒音の規制に関する基準（厚生省・建設省告示）」第一号では，環境大臣の定める基準を次のように規定している．

一　特定建設作業の騒音が，特定建設作業の場所の敷地の境界線において，85デシベルを超える大きさのものでないこと．

したがって，3が正しいものである．　　答　**3**

2019年度（令和元年度）学科試験（後期）・解答

出題数：64　必要解答数：40

※【No.1】～【No.12】までの12問題のうちから，8問題を選択・解答

No.1　直列接続の図Aの合成静電容量 C_A [F]，並列接続の図Bの合成静電容量 C_B [F] は，次式で表される．

$$C_A = \frac{1}{\frac{1}{2C} + \frac{1}{C}} = \frac{2}{3}C \ [\text{F}]$$

$$C_B = 2C + C = 3C \ [\text{F}]$$

$$\frac{C_A}{C_B} = \frac{\frac{2}{3}C}{3C} = \frac{2}{9} \ 倍$$

すなわち，図Aの合成静電容量は，図Bの合成静電容量の2/9倍となる．

したがって，1が正しいものである．　　　　　　　　　　　　　　　　**答　1**

No.2　磁石が作る磁束の中で導体に電流を流すと，導体を動かす力が生ずるが，これらの関係はフレミングの左手の法則に従う．この法則は，「磁力線・電流・力の方向の関係は，左手の人さし指，中指，親指を互いに直角にして，人さし指の方向に磁力線，中指の方向に電流の向きをとれば，親指の方向に力が働く」というものである（図2-1 参照）．この法則によれば，問題図のaの方向に力が働く．

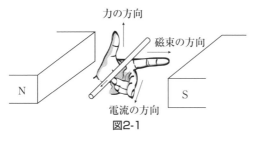

図2-1

したがって，1が正しいものである．　　　　　　　　　　　　　　　　**答　1**

No.3　「閉回路の各枝路に生じる電圧降下の代数総和は，その閉回路中に含まれる起電力の代数総和に等しい」というキルヒホッフの第2法則を用いる．この法

則により，問題図の回路において式を成立（時計の逆回りの電圧・電流の方向を正とする）させれば，

$$E-10 = -4 \times 2 + 3 \times 2 + 2 \times 2$$
$$\therefore \quad E = -8 + 6 + 4 + 10 = 12 \text{ V}$$

したがって，3が正しいものである． **答 3**

No.4 選択肢1に示された記号 ≹ は可動鉄片形計器である．2の ⬯ は永久磁石可動コイル形計器，3の ⊨ は電流力計形計器（空心），4の ⊣ は静電形計器である．

したがって，1が適当なものである． **答 1**

No.5 回転界磁形同期発電機の同期速度は，周波数と極数により定まり，<u>界磁を励磁する電流には</u><u>直流</u>が用いられる．また，電機子には，約 0.35 mm 程度のけい素鋼板を積み重ねた鉄心が用いられ，波形を正弦波に近づけるために電機子巻線法の分布巻には，全節巻と短節巻がある．

したがって，「界磁電流には，交流が用いられる」とした，2が不適当なものである．

答 2

No.6 単相変圧器3台を△–△結線した場合の特徴を以下に示す．

① 第3調波電流を△回路内に流せるので，<u>第3調波電流が外部に出ることがなく</u>，誘起電圧も正弦波となり，<u>通信線障害を与えることがない</u>．

② 一次・二次間の線間電圧に位相差を生じない．

③ 負荷時タップ切換器は各相に別々に設置することが必要．

④ 単相器の場合，1台が故障しても V – V 結線として運転できる．ただし，バンク容量は1台の容量の $\sqrt{3}$ 倍である．

⑤ 中性点が引き出せないので，中性点接地をするときは接地変圧器が必要となる．

したがって，「第3調波電流が外部に出るため，近くの通信線に障害を与える」とした，3が最も不適当なものである． **答 3**

No.7 真空遮断器は，<u>真空の絶縁性とアーク生成物の真空中への拡散による消弧作用を利用する</u>もので，真空度は封じ切り時に1〜10 μPa 以下に製作される．

アーク電圧が低く，電極消耗が少ない，小型・軽量・長寿命・低騒音で爆発・火災の心配もなくメンテナンスフリーというメリットもあり広く使用されている．

短絡電流の規定の遮断回数は10 000回程度である．

したがって，「圧縮空気をアークに吹き付けて消弧する」とした，3が不適当な

ものである. **答　3**

No.8　水力発電は, 水のエネルギーを原動力とするもので, 流量が1秒間に $Q[\mathrm{m}^3]$ あり, 落差が $H\,[\mathrm{m}]$ であれば, 理論的には次式で表される電力が得られることとなり, これを理論出力という.

$$P = 9.8QH\,[\mathrm{kW}]$$

ただし, 実際には発電機および水車の効率（η_g, η_t）があるので, 実際の発電機出力は次式となる.

$$P = 9.8QH\eta_\mathrm{g}\eta_\mathrm{t}\,[\mathrm{kW}]$$

したがって, 2が正しいものである. **答　2**

No.9　分路リアクトルは, 長距離送電や地中送電において, 線路の進相電流のため受電端電圧が上昇することを抑制するために設置するものである.

したがって, 1が適当なものである. **答　1**

特に軽負荷時や無負荷時には, 受電端電圧の上昇が著しく, 変電所機器などの絶縁をおびやかすことも考えられるほか, 系統の安定運転の面からも, 適当な容量の分路リアクトルを設置し, 受電端電圧の変化をある一定の範囲内に収めることが必要である. 分路リアクトルは, 長送電線路に直付けされる場合と変圧器の三次巻線に接続される場合がある.

No.10　配電系統で生じる電力損失の軽減対策としては, 配電電圧を高くする, バランサなどを用いて負荷電流の不平衡を是正する, 抵抗を小さくするため太い電線に張替える, 鉄損および銅損の少ない柱上変圧器を採用する, 等がある.

また, 負荷の中心に給電点を設けることや負荷の力率を改善して配電電流そのものを小さくすることも有効である.

変圧器の二次側の中性点を接地することは, 電気設備の技術基準の解釈第24条により, 変圧器の故障などによる高圧・低圧の混触時に, 低圧側の電位上昇を抑制することを目的としている.

したがって, 「変圧器二次側の中性点を接地する」とした, 1が最も不適当なものである. **答　1**

No.11　光束発散度は, ある面の単位面積から発散する光束で表される.

ある面から発散する光束を $F\,[\mathrm{lm}]$, その実表面積を $S\,[\mathrm{m}^2]$ とすると, 光束発散度 $M\,[\mathrm{lm/m}^2]$ は次式で表される.

$$M = \frac{F}{S}\,[\mathrm{lm/m}^2]$$

したがって, 「単位面積当たりに入射する光束」とした, 4が不適当なものである. **答　4**

No.12 誘電加熱は，交番電界中における絶縁性被加熱物中の誘電損により，加熱する方式で，直接式のみである．マイクロ波加熱も同じ原理を利用したもので，身近なものとして電子レンジなどに利用されている．

したがって，3が適当なものである．　　　　　　　　　　　　**答　3**

※【No.13】～【No.32】までの20問題のうちから，11問題を選択・解答

No.13 火力発電所では，環境に対して各種の対策を施してあるが，中でも硫黄（SO_X）酸化物対策，窒素酸化物（NO_X）対策，ばいじん対策は大切なものであり，それぞれ，排煙脱硫装置，排煙脱硝装置，電気集じん器を用いて抑制対策としている．

節炭器（エコノマイザ）は，煙道ガスの予熱を利用してボイラ給水を加熱し，プラント全体の熱効率を高めるとともに，ドラムに与える熱応力の軽減を図る設備であり，大気汚染抑制とは関係がない．

したがって，3の「節炭器」が最も不適当なものである．　　　　　**答　3**

No.14 油入変圧器の内部異常時に発生するガスによる内圧の上昇の検出には，ブッフホルツ継電器や衝撃圧力継電器などの機械式継電器が用いられる．

また，内部異常を電気的に検出する継電器としては，比率差動継電器が代表的なものとして採用されており，そのほか過電流継電器，距離継電器，地絡過電流継電器，地絡方向継電器なども採用される．

不足電圧継電器は，保護する機器としては電動機（電動機直接の保護ではなく負荷側の機器保護で用いる）に用いられる．

したがって，2の「不足電圧継電器」が最も不適当なものである．　　　**答　2**

No.15 日負荷率は，次式で示される．

$$日負荷率 = \frac{1日の平均需要電力}{その日の最大電力} \times 100 \ \%$$

まず，1日の平均需要電力〔kW〕を求める．

$$平均需要電力 = \frac{\begin{pmatrix} 200\,kW \times 4\,h + 400\,kW \times 8\,h + 800\,kW \times 4\,h \\ + 600\,kW \times 2\,h + 1000\,kW \times 6\,h \end{pmatrix}}{24\,h} = 600\,kW$$

$$\therefore \quad 日負荷率 = \frac{600}{1000} \times 100 = 60 \ \%$$

需要率は，次のように求められる．

$$需要率 = \frac{最大需要電力}{需要設備の定格容量の合計} \times 100$$

$$= \frac{1000}{1200} \times 100 ≒ 83.3\%$$

したがって，2 が正しいものである． **答　2**

No.16　設問の記述は，スパイラルロッドに関するものである．

したがって，1 が最も適当なものである． **答　1**

架空送電線路のスパイラルロッドは，図 16-1 に示すように一般に電線の周りに架空送電線の導体部と同種の金属材料を数本巻き付けて，電線が風の流れと定常的な共振状態になることを防止し，電線特有の風音の発生を抑制する設備である．

図 16-1　スパイラルロッド（© 大嶋輝夫）

No.17　問題図に示されたコンデンサ $C \times 10^{-6}$［F］1 相分にかかる電圧は，負荷が Y 結線となっているので $\frac{V}{\sqrt{3}} \times 10^3$ である．また，コンデンサのインピーダンスは $\frac{1}{\omega C \times 10^{-6}}$［Ω］である．これより，線電流 I_C［A］は，

$$I_C = \frac{\dfrac{V}{\sqrt{3}} \times 10^3 [\mathrm{V}]}{\dfrac{1}{\omega C \times 10^{-6}} [\Omega]} = \frac{\omega C V}{\sqrt{3}} \times 10^{-3} [\mathrm{A}]$$

したがって，3 が正しいものである． **答　3**

No.18　地中送電線路における電力ケーブルの電力損失としては，抵抗損（ジュール熱損失），誘電損（絶縁体の誘電損失），シース損（金属シースやワイヤシールドに電磁誘導によって流れる回路損失）がある．

漏れ損は，架空送電線路に発生する損失で，がいし表面の漏れ電流やコロナ現象による漏れ電流によって発生する損失である．

したがって，4 の「漏れ損」が，地中電線路における電力ケーブルの損失として最も不適当なものである． **答　4**

No.19　配電線の電圧フリッカは，電気溶接機，アーク炉，圧延（プレス）機のよ

うに負荷電流が急変することにより，線路の電圧が変動し，白熱灯や蛍光灯の明るさがちらつき不快感を与える現象をいう．

したがって，1の「蛍光灯」は，電圧フリッカの影響を受ける機器ではあるが，電圧フリッカを発生させるものではない． **答　1**

No.20 架空配電線路の保護に用いられる機器または装置としては，配電用変電所に施設される遮断器，放電クランプ，高圧カットアウト，電線ヒューズ（ケッチヒューズ）などがある．

自動電圧調整器は，架空配電線路の電圧調整に用いられるもので，保護に用いるものではない．

したがって，4の「自動電圧調整器」が不適当なものである． **答　4**

No.21 室指数は，作業面と照明器具との間の室部分の形状を表す数値で，照明率を求めるための照明率表利用に必要な指数をいい，次式で表す．室指数が大きいほど照明率も大きくなる．

$$室指数 = \frac{間口[m] \times 奥行[m]}{被照面から器具までの高さ[m] \times (間口 + 奥行)[m]}$$

したがって，「保守率を計算するために用いるものである」とした3が不適当なものである． **答　3**

No.22 電動機のみを接続する低圧電路の保護に関し，電気設備の技術基準の解釈第33条（低圧電路に施設する過電流遮断器の性能等）第4項第二号において，次のように規定している．

二　短絡保護専用遮断器は，次に適合するものであること．

イ　過負荷保護装置が短絡電流によって焼損する前に，当該短絡電流を遮断する能力を有すること．

ロ　定格電流の1倍の電流で自動的に動作しないこと．

ハ　整定電流は，定格電流の13倍以下であること．

ニ　整定電流の1.2倍の電流を通じた場合において，0.2秒以内に自動的に動作すること．

したがって，「定格電流で自動的に遮断するものとする」とした3が不適当なものである． **答　3**

No.23 内線規程3125-4（金属線ぴ及び附属品の選定）第2項では，次のように規定している．

2．同一線ぴ内に収める場合の電線本数は，次の各号によること．

①　一種金属製線ぴに収める電線本数は，10本以下とすること．

②　二種金属製線ぴに収める電線本数は，電線の被覆絶縁物を含む断面積の総

　　　和が当該線ぴの内断面積の20 ％以下とすること．

　したがって，「断面積の総和が当該線ぴの内断面積の32 ％以下とすること」とした4が不適当なものである．　　　　　　　　　　　　　　　**答　4**

No.24　変圧器のブッシングは，変圧器本体からケースを貫いてリード線を引き出すための，一般にがいしを用いた絶縁のための設備である．変圧器の振動伝達を抑えるために用いる設備は，防振ゴムなどがある．

　したがって，「変圧器のブッシングは，振動伝達を抑えるために用いられる」とした，2が不適当なものである．　　　　　　　　　　　　　　　　　**答　2**

No.25　JIS C 4620「キュービクル式高圧受電設備」7.3.4（断路器）では，次のように規定している．

　7.3.4　断路器

　CB 形においては，保守点検時の安全を確保するため，主遮断装置の電源側に断路器を設ける．

　したがって，「主遮断装置の負荷側に断路器を設ける」とした，4が不適当なものである．　　　　　　　　　　　　　　　　　　　　　　　　**答　4**

No.26　鉛蓄電池は，陽極に二酸化鉛，陰極に鉛，電解液に希硫酸（H_2SO_4）を使用した二次電池で，公称電圧は2 Vである．蓄電池の容量の単位は，A·hで表される．充電に伴い，負極から水素ガスが発生する．

　したがって，1の「放電により，水素ガスが発生する」が不適当なものである．

　　　　　　　　　　　　　　　　　　　　　　　　　　　　　　答　1

No.27　図 27-1 のように，漏電電流 I_g〔A〕，金属製外箱に生じる対地電圧 V_D [V] とすると，次のように計算される．

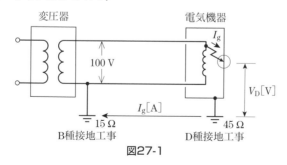

図27-1

$$I_g = \frac{100 \text{ V}}{(15+45)\Omega} = \frac{100}{60} \text{ A}$$

よって，D 種接地工事の抵抗値を R_D とすると，

$$V_{\mathrm{D}} = I_{\mathrm{g}} \times R_{\mathrm{D}} = \frac{100}{60} \times 45 = 75\,\mathrm{V}$$

したがって，3が適当なものである．　　　　　　　　　　　　**答　3**

No.28　自動火災報知設備の受信機については，「受信機に係る技術上の規格を定める省令」により，次のように規定している．

第8条（P型受信機の機能）

1．P型1級受信機の機能は次に定めるところによらなければならない．

（中略）

五　P型1級発信機（感知器等規格省令第2条第二十一号に規定するもので，同令第32条各号に適合するものをいう．）を接続する受信機（接続することができる回線の数が1のものを除く．）にあっては，発信機からの火災信号を受信した旨の信号を当該発信機に送ることができ，かつ，火災信号の伝達に支障なく発信機との間で電話連絡をすることができること．

（後略）

2．P型二級受信機の機能は，<u>前項第二号から第四号まで並びに第七号及び第八号に定めるところによる</u>ほか，次に定めるところによらなければならない．

一　接続することができる回線の数は5以下であること．

二　火災表示試験装置による試験機能を有し，かつ，この装置の操作中に他の回線からの火災信号又は火災表示信号を受信したとき，火災表示をすることができること．

したがって，P型2級受信機に第1項第五号の規定は適用されず，電話連絡装置は必要ないので，2が誤っているものである．　　　　　　　　　　**答　2**

No.29　消防法施行規則第28条の3（誘導灯及び誘導標識に関する基準の細目）第4項第五号では次のように規定している．

五　床面に設ける通路誘導灯は，荷重により破壊されない強度を有するものであること．

したがって，通路誘導灯は，必要強度のあるものであれば床面に設けることができるので，2が不適当なものである．　　　　　　　　　　　**答　2**

No.30　1000 BASE-SX（光ファイバケーブル）には，LCコネクタ（SCコネクタも使用可能）が用いられる．BNCコネクタは，同軸ケーブルに用いられるコネクタである．

したがって，4の「1000 BASE-SXには，BNCコネクタが用いられる」が不適当なものである．　　　　　　　　　　　　　　　　　　　　　**答　4**

No.31　吊架線やトロリー線は無限大に長くすることはできないので，適当な間隔

で切れ目が必要になる．また，それ以外にもき電区分上，流れる電気を分ける場合も，同様に切れ目が必要になる．その吊架線やトロリ線の切れ目をセクションと言う．

FRPセクションはガラス繊維の強化プラスチックを挟んだクションで，エアセクションに比べるとセクションの区間がかなり短くなる．FRPセクションは，エアセクションよりダブりの区間が短いので，トロリ線のバウンド具合で瞬間的に集電が途切れる場合があり，この場合せん絡放電が発生し，パンタグラフやFRPセクションを傷めることになる．

また，FRPセクションは硬いので，高速で通過するとパンタグラフやFRPセクションを傷めることになるので，FRPセクションは駅構内に限定され，本線では基本的に使用されない．

したがって，2の「FRPセクションは，駅中間など高速走行区間用に用いられる」が不適当なものである．　　　　　　　　　　　　　　　　　　　　**答　2**

No.32 野外輝度が4000 cd/m^{2}の場合のトンネル入口部に必要な照明レベルを表32-1に示す．

表32-1　入口照明の所要レベルと区間

設計速度 [km/h]	境界部			移行部			緩和部（基本部）			入口照明
	区間 [m]	輝度 [cd/m^2]	照度 [lx]	区間 [m]	輝度 [cd/m^2]	照度 [lx]	区間 [m]	輝度 [cd/m^2]	照度 [lx]	区間（合計）[m]
100	55	95	1240	150	47	610	135	9.0	120	340
80	40	83	1080	100	46	600	155	4.5	60	295
60	25	58	760	65	35	460	135	2.3	30	225
40	15	29	380	30	20	260	85	1.5	20	130

（注）野外照度：4000 cd/m^2，路面：コンクリート舗装．

よって，入口部照明の区間の長さは，<u>設計速度が速いほど長くする必要がある</u>．

したがって，1の「入口部照明の区間の長さは，設計速度が速いほど短くする」が最も不適当なものである．　　　　　　　　　　　　　　　　　　**答　1**

※【No.33】～【No.38】までの6問題のうちから，3問題を選択・解答

No.33 第1種機械換気方式は，機械吸気と機械排気を併用する方式で，隣室と換気する室の圧力を調整することができ，劇場やデパートなど多くの人の出入りする場所などに採用される．

第2種機械換気方式は，機械吸気と自然排気とによる方式で，<u>換気する室の圧力を高く（正圧）</u>して清浄な環境を保つことができ，手術室やボイラ室などに採用される．

第3種機械換気方式は，機械排気と自然給気とによる方式で，換気する室の圧力

2019 学科解答（後）

を低く（負圧）して隣室への汚染空気の流出を防止でき，トイレ，浴室，ちゅう房などに採用される.

したがって，2の「第2種機械換気方式は，便所など室内圧を負圧にするための換気方式である」が最も不適当なものである. **答 2**

No.34 図34-1に土止め支保工の概要図を示す.

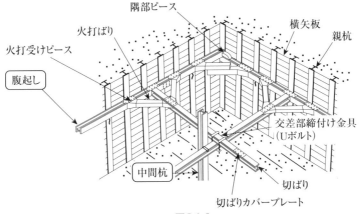

図34-1

したがって，1が適当なものである. **答 1**

No.35 測量における水平角と鉛直角を測定する測角器械としては，セオドライト（トランシット）が用いられる. 近年では，光波測距儀の測距機能とセオドライトの測角機能の両方を一体化したトータルステーションが，現場では多く採用されるようになっている.

レベルと標尺は水準測量に用いられるもので，高低差を求める器械，アリダードは，平板測量に用いる器械（定規）である.

したがって，4の「セオドライト（トランシット）」が適当なものである. **答 4**

No.36 選択肢1が逆T字型基礎である. 2はベタ（マット）基礎，3は杭基礎，4は深礎基礎の図である.

したがって，1が適当なものである. **答 1**

No.37 カントとは，図37-1に示すように，曲線部においては遠心力が作用することから，内側と外側レールに働く圧力が不均衡となることを防止するため，内側レールより外側レールを高くする（左右レールの高低差）ことをいう. これをカントを付けるといい，その量をカント量という.

したがって，4の「カントは，左右レールの水平軸

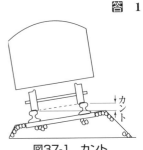

図37-1 カント

に対する傾斜角で表される」が不適当なものである． **答 4**

No.38　鉄筋端部にフックを設ける目的は，鉄筋とコンクリートの定着（鉄筋がコンクリート内から抜け出さないようにすること）を増すことである．副次的な効果として，付着強度の確保がある．

したがって，2の「鉄筋端部にフックを設ける目的は，コンクリートとの付着強度を増加させるためである」が最も不適当なものである． **答 2**

※ 【No.39】の問題は，必ず解答

No.39　JIS C 0303「構内電気設備の配線用図記号」では，選択肢4の図記号 は警報盤を示す．配電盤は図39-1のような図記号となっている．

図39-1

したがって，4が誤っているものである． **答 4**

※ 【No.40】～【No.52】までの13問題のうちから，9問題を選択・解答

No.40　屋外変電所の二次側電路の地絡保護のためには，変圧器二次側回路（配電線路）ごとに地絡遮断装置を取り付ける必要がある．

変電所の引込口に地絡遮断装置を取り付けてしまうと，二次側のある回路で地絡が発生すると，二次側母線につながっている地絡となっていない二次側回路まで遮断してしまうこととなるので，一般には設置しない．

需要家の変電設備などでは，引込口に地絡遮断装置を配電線への波及事故防止の目的で取り付けるが，この場合は，二次側の地絡遮断装置と引込口の地絡遮断装置の時限協調を適切に制定することが大切である．

したがって，3の「二次側電路の地絡保護のため，変電所の引込口に地絡遮断装置を取り付けた」が最も不適当なものである． **答 3**

No.41　電気設備の技術基準の解釈第17条（接地工事の種類及び施設方法）第1項第三号ニでは，次のように規定している．

ニ　接地線の<u>地下75 cmから地表上2 m までの部分</u>は，電気用品安全法の適用を受ける合成樹脂管（厚さ2 mm 未満の合成樹脂製電線管及び CD 管を除く.）又はこれと同等以上の絶縁効力及び強さのあるもので覆うこと．

したがって，4の「接地線は，地面から地上1.8 m までの部分のみを，合成樹脂管で保護した」が誤っているものである． **答 4**

2019 学科解答後

No.42　内線規程 3115 節「合成樹脂管配線」3115-5「配管」2.⑤では，次のように規定している．

⑤　CD 管は，直接コンクリートに埋込んで施設する場合を除き，専用の不燃性又は自消性のある難燃性の管又はダクトに収めて施設すること．

したがって，CD 管のみを用いて二重天井内に施設することはできないので，4 の「合成樹脂管配線に CD 管のみを用いて，二重天井内に施設した」が不適当なものである．　　　　　　　　　　　　　　　　　　　　　　　　　　　　**答　4**

No.43　架空き電線相互の接続は，架空送電線路と同じように張力を受けるため，直線の場合は「直線圧縮スリーブ」を，分岐の場合は「6 の字形圧縮スリーブ」を使用する．圧着接続では，張力に耐えられないので用いられない．

したがって，2 の「普通鉄道のき電線相互の接続は，圧着接続とした」が最も不適当なものである．　　　　　　　　　　　　　　　　　　　　　　　　　　　**答　2**

No.44　事務所ビルの全館放送用の拡声設備は，家庭用のステレオ装置とは出力方式が異なり，定電圧方式（100 V ライン）が用いられる．

定電圧方式は，電力増幅器の出力がその増幅器固有の定格出力値に関わらず，定格出力時に一定電圧（100 V など）になるように出力インピーダンスを設計された方式をいう．この定電圧方式は，ハイインピーダンス方式といわれており，その増幅器の出力インピーダンスは，一般のステレオ装置における出力インピーダンス（4～16 Ω）よりも高い．

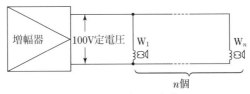

図44-1　定電圧方式

ハイインピーダンス端子にローインピーダンス対応のスピーカを接続すると，大きな電流が流れるため，爆発的な大音量が流れたり，スピーカコイルの焼損，アンプの過負荷などを生じる恐れがある．

したがって，3 の「スピーカは，ローインピーダンス方式のものを使用した」が最も不適当なものである．　　　　　　　　　　　　　　　　　　　　　　　　**答　3**

No.45　施工計画書の作成では，総合施工計画書を作成してから，それに基づき，施工要領書を作成する．

施工要領書は，工種別施工計画書とも呼ばれるもので，設計図書や総合施工計画書などに基づいて作成され，工事施工上の特記事項，配線，機器等の据付工事，接

地，耐震措置，試験等の詳細な方法が記載される．また，作業のフロー，管理項目，管理水準，管理方法，監理者・管理者の確認，管理資料・記録等を記載した品質管理表が使用されている．

したがって，1の「施工要領書に基づき総合施工計画書を作成する」が最も不適当なものである． **答 1**

No.46 大型機器の搬入計画を立案する場合の確認事項としては，以下の事項を掲げることができる．

① 搬入機器大きさや重量の確認

② 搬入通路・経路，作業区画の確認（建築工程の進捗状況確認）

③ 大型機器の製作図の承諾期限と製作日数の確認

④ 工場立会検査の有無と時期

⑤ 搬入，揚重方法（搬入口の大きさ，開口期間など）

⑥ レッカー車や大型車両の通行規制，待機場所

⑦ 搬入時期と搬入順序

したがって，4の「搬入業者の作業員名簿」が，搬入計画立案に最も関係のないものである． **答 4**

No.47 総合工程表は，着工から竣工引渡しまでの全容を表し，仮設工事，付帯工事などをすべて含めた工事全体の作業の進捗を大局的に把握するために作成される．

電気設備工事は，そのほとんどが建築工事や他の設備工事と関連して作業が進められるため，互いにその作業内容を理解・整合して，大型機器の搬入・受電期日の決定，作業順序や工程を調整し無理のない工程計画を立てなければならない．

したがって，3の「受電日は，電気室の建築工事の仕上げ完了日をもとに計画する」が最も不適当なものである． **答 3**

No.48 タクト工程表は，問題図のように，縦軸を階層，横軸を暦日とし，同種の作業を複数の工区や階で繰り返し実施する場合の工程管理に適している．システム化されたフローチャートを階段状に積み上げた工程表で，全体工程表の作成に多く用いられ，工期の遅れなど状況の把握が容易である．ただし，出来高の管理には不向きである．

したがって，2の「出来高の管理が容易である」が，タクト工程表の特徴として最も不適当なものである． **答 2**

No.49 問題に示された図は管理図である．

したがって，4の「管理図」が適当なものである． **答 4**

管理図は，データをプロットした点を直線で結んだ折れ線グラフの中に異常を知

るための中心線や管理限界線を記入したもので，データの図式記録の一種である.

　管理限界線（UCL, LCL）は，品質のバラツキが小さな通常起る不可避的な原因（偶然原因）によるものか，技術的に除去できる異常原因による大きなバラツキかを判断する基準となるものである.

No.50　接地抵抗計は，接地工事が終了したときの竣工試験や保守点検時などで使用される試験計器であり，接地抵抗値を測定する器械である.

　回路の絶縁抵抗値の測定には，絶縁抵抗計（メガー）が用いられる.

　したがって，3が不適当なものである.　　　　　　　　　　　**答　3**

No.51　労働安全衛生規則第339条（停電作業を行なう場合の措置）第1項第三号では，次のように規定している.

　三　開路した電路が高圧又は特別高圧であったものについては，検電器具により停電を確認し，かつ，誤通電，他の電路との混触又は他の電路からの誘導による感電の危険を防止するため，<u>短絡接地器具を用いて確実に短絡接地すること.</u>

　したがって，「短絡接地器具を用いることを省略した」とした，3が誤っているものである.　　　　　　　　　　　　　　　　　　　　　　　　**答　3**

No.52　「移動式足場の安全基準に関する技術上の指針」では，次のように規定している.

　3-6　防護設備

　作業床の周囲には，<u>高さ90 cm以上</u>で中さん付きの丈夫な手すり及び高さ10 cm以上の幅木を設けること.ただし，手すりと作業床との間に丈夫な金網等を設けた場合は，中さん及び幅木を設けないことができること.

　したがって，「床面より80 cmの高さに手すりを設け」とした，2が不適当なものである.　　　　　　　　　　　　　　　　　　　　　　　　**答　2**

　※【No.53】〜【No.64】までの12問題のうちから，8問題を選択・解答

No.53　建設業法第3条（建設業の許可）では，次のように規定している.

　第3条　建設業を営もうとする者は，次に掲げる区分により，この章で定めるところにより，2以上の都道府県の区域内に営業所（本店又は支店若しくは政令で定めるこれに準ずるものをいう.以下同じ.）を設けて営業をしようとする場合にあっては国土交通大臣の，1の都道府県の区域内にのみ営業所を設けて営業をしようとする場合にあっては当該営業所の所在地を管轄する都道府県知事の許可を受けなければならない.ただし，政令で定める軽微な建設工事のみを請け負うことを営業とする者は，この限りでない.

　都道府県知事の許可を受けた建設業者の営業区域についての規定の定めはないの

で，他の都道府県においても工事を施工することができる．

したがって，「他の都道府県において電気工事を施工することができない」とした，1が誤っているものである．　　　　　　　　　　　　　　**答　1**

No.54　建設業法第26条（主任技術者及び監理技術者の設置等）では，次のように規定している．

第26条　建設業者は，その請け負った建設工事を施工するときは，当該建設工事に関し第7条第二号イ，ロ又はハに該当する者で当該工事現場における建設工事の施工の技術上の管理をつかさどるもの（以下「主任技術者」という．）を置かなければならない．

2　発注者から直接建設工事を請け負った特定建設業者は，当該建設工事を施工するために締結した下請契約の請負代金の額（当該下請契約が二以上あるときは，それらの請負代金の額の総額）が第3条第1項第二号の政令で定める金額以上になる場合においては，前項の規定にかかわらず，当該建設工事に関し第15条第二号イ，ロ又はハに該当する者（当該建設工事に係る建設業が指定建設業である場合にあっては，同号イに該当する者又は同号ハの規定により国土交通大臣が同号イに掲げる者と同等以上の能力を有するものと認定した者）で当該工事現場における建設工事の施工の技術上の管理をつかさどるもの（以下「監理技術者」という．）を置かなければならない．

つまり，下請負人として電気工事の一部を請け負った場合は，主任技術者をおけばよい．

したがって，「監理技術者を置かなければならない」とした，4が誤っているものである．　　　　　　　　　　　　　　　　　　　　　　**答　4**

No.55　電気事業法施行規則第50条（保安規程）第2項では，次のように規定している．

2　前項第一号に掲げる事業用電気工作物を設置する者は，法第42条第1項の保安規程において，次の各号に掲げる事項を定めるものとする．

一　事業用電気工作物の工事，維持又は運用に関する保安のための関係法令及び保安規程の遵守のための体制（経営責任者の関与を含む．）に関すること．

二　事業用電気工作物の工事，維持又は運用を行う者の職務及び組織に関すること（次号に掲げるものを除く．）．

三　主任技術者の職務の範囲及びその内容並びに主任技術者が保安の監督を行う上で必要となる権限及び組織上の位置付けに関すること．

四　事業用電気工作物の工事，維持又は運用を行う者に対する保安教育に関することであって次に掲げるもの

　イ　関係法令及び保安規程の遵守に関すること．

　ロ　保安のための技術に関すること．

　ハ　保安教育の計画的な実施及び改善に関すること．

五　発電用の事業用電気工作物の工事，維持又は運用に関する保安を計画的に実施し，及び改善するための措置であって次に掲げるもの（前号に掲げるものを除く．）

　イ　発電用の事業用電気工作物の工事，維持又は運用に関する保安についての方針及び体制に関すること．

　ロ　発電用の事業用電気工作物の工事，維持又は運用に関する保安についての計画に関すること．

　ハ　発電用の事業用電気工作物の工事，維持又は運用に関する保安についての実施に関すること．

　ニ　発電用の事業用電気工作物の工事，維持又は運用に関する保安についての評価に関すること．

　ホ　発電用の事業用電気工作物の工事，維持又は運用に関する保安についての改善に関すること．

六　発電用の事業用電気工作物の工事，維持又は運用に関する保安のために必要な文書の作成，変更，承認及び保存の手順に関すること．

七　前号に規定する文書についての保安規程上の位置付けに関すること．

八　事業用電気工作物の工事，維持又は運用に関する保安についての適正な記録に関すること．

九　事業用電気工作物の保安のための巡視，点検及び検査に関すること．

十　事業用電気工作物の運転又は操作に関すること．

十一　発電用の事業用電気工作物の保安に係る外部からの物品又は役務の調達の内容及びその重要度に応じた管理に関すること．

十二　発電所の運転を相当期間停止する場合における保全の方法に関すること．

十三　災害その他非常の場合に採るべき措置に関すること．

十四　保安規程の定期的な点検及びその必要な改善に関すること．

十五　その他事業用電気工作物の工事，維持及び運用に関する保安に関し必要な事項

　したがって，2の「工事，維持及び運用に関するエネルギーの使用の削減に関すること」が，保安規程に必要な事項として定められていないものである．　　**答　2**

No.56　電気用品安全法による特定電気用品以外の電気用品の表示記号は，

である.

1の  は特定電気用品, 3の は消費生活用製品安全法による特別特

定製品, 4の は消費生活用製品安全法による特別特定製品以外の製品に表示

する記号である.

したがって, 2が正しいものである. **答　2**

No.57　電気工事業の業務の適正化に関する法律第19条（主任電気工事士の設置）では, 次のように規定している.

第19条　登録電気工事業者は, その一般用電気工作物に係る電気工事（以下「一般用電気工事」という.）の業務を行う営業所（以下この条において「特定営業所」という.）ごとに, 当該業務に係る一般用電気工事の作業を管理させるため, 第一種電気工事士又は電気工事士法による第二種電気工事士免状の交付を受けた後電気工事に関し3年以上の実務の経験を有する第二種電気工事士であって第6条第1項第一号から第四号までに該当しないものを, 主任電気工事士として, 置かなければならない.

したがって, 1の「第一種電気工事士」が定められているものである. **答　1**

No.58　電気工事士法第4条(電気工事士免状)第2項では, 次のように定めている.

2　電気工事士免状は, 都道府県知事が交付する.

したがって, 2の「電気工事士免状は, 経済産業大臣が交付する」が誤っているものである. **答　2**

No.59　建築基準法施行令第126条の3（構造）では, 次のように規定している.

第126条の3　前条第1項の排煙設備は, 次に定める構造としなければならない.

一　建築物をその床面積500 m² 以内ごとに, 防煙壁で区画すること.

二　排煙設備の排煙口, 風道その他煙に接する部分は, 不燃材料で造ること.

三　排煙口は, 第一号の規定により区画された部分(以下「防煙区画部分」という.）のそれぞれについて, 当該防煙区画部分の各部分から排煙口の一に至る水平距離が30 m以下となるように, 天井又は壁の上部（天井から80 cm（たけの最も短い防煙壁のたけが80 cmに満たないときは, その値）以内の距離にある部分をいう.）に設け, 直接外気に接する場合を除き, 排煙風道に直結すること.

四　排煙口には, 手動開放装置を設けること.

五　前号の手動開放装置のうち手で操作する部分は，壁に設ける場合においては床面から80 cm 以上1.5 m 以下の高さの位置に，天井から吊り下げて設ける場合においては床面からおおむね1.8 m の高さの位置に設け，かつ，見やすい方法でその使用方法を表示すること．

六　排煙口には，第四号の手動開放装置若しくは煙感知器と連動する自動開放装置又は遠隔操作方式による開放装置により開放された場合を除き閉鎖状態を保持し，かつ，開放時に排煙に伴い生ずる気流により閉鎖されるおそれのない構造の戸その他これに類するものを設けること．

したがって，4の「排煙設備の排煙口を自動開放装置付としたので，手動開放装置を設けなかった」が誤っているものである．　　　　　　　　**答　4**

No.60　消防法施行規則第33条の3（免状の種類に応ずる工事又は整備の種類）では，次のように規定している．

第33条の3　法第17条の6第2項の規定により，甲種消防設備士が行うことができる工事又は整備の種類のうち，消防用設備等又は特殊消防用設備等の工事又は整備の種類は，次の表の左欄に掲げる指定区分に応じ，同表の右欄に掲げる消防用設備等又は特殊消防用設備等の工事又は整備とする．

指定区分	消防用設備等又は特殊消防用設備等の種類
特類	特殊消防用設備等
第一類	屋内消火栓設備，スプリンクラー設備，水噴霧消火設備又は屋外消火栓設備
第二類	泡消火設備
第三類	不活性ガス消火設備，ハロゲン化物消火設備又は粉末消火設備
第四類	自動火災報知設備，ガス漏れ火災警報設備又は消防機関へ通報する火災報知設備
第五類	金属製避難はしご，救助袋又は緩降機

したがって，3の「非常警報設備」が消防設備士でなければ行ってはならない工事として定められていないものである．　　　　　　　　**答　3**

No.61　労働安全衛生規則第96条（事故報告）では，次のように規定している．

第96条　事業者は，次の場合は，遅滞なく，様式第22号による報告書を所轄労働基準監督署長に提出しなければならない．

一　事業場又はその附属建設物内で，次の事故が発生したとき

イ　火災又は爆発の事故（次号の事故を除く．）

（以下省略）

五　移動式クレーン（クレーン則第2条第一号に掲げる移動式クレーンを除く．）の次の事故が発生したとき

　イ　転倒，倒壊又はジブの折損

　ロ　ワイヤロープ又はつりチェーンの切断

十　ゴンドラの次の事故が発生したとき

　イ　逸走，転倒，落下又はアームの折損

　ロ　ワイヤロープの切断

　したがって，4の「休業の日数が4日に満たない労働災害が発生したとき」が，報告書を労働基準監督署長に提出しなければならない場合として定められていないものである． **答　4**

No.62　労働安全衛生法第13条（産業医等）では，次のように規定している．

　第13条　事業者は，政令で定める規模の事業場ごとに，厚生労働省令で定めるところにより，医師のうちから産業医を選任し，その者に労働者の健康管理その他の厚生労働省令で定める事項（以下「労働者の健康管理等」という．）を行わせなければならない．

　また，労働安全衛生法施行令第5条（産業医を選任すべき事業場）では，次のように規定している．

　第5条　法第13条第1項の政令で定める規模の事業場は，常時50人以上の労働者を使用する事業場とする．

　したがって，「常時10人以上50人未満の労働者を使用する事業場には，産業医を選任し」とした，3が定められていないものである． **答　3**

No.63　労働基準法第56条（最低年齢）では，次のように規定している．

　第56条　使用者は，児童が満15歳に達した日以後の最初の3月31日が終了するまで，これを使用してはならない．

　また，労働基準法第62条（危険有害業務の就業制限）第2項では，次のように規定している．

　2　使用者は，満18才に満たない者を，毒劇薬，毒劇物その他有害な原料若しくは材料又は爆発性，発火性若しくは引火性の原料若しくは材料を取り扱う業務，著しくじんあい若しくは粉末を飛散し，若しくは有害ガス若しくは有害放射線を発散する場所又は高温若しくは高圧の場所における業務その他安全，衛生又は福祉に有害な場所における業務に就かせてはならない．

　したがって，1が定められているものである． **答　1**

No.64　エネルギーの使用の合理化に関する法律第144条（エネルギー消費機器等製造事業者等の努力）では，次のように規定している．

　第77条　エネルギー消費機器等（エネルギー消費機器（エネルギーを消費する機械器具をいう．以下同じ．）又は関係機器（エネルギー消費機器の部品として又

は専らエネルギー消費機器とともに使用される機械器具であって，当該エネルギー消費機器の使用に際し消費されるエネルギーの量に影響を及ぼすものをいう．以下同じ．）をいう．以下同じ．）の製造又は輸入の事業を行う者（以下「エネルギー消費機器等製造事業者等」という．）は，基本方針の定めるところに留意して，その製造又は輸入に係るエネルギー消費機器等につき，エネルギー消費性能（エネルギー消費機器の一定の条件での使用に際し消費されるエネルギーの量を基礎として評価される性能をいう．以下同じ．）又はエネルギー消費関係性能（関係機器に係るエネルギー消費機器のエネルギー消費性能に関する当該関係機器の性能をいう．以下同じ．）の向上を図ることにより，エネルギー消費機器等に係るエネルギーの使用の合理化に資するよう努めなければならない．

　2　電気を消費する機械器具（電気の需要の平準化に資するための機能を付加することが技術的及び経済的に可能なものに限る．以下この項において同じ．）の製造又は輸入の事業を行う者は，基本方針の定めるところに留意して，その製造又は輸入に係る電気を消費する機械器具につき，電気の需要の平準化に係る性能の向上を図ることにより，電気を消費する機械器具に係る電気の需要の平準化に資するよう努めなければならない．

　この条文に基づき，特定エネルギー消費機器（トップランナー制度の対象品目）が設けられた．

　実際には，機器の省エネ基準は1979年の省エネ法制定時に，乗用自動車，エアコン，電気冷蔵庫を対象として平均基準値方式により設定され，その後，徐々に品目が増え，1999年に現在のトップランナー方式が採用され，目標基準値が大きく引き上げられた．

　その後，順次対象機器の追加が行われてきており，2014年11月現在次の31品目が特定機器として指定されている．

　乗用自動車，貨物自動車，エアコンディショナー，テレビジョン受信機，ビデオテープレコーダー，蛍光灯器具（電球形蛍光ランプ含），複写機，電子計算機，磁気ディスク装置，電気冷蔵庫，電気冷凍庫，ストーブ，ガス調理機器，ガス温水機器，石油温水機器，電気便座，自動販売機，変圧器，ジャー炊飯器，電子レンジ，DVDレコーダー，ルーティング機器，スイッチング機器，複合機，プリンター，ヒートポンプ式給湯器，三相誘導電動機，電球形 LED ランプ，断熱材，サッシ，複層ガラス

　したがって，4の「コンデンサ」が特定エネルギー消費機器として定められていないものである．　　　　　　　　　　　　　　　　　　　　　　　　　**答　4**

2019年度（令和元年度）実地試験・解答
出題数：5　必要解答数：5

問題1　（解答例）

1-1　経験した電気工事

(1)　工 事 名　　　　　　　○○ホテル改築に伴う電気設備工事

(2)　工事場所　　　　　　　石川県金沢市本町1丁目□□番地

(3)　電気工事の概要　　　　受変電設備6 kV　3 φ Tr 300 kVA×2台新設，エレベータ他動力設備，電灯・コンセント設備，空調設備，消防警報関連設備，弱電設備他付帯工事

(4)　工 　 期　　　　　　　平成○○年○月〜平成△△年△月

⑤　上記工事での立場　　　下請業者側の現場主任

(6)　担当した業務の内容　　現場主任として現場施工管理を中心とした電気工事全体の施工管理を実施．

1-2　安全管理上留意した事項と理由

(1)　使用工具安全点検の徹底

（理由）　不良工具の使用および使用方法の誤りによる怪我や感電災害の発生を無くすため．

（対策・処置）

①　電動工具類は，毎日メガーによる絶縁状態の確認と正常動作確認を実施し，整備された工具のみ持ち込み許可とした．

②　持ち込み機器点検簿による持ち込み機器の種類・数量の管理を実施．

③　バンドソーなど怪我の発生の多い工具について，作業者全員に正しい使用方法を直接指導した．

(2)　充電部作業，受電切り替え時の感電災害防止

（理由）　充電部作業，旧受電設備から新受電設備切り替え時の感電災害を無くすため．

（対策・処置）

①　作業着手前に絶縁用保護具の点検と報告，充電電路への絶縁用防具の装着を指示・徹底した．

② 新・旧受電設備の切替手順書の作成と，作業者全員での前日リハーサルを実施し，手順の理解を徹底した．

③ 充電部・切替作業時は，専任監視員を配備し，不安全作業の注意喚起を徹底した．

問題2

2－1

1．機器の搬入

① 搬入量の確認と機器材置き場の管理．

② 大型機器の搬入通路の確認（建築工程の進捗状況確認）．

③ 大型機器の製作図の承諾期限と製作日数の確認，管理．

④ 工場立会検査の有無と時期．

⑤ 搬入，揚重方法（搬入口の大きさ，開口期間など）の確認・管理．

2．電線相互の接続

① 接続部で電気抵抗を増加させない．リングスリーブと圧着マークの確認，差込型コネクタの差込と絶縁体の状態確認，S形スリーブのねじり回数の確認など．

② ねじり接続など，ろう付けが確実に行われているかの確認．

③ 絶縁電線の絶縁体部に電工ナイフなどの傷がないか等確認．

④ 絶縁処理が確実に実施されているか確認．絶縁キャップの使用方法，絶縁テープ処理の確認．

⑤ 高圧電線などは特に接続部の絶縁処理が十分であるか確認．

3．機器の取付け

① 施工図に基づく取付け位置の確認．

② 取付け位置（床・壁など）の強度や状態の確認．

③ 転倒防止等の耐震性の確認．

④ 作業スペース，メンテナンススペースの確保．

⑤ 搬入口，搬入経路，保管場所の確保．

⑥ 関係業者との事前打ち合わせ，工程調整，作業場所調整等．

⑦ 取付け機器の養生方法の確認．

4．波付硬質合成樹脂管（FEP）の地中埋設

① 施工図に基づく配管位置・埋設深さの確認．

② 埋設位置によっては大きな土圧がかかるため，コンクリート養生などなされているか確認確認．

③ 1区間の配管に急激な屈曲箇所がないか，管のつぶれがないか確認．

④ 1区間が長い場合，引入れるケーブルの引入れ張力を検討して1区間の長さ

が決定されているか確認.

⑤ 作業スペースの確保.

⑥ 関係業者との事前打ち合わせ,工程調整,作業場所調整等.

5. 電動機への配管配線

① 配管は,フレキシブルなものを使用し,振動に耐えるものを使用する.

② 低圧用の電動機の接地は,金属管接地を共用するため,金属管と完全に接続する.

③ 配線接続は,接続端子などを使用して堅ろうに接続する.

6. ケーブルラックの施工

① ケーブルラックの幅を選定する場合は,ケーブル条数,ケーブル仕上がり外径,ケーブルの重量,ケーブルの許容曲げ半径,増設工事に対する予備スペースなどを検討して決定する.

② ケーブルラックの段数は,一般に電力用は1段に配列,弱電用は1段もしくは段積みとする.

③ ケーブルラックは一般的な鋼製ラックのほか,合成樹脂やアルミニウムなど,また,その形状,表面処理などによりさまざまな種類があり,施工環境により使い分けること.特に,湿気・水気の多い室内や屋外には,鋼に$350\ \mathrm{g/m^2}$以上の溶融亜鉛メッキを施したもの(記号:Z35)やアルミニウムにアルマイト処理を施したケーブルラック(記号:AL)を使用すること.

④ ケーブルラックが防火区画された壁や床を貫通する場合は,不燃材などを充てんするなどの耐火工法により施設する.

⑤ ケーブルラック相互の接続時のボンド線は,ノンボンド工法の直線継ぎ金具を使用する場合は必要ないが,蝶番継金具,自在継ぎ金具,伸縮継ぎ金具,特殊継ぎ金具の使用の場合には,ボンド線にて必ず接地を施す.接地工事はD種接地工事となる.

2-2

(1) 機器の名称または略称

直列リアクトル(略称:SR)

(2) 機能

高調波障害の防止,電圧波形のひずみ改善および進相コンデンサ投入時の突入電流の抑制のために設置する.容量は,第5高調波への対応とコンデンサ端子電圧の上昇を考慮して,コンデンサ容量の6%が一般的である.

問題3

(1) 所要工期 28日

問題のネットワーク工程表から,以下に示すルートの工期がある.

   ⓐ ①→②→⑥→⑧‥‥‥‥‥‥‥18日

   ⓑ ①→④→⑤→⑥→⑧‥‥‥‥‥‥25日

   ⓒ ①→④→⑤→⑦→⑧‥‥‥‥‥‥25日

   ⓓ ①→③→⑦→⑧‥‥‥‥‥‥‥‥21日

   ⓔ ①→③→④→⑤→⑥→⑧‥‥‥28日

   ⓕ ①→③→④→⑤→⑦→⑧‥‥‥‥28日

　上記より，クリティカルパスは，ⓔの①→③→④→⑤→⑥→⑧およびⓕの①→③→④→⑤→⑦→⑧の2ルートである．

　したがって，所要工期は28日である．

(2)　**最早開始時刻　18日**

　イベント⑦は，クリティカルパス上にあるが，EとHの所要日数が変更となるので，上記①→③→④→⑤→⑦（C→E→H）の経路を計算すると18日となる．なお，B→E→Hは15日，C→Fは16日となり，最早開始時刻は，その中の最長時間をとるので，イベント⑦の最早開始時刻は18日となる．

問題4　以下の中から三つを選び，それぞれの項目から二つを解答すればよい．

　1．変流器（CT）

　①　変流器（CT）は主回路に流れる大きな電流を，保護リレーや計測装置が取り扱いやすいような小さな電流に変換する機器である．

　②　主回路と保護リレー，計測装置など二次回路に接続される機器との絶縁をとることを目的としている．

　③　変流器(CT)は，電磁誘導作用を利用した巻線方式が主流であるが,最近では,磁気光学素子のファラデー効果を利用した光CTが実用化されてきている．

　④　CTの巻線方式は巻線形，棒形および貫通形に大別される．貫通形は二次巻線を施した鉄心窓に母線，ブッシング，ケーブルなどの一次巻線を挿入して使用するCTで,特に一次導体にブッシングを使用したものをブッシング用変流器（BCT）という．

　⑤　CTの巻線方式の特性のうち最も重要なものは，誤差特性，過電流定数および過電流強度である．

　2．うず電流

　①　鉄や銅の中で磁束が変化すると，鉄や銅の中にレンツの法則により電流が流れる．この電流をうず電流という．

　②　うず電流をI，鉄や銅の抵抗和をRとすると，I^2Rの抵抗損によりジュール熱を発生し，電気機械の温度を上昇させる．これをうず電流損という．

　③　B_mを最大磁束密度，fを周波数，Eを電圧，tを鉄板の厚さ，P_eをうず電流

損とすると，うず電流損は次式で示される．

$$P_e \propto t^2 f^2 B_m^2$$

④　変圧器等電気機械で絶縁した薄ケイ素鋼板を積み重ねた，成層鉄心が用いられているのは，うず電流を防止するためである．

3．力率改善

①　一般の需要家の負荷は，抵抗と誘導性リアクタンスからなっており，力率は遅れとなっている．この遅れの負荷と並列に電力用コンデンサ（容量性リアクタンス）を接続して実施する．

②　コンデンサに流れる電流は電圧より90度進みとなり，誘導性リアクタンスに流れる遅れの電流を相殺（吸収）することとなり，力率を100％に近づかせることを力率改善という．

③　力率改善を行うと，発電設備をはじめとする電力系統設備の容量の低減が図れることから，需要家での力率改善幅により電力会社では基本料金の割引制度を採用している．

4．架空地線

①　架空地線は架空送電線用鉄塔の頂部に延線され，送電線路への直撃雷を防護するために設置される．

②　架空地線の遮へい角は小さいほど望ましいが，設備信頼度との整合性より，77 kV以下の2回線鉄塔では一般に1条の架空地線，154 kV以上の2回線鉄塔では一般に2条の架空地線としている．

③　架空地線は通信線路への誘導障害の防止対策としても有効に働く．

④　架空地線と各相導体の結合率をできるだけ大きくし，かつ突起部分をなくして，接地間隔は少なくとも200～300 m以下とする．また，遮へい角は45°程度以下とする．

⑤　架空地線の接地抵抗は，30 Ω以下が望ましい．

⑥　架空地線に使用される電線は，一般に亜鉛メッキ鋼線が用いられるが，アルミ合金より線，アルミ覆鋼線も使用されている．

5．電車線路の帰線

①　電気車に供給された運転用電力を変電所へ返す線を「帰線」といい，一般的には電気車の走行レールを利用している．

②　信号電流の軌道回路ともなる．（列車の検知や信号機の制御，レール折損を検知することができる．）

③　大地への漏れ電流により，電食を発生させてしまうことがある．（直流電気鉄道）

④　通信障害を発生させることがある．（交流電気鉄道）

6．道路の照明方式（トンネル照明を除く）

①　夜間において，運転者が道路状況，交通状況を的確に把握するため，良好な視環境を確保し，交通安全が図れるように配列する．

②　平均路面輝度，路面の輝度均斉度が適切で，グレアが十分抑制され，適切な誘導性を有する配列であることが求められる．

③　ポール照明方式が一般的で，片側配列，千鳥配列，向合せ配列の3種類があり，道路形態，状況に応じて適切に組合せて設置する．

④　片側配列は，交通量の少ない道路幅の狭い道路に使用されるが，雨天時に片側しか明るくならないので，均斉度が悪い欠点がある．

⑤　片側配列は，曲線半径が小さい曲線部で曲線の外縁に配列すると優れた誘導性が得られる．

⑥　千鳥配列は，道路幅の狭い道路に適する配列であるが，路面にできる明暗の縞が自動車の進行と共に左右に交互に移動する欠点がある．

⑦　向合せ配列は，道路照明として光学的誘導性に優れた配列で，あらゆる道路に使用できる．

7．変圧器の並行運転

①　各変圧器の極性が合っていること．

②　循環電流が流れないために，一次・二次の定格電圧と巻数比が等しいこと．

③　インピーダンス電圧が等しいこと．

④　インピーダンス角（抵抗とリアクタンスの比）が等しいこと．

三相変圧器の場合には，前述の条件に加えて，

⑤　角変位が等しいこと．

⑥　相回転が等しいこと．

8．電動機の過負荷保護

①　電気設備技術基準では，屋内に施設する電動機（出力が0.2 kW 以下のものを除く．）には，過電流による当該電動機の焼損により火災が発生するおそれがないよう，過電流遮断器の施設その他の適切な措置を講じなければならないとしている．

②　電気設備技術基準の解釈では，屋内に施設する電動機には，電動機が焼損するおそれがある過電流を生じた場合に自動的にこれを阻止し，またはこれを警報する装置（過負荷保護装置）を設けること，とされている．

③　次のいずれかに該当する場合は，過負荷保護装置を設けなくてもよい．

イ　電動機を運転中，常時取扱者が監視できる位置に施設する場合．

ロ　電動機の構造上または電動機の負荷の性質上，電動機の巻線に電動機を焼損するおそれがある過電流が生ずるおそれがない場合．

ハ　電動機が単相のものであって，その電源側電路に施設する過電流遮断器の定格電流が15 A（配線用遮断器にあっては20 A）以下の場合．

④　サーマルリレーを施設することが過負荷保護には効果がある．

9．UTP ケーブル

①　10 BASE-T や 100 BASE-TX に使われているケーブルで，Unshielded Twisted Pair ケーブルの略である．日本語に訳すと非シールド・より対線という．つまり，ツイストペア・ケーブルのことをいう．

②　UTP ケーブルは，何対かの絶縁線をビニルチューブで覆っており，非シールドであることから，周囲からのノイズに弱い．したがって，電源からの電磁誘導を受ける場合もあるため，電源ケーブルから十分に離すことが望ましい．

③　ケーブルが長すぎると，②と同様にノイズの影響を受けやすくなることから，極力短くすることが望ましい．10BASE-T および100BASE-TX も，最大長100 mまでとする．

問題5

5－1　③　検査

建設業法第24条の4（検査及び引渡し）では，次のように規定している．

第24条の4　元請負人は，下請負人からその請け負った建設工事が完成した旨の通知を受けたときは，当該通知を受けた日から20日以内で，かつ，できる限り短い期間内に，その完成を確認するための<u>検査</u>を完了しなければならない．

5－2　③　教育

労働安全衛生法第59条（安全衛生教育）では，次のように規定している．

第59条　事業者は，労働者を雇い入れたときは，当該労働者に対し，厚生労働省令で定めるところにより，その従事する業務に関する安全又は衛生のための<u>教育</u>を行なわなければならない．

5－3　③　自家用

電気工事士法第4条の3（第一種電気工事士の講習）では，次のように規定している．

第4条の3　第一種電気工事士は，経済産業省令で定めるやむを得ない事由がある場合を除き，第一種電気工事士免状の交付を受けた日から5年以内に，経済産業省令で定めるところにより，経済産業大臣の指定する者が行う<u>自家用</u>電気工作物の保安に関する講習を受けなければならない．当該講習を受けた日以降についても，同様とする．

2018年度（平成30年度）学科試験（前期）・解答

出題数：64　必要解答数：40

※【No.1】〜【No.12】までの12問題のうちから，8問題を選択・解答

No.1　点 A の電荷による電界の強さを E_A，点 B の電荷による電界の強さを E_B とすると，その合成電荷は図1-1に示すようなベクトルの合成 E_{AB} となるので，図のアの方向となる．

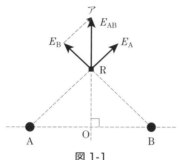

図 1-1

したがって，1が正しいものである．　　　　　　　　　　　　　　**答　1**

No.2　自己インダクタンス L_1，L_2 と相互インダクタンス M との間には，次式の関係がある．ただし，k は結合係数である．

$$M = k\sqrt{L_1 L_2}$$

上式に与えられた数値を代入し計算すると（漏れ磁束はないとあるので，$k=1$），

$$M = 1.0 \times \sqrt{20 \times 80} = 40 \text{ mH}$$

したがって，1が正しいものである．　　　　　　　　　　　　　　**答　1**

No.3　△回路の負荷抵抗 $20\ \Omega$ を流れる相電流 $I_\triangle$ [A] は，

$$I_\triangle = \frac{200}{20} = 10 \text{ A}$$

線電流 I [A] は，相電流 $I_\triangle$ [A] の $\sqrt{3}$ 倍となるので，

$$I = \sqrt{3} I_\triangle = 10\sqrt{3} \text{ A}$$

したがって，3が正しいものである．　　　　　　　　　　　　　　**答　3**

No.4　検流計に電流が流れなくなったとき，ブリッジ回路は平衡したことになるので，次式が成立する．

$$R_X \times R_3 = R_1 \times R_2$$

与えられた数値を代入して計算すると，

$$R_X \times 4.0 = 8.0 \times 5.0$$

$$\therefore \quad R_X = \frac{8.0 \times 5.0}{4.0} = 10.0\,\Omega$$

したがって，4 が正しいものである．　　　　　　　　　　　　**答　4**

No.5　同期発電機が，定格速度・定格電圧および無負荷で運転中に，突然三相短絡すると，短絡直後は電機子反作用がないので非常に大きな電流が流れる．短絡後に電機子反作用が現れるが，この場合の回路は誘導性であるので，主磁界に対して磁極を全般に減磁する減磁作用となり，短絡電流は同期インピーダンスで制限される値になる．

　この持続電流が，定格電流の何倍になるかを示すのが短絡比で，同期インピーダンスが小さいほど大きくなる．同期インピーダンスと短絡比は次式のように逆比例の関係にある．

$$短絡比 \propto \frac{1}{同期インピーダンス}$$

　したがって，3 の「同期インピーダンスが小さければ，短絡比も小さくなる」が不適当なものである．　　　　　　　　　　　　　　　　　　　　　**答　3**

No.6　V 結線での電圧は△結線の場合と同じであるが，電流は変圧器巻線に流れる電流と負荷に流れる線電流とが同一であるため，二次側の線電流は各変圧器の定格二次電流までしか流すことができない．したがって，三相出力 $S_3{}'$ ［kV·A］は，変圧器 1 台の出力を S_1 ［kV·A］とすると，

$$S_3' = \sqrt{3}\,S_1\,[\mathrm{kV \cdot A}]$$

となるので，変圧器の利用率は次式となる．

$$利用率 = \frac{\sqrt{3}\,S_1}{2S_1} = \frac{\sqrt{3}}{2}$$

　したがって，4 が正しいものである．　　　　　　　　　　　　**答　4**

No.7　ガス遮断器（GCB）は，優れた消弧能力，絶縁強度を有する $\mathrm{SF_6}$（六ふっ化硫黄）ガスを消弧媒質として利用する遮断器であり，以下の特徴がある．

　①　高電圧では，空気遮断器に比較して遮断点数が少なく，空気遮断器の1/2～1/3程度で済むため小型となる．

　②　タンク形は耐震性に優れ，また，ブッシング変流器を使用できるので，遮断点数の少ないことと併せて据え付け面積が小さい．

　③　遮断性能が良く，接触子の摩耗が少ない．

④　開閉時の騒音が少ない．

⑤　消弧能力が優れているので，<u>小電流遮断時の異常電圧が小さい</u>．

　したがって，3の「空気遮断器に比べて，小電流遮断時の異常電圧が大きい」が最も不適当なものである．　　　　　　　　　　　　　　　　　　　**答　3**

No.8　アは循環ポンプ，イは過熱器を示す．なお，図の右下のポンプは給水ポンプである．

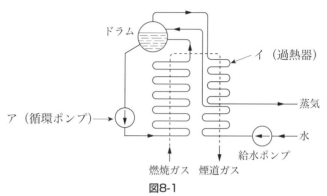

図8-1

　したがって，3が適当なものである．　　　　　　　　　　　　　　　　**答　3**

No.9　柱上に用いる気中負荷開閉器（PAS）は，負荷電流の開閉はできるが，短絡電流の遮断能力がない．

　したがって，1の「気中負荷開閉器（PAS）は，短絡電流の遮断に用いられる」が最も不適当なものである．　　　　　　　　　　　　　　　　　　　　**答　1**

No.10　問題に示された計算式

$$\frac{\text{期間中の負荷の平均需要電力［kW］}}{\text{期間中の負荷の最大需要電力［kW］}} \times 100\ \%$$

により求められるものは，負荷率である．

　したがって，3の「負荷率」が求められるものである．　　　　　　　　**答　3**

　工場などの電力消費は24時間常に変化している．ある期間(例えば日間，月間など)の最大需要電力と平均需要電力の比を表したものを負荷率といい（とる期間により日負荷率，月負荷率などという），負荷率の値が良いほど効率的に電力を使用しているといえる．

No.11　蛍光ランプは,管内面に塗布した蛍光体が,低圧水銀中のアーク放電によって放出される紫外線（主波長 253.7 nm）のエネルギーによって可視光を発する放電ランプである．管内にはアルゴンガスと水銀が封入されており，近年登場した高周波点灯専用の蛍光ランプ（Hf 蛍光ランプ）は，専用のインバータと組み合わせ

ることによって，ランプ効率 100 lm/W と高い効率を実現している．

熱放射による発光を利用したランプは，白熱灯などである．

したがって，4 の「蛍光ランプは，熱放射による発光を利用したものである」が最も不適当なものである．　　　　　　　　　　　　　　　　　　　　　　　**答　4**

No.12　「交番磁界内において，導電性の物体中に生じるうず電流損や磁性材料に生じるヒステリシス損を利用して加熱する．」に該当するものは誘導加熱である．

したがって，2 の「誘導加熱」が適当なものである．　　　　　　　　　　　**答　2**

誘導加熱は，電磁誘導を利用する加熱方式で，導電体である被加熱物に電流を流す直接式と，導電性容器に被加熱物を入れ，容器を加熱することで被加熱物を加熱する間接式がある．

※ 【No.13】～【No.32】までの 20 問題のうちから，11 問題を選択・解答

No.13　水力発電所の回転子は「立軸凸極形」が多く使用され，大容量の低速機に適している．「横軸凸極形型」は，小容量の高速機に適している．

したがって，3 の「立軸形は，横軸形に比べて小容量高速機に適している」が不適当なものである．　　　　　　　　　　　　　　　　　　　　　　　　　　　**答　3**

No.14　単母線方式は，送配電線の回線数が少なく，重要度の低い変電所に採用され，所要機器およびスペースが最も少なくて済み，単純で経済的に有利であり，我が国では，最も多く採用されている．

ただし，機器の事故があると変電所が全停電となるほか，母線機器等の点検時にも変電所停止が必要となる．

大規模の変電所には，信頼度を高めるため，二重（複）母線方式が採用される．

したがって，1 の「単母線は，複母親に比べて所要機器が多い」が最も不適当なものである．　　　　　　　　　　　　　　　　　　　　　　　　　　　　　　　**答　1**

No.15　負荷時タップ切換変圧器は系統の負荷の大きさによる電圧降下を調整するために，電力用コンデンサは系統に対して遅相無効電力を供給，分路リアクトルは進相無効電力を供給して無効電力を調整するために施設される．

中性点接地抵抗器は，中性点を 100～1000 Ω の抵抗体で接地して地絡電流を抑制し，通信線への誘導障害を防止するとともに地絡継電器を確実に動作させるために施設される機器である．

したがって，2 の「中性点接地抵抗器」が，電圧もしくは無効電力の調整を行う機器として不適当なものである．　　　　　　　　　　　　　　　　　　　　　**答　2**

No.16　配電線路に用いられる電線の記号で，選択肢 4 の DV は引込用ビニル絶縁電線である．この電線は，低圧架空引込用に用いられるものである．

したがって，4が不適当なものである　　　　　　　　　　　　　　**答　4**

No.17　問題に示されたがいしは，懸垂がいしである．

したがって，1の「懸垂がいし」が適当なものである．　　　　　**答　1**

懸垂がいしは，使用電圧に応じて適当な個数を連結して使用でき，同時に不良となることがないので，信頼度が高く，最も多く使用されている．

わが国では，図17-1に示すような直径250 mm のものが一般的で，500 kV 用には280 mm または320 mm のものが使用される．

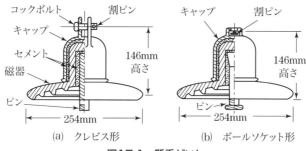

(a)　クレビス形　　　　(b)　ボールソケット形

図17-1　懸垂がいし

No.18　送電線路には，電流の流れを抑制したり電力損失や電圧降下などの要因となる線路固有の定数がある．それは，どの部分をとっても長さ方向に存在する抵抗と__インダクタンス__，大地や他の導体との間に存在する静電容量と漏れコンダクタンスの四つで，送電線路は，この四つの定数が分布する連続回路である（分布定数回路という）．送電線路の電気的特性（電圧降下，受電電力，電力損失，安定度）等の計算をするには，この四つの定数（線路定数）を知らねばならないが，線路定数は電線の種類，太さ，電線の配置により定まり，送電電圧，電流，力率などにはほとんど左右されない．

したがって，1の「インダクタンス」が適当なものである．　　　**答　1**

No.19　電気事業法施行規則第38条（電圧及び周波数の値）では，次のように規定している．

第38条　法第26条第1項の経済産業省令で定める電圧の値は，その電気を供給する場所において次の表の左欄に掲げる標準電圧に応じて，それぞれ同表の右欄に掲げるとおりとする．

標準電圧	維持すべき値
100 V	101 V の上下 6 V を超えない値
200 V	202 V の上下 20 V を超えない値

したがって，4の「20 V」が定められているものである.　　　　答　4

No.20　電圧のそれほど高くない短距離送電線路や高圧配電線路では，中性点は非接地方式が採用される.

したがって，1の「非接地方式」が適当なものである.　　　　答　1

非接地方式は，一線地絡電流を小さくし，通信線への誘導障害を小さくできる．しかし，事故時の健全相の対地電圧が上昇することと，地絡電流が小さいことによる故障検出が困難となるため，地絡故障検出のための継電器動作を確実にするための対策が必要である.

No.21　距離の逆二乗の法則から，光源からP点までの距離を $l\,[\mathrm{m}]$ とすると，次式が成立する.

$$E = \frac{I}{l^2}\,[\mathrm{lx}]$$

よって，与えられた数値を代入して計算すると，

$$E = \frac{I}{l^2} = \frac{90}{3^2} = 10\ \mathrm{lx}$$

したがって，2が正しいものである.　　　　答　2

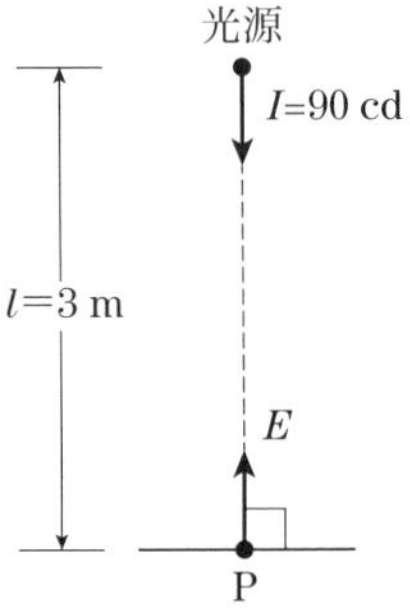

光源

$I = 90\ \mathrm{cd}$

$l = 3\ \mathrm{m}$

E

P

図21-1

No.22　消防用設備等の試験基準（総務省消防庁）第28「配線」では，次のように規定している.

第28　配線

消防用設備等に係る配線の工事が完了した場合における試験は，次表に掲げる試験区分及び項目に応じた試験方法及び合否の判定基準によること.

試験項目		試験方法	合否の判定基準
電源回路の開閉器・遮断器等	設置場所等	目視により確認すること.	a　配電盤及び分電盤の基準に適合するものに収納されているか又は不燃専用室に設けられていること. b　電動機の手元開閉器（電磁開閉器，金属箱開閉器，配線用遮断器等）は，当該電動機の設置位置より見やすい位置に設けてあること.
	開閉器	目視により確認すること.	a　専用であること. b　開閉器には，消防用設備等用である旨（分岐開閉器にあっては個々の消防用設備等である旨）の表示が付されていること.
	遮断器	目視により確認すること.	a　電源回路には，地絡遮断装置（漏電遮断器）が設けられていないこと. b　分岐用遮断器は，専用のものであること. c　過電流遮断器の定格電流値は，当該過電流遮断器の二次側に接続された電線の許容電流値以下であること.

よって，消火栓ポンプの配線には漏電遮断器を施設しないこと.

したがって，3の「消火栓ポンプ」が，漏電遮断器を使用することが最も不適当なものである．　　　　　　　　　　　　　　　　　　　　　　**答　3**

No.23　電気設備技術基準の解釈第148条（低圧幹線の施設）第1項第四号では，次のように規定している．

　四　低圧幹線の電源側電路には，当該低圧幹線を保護する過電流遮断器を施設すること．ただし，次のいずれかに該当する場合は，この限りでない．

　　イ　低圧幹線の許容電流が，当該低圧幹線の電源側に接続する他の低圧幹線を保護する過電流遮断器の定格電流の55％以上である場合

　　ロ　過電流遮断器に直接接続する低圧幹線又はイに掲げる低圧幹線に接続する長さ8m以下の低圧幹線であって，当該低圧幹線の許容電流が，当該低圧幹線の電源側に接続する他の低圧幹線を保護する過電流遮断器の定格電流の35％以上である場合

　　ハ　過電流遮断器に直接接続する低圧幹線又はイ若しくはロに掲げる低圧幹線に接続する長さ3m以下の低圧幹線であって，当該低圧幹線の負荷側に他の低圧幹線を接続しない場合

　本問の場合，分岐幹線の長さが5mであるので，ロに該当することから，

$$100A \times 0.35 = 35 A$$

が，過電流遮断器を設けなければならない分岐幹線の最小許容電流となる．

　したがって，1が正しいものである．　　　　　　　　　　　　　　　**答　1**

No.24　高圧進相コンデンサの開閉装置としては，断路器は用いない．通常，限流ヒューズ付高圧交流負荷開閉器（PF付LBS）が用いられる．開閉頻度が多い場合，高圧交流真空電磁接触器（VMC）を用いることもある．

　断路器では，高圧進相コンデンサの進相電流や突入電流を開閉することができないため，高圧電路に進相電流を流したまま開閉ができる限流ヒューズ付高圧交流負荷開閉器が用いられる．

　したがって，2の「高圧進相コンデンサの開閉装置として使用する」が断路器の記述として最も不適当なものである．　　　　　　　　　　　　　　**答　2**

No.25　キュービクル式高圧受電設備の設置後，受電前に行う試験（使用前自主検査）として，接地抵抗試験，絶縁抵抗試験，耐電圧試験，継電器試験，インタロック試験などが一般に行われる．温度上昇試験は，極小容量の変圧器では受電前に行われることがまれにあるが，一般的には受電後に行われる試験である．

　したがって，2の「温度上昇試験」が一般的に行われないものである．　**答　2**

No.26　据置鉛蓄電池におけるベント形は，排気栓にフィルタを設け，酸霧が脱出しないようにしたものであるが，充電中の水の電気分解反応や自然蒸発により，電

解液中の水分が失われるため，定期的に電解液量をチェックし，液量が少なくなっていれば精製水を補充する必要がある．

したがって，4の「ベント形蓄電池は，使用中の補水が不要である」が不適当なものである． **答 4**

No.27 電気設備技術基準の解釈第 156 条（低圧屋内配線の施設場所による工事の種類）では，次のように規定している．

第 156 条　低圧屋内配線は，次の各号に掲げるものを除き，表 156-1（表 27-1）に規定する工事のいずれかにより施設すること．

一　第 172 条第 1 項の規定により施設するもの

二　第 175 条から第 178 条までに規定する場所に施設するもの

同条により，施設できないものはがいし引き工事，金属線ぴ工事，金属ダクト工事，バスダクト工事，ライティングダクト工事，平形保護相工事である．

表 156-1　電気設備技術基準の解釈第 156 条の表（表 27-1）

施設場所の区分		使用電圧の区分	がいし引き工事	合成樹脂管工事	金属管工事	金属可とう電線管工事	金属線ぴ工事	金属ダクト工事	バスダクト工事	ケーブル工事	フロアダクト工事	セルラダクト工事	ライティングダクト工事	平形保護層工事
										工事の種類				
展開した場所	乾燥した場所	300V 以下	○	○	○	○	○	○	○	○			○	
		300V 超過	○	○	○	○		○	○	○				
	湿気の多い場所又は水気のある場所	300V 以下	○	○	○	○				○				
		300V 超過	○	○	○	○				○				
点検できる隠ぺい場所	乾燥した場所	300V 以下	○	○	○	○	○	○	○	○		○	○	○
		300V 超過	○	○	○	○		○	○	○				
	湿気の多い場所又は水気のある場所	－		○	○	○				○				
点検できない隠ぺい場所	乾燥した場所	300V 以下		○	○	○				○	○	○		
		300V 超過		○	○	○				○				
	湿気の多い場所又は水気のある場所	－		○	○	○				○				

（備考）○は，使用できることを示す．

したがって，1の「バスダクト工事」が点検できない隠ぺい場所に施設できない

ものである．　　　　　　　　　　　　　　　　　　　　　　　**答　1**

No.28　「周囲の温度の上昇率が一定の率以上になったときに火災信号を発信するもの」に該当するものは，差動式スポット型感知器である．

したがって，2の「差動式スポット型感知器」が適当なものである．　　**答　2**

定温式スポット型感知器は，一局所の周囲の温度が一定の温度以上になったときに火災信号を発信するもので，バイメタルの変位，金属の膨張，可溶絶縁物の溶融等を利用したものがある．

赤外線式スポット型感知器は，炎から放射される赤外線の変化が一定の量以上になったとき火災信号を発信するもので，一局所の赤外線による受光素子の受光量の変化により作動するものである．

光電式スポット型感知器は，周囲の空気が一定の濃度以上の煙を含むに至ったときに火災信号を発信するもので，一局所の煙による光電素子の受光量の変化により作動するものである．

No.29　消防法施行規則第25条の2（非常警報設備に関する基準）第2項第一号ハでは，非常ベルまたは自動式サイレンの音響装置について，次のように規定している．

ハ　各階ごとに，その階の各部分から一の音響装置までの水平距離が<u>25 m 以下</u>
となるように設けること．

したがって，2が定められているものである．　　　　　　　　　**答　2**

No.30　「ネットワーク上を流れるデータを，IP アドレスによって他のネットワークに中継する装置」に該当するものは，ルータである．

したがって，1の「ルータ」が最も適当なものである．　　　　　　**答　1**

ルータは，コンピュータネットワークの中継・転送機器の一つで，データの転送経路を選択・制御する機能を持ち，複数の異なるネットワーク間の接続・中継に用いられる装置である．特に，接続先から受信したデータを解析し，IP（Internet Protocol）の制御情報を元にさまざまな転送制御を行うことができる装置である．

No.31　電車線路のトロリ線に要求される性能には，通電特性（<u>抵抗率が低く大電流を流せて電圧降下が小さいこと</u>）が良いこと，機械的強度特性（引張強度が大きくたるみを小さくできる）が良いこと，耐熱特性が良いこと，摩耗特性が良いことなどの条件が要求される．

したがって，1の「抵抗率が高い」がトロリ線に要求される性能として不適当なものである．　　　　　　　　　　　　　　　　　　　　　　　**答　1**

No.32　カウンタービーム照明方式は，非対称照明方式であり，トンネルの天井部または隅角部に照明器具を取り付け，走行する車両の進行方向と逆方向に照明する

（車両の進入方向に対向する配光を持つ）照明方式である．

この方式は，運転者側へ高い路面輝度が得られることと障害物正面が暗くなることから，路面と障害物に高い輝度対比を得やすい特長があり，交通量の少ないトンネルの入口照明に適している．

したがって，3の「カウンタービーム照明方式は，車両の進行方向に対向した配光をもち，出口照明に採用される」が最も不適当なものである．　　　**答　3**

※【No.33】〜【No.38】までの**6問題**のうちから，**3問題**を選択・解答

No.33　水道直結直圧方式は，水道本管から分岐した水道管を直接建物内の水栓等に直結して給水する方式をいう．この方式は設備費，維持費は安いが，水道本管の水圧変動に給水が左右されるので，1〜2階以下の小規模の建物などに採用されている．

① 受水槽が不要である．

② 加圧給水ポンプが不要である．

③ 建物の停電時にも給水が可能である．

などの長所があるが，水道本管の断水時には給水が不可能となる．

したがって，3の「停電時には給水が不可能」が不適当なものである．　　**答　3**

No.34　道路舗装の種類としては，大きく分類すると，アスファルト舗装とコンクリート舗装の二つになる．

アスファルト舗装は，たわみ性舗装ともいわれ，加熱アスファルト混合物を用いている．

一方，コンクリート舗装は，剛性舗装ともいわれ，コンクリートと鉄筋，鉄網（ひび割れ防止目的）を用いており，曲げ応力に強くたわみが小さいため沈下しにくい特徴がある．

どちらを採択するかは，建設に要する費用，建設後に要する費用等を含めた総合比較を行って決定される．

したがって，3の「荷重によるたわみが大きい」が，コンクリート舗装の記述として最も不適当なものである．　　　　　　　　　　　　　　　　　　**答　3**

No.35　ロードローラは，鉄製のローラを持つローラの総称で，締固めに使用される建設機械である．現場で多く使用される機械には，マカダムローラ，タイヤローラ，振動ローラなどがある．

敷ならしには，モータグレーダやアスファルトフィニッシャなどが使用される．

したがって，3が不適当なものである．　　　　　　　　　　　　　　**答　3**

No.36　搬送工法は，架空電線の延線を行う工法である．

したがって，2の「搬送工法」が不適当なものである．　**答 2**

66～154 kV 級規模の標準的な鉄塔の組立方法として，重機械の搬入が可能な工事条件の場所では，トラッククレーンによる組立て（移動式クレーン工法）が行われている．

山地などの場所では，台棒工法（鋼管製など）を用いて組み立てられる．この方法は，台棒を鉄塔主柱材に取り付け，この台棒を利用して部材をつり上げ，組立てを行うもので，下部から順次組み上げていく．

275～500 kV 級の基幹系統の送電線の大型鉄塔の組立てでは，鉄塔部材に鋼管が用いられることが多く，部材の単体重量や腕金などが重いため，タワークレーンを利用した工法（クライミングクレーン工法）が採用されている．

No.37 ロングレールの継ぎ目は「伸縮継ぎ目」と呼ばれ，非常に浅い角度で斜めにカットされた独特の構造になっており，車輪は通常の継ぎ目のような隙間や急激な段差を越えることなく通過できる．この構造はまた，ロングレールの大きな温度膨張（夏と冬でその差数十 cm といわれる）を外側へ張り出したレールに逃がす働きも併せ持っている．

間げきを設け，継目板によって接続される構造は，絶縁継目である．鉄道は，ある区間内に一つの列車しか進入できないよう管理されている．このとき，列車の位置を検出するため区間ごとにレールを利用して信号電流が流されており，絶縁継ぎ目はこの管理区間が変わる部分に使用される継目である．

したがって，3の「ロングレールの継目は，間げきを設け，継目板によって接続する」が不適当なものである．　**答 3**

No.38 コンクリート工事における施工の不具合(コンクリートのひび割れの原因)には，豆板（じゃんか），空洞，砂じま，コールドジョイントなどがある．

ブローホールは，溶接内部に発生する溶接欠陥のことである．

したがって，2の「ブローホール」が，コンクリート工事の施工不具合として関係ないものである．　**答 2**

※【No.39】の問題は，必ず解答

No.39 JIS C 0303「構内電気設備の配線用図記号」では，選択肢 4 の図記号 ⊗ は誘導灯を示す．非常用照明は図 39-1 に示すような図記号となっている．

(a) 白熱灯　　(b) 蛍光灯

図39-1　非常用照明灯の図記号

したがって，4が誤っているものである．　**答 4**

※【No.40】 〜【No.52】までの13問題のうちから，9問題を選択・解答

No.40 太陽電池モジュール集合体は，ストリング，逆流防止素子，バイパス素子，接続箱などで構成されている．

ストリングとは，太陽電池アレイが所定の出力電圧を満足するよう太陽電池モジュールを直列に接続した一つのまとまりの回路をいい，ストリングへの逆電流の流入を防止するため，各ストリングは逆流防止素子を介して並列接続しなければならない．

バイパス素子は，一部の太陽電池セルが木の葉などによって発電せずに高抵抗となった場合，そのセルが発熱して破損することがあるため，そのモジュールに流れる電流をバイパスして破損防止を図るために設置されるものである．

したがって，3の「ストリングへの逆電流の流入を防止するため，接続箱にバイパスダイオードを設けた」が最も不適当なものである． **答　3**

No.41 電気設備技術基準の解釈第59条（架空電線路の支持物の強度等）第2項第二号では，次のように規定している．

2　架空電線路の支持物として使用するA種鉄筋コンクリート柱は，次の各号に適合するものであること．

二　設計荷重及び柱の全長に応じ，根入れ深さを59-3表に規定する値以上として施設すること．

59-3 表（一部抜粋）

設計荷重	全長	根入れ深さ
6.87 kN 以下	15 m 以下	全長の 1/6
	15 m を超え 16 m 以下	2.5 m
	16 m を超え 20 m 以下	2.8 m

したがって，15 mの長さであれば，根入れ深さは最低でも2.5 mなければならないので，1の「長さ15 mのA種コンクリート柱の根入れの深さを，2 mとした」が最も不適当なものである． **答　1**

No.42 電気設備技術基準の解釈第161条（金属線ぴ工事）では，次のように規定している．

第161条　金属線ぴ工事による低圧屋内配線の電線は，次の各号によること．

一　絶縁電線（屋外用ビニル絶縁電線を除く．）であること．

二　<u>線ぴ内では，電線に接続点を設けないこと</u>．ただし，次に適合する場合は，この限りでない．

イ　電線を分岐する場合であること．

　ロ　線ぴは，電気用品安全法の適用を受ける二種金属製線ぴであること．

　したがって，一種金属製線ぴ内で電線を接続することは，維持規準に違反するので，1の「（一種金属製線ぴ内において）電線を線ぴ内で接続して分岐した」が誤っているものである．　　　　　　　　　　　　　　　　　　　　　　　　　**答　1**

No.43　「直流，交流区間ともに広く採用され，パンタグラフ通過中に電流が中断せず，高速運転に適するので主に駅間に設けられる．」に該当するのは，エアセクションである．

　したがって，1の「エアセクション」が適当なものである．　　　　　　　**答　1**

　エアセクションは，ちょう架線，トロリ線の引止箇所で，給電する架線が切り替わる平行部分における電線相互の離隔空間を絶縁に用いたもので，セクションとしては最も代表的なものであり，交流，直流ともに系統区分用に広く採用されている．パンタグラフ通過中に電流が中断しないが，瞬間的に短絡するので低速運転には向かず，万が一セクションで停車すると架線溶断などの事故となる危険性がある．

　また，最低でも架線柱1スパンの長さを必要とするので，駅構内や車庫など狭い場所では使用困難な場合が多い．

No.44　一般に，PBX（Private Branch eXchanger）は，社内に設置される電話交換機のことを指し，外線電話を定められた内線番号に転送する，各電話機を外線につなぐ，内線同士をつなぐ機能を有している．

　通常の電話では，音声信号をデジタル処理するデジタルPBXが主流であるが，IP電話機を使用する場合は，IP化して構内通信網（LAN）と統合する「IP PBX」方式の交換機との接続が必要となる．

　「IP PBX」とは，TCP/IPネットワーク上で音声通話システム（VoIP）を利用する際，IP電話機の回線交換を行う装置やソフトウェアのことで，内線電話におけるPBX（構内交換機）の役割を果たすネットワーク機器のことをいう．そのため，従来の電話専用の配線ではなく，PCと同じLAN配線で接続する．

　したがって，2の「IP電話機を，デジタルPBX方式の交換機に接続した」が最も不適当なものである．　　　　　　　　　　　　　　　　　　　　　　　　**答　2**

No.45　施工要領書は，工種別施工計画書とも呼ばれるもので，設計図書に基づいて作成され，工事施工上の特記事項，配線，機器等の据付工事，接地，耐震措置，試験等の詳細な方法が記載される．また，作業のフロー，管理項目，管理水準，管理方法，監理者・管理者の確認，管理資料・記録等を記載した品質管理表が使用されている．施工要領書は施工内容が具体的になったときには，その都度作成し，原則，発注者の承認を得る．作成に要する資料は，次のようなものがある．

　①　設計図，仕様書，および建築他設備に関する設計図類

② 電気設備技術基準，内線規程，消防法施行規則などの関係法規類

③ 大型設備などでは，<u>製造者が作成した設計図や仕様書類</u>

④ 設計者ならびに現場担当者による各種計算書

⑤ 設計者ならびに現場担当者による官公庁打ち合わせ記録

⑥ 会社の施工基準などの各種資料，ならびに施工検討会議などの各種記録

したがって，3の「製造者が作成した資料を含んだものであってはならない」が，施工要領書に関する記述として最も不適当なものである．　　　　　　　答　3

No.46　消防法施行規則第 31 条の 3（消防用設備等又は特殊消防用設備等の届出及び検査）では，次のように規定している．

第 31 条の 3　消防法第 17 条の 3 の 2 の規定による検査を受けようとする防火対象物の関係者は，当該防火対象物における消防用設備等又は特殊消防用設備等の設置に係る工事が完了した場合において，その旨を工事が完了した日から<u>4 日以内</u>に消防長又は消防署長に別記様式第一号の二の三の届出書に次に掲げる書類を添えて届け出なければならない．（以降省略）

したがって，1 が正しいものである．　　　　　　　　　　　　　　答　1

No.47　総合工程表は，着工から竣工引渡しまでの，仮設工事，付帯工事などをすべて含めた工事全体の作業の進捗を大局的に把握するために作成される．

したがって，2の「総合工程表は，<u>仮設工事を除く</u>工事全体を大局的に把握するために作成する」が最も不適当なものである．　　　　　　　　　　　答　2

No.48　問題の図は，バーチャート工程表である．

したがって，2の「バーチャート工程表」が適当なものである．　　　答　2

バーチャート工程表は，電気工事の工程表の中では一般に最も広く使用されており，横線工程表と呼ばれている．工程表は縦軸に工事を構成する工種を，横軸に暦日をとり，各作業の着手日と終了日の間を棒線で結ぶものである．

No.49　問題の図はヒストグラムである．

したがって，4の「ヒストグラム」が適当なものである．　　　　　　答　4

ヒストグラムは，データを適当な幅に分け，その幅ごとの度数を縦軸にとった柱状図であり，データの分布状態が分かりやすい．一般に規格の上限と下限の線を入れて良・不良のバラツキ具合を調べやすくしている．

No.50　分電盤の分岐回路の絶縁を確認するには，絶縁抵抗計を使用する必要がある．接地抵抗計は，接地された導体と大地間の接地抵抗の測定に用いられる計測機器である．

したがって，3の「分電盤の分岐回路の絶縁を確認するため，接地抵抗計を使用した」が不適当なものである．　　　　　　　　　　　　　　　　　答　3

No.51 労働安全衛生規則第347条（低圧活線近接作業）第1項では，次のように規定している．

第347条　事業者は，低圧の充電電路に近接する場所で電路又はその支持物の敷設，点検，修理，塗装等の電気工事の作業を行なう場合において，当該作業に従事する労働者が当該充電電路に接触することにより感電の危険が生ずるおそれのあるときは，当該充電電路に絶縁用防具を装着しなければならない．ただし，当該作業に従事する労働者に絶縁用保護具を着用させて作業を行なう場合において，当該絶縁用保護具を着用する身体の部分以外の部分が当該充電電路に接触するおそれのないときは，この限りでない．

感電注意の表示のみは，法令違反である．

したがって，「絶縁用保護具の着用及び絶縁用防具の装着を省略した」とした，4が誤っているものである．　　　　　　　　　　　　　　　　　**答　4**

No.52 労働安全衛生規則第563条（作業床）第1項第二号では，次のように規定している．

第563条　事業者は，足場（一側足場を除く．）における高さ2m以上の作業場所には，次に定めるところにより，作業床を設けなければならない．

二　つり足場の場合を除き，幅，床材間の隙間及び床材と建地との隙間は，次に定めるところによること．

イ　幅は，40cm以上とすること．

ロ　床材間の隙間は，3cm以下とすること．

ハ　床材と建地との隙間は，12cm未満とすること．

したがって，3が正しいものである．　　　　　　　　　　　　　　　　　**答　3**

※【No.53】〜【No.64】までの12問題のうちから，8問題を選択・解答

No.53 建設業法第26条（主任技術者及び監理技術者の設置等）では，次のように規定している．

第26条　建設業者は，その請け負った建設工事を施工するときは，当該建設工事に関し第7条第二号イ，ロ又はハに該当する者で当該工事現場における建設工事の施工の技術上の管理をつかさどるもの（以下「主任技術者」という．）を置かなければならない．

また，同法第7条（許可の基準）第二号では，次のように規定している．

二　その営業所ごとに，次のいずれかに該当する者で専任のものを置く者であること．

イ　許可を受けようとする建設業に係る建設工事に関し学校教育法による高等

学校（旧中等学校令による実業学校を含む．以下同じ．）若しくは中等教育学校を卒業した後5年以上又は同法による大学（旧大学令による大学を含む．以下同じ．）若しくは高等専門学校（旧専門学校令による専門学校を含む．以下同じ．）を卒業した後3年以上実務の経験を有する者で在学中に国土交通省令で定める学科を修めたもの

ロ　許可を受けようとする建設業に係る建設工事に関し10年以上実務の経験を有する者

ハ　国土交通大臣がイ又はロに掲げる者と同等以上の知識及び技術又は技能を有するものと認定した者

イ，ロ，ハは，具体的には表53-1のようになる（ハは建設業法施行規則第7条の3）．

表53-1

イ	①	高校（指定学科）の卒業者	5年以上の実務経験
	②	大学・高専（指定学科）の卒業者	3年以上の実務経験
ロ		その他の者	10年以上の実務経験
ハ		国土交通大臣が上記イ，ロと同等と認めた者	
		(1) 1級または2級電気工事施工管理技士 (2) 技術士（所定部門に該当する者） (3) 第一種電気工事士 (4) 第二種電気工事士（免状交付後3年以上の実務経験が必要） (5) 第一種・第二種・<u>第三種電気主任技術者</u>（免状交付後5年以上の実務経験が必要） (6) 建築設備士 (7) 登録計装士（免状交付後1年以上の実務経験が必要）	

したがって，4が正しいものである．　　　　　　　　　　　答　4

No.54　建設業法第19条（建設工事の請負契約の内容）第1項では，次のように規定している．

第19条　建設工事の請負契約の当事者は，前条の趣旨に従って，契約の締結に際して次に掲げる事項を書面に記載し，署名又は記名押印をして相互に交付しなければならない．

一　工事内容

二　請負代金の額

三　工事着手の時期及び工事完成の時期

四　請負代金の全部又は一部の前金払又は出来形部分に対する支払の定めをするときは，その支払の時期及び方法

五　当事者の一方から設計変更又は工事着手の延期若しくは工事の全部若しくは一部の中止の申出があった場合における工期の変更，請負代金の額の変更又は損害

の負担及びそれらの額の算定方法に関する定め

　六　天災その他不可抗力による工期の変更又は損害の負担及びその額の算定方法
に関する定め

　七　価格等（物価統制令第2条に規定する価格等をいう．）の変動若しくは変更
に基づく請負代金の額又は工事内容の変更

　八　工事の施工により第三者が損害を受けた場合における賠償金の負担に関する
定め

　九　注文者が工事に使用する資材を提供し，又は建設機械その他の機械を貸与す
るときは，その内容及び方法に関する定め

　十　注文者が工事の全部又は一部の完成を確認するための検査の時期及び方法並
びに引渡しの時期

　十一　工事完成後における<u>請負代金の支払の時期及び方法</u>

　十二　工事の目的物の瑕疵（かし）を担保すべき責任又は当該責任の履行に関して講ずべ
き保証保険契約の締結その他の措置に関する定めをするときは，その内容

　十三　<u>各当事者の履行の遅滞その他債務の不履行の場合における遅延利息，違約
金その他の損害金</u>

　十四　<u>契約に関する紛争の解決方法</u>

　したがって，4の「現場代理人の氏名及び経歴」が，請負契約書に記載しなければ
ならない事項として定められていないものである．　　　　　　　　　　**答　4**

No.55　電気事業法第2条（定義）第1項第十八号では，次のように規定している．

　十八　電気工作物　発電，変電，送電若しくは配電又は電気の使用のために設置
　　　　する機械，器具，ダム，水路，貯水池，電線路その他の工作物（船舶，車両
　　　　又は航空機に設置されるものその他の<u>政令で定めるものを除く</u>．）をいう．

　また，電気事業法施行令第1条「電気工作物から除かれる工作物」では，次のよ
うに規定している．

　第1条　電気事業法第2条第1項第十八号の政令で定める工作物は，次のとおり
とする．

　一　<u>鉄道営業法，軌道法若しくは鉄道事業法が適用され若しくは準用される車両</u>
　　　若しくは搬器，船舶安全法が適用される船舶，陸上自衛隊の使用する船舶0若
　　　しくは海上自衛隊の使用する船舶又は道路運送車両法第2条第2項に規定する
　　　自動車に<u>設置される工作物</u>であって，これらの車両，搬器，船舶及び自動車以
　　　外の場所に設置される電気的設備に電気を供給するためのもの以外のもの

　二　航空法第2条第1項に規定する航空機に設置される工作物

　三　前二号に掲げるもののほか，電圧30 V未満の電気的設備であって，電圧30

V 以上の電気的設備と電気的に接続されていないもの

したがって，4 の「電気鉄道の車両に設置する電気設備」が電気工作物として定められていないものである．　　　　　　　　　　　　　　　　　　　　答　4

No.56　電気用品安全法では，電気用品を定めている．

具体的には，電気用品安全法施行令第 1 条（電気用品），第 1 条の 2（特定電気用品）で，附則別表第一の上欄および別表第二に掲げるとおりとするとしており，次の用品（抜粋）が掲げられている．

別表第一（特定電気用品に該当）

一　電線（定格電圧が 100 V 以上 600 V 以下のものに限る．）であって，次に掲げるもの

　㈡　ケーブル（導体の公称断面積が 22 mm^2 以下，線心が 7 本以下及び外装がゴム（合成ゴムを含む．）又は合成樹脂のものに限る．）

別表第二（特定電気用品以外の電気用品に該当）

二　電線管類及びその附属品並びにケーブル配線用スイッチボックスであって，次に掲げるもの（銅製及び黄銅製のもの並びに防爆型のものを除く．）

　㈠　電線管（可とう電線管を含み，内径が 120 mm 以下のものに限る．）

　㈢　線ぴ（幅が 50 mm 以下のものに限る．）

よって，3 の「金属製プルボックス」が電気用品として定められていないものである．　　　　　　　　　　　　　　　　　　　　　　　　　　　答　3

No.57　有線電気通信設備令第 7 条の 2 では，次のように規定している．

第 7 条の 2　架空電線の支持物には，取扱者が昇降に使用する足場金具等を地表上 1.8 m 未満の高さに取り付けてはならない．ただし，総務省令で定める場合は，この限りでない．

したがって，4 の「電柱の昇降に使用する足場金具を，地表上 1.5 m の高さに取り付けた」が誤っているものである．　　　　　　　　　　　　　　　　　答　4

No.58　電気工事士法施行規則第 2 条（軽微な作業）第 2 項では，一般用電気工作物において電気工事士の資格がなくてもできる作業を次のように定めている．

2　法第 3 条第 2 項の一般用電気工作物の保安上支障がないと認められる作業であって，経済産業省令で定めるものは，次のとおりとする．

一　次に掲げる作業以外の作業

　イ　前項第一号イからヌまで及びヲに掲げる作業

　ロ　接地線を一般用電気工作物（電圧 600 V 以下で使用する電気機器を除く．）に取り付け，若しくはこれを取り外し，接地線相互若しくは接地線と接地極とを接続し，又は接地極を地面に埋設する作業

二　電気工事士が従事する前号イ及びロに掲げる作業を補助する作業

ここで，第1項において，

ニ　電線管，線樋，<u>ダクトその他</u>これらに類する物に電線を収める作業

ヘ　<u>電線管を曲げ</u>，若しくはねじ切りし，又は電線管相互若しくは電線管とボックスその他の附属品とを接続する<u>作業</u>

が定められている．これらの作業は，電気工事士でなければ従事できない．

したがって，4の「電力量計を取り付ける作業」が電気工事士でなければ従事してはならない作業から除かれているものである．　　　　　　　　　　**答　4**

No.59　建築基準法第2条（用語の定義）第三号では，次のように規定している．

三　建築設備　建築物に設ける電気，ガス，給水，排水，換気，暖房，冷房，消火，<u>排煙</u>若しくは<u>汚物処理</u>の設備又は煙突，昇降機若しくは<u>避雷針</u>をいう．

したがって，3の「避難はしご」が建築設備として定められていないものである．

　　　　　　　　　　　　　　　　　　　　　　　　　　　　　　　　　　　答　3

No.60　消防法施行令第7条(消防用設備等の種類)では，次のように規定している．

第7条　法第17条第1項の政令で定める消防の用に供する設備は，消火設備，警報設備及び避難設備とする．

2　前項の消火設備は，水その他消火剤を使用して消火を行う機械器具又は設備であって，次に掲げるものとする．

一　<u>消火器及び次に掲げる簡易消火用具</u>

六　<u>不活性ガス消火設備</u>

4　第1項の避難設備は，火災が発生した場合において避難するために用いる機械器具又は設備であって，次に掲げるものとする．

一　すべり台，避難はしご，救助袋，緩降機，避難橋その他の避難器具

二　誘導灯及び<u>誘導標識</u>

したがって，4の「非常用の照明装置」が消防用設備等として定められていないものである．　　　　　　　　　　　　　　　　　　　　　　　　　　　　**答　4**

No.61　労働安全衛生規則第12条の3（安全衛生推進者等の選任）第1項では，次のように規定している．

第12条の3　法第12条の2の規定による安全衛生推進者又は衛生推進者(以下「安全衛生推進者等」という．)の選任は，都道府県労働局長の登録を受けた者が行う講習を修了した者その他法第10条第1項各号の業務（衛生推進者にあっては，衛生に係る業務に限る．）を担当するため必要な能力を有すると認められる者のうちから，次に定めるところにより行わなければならない．

一　<u>安全衛生推進者等を選任すべき事由</u>が発生した日から<u>14日以内</u>に選任する

こと．

二　その事業場に専属の者を選任すること．ただし，労働安全コンサルタント，労働衛生コンサルタントその他厚生労働大臣が定める者のうちから選任するときは，この限りでない．

したがって，「20 日以内に安全衛生推進者を選任しなければならない」とした 2 が誤っているものである．　　　　　　　　　　　　　　　　　　　答　**2**

No.62　労働安全衛生規則第 333 条（漏電による感電の防止）では，次のように規定している．

　第 333 条　事業者は，電動機を有する機械又は器具（以下「電動機械器具」という.）で，対地電圧が 150 V をこえる移動式若しくは可搬式のもの又は水等導電性の高い液体によって湿潤している場所その他鉄板上，鉄骨上，定盤上等導電性の高い場所において使用する移動式若しくは可搬式のものについては，漏電による感電の危険を防止するため，当該電動機械器具が接続される電路に，当該電路の定格に適合し，感度が良好であり，かつ，確実に作動する感電防止用漏電しゃ断装置を接続しなければならない．

　したがって，3 が正しいものである．　　　　　　　　　　　　　　　答　**3**

No.63　労働基準法第 62 条（危険有害業務の就労制限）において，満 18 歳に満たないものを厚生労働省令で定める業務に就かせてはならないと規定されている．具体的には，年少者労働基準規則第 8 条（年少者の就業制限の業務の範囲）で，その業務を次のように規定している．

　第 8 条　法第 62 条第 1 項の厚生労働省令で定める危険な業務及び同条第 2 項の規定により満 18 歳に満たない者を就かせてはならない業務は，次の各号に掲げるものとする．ただし，第四十一号に掲げる業務は，保険師助産師看護師法により免許を受けた者及び同法による保健師，助産師，看護師又は准看護師の養成中の者については，この限りでない．

　二十五　足場の組立，解体又は変更の業務（地上又は床上における補助作業の業務を除く.）

　したがって，3 の「地上又は床上における足場の組立又は解体の補助作業の業務」が，満 18 歳に満たない者に就かせてはならない業務として定められていないものである．　　　　　　　　　　　　　　　　　　　　　　　　　　　答　**3**

No.64　道路法第 32 条（道路の占用の許可）第 2 項では，次のように規定している．

　第 32 条　道路に次の各号のいずれかに掲げる工作物，物件又は施設を設け，継続して道路を使用しようとする場合においては，道路管理者の許可を受けなければならない．

2　前項の許可を受けようとする者は，次の各号に掲げる事項を記載した申請書を道路管理者に提出しなければならない．

一　道路の占用（道路に前項各号の一に掲げる工作物，物件又は施設を設け，継続して道路を使用することをいう．以下同じ．）の目的

二　道路の占用の期間

三　道路の占用の場所

四　工作物，物件又は施設の構造

五　工事実施の方法

六　工事の時期

七　道路の復旧方法

したがって，4の「工作物，物件又は施設の維持管理方法」が，道路の占用許可申請書に記載する事項として定められていないものである．　　　　　**答　4**

2018年度（平成30年度）
学科試験(後期)・解答

出題数：64　必要解答数：40

※【No.1】～【No.12】までの12問題のうちから，8問題を選択・解答

No.1 ある金属体の温度が T [℃] となったときの抵抗値を R_T [Ω]，20℃のときの抵抗値を R_{20} [Ω]，20℃のときの抵抗温度係数を α_{20} [℃$^{-1}$] とすると，次式が成立する．

$$R_T = R_{20}\{1 + \alpha_{20}(T - 20)\}$$

よって，上式に与えられた数値を代入して計算すると，

$$11 = 10\{1 + 0.004(T - 20)\}$$
$$1 = 0.04(T - 20)$$
$$25 = T - 20$$
$$\therefore \quad T = 45\,℃$$

したがって，3が適当なものである．　　　　　　　　　　　　　　　　**答　3**

No.2 図2-1は，鉄を磁化するときの磁界の強さ H [A/m] と磁束密度 B [T] との関係を示したもので，磁化 (B-H) 曲線またはヒステリシスループといい，B_r を残留磁気，H_c を保磁力という．

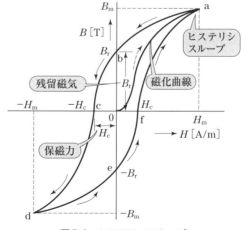

図2-1　ヒステリシスループ

したがって，1が不適当なものである. 　　　　　　　　　　**答　1**

この B_r が大きく H_c の小さい強磁性体は永久磁石に適しているといえる.

No.3　並列回路部の合成抵抗 R' を求める.

$$R' = \cfrac{1}{\cfrac{1}{6} + \cfrac{1}{6} + \cfrac{1}{6}} = \cfrac{1}{\cfrac{3}{6}} = 2\,\Omega$$

したがって，A–B 間の合成抵抗 R_{AB} は，

$$R_{AB} = 6 + 2 = 8\,\Omega$$

したがって，2が正しいものである. 　　　　　　　　　　**答　2**

No.4　定格電圧 V_v，内部抵抗 r_v の電圧計の測定範囲を m 倍に拡大するために直列に接続する抵抗を倍率器といい，倍率抵抗 R_m は抵抗の直列接続での分圧の理論を応用して，次のように求めることができる.

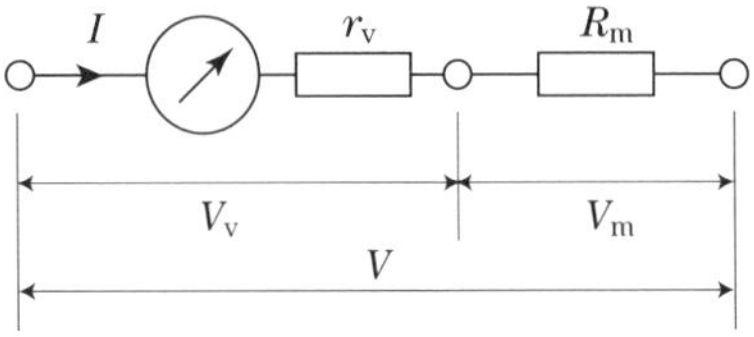

$$I = \frac{V}{r_v + R_m} = \frac{V_v}{r_v}$$

$$m = \frac{V}{V_v} = \frac{r_v + R_m}{r_v}$$

$$\therefore\ R_m = mr_v - r_v = r_v(m-1)$$

r_v：計器の巻線抵抗（内部抵抗）
R_m：倍率器の抵抗
V_v：計器の定格電圧

図 4-1

したがって，最大電圧200 V まで測定するとあるので，その倍率 m は 200/20 ＝10倍である. 上式に与えられた数値を代入して，

$$R_m = r_v(m-1) = 20 \times (10-1) = 180\,\text{k}\Omega$$

したがって，2が正しいものである. 　　　　　　　　　　**答　2**

No.5　直流直巻発電機の等価回路は図 5-1 のようになり，電機子巻線，界磁巻線は直列となっていることから，電機子電流，界磁電流，負荷電流の各電流は等しい値である.

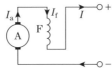

直流直巻発電機の各電流は次の関係となる.

$$I_a = I_f = I$$

A：電機子　　　　F：界磁巻線
I：負荷電流　　I_a：電機子電流　　I_f：界磁電流

図 5-1　直巻直流発電機の等価回路

したがって，3の「直巻発電機の界磁電流は，電機子電流より小さい」が不適当なものである．**答 3**

No.6 変圧器の並行運転の条件を満たしているので，両変圧器の％インピーダンスは等しい．よって，100 MV·A の変圧器の容量を P_{100}，300 MV·A の変圧器の容量を P_{300}，負荷を P_C，100 MV·A の変圧器の負荷分担 P_{C100}，300 MV·A の変圧器の負荷分担 P_{C300} とすると，次式のように分担負荷を計算できる．

$$P_{C100} = \frac{P_{100}}{P_{100} + P_{300}} \times P_C = \frac{100}{100 + 300} \times 200 = 50 \text{ MV·A}$$

$$P_{C300} = \frac{P_{300}}{P_{100} + P_{300}} \times P_C = \frac{300}{100 + 300} \times 200 = 150 \text{ MV·A}$$

したがって，2が適当なものである．**答 2**

No.7 真空遮断器は，真空の絶縁性とアーク生成物の真空中への拡散による消弧作用を利用するもので，真空度は封じ切り時に $1 \sim 10$ μPa 以下に製作される．

アーク電圧が低く，電極消耗が少ない，小型・軽量・長寿命・低騒音で爆発・火災の心配もなくメンテナンスフリーというメリットもあり広く使用されている．

短絡電流の規定の遮断回数は，10 000回程度である．

したがって，3の「短絡電流を遮断した後は再使用できない」が最も不適当なものである．**答 3**

No.8 「水圧の外力を主に両岸の岩盤で支える構造で，川幅が狭く両岸が高く，かつ両岸，底面ともに堅固な場所に造られる．」に該当するものはアーチダムである．

したがって，2の「アーチダム」が適当なものである．**答 2**

アーチダムは，ダム上流側に湾曲した形状を持ち，ダムに作用する力は大部分両岸の岩盤によって支えられる．重力ダムに比較してダム体積は小さいが，設計と施工は複雑であり，取水口などのダム付属設備の設置にも配慮が必要である．

No.9 送配電設備では，電力用コンデンサや分路リアクトル，SVC などによって無効電力を制御することによって電圧変動の抑制と力率改善を実施している．その効果としては，送電線損失を軽減し，これにより送電容量の確保や送電電力の増加と配電容量に余裕が生まれる．力率改善は，短絡電流の軽減と直接的な関係はない．

したがって，3の「短絡電流を軽減できる」が，力率改善の効果として不適当なものである．**答 3**

短絡容量を軽減するには，設備の高インピーダンス化などが必要となり，逆に電圧変動が大きくなることがある．

No.10 ループ（環状）式は，配電線をループ状にする方式で，比較的需要密度の

高い地域の高圧配電線に多く用いられている．ループ式には 1 回線ループ，2 回線ループ，多重ループがある．この方式はループ点を通じてほかの配電線からも送電できるので，樹枝式に比較し，以下の特徴が上げられる．

① 信頼度が高い．
② 電力損失，電圧降下が小さい．
③ 建設費がやや高い．
④ 保護方式がやや複雑である．

したがって，2 の「需要密度の低い地域に適している」が，ループ方式に関する記述として最も不適当なものである． 　　　　　　　　　　　　　　　　答　2

No.11　全般照明における部屋の平均照度 E [lx] は，図 11-1 において，作業面に入射する光束 [lm] を面積 A [m²] で除して求める．

$$平均照度\ E = \frac{F \cdot N \cdot U \cdot M}{A}\ [\mathrm{lx}]$$

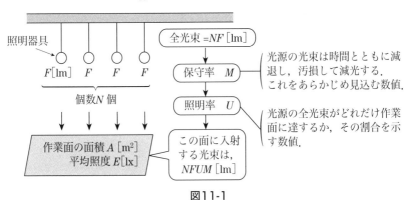

図11-1

したがって，1 が正しいものである． 　　　　　　　　　　　　　　　　答　1

No.12　回転磁界の回転速度を N_0，電動機回転子の回転速度を N とすれば，誘導電動機の滑り s は次式で表される．

$$s = \frac{N_0 - N}{N_0}$$

上式を N を求める式に変形すると，

$$N = N_0(1 - s)$$

したがって，滑りが増加すると回転速度は遅くなるので，2 の「滑りが増加するほど，回転速度は速くなる」が最も不適当なものである． 　　　　　　　　答　2

※【No.13】～【No.32】までの20問題のうちから，11問題を選択・解答

No.13 全水頭を速度水頭に変えた流水をランナに作用させる構造の水車は<u>衝動水車</u>といい，ノズルから噴出する水流ジェットをランナバケットに作用させる<u>ペルトン水車</u>がある．

したがって，2が適当なものである． **答 2**

圧力水頭と速度水頭を持つ流水をランナに作用させる構造の水車を反動水車といい，ランナの半径方向より流入した流水が，ランナ内において軸方向に向きを変えて流出するフランシス水車，流水がランナベーンを軸に斜め方向に通過する斜流水車，流水がランナベーンを軸方向に通過する軸流水車がある．

No.14 電力用コンデンサは，系統に遅相無効電力を供給（進相無効電力を消費）して系統の<u>無効電力を調整</u>するために施設する設備である．無効電力調整により，系統の電圧安定を図るものである．

したがって，1の「電力用コンデンサは，系統の有効電力を調整するために用いられる」が最も不適当なものである． **答 1**

No.15 変流器（CT）は，電力系統の大きな電流を計測するため，電流を変成して，これに比例する電流を取り出すもので，「巻線形」，「ブッシング形」，「貫通形」がある．一次の巻数は数回程度で，電流を計ろうとする回路に直列につながれ，二次側には電流計（1Aまたは5A）が接続される．電流計の読みに変流器の変流比を乗じれば電流値が求められる．

変流器の二次側回路を使用中に開放すると高電圧が発生し，二次巻線が絶縁破壊し焼損事故になる恐れがあるので，使用中は絶対に開放してはならない．

したがって，3の「変流器の二次側を開放する」が不適当なものである． **答 3**

No.16 支持点A，Bが同一水平線上にある電線は，その中央でたるみが生じて図16-1のような曲線を描き，そのたるみD〔m〕の大きさは次式で表される．

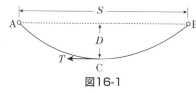

図16-1

$$D = \frac{WS^2}{8T} \text{〔m〕}$$

ただし，W：電線単位長当たりの合成荷重〔N/m〕（風圧および氷雪加重を含めたもの）

S：径間〔m〕

T：最低点Cにおける電線の水平張力〔N〕

したがって，3が正しいものである． **答 3**

No.17 わが国のほとんどの架空送電線路は，三相 3 線式の線間および大地との距離が等しく配置されていないことから，各線のインダクタンス，静電容量が不平衡になる．このため，受電

図17-1

端電圧が不平衡になったり，通信線への誘導障害を与えたりするので，これを平衡するためにねん架（図 17-1 参照）が必要となる．

したがって，4「各相の作用インダクタンス，作用静電容量を平衡させる」が，ねん架の目的として適当なものである． **答 4**

No.18 わが国の電気方式は，表 18-1 に示すような方式が採用されている．各方式の電圧降下式は表に示すとおりである．

表18-1　各種電気方式の比較

電気方式	単相2線式	単相3線式	三相3線式	三相4線式
回路図	R I_1 V $P\cos\theta$ R I_1	R I_2 V $0\,\mathrm{A}$ R $P\cos\theta$ V R I_2	R I_3 V $P\cos\theta$ R I_3 V R I_3	R I_4 V R $0\,\mathrm{A}$ $P\cos\theta$ V R I_4 V R I_4
線路電流	$I_1 = \dfrac{P}{V\cos\theta}$	$I_2 = \dfrac{P}{2V\cos\theta}$	$I_3 = \dfrac{P}{\sqrt{3}V\cos\theta}$	$I_4 = \dfrac{P}{3V\cos\theta}$
	1	$\dfrac{I_2}{I_1} = \dfrac{1}{2}$	$\dfrac{I_3}{I_1} = \dfrac{1}{\sqrt{3}}$	$\dfrac{I_4}{I_1} = \dfrac{1}{3}$
電圧降下	$e_1 = 2I_1(R\cos\theta + X\sin\theta)$	$e_2 = I_2(R\cos\theta + X\sin\theta)$	$e_3 = \sqrt{3}I_3(R\cos\theta + X\sin\theta)$	$e_4 = I_4(R\cos\theta + X\sin\theta)$
	1	$\dfrac{e_2}{e_1} = \dfrac{1}{2}\cdot\dfrac{I_2}{I_1} = \dfrac{1}{4}$	$\dfrac{e_3}{e_1} = \dfrac{\sqrt{3}}{2}\cdot\dfrac{I_3}{I_1} = \dfrac{1}{2}$	$\dfrac{e_4}{e_1} = \dfrac{1}{2}\cdot\dfrac{I_4}{I_1} = \dfrac{1}{6}$
電力損失	$p_1 = 2I_1^{\,2}R$	$p_2 = 2I_2^{\,2}R$	$p_3 = 3I_3^{\,2}R$	$p_4 = 3I_4^{\,2}R$
	1	$\dfrac{p_2}{p_1} = \left(\dfrac{I_2}{I_1}\right)^2 = \dfrac{1}{4}$	$\dfrac{p_3}{p_1} = \dfrac{3}{2}\left(\dfrac{I_3}{I_1}\right)^2 = \dfrac{1}{2}$	$\dfrac{p_4}{p_1} = \dfrac{3}{2}\left(\dfrac{I_4}{I_1}\right)^2 = \dfrac{1}{6}$

「厳選！電験3種テキスト」（電気書院刊）より

したがって，1 が正しいものである． **答 1**

No.19 地中電線路における電力ケーブルの絶縁劣化の状態を測定する方法として，一般的に①誘電正接測定，②絶縁抵抗測定，③直流漏れ電流測定，④部分放電

測定などが行われる．接地抵抗測定は，絶縁劣化測定には関係ない．

　したがって，2の「接地抵抗測定」が，電力ケーブルの絶縁劣化の状態を測定する方法として不適当なものである．　　　　　　　　　　　　　　　　　答　2

No.20　高調波発生源と影響機器は，次のとおりである．

(1)　発生源

①　変圧器，回転機などの磁気飽和によるもの．

②　<u>アーク炉</u>，<u>整流器</u>，<u>サイリスタ使用装置</u>からの発生．

(2)　影響機器

①　コンデンサ，リアクトルの振動やうなりの発生，過熱・焼損．

②　ラジオ，テレビの雑音，映像のちらつき．トランジスタ等の故障・寿命の低下など．

③　電力ヒューズのエレメントの過熱・溶断，積算電力計の誤動作．

　コンデンサは，発生する側ではなく影響を受ける側である．したがって，2の「電力用コンデンサ」が高調波が発生しないものである．　　　　　　　　　　　　答　2

No.21　日本産業規格（JIS Z 9110）では，事務所の部屋に対する基準面における維持照度の推奨値を表21-1のように定めている．

表21-1　事務所の照度要件（抜粋）

領域，作業または活動の種類		基準面照度〔lx〕
執務空間	設計室，製図室，事務室，役員室	750
	診察室，印刷室，電子計算機室，調理室，集中監視室，制御室	500
共用空間	喫茶室，オフィスラウンジ，湯沸室，書庫，更衣室，便所，洗面所，電気室，機械室，電気・機械室などの配電盤および計器盤	200

　したがって，2の「事務室」が推奨照度が最も高いものである．　　　　　答　2

No.22　内線規程3302-1（手元開閉器）の注では，次のように規定している．

〔注3〕<u>カバー付ナイフスイッチ</u>は，電灯，加熱装置用として設計されたものであるから<u>電動機の手元開閉器として使用するのは適当ではない</u>が，対地電圧が150 V以下の電路から使用する400 W以下の電動機を次により施設する場合は，使用しても差しつかえない．

　つまり，三相200 Vの電動機の電路は，対地電圧が150 V以上であるので，カバー付ナイフスイッチを手元開閉器として使用するのは適当でない．

　したがって，4の「カバー付ナイフスイッチ」が不適当なものである．　　答　4

No.23　内線規程3150-4（ライティングダクトの施設方法）④号では，次のように規定している．

④ ライティングダクトを造営材に取り付ける場合は，次により堅固に取り付けること.

　　a. 支持箇所は，1本ごとに2箇所以上とすること.

　　b. 支持点間の距離は，2 m 以下とすること.

したがって，4が最も不適当なものである. 　　　　　　　　　　　**答 4**

No.24 高圧限流ヒューズは，主として回路および機器の短絡保護用に使用され，正常にその責務を果たすためには，性能の優れた製品を使用することである. 適用にあたっては，ヒューズの定格，特性についてよく検討し，最適なものを選定し，適正な据付け，取扱いと保守をしなければならない.

（長所）

① 価格が安い.

② 小型・軽量で，設置が容易である.

③ 小型で定格遮断電流の大きなものができる.

④ 保守が簡単である.

⑤ 高速度遮断が可能である.

⑥ 動作音や放出ガスなどは，実用上無視できる程度である.

（短所）

① 再投入が不可能となる.

② 瞬時に消滅する過渡電流でも溶断する.

③ 動作特性が調整できない.

④ 小電流範囲の遮断ができないものがある.

⑤ 小電溶断電流の溶断時間にばらつきが大きい.

高圧限流ヒューズには，一定値以下の小電流範囲において，溶断しても遮断できないものがあるので，製造業者の保証値として最小溶断電流を明示することが規定されている.

したがって，3の「動作特性を自由に調整できる」が，高圧限流ヒューズの特徴として不適当なものである. 　　　　　　　　　　　**答 3**

No.25 JIS C 4902-3（高圧及び特別高圧進相コンデンサ並びに附属機器−第3部：放電コイル）では，「1　適用範囲」において，次のように規定している.

この規格は，（中略）コンデンサを回路から切り離したときの残留電荷を短時間に放電させる目的に用いる放電コイルについて規定する.

直列リアクトルは，コンデンサに直列に挿入して回路電圧波形のひずみを軽減させ，かつ，コンデンサ投入時の突入電流を抑制するものである.

したがって，「残留電荷を放電するため，直列リアクトルを取り付ける」とした，

2が最も不適当なものである. **答 2**

No.26 開閉サージは, 遮断器や断路器の開閉時に発生するサージであり, JIS A 4201（建築物等の雷保護）における用語の規定はない.

したがって, 4の「開閉サージ」が関係のないものである. **答 4**

No.27 電気設備技術基準の解釈第120条（地中電線路の施設）第1項では, 次のように規定している.

第120条　地中電線路は, <u>電線にケーブルを使用し</u>, かつ, 管路式, 暗きょ式又は直接埋設式により施設すること.

この規定により, ケーブル以外の電線を使用することはできない.

したがって, 4の「管路式で施設する場合, 電線に耐熱ビニル電線（HIV）を使用した」が不適当なものである. **答 4**

No.28 消防法施行規則第24条（自動火災報知設備に関する基準の細目）では, 次のように規定している.

第24条　自動火災報知設備の設置及び維持に関する技術上の基準の細目は, 次のとおりとする.

八の二　発信機は, P型二級受信機で接続することができる回線が一のもの, P型三級受信機, GP型二級受信機で接続することができる回線が一のもの若しくはGP型三級受信機に設ける場合又は非常警報設備を第25条の2第2項に定めるところにより設置した場合を除き, 次に定めるところによること.

イ　各階ごとに, その階の各部分から一の発信機までの歩行距離が<u>50 m以下</u>となるように設けること.

ロ　床面からの高さが0.8 m以上1.5 m以下の箇所に設けること.

ハ　発信機の直近の箇所に表示灯を設けること.

ニ　表示灯は, 赤色の灯火で, 取付け面と15度以上の角度となる方向に沿って10メートル離れたところから点灯していることが容易に識別できるものであること.

また, 火災報知設備の感知器及び発振器に係る技術上の規格を定める省令第32条（P型発信機の構造及び機能）では, 次のように規定している.

第32条　P型発信機の構造及び機能は, P型一級発信機にあっては次の各号に, P型二級発信機にあっては次の第一号から第五号まで及び第八号に定めるところによらなければならない.

七　火災信号の伝達に支障なく, 受信機との間で, 相互に電話連絡をすることができる装置を有すること.

したがって, 「歩行距離が25 m以下となるように設けること」とした2が定め

られていないものである.　　　　　　　　　　　　　　　　　**答　2**

No.29　避難口誘導灯は避難口に，通路誘導灯は廊下，階段，通路その他避難上の設備がある場所に設ける.つまり，屋内の直通階段の踊場に設けるものは，通路口誘導灯とする.

　したがって，3の「屋内の直通階段の踊場に設けるものは，避難口誘導灯とすること」が誤っているものである.　　　　　　　　　　　　　　**答　3**

　消防法施行規則第28条の3（誘導灯及び誘導標識に関する基準の細目）第3項では次のように規定している.

　3　避難口誘導灯及び通路誘導灯は，各階ごとに，次の各号に定めるところにより，設置しなければならない.

　一　避難口誘導灯は，次のイからニまでに掲げる避難口の上部又はその直近の避難上有効な箇所に設けること.

　　イ　屋内から直接地上へ通ずる出入口(附室が設けられている場合にあっては，当該附室の出入口)

　　ロ　直通階段の出入口（附室が設けられている場合にあっては，当該附室の出入口）

　　ハ　イ又はロに掲げる避難口に通ずる廊下又は通路に通ずる出入口（室内の各部分から容易に避難することができるものとして消防庁長官が定める居室の出入口を除く.）

　　ニ　イ又はロに掲げる避難口に通ずる廊下又は通路に設ける防火戸で直接手で開くことができるもの（くぐり戸付きの防火シャッターを含む.）がある場所（自動火災報知設備の感知器の作動と連動して閉鎖する防火戸に誘導標識が設けられ，かつ，当該誘導標識を識別することができる照度が確保されるように非常用の照明装置が設けられている場合を除く.）

　二　通路誘導灯は，廊下又は通路のうち次のイからハまでに掲げる箇所に設けること.

　　イ　曲り角

　　ロ　前号イ及びロに掲げる避難口に設置される避難口誘導灯の有効範囲内の箇所

　　ハ　イ及びロのほか，廊下又は通路の各部分（避難口誘導灯の有効範囲内の部分を除く.）を通路誘導灯の有効範囲内に包含するために必要な箇所

No.30　「混合された異なる周波数帯域の信号を選別して取り出すための機器」として適当なものは，分波器である.

　したがって，4の「分波器」が適当なものである.　　　　　　　　**答　4**

分配器は，信号を均等に分けるために使用されるもので，分配損失は二分配器で4 dB以下，四分配器で8 dB以下である．

分岐器は，幹線からの信号の一部を取り出す方向性結合器で，分岐損失は幹線の信号より10〜20 dBほど小さくなる．方向性結合器であるので，入力端子と出力端子を誤接続すると分岐側出力が低下する．

混合器は，VHF，UHF，BSのアンテナからの信号を干渉することなく，一つの出力端子をまとめる機能を持った機器．

分波器は，混合された異なる周波数帯域別の信号を選別して取り出すために使用される機器である．

No.31 鉄道の技術上の基準に関する省令の解釈基準Ⅵ-1　第41条（電車線路の施設等）関係第22項では，次のように規定している．

22　架空単線式の電車線の偏いは，集電装置にパンタグラフを使用する区間においては，レール面に垂直の軌道中心面から250 mm以内（新幹線にあっては300 mm以内）とすること．（以下略）

したがって，2の「新幹線鉄道の最大偏い量は，普通鉄道よりも小さくする」が不適当なものである．　　　　　　　　　　　　　　　　　　　　　**答　2**

No.32 千鳥配列は，幅員の狭い道路に適する配列であるが，路面にできる明暗の縞が自動車の進行とともに左右に交互に移動する不快さがあり，曲率半径の小さい曲線部での光学的誘導効果が不完全になる欠点がある．

道路の曲線部の道路照明には，片側配列が適しており，特に曲線の外側に照明器具を片側配列にすると優れた光学的誘導性が得られる．

したがって，1の「灯具の千鳥配列は，道路の曲線部における適切な誘導効果を確保するのに適している」が最も不適当なものである．　　　　　　　　**答　1**

※【No.33】〜【No.38】までの6問題のうちから，3問題を選択・解答

No.33 ポンプ直送方式は，水道本管からいったん受水槽に貯水し，その水を給水ポンプにより建物内の必要な箇所へ直送する方式である．

水道本管の圧力変化があっても給水圧力には直接影響を及ぼさない．

したがって，1の「水道本管の圧力変化に応じて給水圧力が変化する」が，ポンプ直送方式に関する記述として不適当なものである．　　　　　　　　**答　1**

No.34 盛土工事における締固めの目的は，盛土の崩壊や沈下を防することである．このため，盛土に用いる材料には，透水性が低く吸水による膨張が極力小さいこと，せん断強度が大きいこと，圧縮性が小さいことなどが要求される．

さらに，締固めの施工を容易とする適切な締固め機械を選定して，締固め度を大

きくすることが大切である.

したがって, 1 の「透水性を高くする」が, 締固めの目的として不適当なもので
ある.

答　1

No.35　水準測量は, 図 35-1 に示すように, レベルと標尺により高低差を求める
測量方法である.

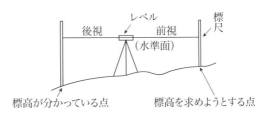

図35-1

水準測量においては, 誤差消去が大切であり, 誤差の消去は, 次のようにして行う.

①　レベルは一直線上に置き, 視準距離を等しくして, 球差・視準軸誤差を消去
する.

②　標尺は鉛直にして測定し, 標尺誤差を消去する. <u>標尺が傾斜していると, 常
に読みは正しい値より大きくなる</u>.

③　誤差は測定長さに比例配分して消去する.

④　目盛誤差は, 高低差に比例配分して消去する.

⑤　レベルの鉛直軸の傾きの誤差は, 定めた 2 本の脚と視準軸を常に平行して測
定することによって消去する.

したがって, 2 の「標尺が鉛直に立てられない場合は, 標尺の読みは正しい値よ
り小さくなる」が不適当なものである.

答　2

No.36　地中送電線路における管路の埋設工法には, 小口径管推進工法, 刃口推進
工法, セミシールド工法などがある.

アースドリル工法は, 場所打ち杭工法の一種である.

したがって, 3 の「アースドリル工法」が, 地中電線路の管路埋設工法として不
適当なものである.

答　3

No.37　鉄道線路における平たん区間のレールの摩耗は, 勾配区間より一般に遅い.

勾配区間は, レールと車輪との摩擦係数が登り勾配, 下り勾配ともに重力加速度
的に大きくなることから, レールの摩耗は勾配区間の方が一般に平たん区間より進
むことになる.

したがって, 4 の「一般に平たん区間のレール摩耗は, 勾配区間よりすすむ」が
最も不適当なものである.

答　4

No.38 コンクリートの水セメント比は，練りたてのコンクリートやモルタルにおいて，骨材が表面乾燥飽水状態であるときのセメントペースト中の水とセメントとの質量比を百分率で表したもので，コンクリートの強度，水密性，耐久性，ワーカビリティに大きな影響を与える．

コンクリートの品質管理の一つに，洗い分析試験で水セメント比を求め，コンクリートの強度の管理をする方法がある．水セメント比の配合を小さくすることで，強度，耐久性が大きくなり，水密性も良くなる．

したがって，4の「コンクリートの耐久性は，水セメント比が大きいほど向上する」が最も不適当なものである．　　　　　　　　　　　　　　　　答　4

※【No.39】の問題は，必ず解答

No.39 JEM 1115 による配電盤・制御盤・制御装置の文字記号では，PGS は柱上ガス開閉器の記号であり，柱上真空開閉器の記号は PVS である．

したがって，2が誤っているものである．　　　　　　　　　　　　答　2

※【No.40】～【No.52】までの13問題のうちから，9問題を選択・解答

No.40 変電機器の据付けは，架線工事などの上部作業が終了した後に行うのが好ましい．特に，変圧器や遮断器などの現場組立ての機器は，がいしなどの損傷がないようにすることが必要で，上部の架線工事作業後が望ましく，さらに，防じん面で特に配慮する必要があり，気象情報に留意し組立現場周辺の車両の通行や土木工事などを中止して万全を図ることが良い．

また，変圧器など内部に人が入って作業する場合は，防湿，防じん，酸欠防止のため乾燥空気の送込み，着衣からのじんあい・工具の脱落防止のため専用作業服の着用などの配慮が必要である．

したがって，3の「変電機器の据付けは，架線工事などの上部作業の開始前に行った」が最も不適当なものである．　　　　　　　　　　　　　答　3

No.41 高圧架空電線の引留支持には，普通，高圧耐張がいしを使用する．玉がいしは，電柱などの支持物の支線に使用されるがいしである．

したがって，4の「高圧電線の引留支持用には，玉がいしを使用した」が最も不適当なものである．　　　　　　　　　　　　　　　　答　4

No.42 電気設備の技術基準の解釈第165条（特殊な低圧屋内配線工事）第3項では，次のように規定している．

3　ライティングダクト工事による低圧屋内配線は，次の各号によること．

五　ダクトの終端部は，閉そくすること．

六　ダクトの開口部は，下に向けて施設すること．ただし，次のいずれかに該当する場合は，横に向けて施設することができる．

　　イ　簡易接触防護措置を施し，かつ，ダクトの内部にじんあいが侵入し難いように施設する場合

　　ロ　日本産業規格 JIS C 8366（2012）「ライティングダクト」の「5　性能」，「6　構造」及び「8　材料」の固定Ⅱ形に適合するライティングダクトを使用する場合

七　ダクトは，<u>造営材を貫通しないこと</u>．

八　ダクトには，D 種接地工事を施すこと．ただし，次のいずれかに該当する場合は，この限りでない．

　　イ　合成樹脂その他の絶縁物で金属製部分を被覆したダクトを使用する場合

　　ロ　対地電圧が150 V 以下で，かつ，ダクトの長さ（2本以上のダクトを接続して使用する場合は，その全長をいう．）が4 m 以下の場合

したがって，2の「ライティングダクトを壁などの造営材を貫通して設置した」が誤っているものである．　　　　　　　　　　　　　　　　　　答　**2**

No.43　パンタグラフの離線減少対策は，以下のとおりである．

①　トロリ線の温度変化による張力変動を自動的に調整するために，張力自動調整装置（テンションバランサ）を設ける．

②　トロリ線の勾配と勾配変化を少なくして，できるだけレール面上均一な高さに保持する．

③　トロリ線の押し上がりが，支持点と径間中央すべての部分でできるだけ均一となるようにする．

④　トロリ線の接続箇所を少なくし，取り付ける金具を軽量化するなどにより，<u>局部的な硬点を少なくする</u>．

⑤　トロリ線，ちょう架線の張力を適正に保持する．

したがって，1の「トロリ線の硬点を多くする」が，パンタグラフの離線防止対策に関する記述として不適当なものである．　　　　　　　　　　答　**1**

No.44　有線電気通信設備令第 17 条（屋内電線）では，次のように規定している．

　第17条　屋内電線（光ファイバを除く．以下この条において同じ．）と大地との間及び屋内電線相互間の絶縁抵抗は，直流100 V の電圧で測定した値で<u>1 MΩ以上</u>でなければならない．

したがって，「0.4 MΩであったので良好とした」とした4が誤っているものである．　　　　　　　　　　　　　　　　　　　　　　　　　　　答　**4**

No.45　公共工事標準請負契約約款第 1 条（総則）では，次のように規定している．

第1条　発注者及び受注者は，この約款（契約書を含む．）に基づき，設計図書（別冊の<u>図面</u>，<u>仕様書</u>，<u>現場説明書及び現場説明に対する質問回答書をいう．</u>）に従い，日本国の法令を遵守し，この契約（この約款及び設計図書を内容とする工事の請負契約をいう．）を履行しなければならない．

したがって，4の「請負代金内訳書」が設計図書として含まれないものである．

答　4

No.46　総合工程表は，着工から竣工引渡しまでの全容を表し，仮設工事，付帯工事などをすべて含めた工事全体の作業の進捗を大局的に把握するために作成される．

したがって，3の「総合工程表は，週間工程表を基に施工すべき作業内容を具体的に示して作成する」が最も不適当なものである．

答　3

No.47　作業改善による工期短縮の効果を精度高く予測するには，進捗度管理（工程管理曲線の採用）およびデミングサイクルを常に回すことが有効である．ネットワーク工程表の活用も有効な手段である．

ツールボックスミーティングは，その日の作業内容の確認など，作業着手前に作業者皆で短時間に実施するミーティングをいい，工期短縮の効果とは直接的な関係はない．

したがって，4の「作業改善による工期短縮の効果を予測するには，ツールボックスミーティングが有効である」が最も不適当なものである．

答　4

No.48　問題に示された工程表は，タクト工程表である．

したがって，1の「タクト工程表」が適当なものである．

答　1

タクト工程表は，問題図に示すように，縦軸を階層，横軸を暦日とし，同種の作業を複数の工区や階で繰り返し実施する場合の工程管理に適しており，システム化されたフローチャートを階段状に積み上げた工程表である．

No.49　問題に示された図はパレート図である．

したがって，1の「パレート図」が適当なものである．

答　1

パレート図は，不良品，欠点，故障などの発生個数（または損失金額）を現象や原因別に分類し，大きい順に並べてその大きさを棒グラフとし，さらにこれらの大きさを順次累積した折れ線グラフで表した図をいう．パレート図により次のことが分かる．

① 大きな不良項目は何か．
② 不良項目の順位と全体に占める割合．
③ 目標不良率達成のために対象となる重点不良項目．
④ 対策前のパレート図と比較して効果を確認．

No.50 電位降下法（電圧降下式）による測定は，接地抵抗の測定法として最も広く用いられており，図50-1に示すように被測定接地極Eと補助接地極（P:電圧用，C：電流用）を配置する．接地極（E）を中心とし，両側に補助接地極を設ける配置とはしない．

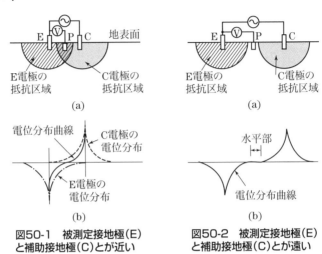

図50-1　被測定接地極(E)と補助接地極(C)とが近い

図50-2　被測定接地極(E)と補助接地極(C)とが遠い

したがって，1の「測定用補助接地棒（P, C）は，被測定接地極（E）を中心として両側に配置した」が最も不適当なものである． **答　1**

被測定接地極–電流用接地極間に電源を接続して大地に電流を流し測定するが，この電源には交流が用いられる．これは，直流を用いると電気化学作用が生じるからで，電力系統からの誘導信号を分離しやすいように，商用以外の周波数を用いる．交流の周波数としてあまり高いものを用いると，リード線のインダクタンスや容量が測定に影響を及ぼすため，一般的には1 kHz以下の周波数が採用される．

No.51 労働安全衛生規則第521条（要求性能墜落制止用器具等の取付設備等）第1項では，次のように規定している．

第521条　事業者は，高さが<u>2 m以上</u>の箇所で作業を行なう場合において，労働者に要求性能墜落制止用器具等を使用させるときは，要求性能墜落制止用器具等を安全に取り付けるための設備等を設けなければならない．

したがって，3が定められているものである． **答　3**

No.52 労働安全衛生規則第36条（特別教育を必要とする業務）では，次のように規定している．

第36条　法第59条第3項の厚生労働省令で定める危険又は有害な業務は，次のとおりとする．

三　アーク溶接機を用いて行う金属の溶接，溶断等の業務

五　最大荷重1t未満のフォークリフトの運転（道路交通法第2条第1項第一号
　　の道路上を走行させる運転を除く．）の業務

十八　建設用リフトの運転の業務

　つり上げ荷重1tの移動式クレーンの運転は，免許所持者でなければ就業することはできない．したがって，4が誤っているものである．　　　　　　　　答　**4**

※【No.53】～【No.64】までの12問題のうちから，8問題を選択・解答

No.53　建設業法第16条（下請契約の締結の制限）では，次のように規定している．

　第16条　特定建設業の許可を受けた者でなければ，その者が発注者から直接請け負った建設工事を施工するための次の各号の一に該当する下請契約を締結してはならない．

　一　その下請契約に係る下請代金の額が，1件で，第3条第1項第二号の政令で
　　定める金額以上である下請契約

　二　その下請契約を締結することにより，その下請契約及びすでに締結された当
　　該建設工事を施工するための他のすべての下請契約に係る下請代金の額の総額
　　が，第3条第1項第二号の政令で定める金額以上となる下請契約

　建設業法施行令第2条（法第3条第1項第二号の金額）では，次のように規定している．

　第2条　法第3条第1項第二号の政令で定める金額は，4000万円とする．ただし，同項の許可を受けようとする建設業が建築工事業である場合においては，6000万円とする．

　よって，一般建設業の許可を受けた電気工事業者では，発注者から直接請け負った1件の電気工事の下請代金の総額が4000万円以上となる工事を施工することはできない．

　したがって，「下請代金の総額が4000万円以上となる工事を施工することができる」とした，1が誤っているものである．　　　　　　　　答　**1**

No.54　建設業法第26条（主任技術者及び監理技術者の設置等）第3項では，次のように規定している．

　3　公共性のある施設若しくは工作物又は多数の者が利用する施設若しくは工作物に関する重要な建設工事で政令で定めるものについては，前二項の規定により置かなければならない主任技術者又は監理技術者は，工事現場ごとに，専任の者でなければならない．

　また，建設業法施行令第27条（専任の主任技術者又は監理技術者を必要とする

建設工事）第1項第一号では，次のように規定している．

　第27条　法第26条第3項の政令で定める重要な建設工事は，次の各号のいずれかに該当する建設工事で工事1件の請負代金の額が3500万円（当該建設工事が建築一式工事である場合にあっては，7000万円）以上のものとする．

　一　国又は地方公共団体が注文者である施設又は工作物に関する建設工事

　したがって，4が正しいものである．　　　　　　　　　　　　　　　答　4

No.55　電気事業法施行規則第56条（免状の種類による監督の範囲）では，次のように規定している．

　第56条　法第44条第5項の経済産業省令で定める事業用電気工作物の工事，維持及び運用の範囲は，次の表の左欄に掲げる主任技術者免状の種類に応じて，それぞれ同表の右欄に掲げるとおりとする．

表 56-1　電気事業法施行規則第 56 条の表（抜粋）

主任技術者免状の種類	保安の監督をすることができる範囲
第一種電気主任技術者免状	事業用電気工作物の工事，維持及び運用
第二種電気主任技術者免状	電圧 17 万 V 未満の事業用電気工作物の工事，維持及び運用
第三種電気主任技術者免状	電圧 5 万 V 未満の事業用電気工作物（出力 5000 kW 以上の発電所を除く．）の工事，維持及び運用

　したがって，3の「50000 V 未満」が，第三種電気主任技術者が保安の監督をできる電圧の範囲として定められているものである．　　　　　　　　答　3

No.56　電気用品安全法第2条（定義）第1項では，次のように規定している．

　第2条　この法律において「電気用品」とは，次に掲げる物をいう．

　一　一般用電気工作物（電気事業法第38条第1項に規定する一般用電気工作物をいう．）の部分となり，又はこれに接続して用いられる機械，器具又は材料であって，政令で定めるもの

　二　携帯発電機であって，政令で定めるもの

　三　蓄電池であって，政令で定めるもの

　したがって，4が定められているものである．　　　　　　　　　　　答　4

No.57　電気工事業の業務の適正化に関する法律施行規則第13条（帳簿）第1項では，次のように規定している．

　第13条　法第26条の規定により，電気工事業者は，その営業所ごとに帳簿を備え，電気工事ごとに次に掲げる事項を記載しなければならない．

　一　注文者の氏名または名称および住所

　二　電気工事の種類および施工場所

　三　施工年月日

四　主任電気工事士等および作業者の氏名

五　配線図

六　検査結果

したがって，1の「営業所の名称および所在の場所」が，帳簿に記載しなければならない事項として定められていないものである．　　　　　　　　**答　1**

No.58　電気工事士法第4条の2（特種電気工事資格者認定証及び認定電気工事従事者認定証）第1項では，次のように定めている．

第4条の2　特種電気工事資格者認定証及び認定電気工事従事者認定証は，経済産業大臣が交付する．

したがって，1の「特種電気工事資格者認定証は，都道府県知事が交付する」が誤っているものである．　　　　　　　　　　　　　　　　　　　　　**答　1**

No.59　建築基準法第2条「用語の定義」第二号では，次のように規定している．

二　**特殊建築物**　学校(専修学校及び各種学校を含む. 以下同様とする.)，体育館，病院，劇場，観覧場，集会場，展示場，百貨店，市場，ダンスホール，遊技場，公衆浴場，旅館，共同住宅，寄宿舎，下宿，工場，倉庫，自動車車庫，危険物の貯蔵場，と畜場，火葬場，汚物処理場その他これらに類する用途に供する建築物をいう．

したがって，3の「事務所」が特殊建築物として定められていないものである．　　　　　　　　　　　　　　　　　　　　　　　　　　　　　　　　　**答　3**

No.60　消防法施行規則第33条の3（免状の種類に応ずる工事又は整備の種類）第1項では，次のように規定している．

第33条の3　法第17条の6第2項の規定により，甲種消防設備士が行うことができる工事又は整備の種類のうち，消防用設備等又は特殊消防用設備等の工事又は整備の種類は，次の表の左欄に掲げる指定区分に応じ，同表の右欄に掲げる消防用設備等又は特殊消防用設備等の工事又は整備とする．

表60-1　消防法施行規則第33条の3の表

指定区分	消防用設備等又は特殊消防用設備等の種類
特　類	特殊消防用設備等
第一類	屋内消火栓設備，スプリンクラー設備，水噴霧消火設備又は屋外消火栓設備
第二類	泡消火設備
第三類	不活性ガス消火設備，ハロゲン化物消火設備又は粉末消火設備
第四類	自動火災報知設備，ガス漏れ火災警報設備又は消防機関へ通報する火災報知設備
第五類	金属製避難はしご，救助袋又は緩降機

したがって，1の「非常警報設備」が，消防設備士でなければ行ってはならない

工事として定められていないものである． **答 1**

No.61 労働安全衛生法第 15 条（統括安全衛生責任者）第 1 項において，「特定元方事業者は，関係請負人の労働者が同一の場所において作業することによって生ずる労働災害を防止するため，統括安全衛生責任者を選任し，その者に元方安全衛生管理者の指揮をさせるとともに，第 30 条第 1 項各号の事項を統括管理させなければならない．」と規定しており，同法第 15 条の 2（元方安全衛生管理者）第 1 項では，次のように規定している．

第 15 条の 2 　前条第 1 項又は第 3 項の規定により統括安全衛生責任者を選任した事業者で，建設業その他政令で定める業種に属する事業を行うものは，厚生労働省令で定める資格を有する者のうちから，厚生労働省令で定めるところにより，<u>元方安全衛生管理者を選任し</u>，その者に第 30 条第 1 項各号の事項のうち<u>技術的事項を管理させなければならない</u>．

したがって，4 の「元方安全衛生管理者」が，技術的事項を管理させる者として定められているものである． **答 4**

ちなみに，第 30 条第 1 項各号とは，次に示すものである．

一　協議組織の設置及び運営を行うこと．

二　作業間の連絡及び調整を行うこと．

三　作業場所を巡視すること．

四　関係請負人が行う労働者の安全又は衛生のための教育に対する指導及び援助を行うこと．

五　仕事を行う場所が仕事ごとに異なることを常態とする業種で，厚生労働省令で定めるものに属する事業を行う特定元方事業者にあっては，仕事の工程に関する計画及び作業場所における機械，設備等の配置に関する計画を作成するとともに，当該機械，設備等を使用する作業に関し関係請負人がこの法律又はこれに基づく命令の規定に基づき講ずべき措置についての指導を行うこと．

六　前各号に掲げるもののほか，当該労働災害を防止するため必要な事項

No.62 労働安全衛生規則第 96 条（事故報告）第 1 項第一号では，次のように規定している．

第 96 条　事業者は，次の場合は，<u>遅滞なく</u>，報告書を<u>所轄労働基準監督署長</u>に提出しなければならない．

一　事業場又はその附属建設物内で，次の事故が発生したとき

イ　火災又は爆発の事故（次号の事故を除く．）

ロ　<u>遠心機械，研削といし</u>その他高速回転体の破裂の事故

ハ　機械集材装置，巻上げ機又は索道の鎖又は索の切断の事故

ニ　建設物，附属建設物又は機械集材装置，煙突，高架そう等の倒壊の事故

したがって，2が正しいものである．　　　　　　　　　　　　　　　　**答　2**

No.63　労働基準法第109条（記録の保存）では，次のように規定している．

第109条　使用者は，労働者名簿，賃金台帳及び雇入，解雇，災害補償，賃金その他労働関係に関する重要な書類を<u>3年間保存</u>しなければならない．

したがって，「1年間保存しなければならない」とした，3が誤っているものである．　　　　　　　　　　　　　　　　　　　　　　　　　　　　　　**答　3**

No.64　廃棄物の処理及び清掃に関する法律施行令第2条（産業廃棄物）では，次のように規定している．

第1条　法第2条第4項第一号の政令で定める廃棄物は，次のとおりとする．

一　紙くず

二　<u>木くず</u>

七　ガラスくず，コンクリートくず（工作物の新築，改築又は除去に伴って生じたものを除く．）及び<u>陶磁器くず</u>

十二　大気汚染防止法第2条第2項に規定するばい煙発生施設，ダイオキシン類対策特別処置法第2条第2項に規定する特定施設（ダイオキシン類を発生し，及び大気中に排出するものに限る．）又は次に掲げる廃棄物の焼却施設において発生するばいじんであって，集じん施設によって集められたもの

イ　燃え殻

ロ　<u>汚泥</u>

建設発生土は，資源の有効な利用の促進に関する法律により，再生資源として利用しなければならない．

したがって，4の「建設発生土」が，産業廃棄物として定められていないものである．　　　　　　　　　　　　　　　　　　　　　　　　　　　　　　**答　4**

2018年度（平成30年度）
実地試験・解答
出題数：5　必要解答数：5

問題1（解答例）

1-1　経験した電気工事

(1)　工　事　名　　　　　○○製造工場新設に伴う供給工事

(2)　工事場所　　　　　　○○県○○市○○町〜△△市△△町

(3)　電気工事の概要　　　6.6kV CVT ケーブル $3 \times 150\text{mm}^2$ 550m 新設

　　　　　　　　　　　　供給用キャビネット1台新設

(4)　工　　　期　　　　　平成○○年○月〜平成△△年△月

(5)　上記工事でのあなたの立場　　元請業者側の主任技術者

(6)　あなたの具体的な業務内容

　　主任技術者として，施工計画書・現場施工図の作成および工程・施工・品質
管理など電気工事全体の施工管理を行った．

1-2　工程管理上留意した事項と理由・対策または処置

(1)　○○き線からのπ引き込みによる停電切替日の厳守

（理由）π引き込み供給のため，電力会社の停電日までに付帯工事を含めた施工
を確実に終了させておくことが必要であった．

（処置・対策）

①　施工図をもとに，施工が効率的に進むよう，ケーブル引き込み・ケーブルヘッ
ド組み立て・中間接続および各付帯設備工事の工程編成を検討・計画した．

②　ケーブルヘッドと中間接続工事の並行作業部分では，各作業の繋がりとケー
ブル引き入れ順序を十分検討したうえで工程計画を作成した．

(2)　ケーブル引き入れ・中間接続工事の工期厳守

（理由）ケーブル引き入れ工事区間にて，水道本管の漏れ補修が緊急で行われる
こととなったため．

（処置・対策）

①　ケーブル引き入れと中間接続の工程の入れ替えを全体的に行うとともに，地
元商店会を中心とした説明を再度実施し，了解を得て対応した．

②　工事中止日が発生したため，接続班を1班追加して中間接続を並行して進め

るとともに，センス確認は圧縮接続前に主任技術者の私と接続責任者と相互確認して間違いのないように実施した．

問題2

2－1

1．安全施工サイクル

① 安全施工管理のサイクルとは，Plan（計画）→ Do（実施）→ Check（チェック）→ Action（処理）の手順を確実に行い，施工の品質管理を行うものである．

② (i)施工計画が的確であるか，(ii)計画に基づく実施（現場施工）が確実に行われているか（設計図・仕様書・現場施工図等の整合確認），(iii)現場施工のチェックをして問題点があるか，(iv)問題点の応急処置が講じられているか確認チェックを行い，さらに，同じ間違いが再度発生しないように歯止め対策が講じられているか，次の工事にフィードバックしているか確認チェックを行う．

2．ツールボックスミーティング（TBM）

① 作業開始前に，道具箱（ツールボックス）の周りに責任者や職長を中心に集まった仕事仲間が，安全作業について話し合いをすることをいう．

② アメリカの風習を取り入れた現場安全教育の一方法であり，作業開始前5〜15分程度の短時間に行うもので，安全常会，職場安全会議，職場常会などということもある．

3．安全パトロール

① 事業場の全域あるいは単位作業上ごとに巡視し，危険な施設，設備・機械の物的条件，危険な作業方法・作業行動などを摘出・指摘し，これを是正することにより安全を達成しようとするものである．

② 幹部，労働組合，安全委員会，安全当番，同業種相互などが行う各種のものがあり，効果を上げるためには，標準的な安全設備，安全作業手順の設定および教育訓練が必要である．

4．墜落災害の防止対策

① 高さが2m以上の作業床は，作業床の端，開口部等には，囲い，手すり，覆い等を設ける．

② 作業床を設置できない場合，防網を張り，安全帯の使用を義務付ける．また，囲い等を設置できない場合や作業の必要上臨時に囲い等を取り外すときは，防網を張り，安全帯の使用を義務付ける．安全帯等および親綱等の設備の異常の有無については，随時点検する．

5．飛来落下災害の防止対策

① 上下作業を回避する施工計画，機械設備の配置計画を行う．

②　養生ネット，シート，朝顔等の防護設備を設け，危険区域の立入禁止および必要に応じて監視員を配置する．

6．感電災害の防止対策

①　配電盤などで開路に用いた開閉器には，作業中札の表示，配電盤等の鍵の施錠，監視人を置くなどの対策を講じ，作業時は，感電防止保護具（低圧・高圧ゴム手袋，絶縁長靴など）を着用する．

②　開路した電路が電力ケーブル，電力コンデンサ等を有する電路などでは，接地棒などを用いて残留電荷を確実に放電させる．

③　**2－2**

(1)　機器の名称：高圧交流遮断器

　　　機器の略称：CB

(2)　機能：通常の負荷電流をはじめ，過負荷・短絡電流の遮断も行うことができる機器である．過電流・短絡電流の遮断は，変流器（CT）と過電流継電器（OCR）との組み合わせで行う．

問題3

(1)　**所要工期　29日**

問題のネットワーク工程表から，以下に示すルートの工期がある．

　ⓐ　①→②→⑦→⑩→⑪‥‥‥‥‥‥‥‥‥‥‥‥‥22日
　ⓑ　①→②→⑦→⑨→⑩→⑪‥‥‥‥‥‥‥‥‥‥‥25日
　ⓒ　①→②→⑦→⑨→⑧→⑩→⑪‥‥‥‥‥‥‥‥23日
　ⓓ　①→②→⑤→⑨→⑩→⑪‥‥‥‥‥‥‥‥‥‥‥24日
　ⓔ　①→②→⑤→⑨→⑧→⑩→⑪‥‥‥‥‥‥‥‥22日
　ⓕ　①→②→⑤→⑥→⑧→⑩→⑪‥‥‥‥‥‥‥‥27日
　ⓖ　①→④→⑤→⑨→⑩→⑪‥‥‥‥‥‥‥‥‥‥‥25日
　ⓗ　①→④→⑤→⑨→⑧→⑩→⑪‥‥‥‥‥‥‥‥23日
　ⓘ　①→④→⑤→⑥→⑧→⑩→⑪‥‥‥‥‥‥‥‥28日
　ⓙ　①→③→⑥→⑧→⑩→⑪‥‥‥‥‥‥‥‥‥‥‥23日
　ⓚ　①→③→④→⑤→⑨→⑩→⑪‥‥‥‥‥‥‥‥26日
　ⓛ　①→③→④→⑤→⑨→⑧→⑩→⑪‥‥‥‥‥24日
　ⓜ　①→③→④→⑤→⑥→⑧→⑩→⑪‥‥‥‥‥**29日**

クリティカルパスは，ⓜの①→③→④→⑤→⑥→⑧→⑩→⑪である．

よって，この場合の所要工期は，29日となる．

(2)　**最早開始時刻　　21日目**

イベント⑨までの経路は下記の4経路がある．ＪとＫの所要日数が変更となるこ

とから，変更日数で計算すると，

①→②→⑦→⑨……………A＋E＋H＝3+7+5＝15日

①→②→⑤→⑨…………A＋D＋J＝3+6+10＝19日

①→④→⑤→⑨…………B＋F＋J＝4+6+10＝20日

①→③→④→⑤→⑨………C＋F＋J＝5+6+10＝21日

よって，イベント⑨の最早開始時刻は21日目となる．

問題4　以下の中から三つを選び，それぞれの項目から二つを解答すればよい．

1. 風力発電

①　風の力で風車を回し，その回転運動を発電機に伝えて発電するもので，出力は，風速の3乗にほぼ比例する．

②　風力エネルギーの約40％を電気エネルギーに変換でき，比較的効率がよい．

③　安定した風力（平均風速6 m/秒以上が採算）の得られる，北海道・青森・秋田などの海岸部や沖縄の島々などで，440基以上が稼働している．

④　風力発電を設置するには，その場所までの搬入道路があることや，近くに高圧送電線が通っているなどの条件を満たすことが必要である．

2. 単相変圧器の V 結線

①　三相電源に2個の単相変圧器を V 字状に結線して二次側に変成された電圧の三相電力を取り出すものである．すなわち△−△結線にした3個の単相変圧器のうちの1個を取り除いた結線方法である．

②　装置方法が簡単で，小容量のものなら価格も安価なので，三相動力用負荷にも広く用いられている．

③　将来負荷が見込まれる場所では，とりあえず V 結線とし，負荷増のときには△−△結線にする．

④　変圧器の容量の利用率0.866と悪いので，負荷の状況によっては二次端子電圧が不平衡となる恐れがある．

3. VVF ケーブルの差込型コネクタ

①　導電板と板状スプリングとの間などに電線終端を挟み込んで電線相互の接続を行う器材で，ジョイントボックスやアウトレットボックス内で使用される．

②　電線の差込形コネクタには2極，3極，4極，5極，6極，8極などの種類があり，ワンタッチで電線の接続が可能であり，テープ巻きが不要である．

③　ストリップゲージを目安に電線の絶縁被膜を剥ぎ取ることが大切である．絶縁被膜の剥ぎ取り長さが長すぎると芯線導体部が差込形コネクタよりはみ出して絶縁不良に，短すぎると芯線の挿入不足となる．

4. 三相誘導電動機の始動方式

①　三相かご形誘導電動機では，全電圧始動方式および電源電圧の減電圧での始動が行われ，減電圧始動にはスターデルタ始動方式，リアクトル始動方式，補償器始動方式などが採用される．

②　スターデルタ始動は，常時△結線で運転される電動機を始動時だけY結線とし，始動完了後に△結線に戻す方法で，一般にスターデルタ始動器が使用される．

③　スターデルタ始動は，始動電流，始動トルクともに1/3となる．5.5 kW以上のかご形誘導電動機の始動に一般的に採用されている方式である．

④　巻線形誘導電動機には，比例推移を応用した始動抵抗器を挿入した始動方式が採用される．

5. 差動式スポット型感知器

①　差動式スポット型感知器は，周囲の温度の上昇率が一定の値以上になったときに作動するもので，局所の熱効果によって作動するものである．

②　空気の熱膨張を利用したもの，熱起電力を利用したものがあり，感度に応じて1種，2種がある．

③　空気の熱膨張を利用したものでは，空気室，ダイヤフラム，リーク孔および接点機構等で構成され，火災の際に急激な温度上昇を受けると，空気室内の空気が膨張し，ダイヤフラムを押上げ，接点を閉じて信号を送るが，暖房などによる緩慢な温度上昇に対しては，膨張した空気はリーク孔から逃げ，外部空気圧と釣り合いを保つため接点が閉じないような構造となっている．

6. 自動列車制御装置（ATC）

①　列車運転の操作に関連して，先行列車との間隔や駅構内進路条件，あるいは曲線制限などから許容される走行速度を地上から車上に与える装置．

②　列車の速度が許容速度以下となればブレーキを緩解させるなど，減速制御に関してすべて自動化したシステムをいう．

7. 超音波式車両感知器

①　路面上約5 mの高さに設置した送受器から超音波パルスを路面に向かって，周期的に発射し，通過車両の検出を行うものである．

②　パルスの反射時間の差異により車両の通過を判別するもので，設置が容易であり，耐久性の点から近年においては多く用いられている．

8. 絶縁抵抗試験

①　電気設備の技術基準を定める省令第58条により，電路の絶縁抵抗値が規定値以上か否かを判定する試験である．

②　低圧電路の絶縁抵抗試験にあっては，分電盤，制御盤等の配線用遮断器で区

切ることのできる電路ごとに，絶縁抵抗計（メガー）で電線相互間および電路と大地間の絶縁抵抗を測定する．

③ 測定時の留意事項は次のとおりである．

・絶縁抵抗計のバッテリーチェックを行う．

・被測定回路を無電圧状態にし，電子回路など絶縁抵抗計の印加電圧に耐えられない機器がある場合には，その機器を回路から切り離す．

9. 波付硬質合成樹脂管（FEP 管）

① 地中に埋設するケーブルの保護に用いられるもので，可とう性に優れ，軽量，長尺などの長所がある．

② 管は，塩化ビニル樹脂，ポリプロピレン，ポリエチレンなどを波付けしたもので，延線時の接触抵抗（摩擦抵抗）が少なく，通線が容易である．

問題5

5-1 ① 注文者

建設業法第20条（建設工事の見積り等）第2項では，次のように規定している．

2 建設業者は，建設工事の注文者から請求があったときは，請負契約が成立するまでの間に，建設工事の見積書を交付しなければならない．

5-2 ② 投下

労働安全衛生規則第536条（高所からの物体投下による危険の防止）では，次のように規定している．

第536条 事業者は，3 m 以上の高所から物体を投下するときは，適当な投下設備を設け，監視人を置く等労働者の危険を防止するための措置を講じなければならない．

5-3 ① 作業

電気工事士法第1条（目的）では，次のように規定している．

第1条 この法律は，電気工事の作業に従事する者の資格及び義務を定め，もって電気工事の欠陥による災害の発生の防止に寄与することを目的とする．

―― 著 者 略 歴 ――

大嶋 輝夫（おおしま　てるお）
1974年　東京電力株式会社　入社
1986年　エネルギー管理士　合格
1988年　技術士（電気電子技術部門）合格
1995年　第一種電気主任技術者　合格
　現在　株式会社オフィスボルト　代表取締役

©Teruo Ohshima 2024

2級電気工事施工管理技術検定試験 過去問題集　2024年版

2024年 2月 9日　　第1版第1刷発行

著　者　**大　嶋　輝　夫**

発行者　**田　中　聡**

発 行 所
株式会社　電 気 書 院
ホームページ　https://www.denkishoin.co.jp
（振替口座　00190-5-18837）
〒101-0051　東京都千代田区神田神保町1-3 ミヤタビル2F
電話(03)5259-9160／FAX(03)5259-9162

印刷・製本　中央精版印刷 株式会社
Printed in Japan／ISBN 978-4-485-22054-2

［本書の正誤に関するお問い合せ方法は，最終ページをご覧ください］

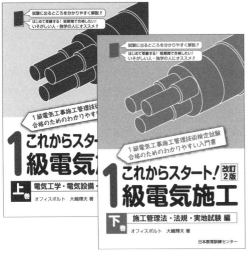
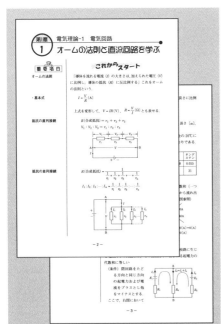

書籍の正誤について

万一，内容に誤りと思われる箇所がございましたら，以下の方法でご確認いただきますようお願いいたします．

なお，正誤のお問合せ以外の書籍の内容に関する解説や受験指導などは**行っておりません**．このようなお問合せにつきましては，お答えいたしかねますので，予めご了承ください．

正誤表の確認方法

リンク

最新の正誤表は，弊社Webページに掲載しております．「キーワード検索」などを用いて，書籍詳細ページをご覧ください．
正誤表があるものに関しましては，書影の下の方に正誤表をダウンロードできるリンクが表示されます．表示されないものに関しましては，正誤表がございません．

弊社Webページアドレス
https://www.denkishoin.co.jp/

正誤のお問合せ方法

正誤表がない場合，あるいは当該箇所が掲載されていない場合は，書名，版刷，発行年月日，お客様のお名前，ご連絡先を明記の上，具体的な記載場所とお問合せの内容を添えて，下記のいずれかの方法でお問合せください．
回答まで，時間がかかる場合もございますので，予めご了承ください．

	郵送先	〒101-0051 東京都千代田区神田神保町1-3 ミヤタビル2F ㈱電気書院　出版部　正誤問合せ係
	ファクス番号	**03-5259-9162**
	弊社Webページ右上の「**お問い合わせ**」から **https://www.denkishoin.co.jp/**

お電話でのお問合せは，承れません

(2021年1月現在)